现代化学专著系列·典藏版　29

面向应用过程的陶瓷膜材料
设计、制备与应用

徐南平　著

科学出版社

北　京

内 容 简 介

本书围绕面向应用过程的陶瓷膜材料设计、制备与应用的基本构思，对陶瓷膜的材料微结构设计、规模化制备和工业应用进行了较系统的介绍。内容涉及理论与实验研究、工程化开发和工业应用示例。全书分为 9 章。第 1 章主要介绍陶瓷膜发展现状以及面向应用过程的陶瓷膜设计的基本方法；第 2 章和第 3 章介绍了面向颗粒体系和胶体体系的陶瓷膜材料设计的方法；第 4～6 章介绍了陶瓷多孔膜和致密膜制备新技术；第 7～9 章结合工程实际，重点介绍了陶瓷膜在化工、石化、制药工业和含油废水处理等工程中的应用。

本书可供化工、石化、制药、环境、材料等领域的教师、研究生、科技工作者阅读参考，也可供相关领域的工程技术人员借鉴。

图书在版编目（CIP）数据

现代化学专著系列：典藏版／江明，李静海，沈家骢，等编著. —北京：科学出版社，2017.1

ISBN 978-7-03-051504-9

Ⅰ.①现… Ⅱ.①江… ②李… ③沈… Ⅲ.①化学 Ⅳ.①O6

中国版本图书馆 CIP 数据核字（2017）第 013428 号

责任编辑：杨　震／责任校对：朱光光
责任印制：张　伟／封面设计：铭轩堂

科 学 出 版 社 出版

北京东黄城根北街 16 号
邮政编码：100717
http://www.sciencep.com

北京厚诚则铭印刷科技有限公司印刷
科学出版社发行　各地新华书店经销

*

2017 年 1 月第 一 版　　开本：B5（720×1000）
2017 年 1 月第一次印刷　　印张：27 1/2
字数：526 000

定价：7980.00 元（全 45 册）

前　言

　　膜领域的学科交叉性很强,膜的制备属于材料学科,膜的应用则涉及过程工业的广泛领域,膜技术是典型的以材料为基础的过程工程单元技术。长期以来,材料学家主要关注膜材料的微结构与成膜技术的研究,而过程工程学家则致力于膜应用工程的开发,其研究的基本思路是:在已有的膜材料中通过实验方法为特定的工艺过程选择合适的膜材料,并以选定的膜材料为基础对膜过程进行工艺条件的优化设计。这种模式已经成为一种惯例,以至于膜材料的制备与膜工程的设计逐渐分离,分别以膜公司与膜工程公司的面目出现。这种现象体现了行业的细化与分工,更具专业性,但也不可否认,膜领域在学科交叉融合方面尚有探索的余地。

　　传统膜工程的工艺设计是以特定的膜材料为基础的,其目的是通过优化工艺条件的优化而充分发挥膜材料的功能,从而实现膜工程的高效运转。问题在于,膜工程的运行效果不仅与工艺条件相关,也与膜材料的性能有直接的联系,目前处理方法是以现有的商品化膜材料为基础,通过实验的方法来为应用过程筛选合适的膜材料,这是一种选择的方式,而非设计的概念,显然存在局限性。如何将膜工程的设计从以工艺设计为主推进到工艺与材料微结构同时设计,实现依据应用过程的需要进行膜材料的设计、制备和膜过程操作条件的优化,是膜领域值得探索的重要课题。

　　围绕这一思路,我们课题组以十多年无机陶瓷膜研究工作为基础,在国家杰出青年科学基金、国家“863”项目、国家“973”项目的支持下,对陶瓷膜的制备、应用过程进行了较系统的研究,提出面向应用过程的陶瓷膜材料设计与制备的设想,期望通过学科的交叉研究,建立面向应用过程的陶瓷膜材料设计与制备研究的基本框架,将陶瓷膜过程的设计从以工艺设计为主推进到膜材料微结构的设计,将膜制备技术从以经验为主推进到定量控制的水平,为膜材料微结构的设计和制备过程中膜材料微结构的定量控制奠定基础。本书即是在这方面探索的一些初步成果总结,整理出来想与同行进行交流。

　　面向应用过程的膜材料设计与制备面临很多科学问题和技术问题,需要长期而深入的研究,是一种理想化的追求目标。我们的工作只是一个尝试和初步的探索,研究工作中难免存在片面和不合适的观点,甚至是错误的结论,希望读者对此展开讨论,多提宝贵意见。

　　本书共分9章,第1章在介绍无机陶瓷膜领域新近进展的基础上,提出面向应用过程的陶瓷膜设计与制备的基本构思,并对主要研究领域进行简单的介绍。第

2、3章涉及多孔陶瓷膜的设计方法与理论,其中第2章是针对颗粒悬浮液的固液分离过程建立多孔陶瓷膜的设计方法;第3章是针对胶体体系建立多孔陶瓷膜的设计方法。第4～6章涉及膜的制备问题,其中第4章介绍多孔陶瓷膜的制备,特别关注陶瓷膜制备过程中的定量控制技术的研究;第5章介绍新型的致密透氧膜和膜催化反应器的研究成果;第6章着重介绍我们提出的光催化方法制备金属钯膜的研究情况。第7～9章是关于陶瓷膜应用的工程问题,分别涉及陶瓷膜在化工与石油化工领域、制药领域和含油废水处理领域的工程应用。

　　本书的取材主要是我们研究所近几年的研究成果,曾经在研究所工作和学习的研究生、教师、从事产业化的工程技术人员对本书的形成作出了重要的贡献。在本书的编写过程中,金万勤教授、范益群教授、邢卫红教授、黄岩教授、杨刚博士、漆虹博士、李卫星博士、景文珩博士、陈日志博士以及研究生丁晓斌、李雪等均付出了艰巨的努力。南京九思高科技有限公司、江苏久吾高科技股份有限公司提供了丰富的工程资料,在此对他们的贡献表示衷心的感谢!

　　南京工业大学膜科学技术研究所一直是在社会、学校和老一辈科学家的关心和爱护下成长起来的。特别是我的恩师时钧院士,长期以来对陶瓷膜领域的发展十分关心,倾注了大量心血,本书的出版谨作为学生向恩师的一个工作汇报。

　　本书的研究工作得到国家杰出青年科学基金项目、国家重大基础研究发展计划("973")项目、国家高技术研究发展计划("863")项目、国家科技部"十五"科技攻关计划项目的支持,特此致谢!

徐南平

2005 年 1 月于南京工业大学

目　　录

第1章 绪 论

根据材料特性,膜可以分为有机膜和无机膜两大类。有机膜是指起分离作用的活性层为有机高分子材料,而无机膜的活性分离层则为无机金属、金属氧化物、玻璃及无机高分子材料等。陶瓷膜属于无机膜,膜层材料主要为金属氧化物。

陶瓷膜的发展始于第二次世界大战时期 Manhattan 原子弹计划,采用平均孔径为 6~40nm 的多孔陶瓷材料从天然铀元素中分离富集^{235}U,这是历史上首例采用无机陶瓷膜实现工业规模的气体混合物分离的实例。由于军事保密的需要,在这期间的有关无机陶瓷膜的研究和生产都是秘密进行的。20 世纪 70 年代,陶瓷膜作为一种精密的过滤技术开始转向民用领域,用以取代离心、蒸发、板框过滤等传统分离技术。由于其优异的材料性能和无相变的过程特点,陶瓷膜在民用领域发展很快,通过政府与公司之间的合作,先后成功开发出多种商品陶瓷膜,陶瓷微滤膜和陶瓷超滤膜逐渐进入了工业应用,无机陶瓷膜得到迅速发展并在膜分离技术领域中逐渐占据重要的地位。进入 90 年代,新型陶瓷膜材料与新的陶瓷膜应用工程日益发展,陶瓷膜与应用行业的集成、与其他分离与反应过程的耦合、膜材料与膜应用过程的交叉研究成为 21 世纪无机陶瓷膜领域发展的主要趋势。

陶瓷膜所具有的优异的材料性能使其在化学工业、石油化工、冶金工业、生物工程、环境工程、食品、发酵和制药等领域有着广泛的应用前景,其研究与开发工作长期以来一直受到发达国家的政府和一些公司的大力支持。我国在这一领域同样如此,从 20 世纪 80 年代开始,国家自然科学基金、国家高技术研究发展计划("863"计划)、国家重点科技攻关计划、国家重点基础研究发展计划("973"计划)均对陶瓷膜的研究与产业化工作予以重点支持,促进了我国陶瓷膜的发展。目前,陶瓷微滤和超滤膜在国外和国内都已经实现产业化[1],陶瓷膜已经在过程工业的多个领域获得成功的应用,其市场占无机膜的 80% 以上。根据美国 Business Communication Co.(BCC)统计结果显示,2005 年预计美国膜市场为 24 亿美元,全世界为 70 亿美元左右,陶瓷膜约占整个膜市场的 10% 左右,但就目前现状而言,陶瓷膜的应用远未达到预期的程度。

限制陶瓷膜应用的最大问题是成本,如何提高陶瓷膜应用过程的综合效益成为陶瓷膜应用领域关注的核心问题。陶瓷膜应用的高成本与陶瓷膜应用研究的模式有很大的关系。目前,膜工程应用研究的基本方法是通过实验的方法在现有的商品膜中挑选合适的膜材料,然后进行操作条件的优化设计和工程的技术经济比较分析,以此来判断工程的可行性。关于这一点,Franken 博士[2]进行了相关阐述:膜工作者在接到项目时,先对分离中遇到的问题进行详细分析并初步提出可能的解决方案,然后进行系列实验(膜的选择和操作条件的优化等),并根据实验结果进行经济评估,如果技术经济比较不过关,则提出新的解决方案重新进行实验考察和经济评估;当经济评估达到要求时进行中试实验,最后完成工业放大和工程的安装调试。很显然,我们可以对特定的陶瓷膜材料进行操作条件的优化设计,但我们选择膜材料采用的还是实验方法,同时选择的对象也仅是已经商品化的若干膜材料,膜的选择受到很大的限制。事实上,膜过程的设计不仅是工艺参数的设计,还包括膜材料的设计,后者对膜工程的综合经济效益会产生决定性的影响。我们可以通过一个实例来观察膜材料性能对膜过程的影响程度。在用陶瓷膜处理印钞废水过程中(如图 1-1 所示),采用四种不同孔径(平均孔径分别为 4、50、200 和 800nm)的陶瓷膜进行印钞废水过滤实验,发现平均孔径为 50nm 的陶瓷膜渗透通量最高,为 200L·m^{-2}·h^{-1};平均孔径为 200nm 的陶瓷膜渗透通量为 60L·m^{-2}·h^{-1};平均孔径为 800nm 的陶瓷膜渗透通量为 25L·m^{-2}·h^{-1};平均孔径为 4nm 的陶瓷膜

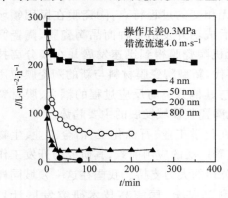

渗透通量最低。这个体系的膜过滤实验表明,陶瓷膜材料的微结构性能(平均孔径)对膜的渗透性能(功能)有重大影响。问题在于,针对实际应用体系如何选择功能最大化的膜材料? 现有的实验方法肯定不是最合适的。即使对于印钞废水处理过程,只能认为平均孔径 50nm 的陶瓷膜是可以使用的,我们有理由相信在 4~200nm 之间应该存在一个孔径的陶瓷膜,其渗透通量比孔径 50nm 的陶瓷膜更高,但采用目前的实验尝试方法我们是无法得到结论的。

图 1-1　膜孔径对印钞废水处理过滤
通量的影响

事实上,膜过滤性能是膜材料性质和工艺操作条件贡献的叠加,膜的材料性质主要包括膜微结构(孔径、孔径分布、孔隙率、厚度等)以及材料表面性质,而操作条件是指操作压差、膜面流速、温度、外加场等,如何协同优化膜的材料性能和工艺操作参数是陶瓷膜领域需要探讨的问题,也是推进陶瓷膜应用发展的关键所在。

针对这一问题,结合国内外陶瓷膜领域的研究现状,我们提出面向应用过程的陶瓷膜材料设计与制备的构思,期望通过理论与实验相结合的研究,建立依据应用过程的需要进行陶瓷膜材料设计的理论框架,将陶瓷膜过程的设计从工艺操作条件的优化设计推进到膜材料微结构的优化设计。

面向应用过程的陶瓷膜材料设计方法的基本设想是:针对实际应用体系的性质和需求,以分离功能最大化为目标函数对陶瓷膜微结构进行优化设计,并将设

的膜定向制备出来,然后进行过程操作参数的优化设计,其基本框架如图 1-2 所示。在这个过程中,两个关键科学问题需要解决:其一是陶瓷膜的功能与微结构的定量关系,这是膜材料微结构设计的基础;其二是膜材料微结构与膜制备过程中控制参数的定量关系,这是膜材料制备定量控制的基础,只有对膜材料制备过程进行定量控制,我们才有可能定向制备出特定微结构的膜材料。

膜的功能与膜材料微结构的关系:这是膜材料设计的理论基础。膜的功能主要包括膜的机械强度与分离功能参数,膜的机械强

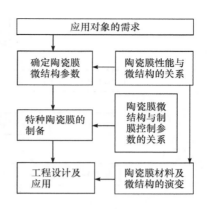

图 1-2 　 面向应用过程的陶瓷膜设计理论框架

度决定了膜的使用寿命,而分离功能则决定了膜的使用效果和运行成本。特别要强调的是这些功能参数是膜在变化的应用环境中所表现出来的性能,不仅取决于膜材料的固有性质,也与应用环境密切相关。膜的分离功能与膜材料微结构关系的基础是膜的传递机理,依据膜的性质,其科学内涵表现在:纳、微尺度孔结构中的传递理论、致密膜材料的传递理论、促进传递膜材料的传递理论,以及膜材料微结构的表征。膜的渗透分离性能(分离系数和渗透通量)、操作条件(温度、压力、膜面流速等)和膜材料微结构的关系是膜传递机理研究的主要内容。在研究手段上存在三种方法(见图 1-3):①采用化学工程传递理论对物质在膜孔或者膜材料微结构中的传递行为进行研究,属于宏观的经验研究方法。如应用于多孔膜传递研究的布朗扩散、内向升力、剪切诱导扩散、浓差极化和表面更新等基础模型;用于描述反渗透、气体分离和渗透汽化等非多孔型膜渗透过程机理的溶解-扩散模型。这些模型均没有细致考虑膜材料微结构对膜应用性能的影响,属于“黑匣子”模型,只能对特定微结构的膜材料进行工艺操作条件的优化设计,不能用于膜材料微结构的设计。②为达到对膜材料微结构进行设计的目标,必须对传统的传质模型进行改进,基本思路是将膜的微结构参数(膜孔径分布、孔隙率和膜厚度等)引入到膜的瞬间渗透通量计算模型中,建立膜过程传质结构模型,为多孔膜材料的结构设计提供理论依据,我们称之为半经验的研究方法,这是本书关于膜材料设计研究的主要内容。③采用分子模拟方法对膜材料微结构中的传递现象进行研究也是建立膜过程传质结构模型的发展方向:一类是将膜抽象成规则排列的抽象膜;另一类则是根据实际膜的具体物质结构直接搭建膜的模型。近十年来国内外采用分子模拟方法在膜的研究方面对理论的验证、发展和对实验结果的解释与预测已经开展了不少有益的工作,分子模拟已经成为膜传质机理研究不可缺少的手段,相关的工作正在进行之中,本书对这方面的研究进展不作介绍。

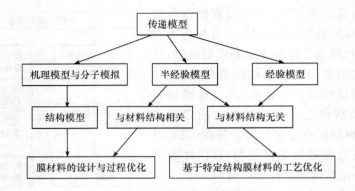

图 1-3　膜传质模型的研究方法

　　膜分离所遇到的实际应用体系性质千差万别,在描述膜宏观分离性能与膜微结构参数之间的关系时,难以建立适用于任何体系的通用模型,必须对体系进行适当的分类。

　　根据体系中分散相(溶质或粒子等)尺寸大小,我们可以将实际体系分为三类:溶液、溶胶和颗粒悬浮液,如图 1-4 所示。溶液体系主要是指分散相以分子或离子形式存在,尺寸较小,一般小于几个纳米。膜分离在此类体系中的应用主要是反渗透(如海水淡化)和渗透汽化(如乙醇脱水)等,目前用于这些领域的膜大多为有机膜,无机膜的应用还处于研发阶段,陶瓷纳滤、反渗透膜和渗透汽化膜的工业应用报道较少,本书对此体系的陶瓷膜设计方法暂且不述。悬浮液中分散相以固体颗粒形式存在,颗粒粒径分布较宽,覆盖了纳米、亚微米和微米等尺度,当体系中悬浮粒子尺寸趋近亚微米尺度时,传统的沉降、离心和板框过滤很难进行处理,陶瓷膜分离方法是合适的选择。实验发现,钛白粉颗粒悬浮液体系的错流微滤过程中,不同孔径的陶瓷膜处理具有一定尺寸分布的粒子其渗透通量相差很大,见图 1-5,这主要是由于粒子在膜孔内发生了不可逆堵塞引起了膜层微结构参数的改变而造

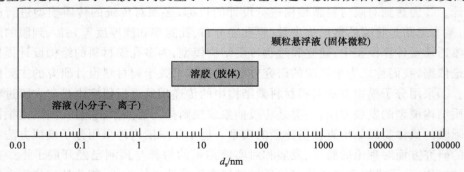

图 1-4　应用体系中分散相大小分布示意图

成的。不同尺寸的颗粒对陶瓷膜孔的堵塞机理各不相同,较小粒子进入膜孔中,较大粒子覆盖膜孔口,使得膜孔径分布与粒子颗粒分布相互作用将更为复杂。本书将对针对颗粒悬浮液体系固液分离的陶瓷膜过滤过程建立其传质结构模型,并在此基础上尝试以传质结构模型为基础对陶瓷膜的微结构进行优化设计,期望通过膜材料微结构的优化设计而能够克服刚性粒子在膜孔内的堵塞,从而延缓膜通量的衰减。

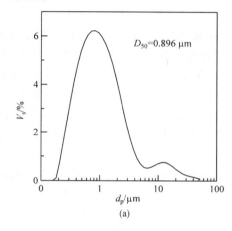

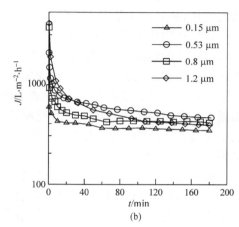

图 1-5　(a)氧化钛颗粒的粒径分布;(b)孔径对渗透通量的影响

溶胶体系中分散相尺寸介于溶液和悬浮液之间,胶体体系的固液分离十分困难,传统的离心、沉降和板框过滤都存在很大的困难。采用膜过滤进行胶体体系的固液分离,也存在膜渗透通量低、膜污染严重的问题,因此提高膜的过滤通量、降低膜的污染对于推进胶体体系膜过滤的工业应用十分关键。胶体体系涉及的范围很广,比如纳米材料制备、生物制品与食品的加工、中药与植物的提取等,均与胶体体系密切相关。与颗粒体系不同的是,胶体体系的吸附更为严重,所以本书将专门针对胶体体系的吸附现象进行研究,并在此基础上建立胶体体系的传质结构模型,从而实现根据胶体体系的特性进行膜材料微结构的设计,以达到降低膜污染、提高膜通量的目的。在本书中,特别对具有我国资源特色的中药水提液体系进行较系统的研究,以推进膜法中药制备新工艺的产业化。中药药材经过溶剂提取得到含有多糖类和蛋白质等高分子物质的胶体溶液,但具有药效的物质相对分子质量均比较小,含量也很低,如何从这些胶体中分离出具有药用价值的低相对分子质量物质,膜技术是适宜的选择。通过陶瓷微滤膜过程可以大量去除无药效的多糖类大分子物质,与传统的醇沉方法相比,膜分离法具有能耗低、不耗溶剂、不对药剂进行二次污染、不会破坏药物成分和操作简单等优点,越来越受到人们的关注。但是中药体系成分复杂,膜分离过程中污染机理不是很明确,为了探索这类大分子物质溶液中膜过滤分离机理,本书将从模拟体系蛋白质溶液、中药单方以及复方水提液三种层次由简单到复杂进行实验研究,并建立膜功能与膜微结构之间的数学关系模型,从而对陶瓷膜微结构进行设计,开发出用于中药制备的特种陶瓷膜,以提高膜过程的处理效率。

值得着重指出的是,胶体体系十分复杂,影响膜过程的因素很多,就目前现状而言,很多问题我们还没有很好的解释与处理方法,本书介绍的只是前期的探索性研究工作,更多的问题需要继续研究,这是一个长期而艰巨的研究项目。

我们在构建陶瓷膜功能与膜材料性质关系模型中,主要是对功能与微结构进行定量研究的尝试,对膜材料表面性质对膜过程影响规律的研究还很不够,我们更多的是借助实验的方法。在乳化油废水处理的研究中,我们就是通过实验的方法筛选出性能优异的膜材料,从而推进了陶瓷膜在这一领域的大规模应用。因此,本书提出的面向应用过程的陶瓷膜材料设计方法仅仅是一个初步的尝试,在实际过程中还需要不断的完善,需要与其他经验的和实验的方法结合,以取得最优的设计结果。

我们的研究工作只是一个尝试,这一领域的研究尚有很多问题没有得到很好的解决,如:通过膜材料微结构的传递物质与材料表面的相互作用规律等,以及这种作用规律与宏观环境的变化关系,分子模拟技术如何与实际过程的耦合,介观尺度范围内的传递理论等,均需要进行深入的研究。

陶瓷膜微结构与膜制备过程控制参数的关系:陶瓷膜可以分为多孔膜和致密膜,多孔陶瓷膜大多呈多层不对称结构(如图 1-6 所示),主要包括三层:支撑层、过渡层和分离层。支撑层通常由较大颗粒烧结而成,大约数毫米厚,是膜的载体,主要保证膜的机械强度;分离层在膜管表面,一般厚度较薄(微米级),孔径较小,分布较窄,主要起分离作用;在膜分离层和支撑层之间通常可以包含一层或多层中间过渡层。

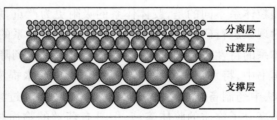

图 1-6　陶瓷膜多层结构示意图

陶瓷膜是由金属氧化物(Al_2O_3、ZrO_2 和 TiO_2 等)粒子烧结而成,在高倍电子扫描显微镜下观察发现,膜分离层的颗粒仍然保持其原有的大致形貌(如图 1-7 所示)。目前,工业化陶瓷膜生产主要采用固态粒子烧结法和溶胶-凝胶法。固态

图 1-7 陶瓷膜表面电镜照片

粒子烧结法是将金属氧化物粉体（0.1～10μm）与适当添加剂混合分散形成稳定的悬浮液，将其涂覆在支撑体表面，经干燥，然后在高温（1000～1600℃）下进行烧结，主要用于制备陶瓷微滤膜。溶胶-凝胶法主要用于制备孔径较小的陶瓷超滤膜，通过金属醇盐完全水解后产生水合金属氧化物，再与电解质进行胶溶形成溶胶，这种溶胶涂覆在支撑体上后转化成凝胶时胶粒通过氢键、静电力和范德华力等相互作用力聚集在一起形成网络，再经过干燥和焙烧而成膜。陶瓷膜质量主要由三个关键步骤控制：制膜液的物性，包括粉体的粒径与分布、浓度、黏度等；涂膜过程的控制参数，如膜与支撑体的接触时间、涂膜过程的提升速度等；热处理工艺参数，如干燥环境与升温曲线、烧结制度等。目前现状而言，在陶瓷膜制备过程中对膜的孔径及孔径分布、厚度和孔隙率等微结构参数基本采用经验的方法进行控制，即依据实验结果确定工业生产过程的控制参数。要做到面向应用过程进行陶瓷膜材料的设计与制备，其膜制备过程必须是定向的，也就是要通过控制制膜液物性参数（粉体粒径分布，溶液黏度、固含量等）、涂膜过程参数和热处理条件来制备出特定微结构的膜材料，其原理图见图 1-8，其关键是要建立制膜液物性参数、涂膜过程控制参数和热处理工艺条件与膜材料微结构的定量关系。陶瓷膜制备过程的定量控制也就是要建立孔径及孔径分布、厚度和孔隙率等微结构参数与制膜液物性、涂膜过程控制参数和热处理工艺参数的定量关系。

　　膜的孔径及孔径分布对分离性能影响很大，影响陶瓷膜孔径及孔径分布最主要的因素是用于制膜的粒子的粒径大小及其分布，因此在陶瓷膜制备过程中主要是通过调整陶瓷膜制膜粉体粒径和粒径分布来控制陶瓷膜的孔径及其分布。建立膜孔径与制膜粉体粒径之间定量关系的关键在于：其一要确定粒径与膜孔径之间的函数关系，这种函数关系是膜孔径设计的基础。对于单层堆积而成的膜层，我们

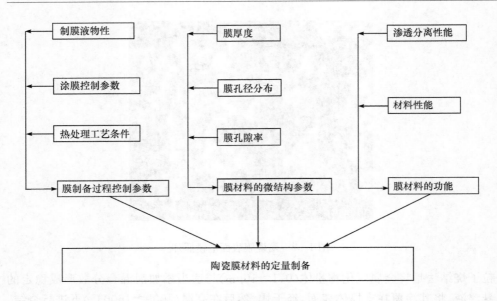

图 1-8　陶瓷膜材料的定量制备关系图

可以运用几何的方法建立这种函数关系,但陶瓷膜随着厚度的变化,一般均是多层堆积的。在研究工作中,我们也发现即使对于同一批粉体和同样的膜制备条件,不同厚度的膜其平均膜孔径是不同的。在这一发现的基础上,我们建立了陶瓷膜材料的层状结构模型,这个模型确立了膜孔径与粉体原料粒径和膜厚度之间的关系,为膜孔径的设计奠定了良好的基础。这一内容将在本书中作重点介绍。建立膜孔径模型的另一关键是在膜的热处理过程中,堆积粒子可能发生部分变形,导致前述模型的不可靠,从理论上来讲,可以通过烧结理论的研究对模型进行修正,但结果并不理想,在实际工作中,我们更倾向通过引入校正因子进行校正。

厚度的控制对膜的质量影响很大,膜厚度直接与膜渗透通量相关,相同条件下,膜厚度越大,过滤阻力越大,渗透通量越低;膜厚度越薄,过滤阻力越小,渗透通量越高,一般来讲,渗透通量与膜厚度成反比关系。从渗透通量考虑,膜越薄越好,但膜厚度同时与膜的完整性十分密切,膜层涂覆太薄,将导致膜的完整性降低;膜也不能太厚,膜层过厚将有可能在热处理过程中产生开裂现象,膜厚度控制是陶瓷膜制备过程最重要的控制指标之一。对于陶瓷膜制备过程,膜的形成可以用两种机理来解释:毛细过滤和薄膜形成机理。当干燥的支撑体与悬浮浆料接触时,在毛细管吸力作用下,悬浮浆料中颗粒被吸入或吸附在支撑体表面而形成一层薄膜,毛细过滤过程中膜的厚度与接触时间、悬浮浆料黏度、固含量和支撑体孔径及孔径分布有关。薄膜形成的涂膜机理认为当浸入到悬浮浆料中的支撑体以一定速率提升脱离浆料时,在黏性力作用下形成一黏滞层;黏滞层厚度主要与浆料黏度、表面张力、重力和脱离速率相关。要建立膜厚度定量的控制方法,就是要建立这些参数与厚度的定量关系。基于这两种成膜机理,相关研究者提出了一些经验模型,本书重点是在这些研究工作的基础上,采用化学工程学科的模型化和实验方法,针对工业陶瓷膜生产的实际现状,提出新的膜厚度模型,在此模型的指导下,结合工业生产实际,建立膜厚度设计与控制的实用方法,实现陶瓷膜厚控制从经验向定量控制的转变。

孔隙率的大小对膜的渗透性能起着至关重要的作用。从渗透通量角度而言,无论是支撑体还是膜层,我们都希望其孔隙率越高越好,但孔隙率与机械强度是一矛盾关系,孔隙率的提高将会降低膜的机械强度,影响膜的使用寿命,只能在保证一定机械强度的前提下,尽可能地提高膜的孔隙率。影响孔隙率的因素主要是粉体的粒径分布、颗粒堆积方式和热处理条件。在本书中,我们将通过引入颗粒堆积计算方法和层状结构模型,建立陶瓷支撑体和陶瓷膜孔隙率的计算方法,该模型可以依据粉体的颗粒分布与形状而预测膜及支撑体的孔隙率,同时通过对热处理过程的研究,针对不同的情形引入适当的修正因子而对模型进行修正。孔隙率的计算是一个非常复杂的过程,本书介绍的仅是初步的工作,针对一些特殊的情形,我们还要采用理论计算与实验相结合的手段进行计算,定量控制膜孔隙率的研究工作还在不断的进行之中。

除膜微结构参数(孔径、孔隙率、厚度)对膜性能的影响外,膜的材料特性(表面性质)对膜性能的影响也很重要,特别是对于小孔径的膜,以及在特定的环境下,比如处理胶体体系时,相同微结构、不同材料的膜,其分离效果差别很大。对于刚性颗粒悬浮液体系,膜的微结构(孔径及孔径分布、厚度和孔隙率)对分离性能起决定性作用,而对于大分子水溶液体系而言,膜表面的电性与大分子的电性的相互作用关系将决定膜的分离性能,如果膜表面的电性与大分子的电性相互吸引,使得吸附污染占主导地位,最终宏观表现为膜的渗透通量很小。对于膜表面性质对膜分离性能的影响,目前还主要依赖于实验研究手段,在本书中,我们将针对具体的体系,通过不同膜材料的表面性质对膜过滤性能的比较研究,开发出专用的膜材料,同时也为这方面的研究积累一些经验。在理论研究上,将通过对吸附过程的研究,试图建立膜过程的膜污染机理模型,在给出理论解释的同时,能够对膜材料的选择和膜污染的消除提供指导。

陶瓷膜技术的研究学科交叉性很强,属于典型的以材料为基础的分离技术[3]。本书基本的研究思路是采用化学工程学科的模型化和实验方法来研究膜材料的制备问题,希望能够推进膜制备技术,特别是陶瓷膜工业制备技术的进展;另一方面,也尝试将材料学科的有关方法引入到经典的化学工程传质理论中,建立陶瓷膜过程的传质结构模型,从而推进陶瓷膜材料设计的进展。尽管取得一些初步的成果,但距理想的境界还仅是一个开始。事实上,面向应用过程的陶瓷膜材料设计与制备研究的核心在于处理材料结构、性能(应用)与制备(生产)之间的关系,其关键的科学问题是:材料的结构与功能的关系,材料结构与制备的关系。要达到定量控制的水平,需要解决一系列的基础科学问题,如:基于材料结构与功能的集成过程优化,微尺度材料加工理论与方法,基于材料微结构的传质机理,基于材料性质的传质机理与平台技术,分子与界面过程作用机理,以及外场和外力作用下的传质机理等,这些都将成为今后陶瓷膜领域关注的重点。

参 考 文 献

[1] 徐南平. 无机膜的发展趋势与展望. 化工进展, 2000, 19(4): 5～9
[2] Franken T. Membrane selection-more than material properties alone. Membr. Technol, 1998: 7～10
[3] 徐南平, 时钧. 我国材料化学工程进展. 化工学报, 2003, 54(4): 423～426

第 2 章　面向颗粒悬浮液体系的陶瓷膜设计方法

　　固液分离是化工过程中常用的单元操作,特别是颗粒悬浮液体系的固液分离应用面很广,涉及原料与产品的净化、废水中有价值超细产品的回收、细微颗粒催化剂与原料或产品的分离等。传统的固液分离技术主要是离心、蒸发、板框过滤等,蒸发过程由于涉及相变,能耗较高,而离心、板框过滤对于超细颗粒则存在效率不高等问题。膜技术被认为是固液分离的新型技术,它可以在无相变条件下实现固液高效分离,应用面正在不断拓展,特别是陶瓷膜,以其优异的材料性能而能够用于高温、高压和强腐蚀环境中,在化工与石油化工领域具有较广阔的应用前景。

　　采用陶瓷膜进行悬浮颗粒体系的固液分离,由于刚性颗粒的堵塞易产生不可逆膜污染的问题,导致了膜过滤通量的持续下降。虽然通过膜过程工艺参数的优化设计能够在一定程度上延缓过滤通量的下降,但不能从根本上克服由于粒子在膜孔内堵塞引起过滤通量的衰减问题,膜的清洗也只能部分恢复通量,因此只有根据过滤体系中颗粒分布特征和体系溶液环境和操作条件等,以稳定过滤通量最大化为目标对陶瓷膜微结构参数进行优化设计才有可能最大程度地避免颗粒堵塞,提高膜分离效率。

　　本章将通过构建面向颗粒悬浮液体系的陶瓷膜分离功能与微结构关系模型[1],实现针对具体过滤体系特性进行陶瓷膜微结构设计的目标,其基本的研究思路见图 2-1。

　　针对颗粒悬浮液体系,过滤初始时刻(零时刻)的渗透规律等同于新膜的纯水渗透,其渗透通量在整个过滤过程中最大,由渗透产生的曳力也最大,体系中大部分颗粒发生沉降,部分陶瓷膜孔被堵塞而且膜面形成滤饼层,渗透通量急剧下降;因此,渗透曳力随之减小,临界沉降粒径也减小,可能发生沉降的颗粒数减少,滤饼层增厚幅度减小,渗透通量下降速度减小,过滤渗透通量逐渐趋于稳定。

　　一般的过滤模型均建立在传统的化工传递理论基础上,主要解决操作条件的优化问题,无法解释膜微结构对过滤过程的影响。为了对膜微结构进行理论设计,本章将以纯水渗透通量与微结构之间的关系为突破点,将陶瓷膜微结构参数引入到模型中,对由于堵塞引起的陶瓷膜微结

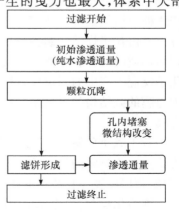

图 2-1　基本研究思路

构的变化进行定量描述,建立基于材料科学的传质结构膜分离模型。

2.1　陶瓷膜微结构对纯水渗透性能的影响

对于膜过滤而言,纯水(溶剂)是理想体系,整个过程中没有污染现象发生。而实际体系过滤过程开始的瞬间正好符合这种特性,根据 Darcy 定律式(2-1),此时的过滤通量取决于膜本身阻力(由膜的微结构参数决定)、体系的黏度(μ)和操作压差(ΔP)。为了描述过滤开始时的瞬间状态,有必要将纯水渗透通量与膜微结构之间的关系研究清楚,只有在此基础上,才能更好地描述悬浮液体系膜分离全过程。

$$J = \frac{\Delta P}{\mu \cdot R_{\mathrm{m}}} \tag{2-1}$$

式中,J 是渗透通量;R_{m} 是膜的阻力。

陶瓷膜的分离层微结构复杂,就目前现状而言,关于膜阻力与膜微结构参数(膜孔径、膜厚度和孔隙率)之间关系的研究相对较少。研究者们通常将膜看成黑匣,一般通过测定纯水渗透通量(J_0)并根据 Darcy 定律来反推出膜的阻力。实际上,膜阻力与膜的微结构相关,通过构建合适的膜微结构模型,就可以建立膜渗透通量与膜微结构关系模型。

2.1.1　陶瓷膜微结构

由于制备方式的差异,不同陶瓷膜微结构可能相差很大,主要包括两大类:膜孔由粒子堆积而形成的膜(陶瓷膜等)和膜孔近似为直通孔的膜(阳极氧化铝膜等)。图 2-2[2]是阳极氧化膜照片,由电解氧化法制备的阳极氧化膜表面具有非常均一的孔分布,如图 2-2(a);而且膜孔类似于毛细管束,如图 2-2(b)所示。对于这种微结构的膜一般可以用 Hagen-Poiseuille(H-P)方程来进行渗透通量的计算。而由粒子烧结法制备得到的陶瓷膜,如图 2-3,膜层可认为是由微观粒子堆积而形成的陶瓷膜分离层,可以将其假设为传统过滤过程的滤饼层,也可以假设为化学反应工程中的固定床,通过引入传统化学工程的理论与方法,从而建立膜的阻力与膜的微结构关系模型。我们这里所研究的陶瓷膜是指由粒子烧结法制备的陶瓷膜。

对于滤饼层假设,可以引入 Kozeny-Carman(K-C)方程,认为陶瓷膜渗透性能主要由堆积颗粒的尺寸、厚度以及孔隙率决定,即陶瓷膜渗透通量可表示为由颗粒直径、膜层厚度和孔隙率的函数;对于固定床假设,对颗粒堆积固定床进行简化,提出一维简化模型,假想床层内的通道均是沿床层厚度(或高度)方向的圆截面等径的直通道,各个通道均为单通道、相互并联且具有相同直径,在这一简化的基础上,

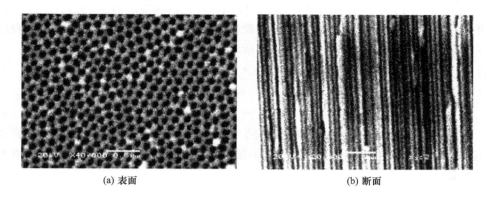

(a) 表面　　　　　　　　　　　　　　　(b) 断面

图 2-2　阳极氧化膜微结构 SEM 照片[2]

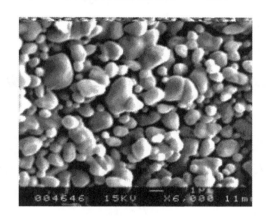

图 2-3　粒子烧结法制备的陶瓷膜表面 SEM 照片

陶瓷膜渗透性能也可采用 H-P 方程来计算。

　　本章对 K-C 方程和 H-P 方程进行参数修正,并比较两者预测纯水渗透性能的差别,提出适用于陶瓷膜纯水渗透性能预测的数学模型。

2.1.2　Kozeny-Carman(K-C)方程及改进

　　颗粒堆积形成的固定床床层的过滤比阻(α)可用 K-C 方程来描述,如式(2-2)所示,过滤比阻与床层颗粒尺寸(d_p)以及所形成的床层孔隙率(ε)相关

$$\alpha = \frac{k_1 \cdot (1-\varepsilon)^2}{d_\mathrm{p}^2 \cdot \varepsilon^3} \tag{2-2}$$

　　对于陶瓷膜分离层而言,虽然也具有这种固定床特点,但是陶瓷膜经过几次高温烧结过程,由于成膜粒子经过烧结,部分粒子可能由于烧结而变形,因而不能直

接用式(2-2)来计算膜层的阻力(R_m),应该对其进行相应的修正,见式(2-3),式中的 k_1 和 k_2 为模型待定参数,通过实验数据回归获取。相应地,膜阻力可以表达为比阻与膜层厚度的乘积,如式(2-4)所示

$$\alpha = \frac{k_1 \cdot (1 - \varepsilon)^2}{d_p^{k_2} \cdot \varepsilon^3} \qquad (2-3)$$

$$R_m = \alpha \cdot L \qquad (2-4)$$

由于粒子烧结法制得的膜层颗粒的平均粒径(d_p)通常是烧结后的平均膜孔径(d_m)的 3～5 倍,通过分析膜的 SEM 照片与孔径分布测定结果,这里取其值为4,也即

$$d_p = 4 \, d_m \qquad (2-5)$$

将式(2-3)和(2-5)代入(2-4)可得膜阻力与膜微结构参数之间的函数关系如式(2-6)所示

$$R_m = \frac{k_1 \cdot (1 - \varepsilon)^2}{(4 \, d_m)^{k_2} \cdot \varepsilon^3} \cdot L \qquad (2-6)$$

合并常数项后,式(2-6)可以表达为式(2-7),其中,参数 k_1 和 k_2 为整理后的常数项。

$$R_m = \frac{k_1 \cdot (1 - \varepsilon)^2 \cdot L}{d_m^{k_2} \cdot \varepsilon^3} \qquad (2-7)$$

将式(2-7)代入式(2-1)可以得到陶瓷膜纯水渗透通量与膜结构参数之间的关系式(2-8)

$$J = \frac{\Delta P \cdot d_m^{k_2} \cdot \varepsilon^3}{k_1 \cdot (1 - \varepsilon)^2 \cdot \mu \cdot L} \qquad (2-8)$$

从式(2-8)可以看出,改进后的 K-C 方程可以建立膜纯水渗透通量与膜微结构参数之间的数学关系,纯水渗透通量(J)随着操作压差(ΔP)、膜孔径(d_m)和膜孔隙率(ε)的增大而增大,随着液体黏度(μ)和膜层厚度(L)的增大而减小。

2.1.3 Hagen-Poiseuille(H-P)方程及改进

H-P 方程是描述毛细管中流体压差和速度之间的数学关系,如果将由粒子堆积而成的陶瓷膜分离层视为毛细管束,则可以采用 H-P 方程表示,如式(2-9)所示

$$J = \frac{\Delta P \cdot d_m^2 \cdot \varepsilon}{32 \mu \cdot L \cdot \tau} \qquad (2-9)$$

其中,ε 为膜层表面孔隙率;τ 为膜层曲折因子。对曲折因子的研究,美国材料测试协会[3]提出了一种解决方法,认为 τ 等于 ε 的倒数

$$\tau = \frac{1}{\varepsilon} \tag{2-10}$$

Johnston[4]从理论上进行了推导,得到了同样的结论。但是这些理论推导的前提是成膜堆积粒子为理想的均一的圆球。而实际的制膜粒子粒径具有一定的分布,并且粒子成不规则的形状,其曲折因子比式(2-10)的要大,也即等效膜厚值高于理论膜厚值,因此又提出了修正式(2-11)来预测实际膜纯水渗透通量的经验式,式中 k_3 为由于颗粒粒径分布和形状不规则性引起的形状因子,通常大于 1。

$$\tau = \frac{k_3}{\varepsilon} \tag{2-11}$$

将式(2-11)代入式(2-9)可得用 H-P 方程来表示的渗透通量与膜微结构参数之间的数学关系式

$$J = \frac{\Delta P \cdot d_{\mathrm{m}}^2 \cdot \varepsilon^2}{32\, k_3 \cdot \mu \cdot L} \tag{2-12}$$

从理论上来看,改进的 K-C 方程和 H-P 方程均可以用来描述陶瓷膜渗透性能与微结构参数之间的关系。但两者的基本假设相差较大,为了定量比较 K-C 和 H-P 方程对陶瓷膜纯水渗透性能的预测结果的差异,定义参数(σ)为相同条件下 K-C 方程预测值与 H-P 方程预测值之比(相对系数),作为两者计算值差异的衡量参数,即用式(2-8)除以式(2-12),整理得到式(2-13)

$$\sigma = 32\, \frac{k_3}{k_1} \cdot d_{\mathrm{m}}^{k_2 - 2} \cdot \frac{\varepsilon}{(1-\varepsilon)^2} \tag{2-13}$$

相对系数(σ)主要受膜孔径、膜孔隙率以及曲折因子等参数的影响,此值接近 1,说明两方程的计算结果更一致,即在这个范围内两种模型均能适用于陶瓷膜的纯水渗透性能预测;此值偏离 1 较大,说明两方程在描述陶瓷膜纯水渗透通量时,差异较大。

2.1.4　模型预测比较

为了验证并对比两模型的准确性,纯水渗透通量实验采用系列孔径和厚度的不对称单管 α-Al$_2$O$_3$ 陶瓷膜过滤反渗透纯水。图 2-4 是膜的纯水渗透通量(PWF)与膜孔径的关系,实验选取了 100～1400nm 之间厚度(20 μm)相同、孔隙率(0.30)一致的孔径不同的五种陶瓷膜,在操作压差 0.1MPa,温度 20℃下进行纯水渗透实验。结果发现,在孔径 100～1400nm 范围内,实验结果与 K-C 方程计算值吻合较好,而 H-P 方程随着膜孔径的增大纯水通量偏差较大。

图 2-5 是考察膜厚度对纯水渗透通量的影响,实验选取了三种孔径(100、500 和 800nm)的陶瓷膜进行研究,膜厚度在 10～80μm 之间。对于孔径为 500nm 和 800nm 的陶瓷膜不同厚度的纯水渗透实验,改进的 K-C 方程和 H-P 方程有较好的一致性;而对于孔径为 100nm 的陶瓷膜,改进的 K-C 方程与实验值吻合程度比 H-P 方程好。纯水渗透通量与膜厚之间的关系表明,随着膜厚的增大,陶瓷膜纯水渗透性能是降低的,采用改进的 K-C 方程能更好地描述这一现象。

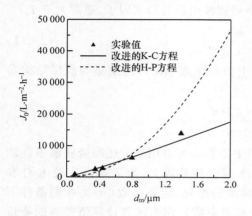

图 2-4　膜孔径对纯水渗透通量的影响

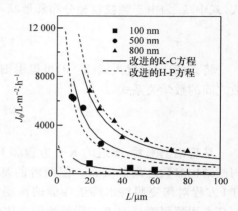

图 2-5　膜厚度对纯水渗透通量的影响

图 2-6～图 2-8 是采用 350、800 和 1400nm 三种孔径的陶瓷膜考察孔隙率对渗透通量影响并进行模型的验证和对比。从图中可以看出,实验值与 K-C 方程吻合程度比 H-P 方程好。

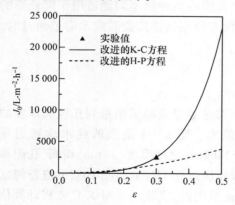

图 2-6　孔隙率对纯水渗透通量的影响
（膜孔径 350nm）

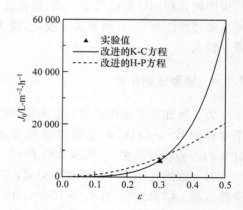

图 2-7　孔隙率对纯水渗透通量的影响
（膜孔径 800nm）

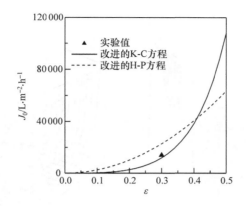

图 2 - 8　孔隙率对纯水渗透通量的影响
（膜孔径 1400nm）

两个模型的相关参数（k_1、k_2 和 k_3）主要由图 2 - 4～图 2 - 8 中的实验数据拟合得到，见表 2 - 1。

表 2 - 1　模型参数

K-C 方程		H-P 方程
k_1	k_2	k_3
2.499×10^7	1.108	4.000

从膜孔径、厚度和孔隙率对纯水渗透通量影响的实验可以看出，对于粒子烧结而成的陶瓷膜，改进的 K-C 方程能较好地描述纯水渗透性能与微结构参数之间的定量关系。为了全面展示 K-C 方程与 H-P 方程的差别，这里就两种模型对纯水渗透通量进行了全面预测。

图 2 - 9 是膜孔隙率和膜层微结构形状因子（k_3）对纯水通量两种模型预测值的相对系数（σ）的影响，图 2 - 10 为相对系数与膜孔径和膜层微结构形状因子之间的关系。结合两图可以看出，只有当膜的微结构参数，即膜孔径、膜孔隙率和膜厚度（形状因子）在特定的区域内，K-C 方程与 H-P 方程的预测结果具有一致性。从前面的实验验证可知，K-C 方程能较好地反映陶瓷膜微结构参数对膜纯水渗透通量的影响，而 H-P 方程则不适合用来描述陶瓷膜渗透性能与微结构的关系。因此一般来讲，陶瓷膜微结构不能简单地等价于毛细管束聚集体，将其视为微小颗粒的堆积体更为合适。

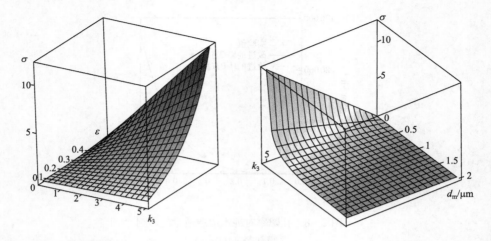

图 2-9　孔隙率和形状因子(k_3)对 σ 的影响　　图 2-10　孔径和形状因子(k_3)对 σ 的影响

　　为了将膜纯水渗透通量与膜微结构参数之间的函数关系直接的表达出来,采用改进的 K-C 方程进行了全面的预测,结果如图 2-11 和图 2-12 所示。图 2-11 是当膜孔隙率为 0.3 时,膜纯水渗透通量与膜孔径和膜厚度关系的预测结果,图 2-12 是膜孔径为 800nm 时,膜纯水渗透通量与膜厚度和膜孔隙率关系的预测结果。从图中可以看出膜孔径和膜孔隙率对渗透通量的影响都比较大,两者的增大导致膜纯水渗透通量几乎成指数递增;而当膜厚度增大时,膜纯水渗透通量迅速减小。综合膜微结构参数对膜纯水渗透性能的影响,可以认为:在陶瓷膜制备过程中,膜厚度应尽可能薄,膜层孔隙率应尽可能高,以减小膜自身的阻力,提高渗透性能。

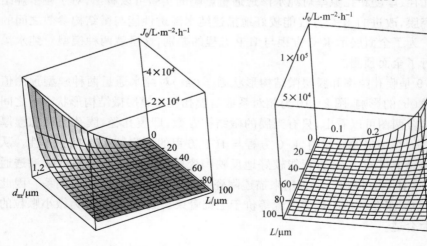

图 2-11　孔径和厚度对纯水渗透通量的影响　　图 2-12　孔隙率和厚度对纯水渗透通量的影响

在建立了陶瓷膜纯水渗透性能与微结构参数(孔径、厚度和孔隙率)之间数学关系的基础上,结合颗粒悬浮液体系过滤过程的实际情况,可以定量描述初始时刻陶瓷膜微结构和膜阻力的变化,为实际过滤过程陶瓷膜分离模型提供初值。

2.2　颗粒体系分离过程膜结构与性能关系模型的建立

2.2.1　堵塞过程

颗粒悬浮液体系中粒子大小分布不一,不同大小的粒子对膜产生不同的污染形式;尺寸比膜孔小的颗粒将进入膜孔内发生膜孔内堵塞现象,造成陶瓷膜的孔隙率下降,过滤阻力迅速增大;尺寸大于膜孔的部分粒子在膜面和膜孔口发生覆盖并形成滤饼层。颗粒悬浮液过滤开始阶段,膜渗透通量主要由颗粒对膜孔的堵塞程度决定。

2.2.1.1　堵塞前后膜孔的变化

为了定量描述过滤初始时刻颗粒对陶瓷膜的堵塞程度,分别采用了孔径为100nm 和 350nm 的陶瓷膜进行了堵塞实验(如图 2-13 和图 2-14 所示)。实验分别检测了过滤短时间前后的陶瓷膜孔径分布状态,结果表明两种孔径的陶瓷膜在粒子堵塞前后平均孔径变化不大,但是可以明显看出膜孔的总数目明显减少,也即膜的孔隙率变小了。

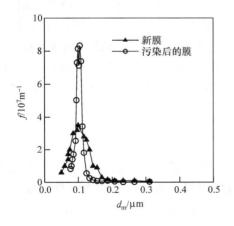

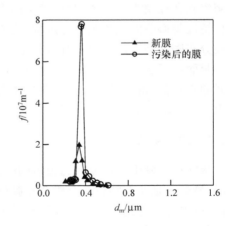

图 2-13　堵塞前后膜孔径分布(100nm)　　图 2-14　堵塞前后膜孔径分布(350nm)

2.2.1.2　膜孔堵塞的理论描述

从理论上讲,当悬浮液体系中最小颗粒的尺寸大于膜孔中的最大孔的孔径时,膜孔将不会发生孔内堵塞现象;而当膜的孔径分布与颗粒粒径分布发生交叉时,部分较小的粒子将进入膜孔内,发生膜孔堵塞,引起膜孔隙率的减小。

假设孔径均一的膜过滤具有一定粒径分布的颗粒悬浮液体系,按照颗粒中粒径小于膜孔径的颗粒对膜孔进行堵塞,堵塞后膜的孔隙率(ε_m)可以用式(2-14)来表示

$$\varepsilon_m = \left[1 - \int_{d_{p\min}}^{d_m} q(x) \mathrm{d}x\right] \cdot \varepsilon_{m0} = \left[1 - Q(d_m)\right] \cdot \varepsilon_{m0} \qquad (2-14)$$

式中,$q(x)$是悬浮液中颗粒粒径分布频率函数;$Q(x)$是悬浮液中颗粒粒径累积分布函数;ε_{m0}是新膜的孔隙率。

定义堵塞后与堵塞前膜阻力的比值为堵塞因子(k),引入式(2-6)并整理后,k可用式(2-15)表示

$$k = \frac{\{1 - [1 - Q(d_m)] \cdot \varepsilon_{m0}\}^2}{(1 - \varepsilon_{m0})^2 \cdot [1 - Q(d_m)]^3} \qquad (2-15)$$

相应地,堵塞后的膜阻力可以用式(2-16)表示

$$R_m = k \cdot R_{m0} \qquad (2-16)$$

实际过滤用陶瓷膜孔径均具有一定的分布,由于这种孔分布的存在,使得不能将陶瓷膜孔径视为均一值,膜面较小的孔可能不发生堵塞,较大的孔将发生堵塞。这种情况将影响到整个膜过滤过程,应该分别进行膜堵塞程度的分析,可以将膜的孔径分布密度函数进行离散化,将膜按孔径大小分成若干个膜面积微元(A_i),在保持膜面积不变的情况下,分别对每个膜面微元,进行堵塞过程计算,然后综合各微元的贡献值,得到具有孔径分布的膜在过滤具有一定分布的颗粒体系时的堵塞阻力,从而模拟出膜的结构变化。

2.2.2　滤饼生长过程

堵塞过程发生于过滤初始很短的时间内,此后颗粒在膜面逐渐沉积并形成滤饼层,显然不是所有颗粒都有机会在膜面发生沉降。通过边界层内的单颗粒受力分析,可以计算得到能发生沉降的临界沉降粒径值,从而判断哪些颗粒能够沉降在膜面并形成滤饼。

图2-15是膜面水平放置时错流过滤膜边界层内颗粒的受力示意图,主要受到渗透曳力(F_Y)、流体流动曳力(F_D)、内向升力(F_L)、重力(F_G)和浮力(F_F)作用,对于微米和亚微米级的颗粒而言,重力和浮力远远小于渗透曳力,可以忽略不计。由于边界层流速很低,渗透曳力可用Stokes方程式(2-17)来计算

$$F_Y = 3\pi\mu x v \tag{2-17}$$

式中，μ 为液体的黏度；x 为颗粒直径；v 为液体渗透速度。

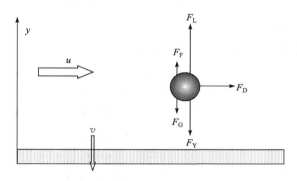

图 2 - 15　颗粒的受力分析

式(2 - 17)只适用于颗粒浓度极小的悬浮液，对于浓度较高的悬浮液中颗粒所受曳力的计算，需在 Stokes 方程中引入校正因子(λ)

$$F_Y = 3\pi\mu x v \lambda(x, \varphi_s) \tag{2-18}$$

式中，φ_s 为颗粒的体积浓度；校正因子(λ)与颗粒的粒径、粒径分布和体积浓度有关，Tam[5] 提出的相关的计算方法，如式(2 - 19)所示

$$\lambda(x, \varphi_s) = 1 + \beta \cdot \frac{x}{2} + \frac{1}{3}\left[\beta \cdot \frac{x}{2}\right]^2 \tag{2-19}$$

式中，β 是 φ_s 的函数，即

$$\beta(\varphi_s) = \frac{6\pi \cdot m_2 + \sqrt{36\pi^2 \cdot m_2^2 + 24\pi \cdot m_1 \cdot \left(1 - \frac{3}{2}\varphi_s\right)}}{2 - 3\varphi_s} \tag{2-20}$$

$$m_n = \frac{6\varphi_s}{2^n\pi} \cdot \int \frac{q(x)}{x^{3-n}}\mathrm{d}x \tag{2-21}$$

流体流动曳力受边界层剪切力影响，Rubin[6] 根据试验和理论的考察得到关系式(2 - 22)

$$F_L = 0.761\frac{\tau_w^{1.5}\, x^3\, \rho^{0.5}}{\mu} \tag{2-22}$$

式中，τ_w 为剪切力；ρ 为流体的密度。

重力(F_G)可以表示为

$$F_G = \rho_s \cdot g \cdot V_s = \frac{\pi}{6}\rho_s \cdot g \cdot x^3 \tag{2-23}$$

式中，ρ_s 为颗粒密度；g 为重力加速度常数；V_s 为颗粒体积。

浮力(F_F)为

$$F_F = \rho_l \cdot g \cdot V_s = \frac{\pi}{6} \rho_l \cdot g \cdot x^3 \tag{2-24}$$

式中,ρ_l 为液体密度。

因此,当渗透曳力与重力之和超过内向升力和浮力时,颗粒才可能发生沉积,也即有不等式(2-25)成立

$$F_Y + F_G \geqslant F_L + F_F \tag{2-25}$$

将式(2-18)和式(2-22)~式(2-24)代入式(2-25),可解得

$$x \leqslant \sqrt{\frac{3 \cdot \pi \cdot \mu \cdot v \cdot \lambda(x, \varphi_s)}{0.761 \cdot \tau_w^{1.5} \cdot \rho^{0.5} / \mu - \pi \cdot (\rho_s - \rho_l) \cdot g / 6}} \tag{2-26}$$

即当粒径在式(2-26)所规定范围内的颗粒能沉降到膜面,此时颗粒的粒径定义为临界沉降粒径(x_c)

$$x_c = \sqrt{\frac{3\pi \cdot \mu \cdot v \cdot \lambda(x_c, \varphi_s)}{0.761 \tau_w^{1.5} \cdot \rho^{0.5} / \mu - \pi(\rho_s - \rho_l) g / 6}} \tag{2-27}$$

至此,当膜面水平放置时,边界层中颗粒的临界沉降粒径可用式(2-27)来求解得到;当膜面垂直放置时,颗粒所受重力和浮力不影响颗粒的临界沉降粒径值,因此可用式(2-28)来表达

$$x_c = \sqrt{\frac{3\pi \cdot \mu \cdot v \cdot \lambda(x_c, \varphi_s)}{0.761 \tau_w^{1.5} \cdot \rho^{0.5} / \mu}} \tag{2-28}$$

由式(2-1)可知,液体渗透流速(v)随时间变化的表达式为

$$v(t) = \frac{\Delta P}{\mu [R_m + R_L(t)]} \tag{2-29}$$

又,沉积层阻力(R_L)由沉积层的高度(h)及其比阻(r_L)决定

$$R_L(t) = \int_0^{h(t)} r_L(y) \mathrm{d}y \tag{2-30}$$

其中,滤饼的比阻可以由传统滤饼过滤中的 Konzeny-Carman 方程计算

$$r_L = \frac{180(1 - \varepsilon)^2}{x_m^2 \cdot \varepsilon^3} \tag{2-31}$$

x_m 为一定高度沉积层内颗粒的平均粒径,可由式(2-32)计算

$$x_m = \frac{\int_0^{x_c} x \cdot q(x) \mathrm{d}x}{\int_0^{x_c} q(x) \mathrm{d}x} \tag{2-32}$$

其中,沉积层的高度(h)可通过悬浮液中可沉积颗粒的质量(m)计算

$$h(t) = \frac{m(t)}{\rho_s(1-\varepsilon)} = \frac{\int_0^t m(\theta)\mathrm{d}\theta}{\rho_s(1-\varepsilon)} \qquad (2-33)$$

悬浮液中可沉积在膜表面的颗粒质量(m)由过滤液体渗透流速(v)和可沉积颗粒的临界粒径(x_c)控制

$$m(t) = v(t) \cdot \frac{\rho_s \cdot c_s}{\rho_s - c_s} \cdot Q(x_c) \qquad (2-34)$$

其中,c_s 是颗粒的质量体积浓度。

2.2.3　模型求解

液体渗透流速(v)可以通过式(2-29)联立式(2-16)、(2-27)或式(2-28)和(2-30)~(2-34)共同求解,具体流程如图 2-16 所示。

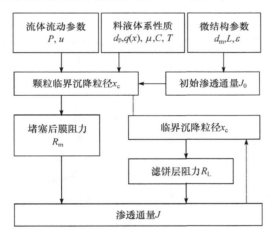

图 2-16　模型求解流程

求解膜孔堵塞程度以及临界沉降粒径时须进行迭代计算,只能通过数值方法求解。整个计算过程从膜的纯水渗透通量开始,通过颗粒粒径分布与膜的孔径分布计算出膜孔的堵塞程度以及变化后的膜阻力,得到此时过滤渗透通量,以此渗透通量计算悬浮液中的颗粒临界沉降粒径、滤饼层厚度、质量以及滤饼层阻力,从而计算得到此时刻液体渗透流速;再计算此通量下颗粒的临界沉降粒径等,可以得到不同时刻的过滤渗透通量。

颗粒悬浮液体系是实际过滤体系,设想当过滤体系中颗粒浓度为 0 时(即不含颗粒,纯水体系),当然也就不存在颗粒粒径分布,$Q(d_m)$等于 0,堵塞因子 k 为 1,

即没有堵塞污染,没有滤饼形成,过滤过程也即纯水渗透过程。

　　通过改变不同的输入参数(膜微结构参数、悬浮液体系特性参数、操作参数等),可以得到相应的过滤渗透流速的变化,以模拟其过滤规律。液体渗透流速(v)一般用膜过滤渗透通量(J,即单位时间单位膜面积上液体的透过量)来表示,为说明方便,本书下面均用渗透通量来表示。

2.2.4　颗粒悬浮体系的模拟计算

　　根据所建立的数学模型,选取二氧化钛颗粒悬浮液体系作为模拟验证对象,二氧化钛颗粒粒径分布通过 Mastersizer 2000 激光粒径分析仪(Malvern,UK)测定,如图 2-17 所示,颗粒 D_{50} 为 $0.896\mu m$。实验及模拟计算的条件为:错流速度 $3.0\ m\cdot s^{-1}$,过滤操作压差 $0.1MPa$,体系温度 $25℃$;分别考察了平均孔径分别为 $0.35\mu m$、$0.6\mu m$ 和 $1.2\mu m$ 三种孔径的陶瓷膜过滤过程;并将计算结果与实验结果以及 Altmann 等[7]的模型计算结果进行了比较以考察模型的准确性,结果见图 2-18(a)～(c)所示。

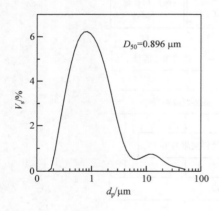

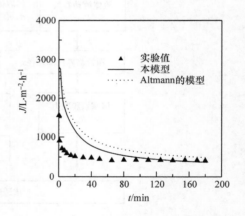

图 2-17　二氧化钛颗粒的粒径分布　　　　图 2-18(a)　渗透通量随时间的变化
　　　　　　　　　　　　　　　　　　　　　　　　　　($d_m=0.35\mu m$)

　　从图中可以看出,采用三种不同孔径的陶瓷膜过滤二氧化钛颗粒悬浮液体系时,本模型预测值与实验值吻合程度很好,而且与 Altmann 等提出的模型计算结果也有相同趋势,反映了微滤过程膜污染和渗透通量变化的实际情况。但是 Altmann 等的模型没有考虑陶瓷膜的微结构参数(孔径、孔隙率和厚度)对微滤过程的影响,也没有对过滤中堵塞程度进行量化,因此属于经典的化学工程中的传递过程模拟。而本模型中引入了陶瓷膜的微结构参数,能计算不同规格的陶瓷膜过滤时渗透通量的变化,根据这一点,可以就不同过滤体系以一定的参数作为优化目标

(如渗透通量)对陶瓷膜微结构参数进行合理设计,为面向应用过程的陶瓷膜材料设计奠定了理论基础。

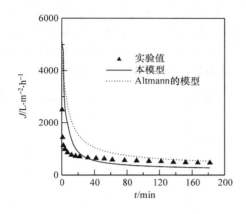

<table>
<tr><td>图 2-18(b)　渗透通量随时间的变化
（$d_m=0.6\mu m$）</td><td>图 2-18(c)　渗透通量随时间的变化
（$d_m=1.2\mu m$）</td></tr>
</table>

2.3　陶瓷膜微结构参数对过滤影响的预测

在详细分析了颗粒悬浮液体系陶瓷膜过滤过程的基础上,建立了膜分离功能与微结构参数之间的数学模型,能描述不同微结构陶瓷膜过滤过程的具体特点。在此,就颗粒体系微滤过程中颗粒粒径分布、膜孔径、膜厚度、孔隙率等对陶瓷膜过滤渗透通量的影响进行系统全面的预测[8],同时结合阻力计算结果分析,以期深入理解陶瓷膜微观结构对宏观分离性能的影响。

选择二氧化钛颗粒-水体系作为模拟研究对象,过滤操作条件恒定为:操作压差 0.1MPa,错流速度 3m·s^{-1},颗粒浓度 2g·L^{-1},温度 25℃;二氧化钛颗粒和陶瓷膜孔径均视为正态分布,主要考察不同平均粒径的颗粒、不同粒径分布的颗粒、不同孔径的陶瓷膜对过滤渗透通量的影响,同时对多种孔径陶瓷膜的厚度、孔隙率对过滤稳定渗透通量的影响进行预测。其中,过滤稳定渗透通量是取 180min 时过滤渗透通量的值。

2.3.1　膜孔径对渗透通量的影响

粒径呈正态分布的颗粒主要有两个基本特征参数:颗粒粒径平均值(d_p)和颗粒粒径分布的标准差(σ_p,决定了分布宽度),下面分别介绍不同平均粒径和不同粒径分布宽度下,膜孔径对过滤渗透通量的影响。

2.3.1.1　颗粒平均粒径的影响

为考察颗粒平均粒径(d_p)不同时过滤稳定渗透通量随膜孔径的变化情况,选取颗粒粒径分布具有相同的峰宽,也即相同的统计分布标准差($\sigma_p=0.42$),针对不同平均粒径(d_p 分别为 0.5、0.8、1.2、1.5 和 2.0 μm,如图 2 - 19 所示)的颗粒悬浮液进行模拟计算,膜孔径与过滤稳定渗透通量关系预测结果如图 2 - 20 所示。

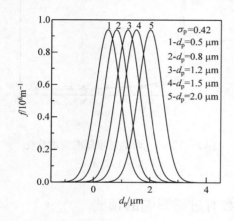
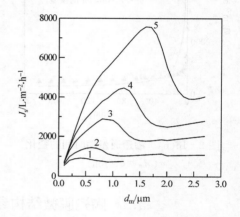

图 2 - 19　不同平均粒径的颗粒粒径分布　　图 2 - 20　不同平均粒径下稳定渗透通量
　　　　　　　　　　　　　　　　　　　　　　　　　　　与膜孔径关系

由图 2 - 20 可得出如下结果:①对应每一种平均粒径的颗粒体系过滤都存在具有较大稳定渗透通量的最优孔径陶瓷膜,不同平均粒径颗粒悬浮液体系过滤的最优膜孔径不同,随着平均颗粒粒径的增大而增大;②在用相同孔径的膜过滤悬浮液时,颗粒越大,膜过滤稳定渗透通量越大。这两个现象与过滤过程中各种阻力的变化直接相关。

以平均粒径 1.2μm 的颗粒悬浮液体系过滤为例,各种阻力随膜孔径的变化计算结果如图 2 - 21 所示,当膜孔径增大时,膜本身阻力(R_m)减小,这是膜自身结构决定的;滤饼阻力(R_c)随膜孔径增大而逐渐增大;变化比较明显的是堵塞阻力(R_p)随孔径的变化,在膜孔径小于 1.0μm 之前,堵塞阻力(R_p)变化不大,而膜孔径在 1.0～1.5μm 范围内堵塞阻力(R_p)显著增加,这是因为对于平均粒径为 1.2μm 的颗粒体系,大部分颗粒落在 1.0～1.5μm 之间,这种粒径分布的颗粒与膜孔径相当,对膜孔的堵塞比较严重。正是上述三部分阻力的共同作用使得在堵塞程度较轻、膜阻力较小时总阻力(R_t)出现最小值,膜过滤渗透通量达到最高,此时对应的膜孔径即为该应用体系的最优膜孔径。

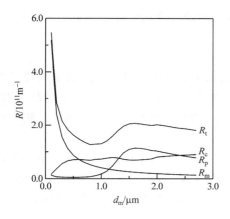

图 2-21　微滤过程阻力随膜
孔径的变化
（颗粒平均粒径 1.2μm）

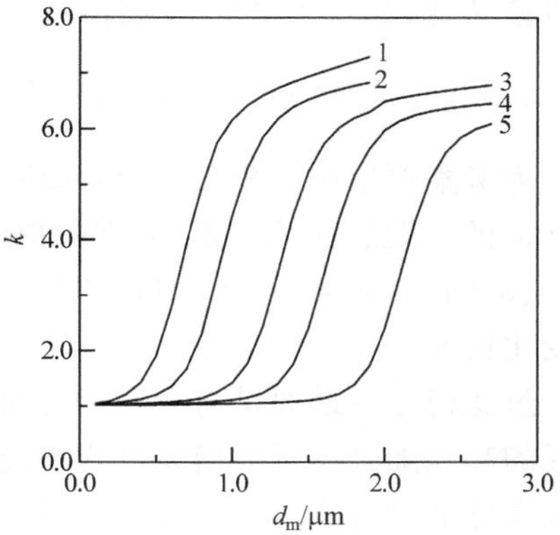

图 2-22　堵塞系数与膜孔径关系

另外,由阻力计算结果发现,在膜孔径与颗粒粒径相近时堵塞阻力增大最显著,进一步增大孔径后膜的堵塞阻力增大不多,这与孔径增大到粒径相近时能发生堵塞的颗粒数比例以及堵塞引起的孔隙率下降程度最大有关,即堵塞程度最严重,进一步增大孔径后,可进入膜孔发生堵塞的颗粒比例增加不大,孔隙率降低不明显,因此造成了上述现象。这一点与不同粒径下堵塞系数随膜孔径的变化结果（图 2-22）是一致的。

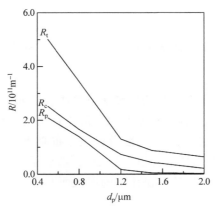

图 2-23　孔径 1.0μm 膜过滤时各种阻力随
颗粒粒径的变化情况

在相同的膜孔径下,颗粒越大越难进入膜孔内,堵塞阻力就越小,相应地在膜面形成的滤饼层颗粒也较大,比阻较小,滤饼层过滤阻力也较小,因此膜过滤渗透通量较高,图 2-23 中显示的各种阻力随颗粒粒径的变化情况说明了这一情况。

2.3.1.2 粒径分布宽度的影响

为考察颗粒粒径分布不同时膜孔径对过滤稳定通量的影响,选取平均粒径为 $1.2\mu m$ 的颗粒悬浮液体系,分别模拟计算了四种不同分布标准差(σ_p 分别为 0.21、0.42、0.64 和 0.85,粒径分布如图 2-24 所示)的颗粒体系过滤稳定通量随膜孔径的变化情况。

过滤稳定渗透通量与膜孔径之间关系的计算结果如图 2-25 所示,相同平均粒径的颗粒随分布宽度增大过滤渗透通量有所下降,同时最优孔径有减小的趋势,如分布标准差为 0.21 时,最优孔径在 $1.0\mu m$ 左右,而当其分布标准差为 0.85 时,最优孔径在 $0.7\mu m$ 左右。

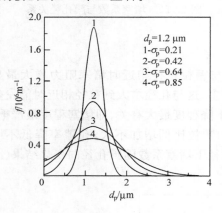 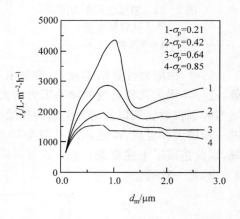

图 2-24 不同峰宽颗粒粒径分布图   图 2-25 不同粒径分布宽度时过滤稳定
                                              渗透通量与孔径的关系

颗粒粒径分布宽度增大引起的过滤稳定渗透通量下降可从不同粒径分布下各阻力的变化情况得到很好的解释,图 2-26 是针对孔径 $1.0\mu m$ 陶瓷膜计算得到的不同分布下膜阻力变化结果。显然,随着粒径分布变宽,体系中小粒子数目逐渐增多,粒子进入膜孔发生孔内堵塞的概率也变大,造成了堵塞阻力的增大,同时滤饼阻力也因小粒子数目变多导致滤饼比阻的增大而明显增大,因此过滤总阻力增大,渗透通量减小。

最优孔径随着分布宽度增大而减小的原因同样也是因为颗粒分布变宽后小粒子增多,可能发生堵塞的膜孔径会变小且堵塞程度增大所致,对不同粒径分布下堵塞系数随孔径的变化计算结果(图 2-27)证明了这一分析。

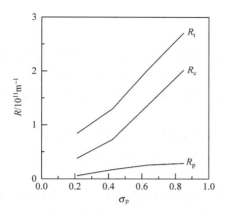 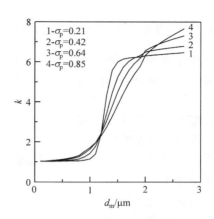

图 2‒26　阻力随粒径分布宽度变化　　图 2‒27　不同粒径分布宽度下堵塞因子变化

2.3.2　膜孔径分布宽度对渗透通量的影响

膜的孔径分布对过滤过程同样也有很大的影响。为考察膜孔径分布宽度（σ_m）不同时膜孔径与稳定通量关系的变化情况，以特定分布宽度（σ_p 为 0.42）、平均粒径为 1.2 μm 的颗粒悬浮液体系过滤为例，在膜平均孔径为 0.8 μm 下，计算不同孔径分布宽度（σ_m 为 0.11、0.21、0.42 和 0.64）对渗透通量的影响。膜孔径及孔径分布与颗粒粒径分布情况如图 2‒28 所示。

模拟计算结果（如图 2‒29）显示随着膜孔径分布峰宽的增加，膜的渗透通量是逐渐减小的。这是因为膜孔径分布越宽，存在一定数量孔径较大的孔，相同条件下对具有一定粒径分布的颗粒悬浮液体系，膜孔发生堵塞的概率也越大，因而过滤稳定渗透通量呈现减小的趋势。由此可见，在陶瓷膜制备时，应尽可能将膜孔径分布控制在较窄的范围，这种孔径分布窄的膜在实际使用时分离效率较高。

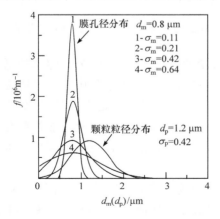 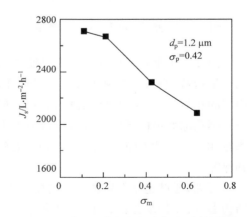

图 2‒28　膜孔径与颗粒粒径分布图　　图 2‒29　膜孔径分布宽度对渗透通量的影响

2.3.3　膜厚度与孔隙率对渗透通量的影响

膜厚度和孔隙率是陶瓷膜微结构另外两个主要的参数,为了考察其对过滤渗透通量的影响,模拟计算选取平均粒径 $1.2\mu m$,分布标准差为 0.42 的颗粒悬浮液体系,采用平均孔径分别为 0.1、0.2、0.5 和 $0.8\mu m$ 四种陶瓷膜计算不同厚度和不同孔隙率时过滤渗透通量。

图 2-30 是膜厚度对过滤渗透通量的影响模拟结果,从图中可以看出,膜厚度增大过滤通量减小。膜厚度增大,膜本身阻力也增大,相应的膜总阻力也增大,渗透通量减小。

由此可见,陶瓷膜膜厚对过滤产生重要影响,在陶瓷膜制备过程中应尽可能降低膜层的厚度,这就对支撑层或过渡层提出了较高的要求,特别是过渡层表面粗糙度要控制较高水平,才能使膜层在保证完整性的前提下得到较薄的膜层。从制膜工艺来看,陶瓷微滤膜的厚度一般控制在 $20\sim40\mu m$ 较为合适[9,10]。

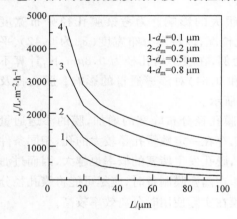

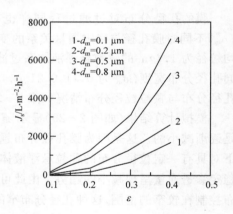

图 2-30　膜厚度对渗透通量的影响　　　　图 2-31　膜孔隙率对渗透通量的影响

图 2-31 是陶瓷膜孔隙率对过滤渗透通量的影响,渗透通量随孔隙率的增大几乎呈指数增长,孔隙率越大的膜渗透性能也越好。在制膜过程中应尽可能提高膜层的孔隙率,特别是活性孔的孔隙率,但孔隙率提高是有一定限度的,过分增大陶瓷膜孔隙率可能导致陶瓷膜机械强度下降,因此粒子烧结法制膜一般控制孔隙率在 $30\%\sim40\%$ 的范围内[10],不但具有较好的渗透通量,而且机械强度也可以得到保障。

可见,通过建立陶瓷膜功能与微结构之间的数学模型,能较好地预测陶瓷膜微结构参数(孔径及孔径分布、厚度和孔隙率)对过滤渗透通量的影响,在此基础上使面向特定应用过程的陶瓷膜设计成为可能。

2.4　二氧化钛分离用陶瓷膜的优化设计、制备与应用

2.4.1　研究背景

钛白粉(即二氧化钛)因其高度的化学稳定性和优异的颜料性能,广泛应用于国民经济的众多领域,其生产消费水平已成为衡量一个国家经济发展水平的重要标志之一[11]。钛白生产主要有硫酸法和氯化法两种,其中硫酸法已有 70 余年历史,生产工艺简单、原料易得、投资少,我国绝大多数企业采用硫酸法工艺(如图 2-32 所示)。在近十多年来,我国钛白工业有了长足的进步,但与国外先进水平相比仍存在较大差距,主要问题有:①产品质量不高,档次低且品种单一;②钛白粉收率低,产品成本高;③"三废"多,环境污染严重。因此加大技术改造,提高产品的质量与收率,减少污染是硫酸法钛白生产工艺发展的关键,对我国钛白工业国际竞争力的提高也具有重要意义。

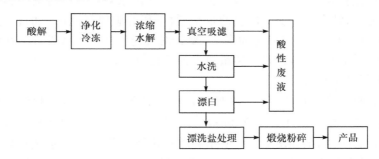

图 2-32　硫酸法钛白生产工艺流程简图

影响钛白粉收率的因素很多,其中水洗穿滤现象是影响钛白粉收率的主要原因之一[12]。钛液水解、水洗、漂白、盐处理等工序都涉及固液分离,由于水合二氧化钛颗粒细小,真空吸滤时,会穿过滤布而损失掉。目前国内水洗工序(包括漂洗和盐处理)的水合二氧化钛收率仅为 80%～90%,而国外可达 98%,可见钛白粉颗粒穿滤现象非常严重,因此回收这些废液中的二氧化钛是提高钛白粉收率需要重点解决的问题之一。

钛白生产过程中产生的废酸是钛白行业十分棘手的另一问题,不仅涉及其中的颗粒回收,同时还存在废酸的资源化处理问题,涉及环境保护,直接影响到钛白工业的生存与发展。硫酸法工艺生产钛白过程中,生产每吨钛白粉排出 15%～20%的废硫酸 8～10t,按粗略计算,则全国钛白粉厂每年至少产生 56～100 万 t 的废酸。尽管这些废酸综合利用的途径是多方面的,但到目前为止厂家多采用简单的碱中和处理法。这种方法既导致了钛白产品成本的增加,而且中和过程产生大

量污泥又对环境造成了二次污染,不论从经济还是环保的角度看,由此带来的废酸污染和浪费都是很惊人的。因此如何实现水合二氧化钛颗粒、硫酸、硫酸亚铁的各自分离回收是减少浪费、提高经济效益并实现环境保护的重要课题。

　　陶瓷膜能有效截留悬浮液中的颗粒,可以用来回收钛白生产过程中水洗液和废酸中的钛白粉颗粒,不仅可以提高钛白收率,而且能减小硫酸法钛白生产工艺的环境污染问题。我们以钛白生产过程废水中钛白颗粒的分离为研究对象,在理论指导下进行陶瓷膜的优化设计,以期在颗粒体系上实现面向应用过程陶瓷膜材料设计方法的应用。

2.4.2　水洗液中二氧化钛的分离

2.4.2.1　陶瓷膜微结构设计

　　针对水洗液中钛白颗粒的分离回收进行陶瓷膜微结构设计,优化设计的微结构参数主要是孔径、厚度和孔隙率。膜厚度以及孔隙率对渗透通量的影响已在前面有深入分析,结合目前实际制膜的水平,暂不研究膜厚和孔隙率的设计,即设定膜厚度为 $20\sim40\mu m$、孔隙率为 30%,主要针对陶瓷膜孔径进行设计。在测定实际过滤体系性质的基础上,以稳定通量最大为优化目标,预测不同膜孔径对过滤性能的影响,进行最优孔径设计。

　　钛白颗粒粒径分布如图 2–17 所示,D_{50} 粒径为 $0.896\mu m$,颗粒悬浮液浓度为 $2g\cdot L^{-1}$,操作压差 $0.1MPa$,流速 $3m\cdot s^{-1}$,温度 25℃。在此条件下模拟计算膜孔径对渗透通量影响,结果如图 2–33 所示。随膜孔径的增大,过滤渗透通量并非一直增大,当孔径为 $0.5\mu m$ 左右时膜过滤渗透通量达到最高;随着孔径进一步增大,过滤渗透通量反而下降。因此平均孔径为 $0.5\mu m$ 左右的膜为孔径最优的陶瓷膜。

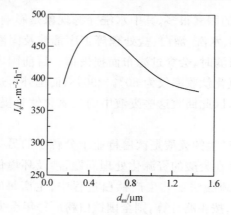

图 2–33　孔径与通量关系预测

2.4.2.2　陶瓷膜的制备与表征

根据上述的陶瓷膜结构设计,以膜孔径 $0.5\mu m$、膜厚度 $20\sim40\mu m$、孔隙率大于 30% 为目标,采用粒子烧结法(state-particle-sintering method)进行最优陶瓷膜的制备。陶瓷膜制备过程中制膜粉体粒径、制膜液配方、涂膜工艺、烧结过程等都会对膜结构产生影响,在大量研究工作[13,14]的基础上,选择了粒径为 $2\mu m$ 左右的氧化铝微粉(粒径分布如图 2－34 所示),采用特定添加剂在一定工艺下制成了稳定的悬浮液,在自制的装置上用浸浆法进行涂膜,干燥后在合适温度下烧结成膜。通过扫描电子显微镜(SEM)和气液排除法对所制备的陶瓷膜进行表征,结果如图 2－35 和 2－36 所示。

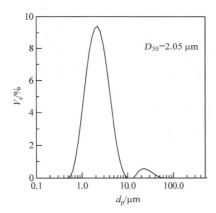

图 2－34　制膜粉体的粒径分布

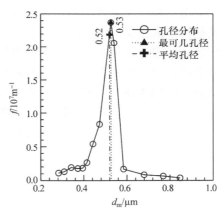

图 2－35　优化膜的孔径分布

(a) 表面

(b) 断面

图 2－36　优化膜的 SEM 照片

图 2-35 是陶瓷膜孔径分布检测结果,从图中可以看出,所制备的陶瓷膜孔径分布较窄,最可几孔径和平均孔径相接近,为 $0.53\mu m$;图 2-36 是所制备的陶瓷膜表面和断面 SEM 照片,其中(a)图是表面扫描结果,可以看出陶瓷膜粒子堆积的基本特征,而且烧结程度合适,没有过度烧结形成致密体,没有出现明显的大孔缺陷,表面较完整;(b)图是陶瓷膜的断面照片,可以清晰看出其不对称层状结构,其中较大颗粒堆积的是支撑体,支撑体上面的是小粒子烧结而成的分离层,其厚度约为 $30\mu m$ 左右。从两种表征结果来看,所制备的陶瓷膜达到了理论设计要求。

2.4.2.3　陶瓷膜过滤性能考察

(1) 过滤性能的比较

采用结构优化设计的专用陶瓷膜来进行 TiO_2 颗粒悬浮液体系的固液分离,并与其他规格陶瓷膜(孔径分别为 0.15、0.8 和 $1.2\mu m$)进行过滤性能比较,主要考察指标是过滤渗透通量和对过滤体系中颗粒的截留性能。所考察的四种孔径陶瓷膜的纯水渗透通量如表 2-2 所示,膜的纯水通量与孔径之间的变化关系基本一致。过滤分离性能考察结果如图 2-37 和图 2-38 所示。

表 2-2　各种孔径膜的纯水通量

陶瓷膜孔径/μm	纯水渗透通量/$L \cdot m^{-2} \cdot h^{-1}$
0.15	750
0.53	3500
0.8	6500
1.2	12 500

图 2-37 是四种孔径膜的过滤渗透通量随时间变化关系,从图中可以看出,孔径为 $1.2\mu m$ 的陶瓷膜初始渗透通量最大,但是衰减最快,当过滤到 180min 时(即稳定渗透通量)渗透通量为 $380L \cdot m^{-2} \cdot h^{-1}$;孔径为 $0.15\mu m$ 的陶瓷膜,由于膜本身阻力远大于其他三种膜,虽然渗透通量衰减较小,但过滤稳定渗透通量最低,为 $350L \cdot m^{-2} \cdot h^{-1}$;$0.53\mu m$ 的陶瓷膜对于本体系的过滤是最合适的,稳定渗透通量为 $470L \cdot m^{-2} \cdot h^{-1}$。

图 2-38 是过滤渗透液的浊度随时间的变化关系,这里采用渗透液的浊度来表示渗透液中颗粒的浓度。从图中可以看出。四种孔径的陶瓷膜过滤渗透液浊度(τ_D)初始时刻有所不同,20min 后基本相同,均低于 $0.5NTU$,表明所采用的陶瓷膜具有优良的截留率。孔径为 $1.2\mu m$ 的陶瓷膜过滤渗透液浊度初始值较大,即过滤开始阶段悬浮液体系中部分小颗粒发生穿滤现象,随着过滤的进行,颗粒不断对膜孔进行堵塞,堵塞后的陶瓷膜孔径发生收缩,提高了其截留性能,大大降低了孔隙率,过滤渗透通量从理论初始值 $12\ 500\ L \cdot m^{-2} \cdot h^{-1}$ 急剧下降到 $1000\ L \cdot m^{-2} \cdot h^{-1}$

左右,过滤渗透通量降低率达 92%。因此,膜过滤过程并非孔径越大越好。

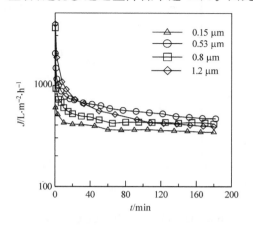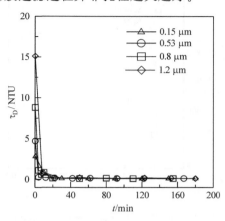

图 2-37　不同孔径膜的渗透通量变化　　　图 2-38　渗透液浊度的变化

图 2-39 是孔径对过滤稳定渗透通量的影响,图中给出了模拟计算值和实际过滤结果,两者预测非常吻合。根据设计的 $0.53\mu m$ 的陶瓷膜在实际过滤过程中表现了最好的分离性能,达到了最大的渗透通量和截留率,适合二氧化钛颗粒悬浮液体系的过滤,所建立的陶瓷膜设计方法初步得到成功应用。

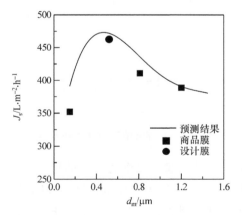

图 2-39　孔径对渗透通量的影响

（2）操作条件影响的模拟

陶瓷膜的传质结构模型除了可以对陶瓷膜微结构参数（孔径、厚度和孔隙率）进行设计,也能够对操作条件（操作压差、膜面流速和浓缩倍数等）进行优化,模拟预测与实验测定结果如图 2-40～图 2-42 所示。

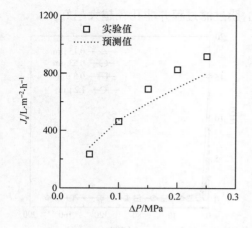

图 2-40 操作压力对渗透通量的影响

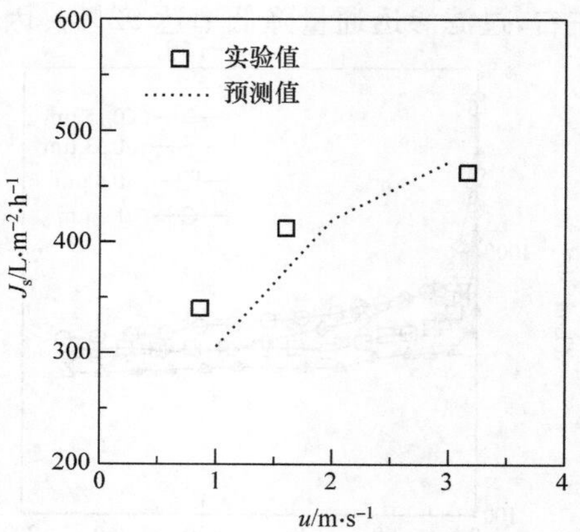

图 2-41 错流速度对渗透通量的影响

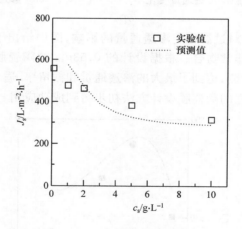

图 2-42 悬浮液浓度对渗透通量的影响

图 2-40 是操作压差对过滤稳定渗透通量的影响,体系浓度 $2g \cdot L^{-1}$,错流速度 $2m \cdot s^{-1}$,从图中可以看出,在 $0 \sim 0.3MPa$ 范围内,随着操作压差的增大,过滤稳定渗透通量也逐渐增大,表明此范围内过滤仍处于压力控制区,理论预测值与实验值吻合较好。图 2-41 是过滤错流速度对稳定渗透通量的影响,体系浓度 $2g \cdot L^{-1}$,操作压差 $0.1MPa$,在 $0 \sim 4.0m \cdot s^{-1}$ 范围内,流速增大,过滤剪切力增大,有利于减少颗粒沉积,滤饼阻力也相应减小,膜过滤渗透通量增大,但渗透通量的提高有逐渐变缓的趋势。

过滤体系的浓度是实际工业生产中最关注的问题之一,分离体系高的浓缩倍数是工程技术人员所需要的。如图 2-42 所示,随着过滤体系颗粒浓度的升高,渗透通量逐渐下降。因为悬浮液浓度的增大,相应的可沉降颗粒数量增多,颗粒间以及颗粒与陶瓷膜膜面发生相互作用的概率增大,滤饼阻力增大,过滤渗透通量减小。理论预测表明,初始低浓度范围内,浓度增加对膜过滤渗透通量影响显著,较高浓度范围内滤饼沉积量趋于饱和而导致的膜过滤渗透通量减小趋于缓和。理论模型就操作条件对过滤过程的影响计算结果与实验结果具有较好的一致性,进一步证明了模型的适用性,也为微滤过程操作条件的优化设计奠定了理论基础。

从水洗液中二氧化钛颗粒分离过程陶瓷膜设计方法的实际应用结果来看,所建立的模型能很好地设计最佳陶瓷膜微结构参数,较好地预测操作参数对过滤稳定渗透通量的影响,初步实现了针对具体体系进行陶瓷膜设计和应用的设想。

2.4.3 酸性废水中水合二氧化钛的分离

酸性废水主要是在水合二氧化钛漂洗过程中产生的,体系中主要含硫酸亚铁、硫酸以及水合二氧化钛悬浮物,为进一步考察面向应用过程陶瓷膜材料设计方法的可行性,我们将根据体系的主要性质设计并制备优化的陶瓷膜,考察该膜的过滤性能[15]。

酸性废水取自某化工公司,颗粒浓度约 $100 \text{mg} \cdot \text{L}^{-1}$,颗粒的粒径分布如图 2-43所示,不同温度下溶液的黏度见表 2-3。

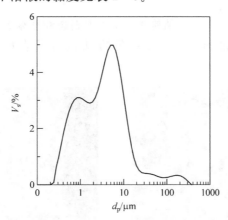

图 2-43　酸性废水中颗粒粒径分布

表 2-3　不同温度下酸性废水的黏度

温度/℃	15	20	25	30	35	40	45	50
黏度/cP	1.64	1.47	1.30	1.15	1.03	0.93	0.84	0.76

从图 2-43 可以看出,该酸性废水颗粒呈多峰分布,悬浮液体系较为复杂。根

据体系的上述性质,采用模型对膜孔径与膜过滤渗透通量的关系进行了计算模拟,孔径设计结果如图 2-44 所示。

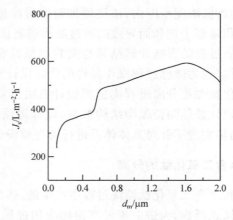

图 2-44　膜孔径对废水体系过滤通量的影响预测

由图 2.44 可知,针对该体系,比较合适的陶瓷膜孔径在 $1.6\mu m$ 左右;根据前面的预测分析,陶瓷膜厚度越小越好,但考虑支撑体的粗糙度及膜的完整性控制需要,厚度选择在 $20\sim40\mu m$。

围绕上述设计的陶瓷膜微结构参数,采用固态粒子烧结法制备了这种结构设计的陶瓷膜,通过气液排除法、SEM 等方法进行了表征,结果如图 2-45 和图 2-46所示。

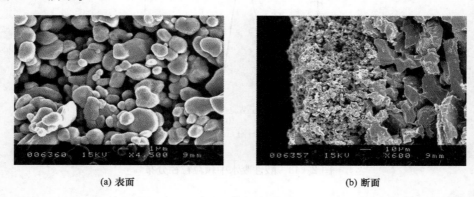

(a) 表面　　　　　　　　　　　　　　　(b) 断面

图 2-45　制备的陶瓷膜的 SEM 照片

图 2-45 是设计的陶瓷膜 SEM 照片,从断面(b)图可以看出陶瓷膜分离层的厚度为 $30\mu m$ 左右;图 2-46 是对该膜的孔径分布检测结果,从图中可以看出,所制备的陶瓷膜基本呈单峰分布,最可几孔径和平均孔径基本一致,为 $1.33\mu m$。

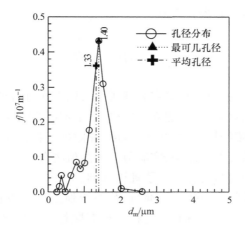

图 2-46　膜孔径分布图

采用上述设计制备的陶瓷膜进行酸性废水过滤实验,并与传统实验筛选法选择的膜(0.8μm)进行比较,结果如图 2-47 和图 2-48 所示。

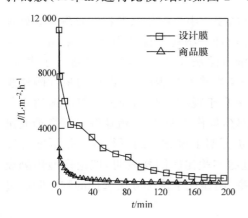

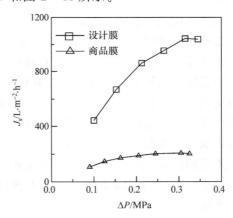

图 2-47　不同膜过滤通量随时间变化比较　　图 2-48　过滤压力对渗透通量的影响

图 2-47 是理论设计陶瓷膜与传统方法选择膜过滤过程的对比,图 2-48 是两种陶瓷膜在不同压力下的稳定渗透通量的对比,可见,理论模型预测设计的最优膜确实具有较高的过滤渗透通量,明显优于传统方法选择的陶瓷膜的过滤性能。实验中对截留率以及膜的再生考察都取得了满意的结果。

从实验结果来看,膜稳定渗透通量值要低于理论预测值,这与前面水洗液预测结果稍有不同,可能是该体系中含有硫酸亚铁、硫酸等物质,在模型中没有考虑这种溶液环境对实际过滤过程的影响,因此使得实际渗透通量要低于理论预测值,有关模型的完善有待进一步深入研究。

2.5 小　结

　　针对颗粒体系微滤过程,从堵塞和滤饼生长两方面进行过滤过程描述,提出采用堵塞因子表征膜的堵塞情况,建立了膜微结构与宏观分离性能之间关系的数学模型,该模型模拟了膜结构参数(孔径、厚度、孔隙率)、颗粒粒径和粒径分布以及操作参数对悬浮液体系过滤的影响,实验值和预测值吻合很好,为面向颗粒悬浮液体系微滤过程的陶瓷膜材料设计奠定了理论基础。

　　针对二氧化钛颗粒悬浮体系微滤过程,系统地预测了陶瓷膜结构参数对渗透通量的影响,结果表明,对于具有一定粒径分布颗粒体系的微滤过程,存在最优膜孔径使膜渗透通量最大,膜渗透通量以及最优孔径随颗粒平均粒径增大、颗粒粒径分布变窄而有所增大;膜孔径分布变宽后渗透通量下降。陶瓷膜厚度减小、孔隙率增大则渗透通量增大。上述结果为面向过程的陶瓷膜材料设计提供了有益的理论指导。

　　面向应用过程的陶瓷膜设计方法在钛白废水中二氧化钛颗粒回收陶瓷膜处理中得到很好的实施。根据水洗液体系特性设计了结构最优的陶瓷膜,采用粒子烧结法进行了陶瓷微滤膜的制备,并通过气液排除法和 SEM 方法对膜进行了表征,证明所制得的膜基本达到了设计要求。分离实验考察表明,所设计的最优陶瓷膜确实具有较好的分离性能,膜过滤渗透通量高于现有商品陶瓷膜。膜渗透通量与膜孔径关系的理论预测与实验结果吻合较好,操作压差、膜面流速等对膜渗透通量的影响关系实验与理论预测相一致,进一步证明了该方法的可行性。根据酸性废水体系的性质,设计制备了最优陶瓷膜,过滤实验比较同样表明,理论模型预测设计的最优膜,具有较高的渗透通量和截留率,明显优于传统方法选择的陶瓷膜的过滤性能。

　　本章提出的仅是一个初步针对颗粒悬浮液体系陶瓷膜设计的基本框架,模型建立过程中采用了一些假设,膜的微结构也进行了相应的简化,实际体系要复杂得多,所建立的设计方法有很多地方需要进一步完善,相关的理论工作也有待进一步深入研究。

符 号 说 明

A_i——膜面微元(m^2)　　　　　　　　　u——错流速度($m·s^{-1}$)

C_s——悬浮液的质量体积浓度($kg·m^{-3}$)　　V_s——颗粒体积(m^3)

d_m——膜孔径(m)　　　　　　　　　　　v——渗透流速($m·s^{-1}$)

d_p——悬浮液中颗粒粒径（m）

$d_{p\,min}$——悬浮液中最小颗粒粒径（m）

F_D——流动曳力（N）

F_F——浮力（N）

F_G——重力（N）

F_L——内向升力（N）

F_Y——渗透曳力（N）

g——重力加速度（$9.81\text{m}\cdot\text{s}^{-2}$）

h——滤饼层厚度（m）

J_0——纯水渗透通量（$\text{L}\cdot\text{m}^{-2}\cdot\text{h}^{-1}$）

J——渗透通量（$\text{L}\cdot\text{m}^{-2}\cdot\text{h}^{-1}$）

J_s——稳定渗透通量（$\text{L}\cdot\text{m}^{-2}\cdot\text{h}^{-1}$）

k_1,k_2——膜阻力待定参数

k_3——形状因子

k——堵塞因子

L——膜厚度（m）

m——沉积在膜表面的颗粒质量（kg）

m_n——系数

ΔP——操作压力（Pa）

$Q(x)$——悬浮液中颗粒粒径累积分布

$q(x)$——悬浮液中颗粒粒径分布频率（m^{-1}）

r_L——沉积层的比阻（m^{-2}）

R_L——沉积层的阻力（m^{-1}）

R_{m0}——膜本身的阻力（m^{-1}）

R_m——堵塞后膜的阻力（m^{-1}）

t——时间（s）

x——悬浮液颗粒粒径（m）

x_c——悬浮液颗粒临界沉降粒径（m）

x_m——沉积层内颗粒的平均粒径（m）

y——离膜表面的距离（m）

α——比阻（m^{-2}）

β——系数

ε——滤饼层的孔隙率

ε_m——膜孔隙率

ε_{m0}——新膜孔隙率

φ_{sw}——膜表面浮液的体积浓度体积分数

φ_s——悬浮液的体积浓度体积分数

λ——Stokes 方程中的浓度校正因子

μ——流体黏度（Pa·s）

σ——相对系数

π——常数

θ——时间坐标（s）

ρ_l——纯液体密度（$\text{kg}\cdot\text{m}^{-3}$）

ρ_s——颗粒密度（$\text{kg}\cdot\text{m}^{-3}$）

ρ——流体密度（$\text{kg}\cdot\text{m}^{-3}$）

τ——曲折因子

τ_D——浊度（NTU）

τ_w——剪切应力（Pa）

参 考 文 献

[1] 徐南平,李卫星,赵宜江等.面向过程的陶瓷膜材料设计理论与方法（Ⅰ）膜性能与微观结构关系模型的建立.化工学报,2003,54(9):1284~1289

[2] Zhao Y, Chen M, Zhang Y, et al. A facile approach to formation of through－hole porous anodic aluminum oxide film. Materials Letters, 2005,59：40~43

[3] ASTM F902. Average Circular－Capillary Equivalent Pore Diameter in Filter Media

[4] Johnston P R. Fluid sterilization by filtration Buffalo Grove. 3rd ed. London：Interpharm Press, 1992

[5] Tam C. The drag on a cloud of spherical particles in low Reynold number flow. J. Fluid Mech.,1969, 38 (3)：537~546

[6] Rubin G. Widerstands－ und Auftriebsbeiwerte von ruhenden kugelgormigen Partikeln in stationaren, wand-nahen laminaren Grenzschichten, Dissertation, TH Karlsruhe, 1977

[7] Altmann J, Ripperger S. Particle deposition and layer formation at the crossflow microfiltration. J. Membr.

Sci., 1997, 124:119～128

[8] 李卫星,赵宜江,刘飞等.面向过程的陶瓷膜材料设计理论与方法(Ⅱ)颗粒体系微滤过程中膜结构参数影响预测.化工学报,2003,54(9):1290～1294

[9] Lee S H, Chung K C, Shin M C, et al. Preparation of Ceramic Membrane and Application to the Crossflow Microfiltration of Soluble Waste Oil. Materials Letters, 2002,52:266～271

[10] Yang C, Zhang G S, Xu N P, et al. Preparation and Application in Oil－Water Separation of $ZrO_2/\alpha-Al_2O_3MF$ Membrane. J. Membr. Sci., 1998, 142:135～243

[11] 曲颖.我国钛白工业的跨世纪发展战略.中国涂料,2000,(1):39～45

[12] 陈跃.提高钛白粉生产收率途径探讨.涂料工业,1997,(3):22～23

[13] 黄培.氧化铝陶瓷膜的制备表征与应用研究.[博士论文].南京:南京化工大学,1996

[14] 王沛.氧化铝微滤膜制备与工业化研究.[博士论文].南京:南京化工大学,1997

[15] 赵宜江,李卫星,张伟等.面向过程的陶瓷膜材料设计理论与方法(Ⅲ)钛白分离用陶瓷膜的优化设计与制备.化工学报,2003,54(9):1295～1299

第3章 面向胶体体系的陶瓷膜设计方法

分散相物质以胶体形式存在的体系称为溶胶或胶体体系,胶体物质尺寸介于悬浮颗粒和分子之间,一般是相对分子质量较大的聚合物。具有胶体体系特点的应用对象是很常见的,如中药水提液、植物发酵液等,这些植物在深加工过程中普遍存在着目标成分和原料液中杂质的分离问题。传统的分离方法很难满足要求,可采用膜技术进行处理,与传统的板框过滤技术相比,陶瓷膜分离不仅效率高而且过程可以连续运转,成为新的替代技术。

与颗粒悬浮液体系类似,胶体体系陶瓷膜分离过程也存在膜的选择问题。理想的方法是建立面向胶体体系陶瓷膜设计方法,即通过构建陶瓷膜分离功能与微结构之间的数学关系,依据分离效率最佳的原则,对陶瓷膜微结构参数进行优化设计,从而实现面向胶体体系应用的陶瓷膜材料设计。胶体体系中由于存在大量柔性链状高分子物质,很容易在膜孔内和膜表面发生吸附行为,与颗粒悬浮液过滤机理相差很大,问题更为复杂,构建模型时必须考虑吸附的影响因素。本章以中药类胶体体系陶瓷膜过滤过程为研究对象,根据吸附–浓差极化机理,建立多孔陶瓷膜渗透通量与膜微结构参数(膜孔径、厚度和孔隙率)之间的数学关系模型,为中药水提液体系过滤陶瓷膜材料设计奠定基础,丰富面向应用过程陶瓷膜材料设计与制备方法的内容。

3.1 胶体体系膜功能与微结构关系模型的建立

在颗粒悬浮液体系的陶瓷膜过滤过程中,膜污染主要包括两部分:颗粒对膜孔内的堵塞和颗粒在膜表面的沉积;相对应的是,胶体体系分离过程中主要也是两部分阻力引起陶瓷膜过滤渗透通量的减小,即高分子物质在陶瓷膜膜孔内吸附引起的阻力和高分子物质在陶瓷膜表面吸附形成的吸附层阻力。

构建面向胶体体系陶瓷膜功能与微结构关系模型的总体思路如图3-1所示,通过陶瓷膜纯水通量模型而引入膜微结构参数对实际过滤过程进行描述,主要从两个方面进行考虑:由于胶体分子进入膜孔导致膜微结构的改变,过滤阻力增大,并逐渐形成浓差

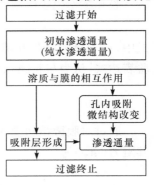

图3-1 研究思路

极化;胶体分子在膜面发生吸附形成吸附层阻力,渗透通量降低,直到传质平衡,过滤渗透通量趋于稳定。

在模型构建中,选择牛血清蛋白(BSA)的水溶液为模拟体系,从大分子物质在膜孔内和膜表面吸附两个角度分析膜污染阻力的变化情况,在完成较简单对象(模拟体系)的研究基础上,进而考察实际体系(中药提取液等)的过滤情况。

3.1.1 膜孔收缩

具有长链结构的大分子物质,如蛋白质和多糖等,容易吸附到与其接触的陶瓷膜表面,很多研究注意到这种现象。Vernhet 等[1]在用微滤膜澄清葡萄酒时发现造成膜污染的主要因素为多糖和鞣酸的吸附。Reichert 等[2]采用显微镜对 BSA 和溶菌酶在膜孔径为 $12\mu m$ 的醋酸纤维(CA)膜上的吸附进行观测,他们对 CA 膜用一种绿色荧光剂进行标记,BSA 和溶菌酶分别用菊黄色和红色染色剂进行标记,实验结果发现两种蛋白在膜孔中均发生了吸附。Gebauer 等[3]认为此类物质在膜面的吸附层厚度一般不超过 $0.5\mu m$。Conder 和 Hayek[4]研究了 BSA 在刚性疏水颗粒表面的吸附行为,发现吸附平衡等温线服从 Langmuir 模型。这些实验现象均表明吸附对膜过滤过程具有非常重要的影响,而且不同大分子物质在膜面的吸附情况是各不相同的,这主要是由大分子本身的性质、膜表面性质以及溶液环境的综合影响所决定。

多孔陶瓷微滤膜孔径远大于 BSA 分子尺寸,因而在过滤 BSA 溶液时,BSA 分子很容易进入并部分通过膜孔,同时在膜孔内表面发生吸附,引起了膜孔径(d_m)和孔隙率(ε)的下降[5]。对此,可以提出量化指标进行计算,由于膜孔内吸附导致膜孔径变化如式(3-1)所示

$$d_m = d_{m0} - k_d \cdot \delta_g \tag{3-1}$$

式中,d_{m0} 是新膜初始孔径;k_d 是膜孔径收缩因子;δ_g 是膜面吸附层厚度。

膜孔隙率由于吸附的影响变化情况如式(3-2)所示

$$\varepsilon = k_e \cdot \varepsilon_0 \tag{3-2}$$

式中,ε_0 是新膜初始孔隙率;k_e 是膜孔隙率变化率。关于 k_e 的计算,我们提出经验表达式,认为与新膜孔径与吸附层厚度之比相关,见式(3-3)

$$k_e = 1.0438 - 0.0450 \cdot \frac{d_{m0}}{\delta_g} + 0.0012 \cdot \left[\frac{d_{m0}}{\delta_g}\right]^2 \tag{3-3}$$

通过对膜微结构受吸附影响而发生变化的分析,可以推导出膜微结构改变后其阻力(R_m)为

$$R_m = \alpha \cdot L = \frac{k_1 \cdot (1-\varepsilon)^2 \cdot L}{d_m^{k_2} \cdot \varepsilon^3} \tag{3-4}$$

3.1.2　吸附层形成

超滤膜能对 BSA 分子进行较好的截留,而微滤膜由于孔径远大于 BSA 尺寸,似乎应该全部透过,但研究[6]发现,用微滤膜处理 BSA 溶液体系时,其透过率要低于 100%。这种现象可以用膜面形成的凝胶层的截留作用来解释,由于 BSA 分子之间以及 BSA 分子与膜表面的相互作用,在过滤时膜面将形成凝胶层,而且浓度越高,凝胶层的形成时间越短,这一点与过滤初始短时间内膜过滤渗透通量与 BSA 截留率的急剧变化是相一致的。

膜面凝胶层形成后,过滤过程的特性将与超滤过程相类似,用超滤膜处理 BSA 溶液对 BSA 进行截留是研究者们常用的方法,并有相应的模型可以预测膜面浓差极化现象。1981 年 Vilker 等[7]在 Williams[8] 提出的反渗透模型基础之上,第一次通过 BSA 超滤分离实验研究获得了浓差极化层中溶质浓度情况,并建立了相应的理论模型。1993 年 Gekas 等[9]对蛋白质超滤的浓差极化现象进行了深入的研究,在传质基础上将吸附过程与浓差极化模型相结合,提出吸附-浓差极化模型,该模型能够预测渗透通量和凝胶层浓度随时间的变化情况。Ruiz Bevia 等[10]对 Gekas 的模型的一些小错误进行了修正并提出了改进方法。本书将采用对两者提出的吸附-浓差极化模型进行改进,从而描述胶体体系陶瓷膜过滤过程。

BSA 溶液过滤过程中,膜面边界层内溶质的分布情况如图 3-2 所示,膜面溶质的浓度是用来计算膜污染阻力很重要的数据,可以通过膜面边界层扩散传递方程来求解,即式(3-5)

$$\frac{\partial C}{\partial t} + \frac{\partial}{\partial x}(JC) = \frac{\partial}{\partial x}\left[D \frac{\partial C}{\partial x} \right] \tag{3-5}$$

式中,C 是体系中 BSA 浓度;t 是过滤时间;D 是扩散系数。

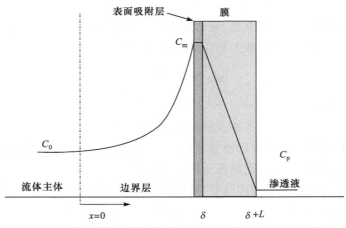

图 3-2　膜面浓差极化示意图

初始条件

$$t = 0 \quad , \quad C(x,0) = C_0 \tag{3-6}$$

边界条件

$$x = 0 \quad , \quad C(0,t) = C_0 \tag{3-7}$$

$$x = \delta \quad , \quad J \cdot C(\delta,t) = D \frac{\partial C(\delta,t)}{\partial x} + \frac{\mathrm{d}\, m_a(t)}{\mathrm{d}\, t} \tag{3-8}$$

式中，C_0 是料液主体中 BSA 浓度；δ 是边界层浓度；$m_a(t)$ BSA 在膜面上的吸附量。

为了求解方程组(3-5)～(3-8)，其中渗透通量(J)必须写出定量表达式，如 Darcy 定律表达式(3-9)所示

$$J = \frac{\Delta P - \Delta \Pi}{\mu(R_m + R_a)} \tag{3-9}$$

Ruiz Bevia 等将吸附层阻力与膜面 BSA 吸附量进行关联，如式(3-10)

$$R_a = k_a \cdot m_a^n \tag{3-10}$$

式中，k_a 和 n 是待定参数；$\Delta \Pi$ 是由于吸附层导致的渗透压差，通过多项式(3-11)来计算

$$\Delta \Pi = b_1 \cdot C(\delta,t) + b_2 \cdot C(\delta,t)^2 + b_3 \cdot C(\delta,t)^3 \tag{3-11}$$

式中，b_1、b_2 和 b_3 是多项式系数，可以通过实验来获取，对于很多常见物质，其值有文献报道。

膜面 BSA 吸附量(m_a)可以通过 BSA 在膜材料表面的吸附平衡和动力学特性来表达

$$\frac{\mathrm{d}\, m_a}{\mathrm{d}\, t} = p \cdot C^{n'}(m_{ae} - m_a) \tag{3-12}$$

式中，p 和 n' 是动力学方程常数，可以通过实验方法获取；m_{ae} 是 BSA 在膜面的平衡吸附量，可以由经典的平衡方程 Langmuir 模型计算

$$m_{ae} = \frac{A \cdot C}{1 + B \cdot C} \tag{3-13}$$

式中，A 和 B 为常数。

将式(3-9)～(3-13)等相应的参数联立方程组(3-5)～(3-8)进行求解，能得到不同时刻浓度分布和渗透通量等值；改变相应的输入参数(膜微结构参数、过程操作参数等)可以得到不同情况下的过滤结果。

胶体溶液微滤截留率与膜孔径、胶体分子大小、相对分子质量以及分子构型之间关系比较复杂，我们就 BSA 分子截留率(ϕ_s)与其尺寸(d_s)以及陶瓷膜孔径(d_{m0})之间提出经验关联式(3-14)来预测陶瓷微滤膜过滤 BSA 溶液时的截留率。

$$\phi_s = \left[1 + \left[\frac{0.015}{\varphi - 0.03}\right]^{0.81}\right]^{-1}$$ (3 - 14)

式中，φ 为 d_s 与 d_{m0} 之比，对于 BSA 分子而言，d_s 取 14nm。

3.2　模型求解与验证

3.2.1　求解思路

如图 3 - 3 所示，模型主要输入参数为膜微结构参数(孔径、厚度和孔隙率)、料液体系性质(黏度、浓度和溶质相对分子质量)和流体流动特性(错流速度、操作压差和温度)等，最终输出结果为不同时刻的渗透通量值。首先以纯水渗透通量作为初始值，并结合流体流动基本数据计算相关的传递参数(传质系数、扩散系数和Peclet 准数)求出边界层厚度，再根据连续性方程求解得到膜面浓度分布，计算由于膜面凝胶层所引起的渗透压，得到有效的操作压差；由膜材料特性、微结构参数和料液性质根据吸附动力学和吸附平衡原理对膜孔内和膜表面的吸附层进行分析，计算出微结构改变后的膜阻力和吸附层阻力；最后由 Darcy 定律可以计算得到某一时刻的过滤渗透通量，以这个渗透通量值作为新的流体动力学参数代入连续性方程进行计算，可以得到不同时刻的膜过滤渗透通量。

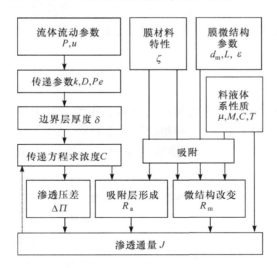

图 3 - 3　求解思路

通过理论分析，影响过滤渗透通量的因素包括：由于孔内吸附导致的陶瓷膜微结构参数改变所产生污染后陶瓷膜的阻力(R_m)、由于表面吸附而形成的表面吸附层阻力(R_a)和高分子吸附层而导致的渗透压差($\Delta\Pi$)。这三个主要因素最终反映到膜材料与微结构参数、体系特性参数和流体流动参数上去。

具体就是求解偏微分方程组(3-5)~(3-8),由于无法得到理论解析值,只能通过数值方法进行求解,下面将进行详细讨论。

3.2.2　无因次化

为了便于求解,现将待解方程组进行无因次化,通过关系式变换,偏微分方程组可以写成式(3-15)

$$x^* = x/\delta \qquad t^* = t \cdot J_0/\delta \qquad J^* = J/J_0 \qquad C^* = C/C_0$$

$$Pe = J_0 \cdot \delta/D = J_0/k \qquad \Delta P^* = \Delta \Pi/\Delta P \qquad R_a^* = R_a/R_m \qquad p^* = pC_0 \cdot \delta/J_0$$

$$\frac{\partial C^*}{\partial t^*} = -J^* \frac{\partial C^*}{\partial x^*} + \frac{1}{Pe} \frac{\partial^2 C^*}{\partial x^{*2}} \tag{3-15}$$

相应地,初始条件和边界条件分别可以写成式(3-16)~(3-18)

$$C^*(x^*, 0) = 1 \tag{3-16}$$

$$C^*(0, t^*) = 1 \tag{3-17}$$

$$J^* C^*(1, t^*) = \frac{1}{Pe} \frac{dC^*(1, t^*)}{dx^*} + \frac{1}{J_0 \cdot C_0} \frac{dm_a^*(t)}{dt^*} \tag{3-18}$$

联立归一化的偏微分方程组(3-15)~(3-18)及其他相关表达式,通过 Fortran 编程进行数值求解,得到边界层浓度、过滤阻力和渗透通量等随时间的变化关系。

3.2.3　模型参数

求解方程组时需要一些常数和传质参数。相关常数主要包括渗透压差系数、吸附动力学参数、吸附平衡参数、吸附层阻力参数等,表3-1中列出了计算过程中用到的相关参数具体数值。传质参数主要包括溶质扩散系数、质量传递系数和 Peclet 准数等。

表 3-1　模型常数

名　称	参数值
渗透压差系数	$b_1 = 3.3 \times 10^{-3}$, $b_2 = -3.3 \times 10^{-6}$, $b_3 = 4.0 \times 10^{-8}$, $C/kg \cdot m^{-3}$, $\Delta \Pi/bar$[10]
吸附动力学参数	$p = 3.7 \times 10^{-4}$, $n' = 0.05$, $m_{ae}/kg \cdot m^{-2}$, $C/kg \cdot m^{-3}$, $m_a/kg \cdot m^{-2}$[11]
吸附平衡参数	$A = 3.2 \times 10^{-4}$, $B = 0.44$, $m_{ae}/kg \cdot m^{-2}$, $C/kg \cdot m^{-3}$[10]
吸附层阻力参数	$k_a = 4.8 \times 10^5$, $n = 0.47$, $m_a/kg \cdot m^{-2}$, $R_a/bar \cdot s \cdot m^{-1}$[10]

(1)溶质扩散系数(D)

Sherwood 等[12]提出了浓差极化层扩散系数(D)与相对分子质量(M)的经验

关系式,如式(3-19)所示,Opong 和 Zydney[13]在研究 BSA 超滤时,引用此式取得了较好的结果,这里采用其将扩散系数和 BSA 相对分子质量相关联。

$$D = 2.75 \times 10^{-9} \cdot M^{-\frac{1}{3}} \tag{3-19}$$

（2）质量传递系数（k）

根据传质系数的定义式(3-20),其值主要与扩散系数、Sherwood 数（Sh）和水力直径（d_h）相关。

$$k = \frac{D \cdot Sh}{d_h} \tag{3-20}$$

流体流动状态不同,相应的经验公式也有很大差异。

湍流时,Sh 准数可以用经典的经验式(3-21)来表达

$$Sh = k_{Sh} \cdot Re^a \cdot Sc^b \tag{3-21}$$

式中,k_{Sh}、a 和 b 均为待定参数,最常用的表达式为

$$Sh = 0.023 Re^{0.8} Sc^{0.33} \tag{3-22}$$

层流时,Nabetani 等[14]在膜理论的基础上对传质系数进行了推导,得到 Leveque 解,如式(3-23)所示

$$k = 1.62 \left[\frac{u \cdot D^2}{d_h \cdot L_h} \right]^{1/3} \tag{3-23}$$

式中,u 为错流速度;L_h 为膜管长度。

（3）Peclet 准数（Pe）

由膜管径向 Peclet 准数的定义,表达式如(3-24)所示

$$Pe = \frac{J_0}{k} = J_0 \frac{\delta}{D} \tag{3-24}$$

其物理意义是径向对流传质速率与分子传质（扩散）速率之比,综合体现了体系物理特性和流动特性对膜过滤的影响。

3.2.4　模型计算与验证

模拟体系 BSA 浓度为 0.2 g·L^{-1},pH 为 5.1。陶瓷膜由 α-Al$_2$O$_3$ 粒子通过悬浮粒子烧结法制备得到,平均孔径 90 nm。实验和模拟计算操作条件为:操作压差 0.1 MPa,膜面错流速度 3.0 m·s^{-1},温度 29℃。模拟计算得到不同过滤时刻膜面边界层内 BSA 浓度分布情况,浓差极化的结果如图 3-4 所示。

当过滤进行 6s 时,边界层浓度逐渐发生变化,膜面附近 BSA 分子开始富集,相对浓度（C^*）增大为 3.0;30s 时 C^* 达到 21.7,而且从料液主体到膜面浓度梯度逐渐增大,浓差极化现象变得较严重;当时间超过 90s 后,膜面附近 BSA 的相对浓度为 40 左右,浓差极化现象逐渐趋于稳定。这一点从图 3-5 更容易看出,直观反

映了膜面浓度(C_m^*)随时间的变化关系。过滤开始 90s 内，C_m^* 迅速增大并趋于稳定，膜面边界层浓度梯度基本形成。此时间段内 BSA 在膜面的吸附速率较快，迅速达到接近饱和状态；随后时间内，吸附速率减慢并趋于稳定状态。

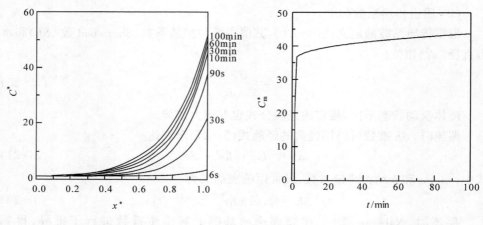

图 3-4　边界层内浓度分布变化　　　　　图 3-5　膜面浓度随时间变化

　　BSA 分子在膜面富集将导致吸附层的形成，从而产生了一定的渗透压差，使有效操作压差减小，其大小因体系溶质性质而异，对于本体系的影响较小，如图 3-6 所示，BSA 分子吸附层引起的压力损失随时间逐渐增大，100min 内从 0 增大到 0.002MPa，对过滤渗透通量的影响几乎可以忽略。

　　图 3-7 给出了膜面 BSA 吸附层所引起的阻力大小随时间的变化，从图中可以看出，从吸附层的建立并不断的形成，其阻力不断增大，但增大幅度逐渐减小，说明吸附程度逐渐减小，这与前述的结果是一致的。

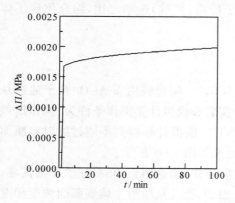
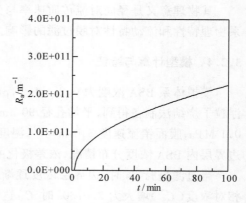

图 3-6　渗透压差随时间的变化　　　　　图 3-7　膜面吸附阻力随时间变化

通过浓度、有效操作压差和吸附阻力等的计算,最终得到了宏观过滤过程中渗透通量的变化情况。图 3-8 中虚线是本模型的计算结果,对于这种微结构的陶瓷膜处理 BSA 体系时,渗透通量随时间的衰减被模拟出来,计算结果与实验值吻合很好,可以看出采用吸附-浓差极化机理来分析胶体体系是合适的。根据式(3-14)计算得到 90nm 陶瓷膜对 BSA 的截留率为 84.8%,与实际测定的截留率 73.0%存在一定的偏差,相关内容需要进一步研究。

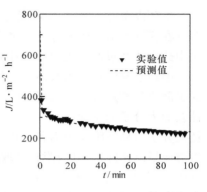

图 3-8　渗透通量随时间变化

模拟计算还得到了微滤过程中各种阻力的大小和比例,如表 3-2 所示,孔径为 90nm 的陶瓷膜本身阻力为 $5.8\times10^{11}\mathrm{m}^{-1}$,由于孔内吸附使得膜微结构参数发生变化后的膜阻力上升了 176%,达到 1.6×10^{12} m^{-1},占过滤总阻力的 88%,而吸附层阻力仅为 $3.3\times10^{11}\mathrm{m}^{-1}$。从阻力分析结果可以看出,由堵塞引起的过滤阻力占很大比重,因此过滤开始时渗透通量衰减极为迅速,在过滤开始 5min 内,使渗透通量衰减为初始值的 30%～50%左右。

表 3-2　阻力分析预测

阻力总类	新膜阻力(R_{m0})	堵塞后膜阻力(R_m)	吸附阻力(R_a)	总阻力(R_t)
阻力值/m^{-1}	5.8×10^{11}	1.6×10^{12}	3.3×10^{11}	1.8×10^{12}
比例/%	32	88	12	100

实验和模拟计算结果显示,所建立的陶瓷膜分离功能与微结构之间的关系模型能很好地预测特定微结构的陶瓷膜处理 BSA 体系时渗透通量随时间的变化关系。不同物质在陶瓷膜材料上的吸附规律相差很大,这取决于物质本身的分子构型的特点。为了拓宽模型的适用范围,就必须分别研究不同物质在膜面的吸附特性——吸附平衡参数和吸附动力学参数,下面将以中药水提液体系中高分子物质在膜面的吸附特性为例展开详细研究。

3.3　陶瓷膜材料对胶体物质的吸附特性研究

模型中将吸附和浓差极化机理结合来对胶体体系多孔陶瓷膜微滤过程进行分析计算取得了较好的结果,其中胶体大分子等物质在与膜材料界面相接触发生的吸附行为决定了膜面污染层的形成及其阻力大小。BSA 分子的这些特性(吸附动力学参数和平衡参数)有文献报道可直接引用,但是一些其他物质(如中药水提液体系中某些物质等)没有文献值供参考,因此必须通过实验的方法获得。

中药以单方为基本单位,复杂的中药配方均由单方配伍而成,因此从单方逐个对其在膜材料上的吸附等特性进行研究,建立相应的特征参数数据库,能有效地解决中药类体系过滤膜吸附污染计算问题。

中药水提液可视为胶体和颗粒(泥沙等)的混合体系,由于其中颗粒含量极低,为了简化计算过程予以忽略,而胶体类物质,如鞣质、淀粉、蛋白质等非药用或药用性差的大分子物质含量较大[15~17],可视为高分子溶液。在膜过滤过程中,由于长链大分子容易吸附在膜面和膜孔内,形成吸附污染层,增大膜过滤阻力,导致膜的渗透通量迅速降低,其吸附程度取决于膜表面电性质、溶质性质、溶液环境及其相互关系[18,19]。中药水提液中的蛋白质在等电点附近时易在膜表面发生吸附,所以在蛋白质的过滤过程中,一般在等电点时通量最低,这在生物和含蛋白质等大分子的体系过滤过程中会出现这一现象[20,21]。除了蛋白分子之间的相互作用对膜过滤产生很大影响之外,陶瓷膜材料性质对胶体体系的过滤也起非常重要的作用。

3.3.1 陶瓷膜材料特性

研究表明,金属氧化物表面与水溶液等介质相接触时会发生电离或吸附溶液中离子使其表面呈荷电状态,当 pH 发生变化时,表面基团可以发生质子化而带正电荷或去质子化而带负电荷。为保持溶液的电中性,体系中的正负离子在固液界面进行重排,在荷电界面到溶液主体之间形成电荷和电势逐渐变化现象,称之为包含紧密层和扩散层的双电层,如图 3-9 所示,紧密层与主体溶液存在电位差,此电位差即 ζ 电位。

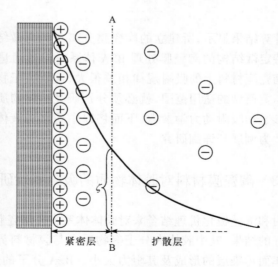

图 3-9 双电层示意图

陶瓷膜活性分离层一般由金属氧化物粒子烧结而成,陶瓷膜在溶液中,其表面也会带电,一般采用 ζ 电位表示,ζ 电位是陶瓷膜重要的材料性质之一,表征方法主要包括显微电泳法(microelectrophoresis)、流动电势法(streaming potential)和电渗法(eletroosmosis)等。

膜表面的电化学特性受到溶液环境的极大影响,并与溶液中溶质发生相互作用,从而在宏观上表现出膜过滤过程中的污染或抗污染特征。通过调节 pH,膜材料表面电性和溶质电性均产生很大变化,这种变化直接决定了溶质在膜材料表面的吸附行为,因此溶液的 pH 直接影响到膜分离性能[22,23],膜污染程度可以通过调节 pH 和离子强度等来进行控制[24~28]。Jones 和 O'Melia[29]发现膜过滤过程中不可逆阻力与吸附量存在一定关系,因此研究膜面吸附行为可以更好地分析膜污染形成机理,从而对膜通量提高和污染膜清洗再生有一定的指导意义。

本章以 ZrO_2 和 Al_2O_3 两种常用的陶瓷膜材料为例,考察中药高分子在其颗粒表面的吸附特性。首先从制膜粉体颗粒在中药水提液中的吸附实验入手,考察制膜粒子为吸附介质对典型中药单方生地黄水提液中多糖类等高分子的吸附行为,获取相应吸附动力学和平衡参数,并研究不同 pH 下由这种颗粒制成的陶瓷膜处理中药生地黄水提液的渗透性能。

ZrO_2 粉体颗粒平均粒径为 $0.5\mu m$,采用 ChemBET 3000(Quantachrome,USA)测定了粉体的比表面,为 $7.28m^2 \cdot g^{-1}$;ζ 电位采用 Zetasizer 3000HSA(Marlvern,UK)进行测定,其等电点为 7.2,与 Szymczyk 等[30]用 ZrO_2 粒子压制的膜片流动电势法所得结果(6.7)相接近,因此认为可以通过粉体表面吸附来反映膜面吸附的情况。Al_2O_3 颗粒平均粒径为 $0.5\mu m$,比表面为 $0.23\ m^2 \cdot g^{-1}$,等电点为 8.5。

在 Al_2O_3 支撑体上,将上述粉体采用悬浮粒子烧结法制得两种材料的陶瓷膜,平均孔径通过气体泡压法[31]测定。

3.3.2　吸附平衡模型

对于气体分子在固体表面的吸附,很多学者对此吸附相平衡现象采用不同的假定和模型,推导出各种吸附等温方程,主要包括 Langmuir、Freundlich、BET 和 Polany 等吸附理论。其中 Langmuir 和 Freundlich 两种模型除用于单组分气体混合物的吸附外,对于低浓度溶液的吸附情况也可以适用。

Langmuir 假设在等温下对于均匀表面被吸附溶质分子之间没有相互作用力,形成单分子层理想吸附,在用来描述液体在固体表面吸附时,也可写成式(3-25)

$$m_{ae} = \frac{A \cdot C}{1 + B \cdot C} \tag{3-25}$$

式中,m_{ae} 为溶质在颗粒表面的平衡吸附量;A 和 B 为模型参数。

Freundlich 提出的经验方程认为,等温下在吸附热随着覆盖率的增加成对数

下降的吸附平衡,其经验表达式在液体吸附过程时,如式(3-26)所示

$$m_{ae} = k \cdot C^n \qquad (3-26)$$

式中,k 和 n 为模型参数,可以通过实验回归的方式获取。

　　实验测定方法:称取一定量的 ZrO_2 或 Al_2O_3 颗粒加入到 200mL 中药生地黄水提液中,体系温度 21℃,pH 为 5.0,在外加搅拌条件下考察不同原液浓度(固含量)中颗粒的吸附行为,吸附时间 24h。Conder 和 Hayek[32]就是通过这种搅拌池颗粒吸附法来考察 BSA 在刚体颗粒表面吸附平衡和动力学行为的。通过测定溶液中固含量变化计算吸附量,一般认为吸附 24h 后能达到平衡状态。中药体系固含量的测定方法参考 Reh 和 Gerber[33]在测定乳制品固含量所采用的方法,该方法与国标固含量差重法类似。

　　在测定水提液固含量时,先用移液管准确量取定量料液,通过水浴蒸发脱除蒸发皿中样品所含的水分,在烘箱中 105℃ 保持 30min 后取出,用电子分析天平 BS1500(Sartorius,DE)称重得到蒸发后残余固含物质量,将其与料液体积相比,即可得到原料液的质量体积浓度(C)。单位颗粒表面上溶质的吸附量(m_a)可以通过所称取的颗粒质量(M)、颗粒的比表面积(S)、料液体积(V)和料液浓度的变化等来计算得到,如式(3-27)所示

$$m_a = \frac{V \cdot C}{M \cdot S} \qquad (3-27)$$

3.3.3　吸附动力学方程

　　根据吸附通用动力学方程式(3-12),微分形式给出水提液中有机物在颗粒表面的吸附速率情况。对式(3-12)进行积分可得到颗粒表面吸附量(m_a)与时间变化关系的显式表达式,即式(3-28),该表达式反映了不同时刻颗粒表面吸附量的大小。

$$m_a = m_{ae}(1 - e^{-pC^x t}) \qquad (3-28)$$

　　实验测定方法:称取一定量的 ZrO_2 或 Al_2O_3 颗粒加入到 200mL 中药生地黄水提液溶液中,在搅拌的作用下,测定体系总固含量随时间的变化关系,进而计算得到颗粒表面的吸附量的变化关系,从而根据式(3-28)回归可以得到水提液中有机物在颗粒表面的吸附动力学特征参数。

3.3.4　ZrO_2 材料吸附特性参数

3.3.4.1　平衡吸附参数

　　ZrO_2 颗粒平衡吸附实验数据分别用 Langmuir 和 Freundlich 模型进行参数拟合,回归方程如式(3-25)和式(3-26)所示,结果如图 3-10 所示。

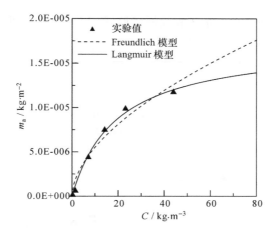

图 3-10　中药水提液总有机物
在 ZrO_2 表面的吸附等温线

从图中可以看出,不同初始料液浓度对水提液中有机物在颗粒表面的吸附程度是不一样的,随着体系浓度的增大,其平衡吸附量也逐渐增大并趋于稳定。实验值分别用两种模型进行拟合,相关参数见表 3-3。结果表明,Langmuir 对实验值的相关系数较好,而 Freundlich 模型则较差,说明体系中有机物在 ZrO_2 颗粒表面的吸附更符合 Langmuir 模型。

表 3-3　吸附平衡模型拟合参数

参　　数	Langmuir 模型		Freundlich 模型	
	A	B	k	n
拟合结果	1.52×10^{-6}	0.559	8.89×10^{-7}	0.0512

3.3.4.2　吸附动力学参数

吸附动力学实验条件为温度 21℃,pH5.0,实验共进行了 24h。如图 3-11 所示,吸附行为直接导致体系浓度的下降,中药水提液总固含量相对值(C^*)随时间的变化情况,体系初始总固含量为 44.0 $kg \cdot m^{-3}$,发现吸附过程在 200min 附近达到吸附平衡值,在随后的时间里,颗粒表面接近饱和状态,因此体系浓度不会随着时间的延长而减小。

根据体系料液总量和 ZrO_2 颗粒的 BET 比表面值,可以计算得到颗粒表面吸附有机物随时间的变化关系,如图 3-12 所示。可以看出,膜面所吸附中药水提液中有机物的量与图 3-11 所反映出体系总浓度的变化趋势一致,当颗粒表面达到吸附平衡时,单位颗粒表面上的吸附量将不再随时间的增长而继续变大。将颗粒表面吸附量与时间的变化关系实验数据按照式(3-28)进行回归拟合参数可得到 p 和 n' 的值。

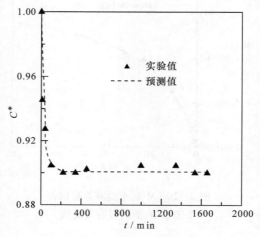

图 3-11　体系总固含量随时间的变化

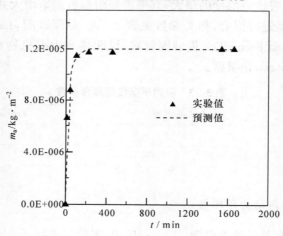

图 3-12　ZrO_2 颗粒表面吸附量随时间变化

对不同溶液环境(pH)条件下中药生地黄水提液中有机物在 ZrO_2 颗粒表面的吸附行为进行了全面考察,结果见表 3-4。在参数回归时,将浓度的指数参数 n' 的值保持恒定,通过回归得到不同 pH 情况下的参数 p。从结果(表 3-4)可以看出,在实验 pH 范围内(2.2～9.7),当 pH 在 ZrO_2 颗粒等电点(7.2)以下时,p 值随着 pH 的增大而增大,从 pH 为 2.2 时的 1.20×10^{-4} 上升到 7.2 时的 9.57×10^{-4}。这说明在 ZrO_2 的等电点以下,随着 pH 增大吸附速率也相应增大,当 pH 到达其等电点时,吸附速率达到最大值,此时膜面电荷为零,吸附污染可能较严重;当 pH 高于其等电点时,p 值又有减小的趋势,其值从 9.57×10^{-4} 下降到 7.20×10^{-4},pH 增大使水提液中有机物在颗粒表面的吸附速度呈减小趋势。

表 3-4 吸附动力学参数拟合结果

pH	吸附动力学方程参数	
	p	n'
2.2	1.20×10^{-4}	0.015
5.0	4.50×10^{-4}	0.015
6.0	9.57×10^{-4}	0.015
7.2	9.57×10^{-4}	0.015
9.7	7.20×10^{-4}	0.015

从吸附平衡和动力学实验可以看出,中药水提液中有机物在陶瓷粉体表面的特性吸附符合 Langmuir 模型,而且溶液 pH 对吸附行为影响很大,从动力学回归结果来看,当 pH 处于陶瓷粉体的等电点时,相应的吸附推动力较大,吸附层形成较快。

3.3.4.3 pH 对渗透通量的影响

图 3-13 为 ZrO_2 粉体在 pH 分别为 2.2、5.0 和 7.2 时,生地黄水提液中有机物在其表面吸附量随时间的变化情况。从图中可以明显看出,pH 为 2.2 时,吸附过程较为缓慢,当吸附过程在 1000min 以后达到平衡;pH 为 5.0 时,吸附平衡时间变小,大约在 200min;pH 为 7.2 时,吸附时间更短。出现这种现象的原因可能是当 pH 等于 7.2 时,处于膜的等电点,由于此时膜面处于电中性,水提液中有机物在膜面吸附较为容易。

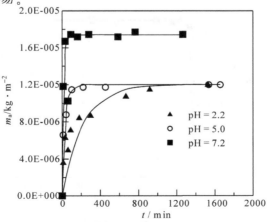

图 3-13 pH 对吸附量的影响

　　用 ZrO₂ 粉体制备的陶瓷膜来处理中药生地黄水提液体系,分离渗透性能如图 3－14 所示。当 pH 为 5.0 和 7.2 时,吸附污染严重,渗透通量衰减较快,稳定通量较低;pH 为 2.2 时,吸附污染程度较轻,通量衰减较缓慢,稳定通量较高。

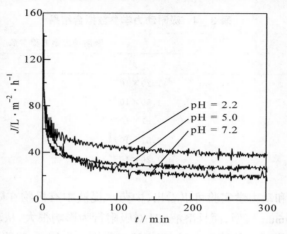

图 3－14　pH 对渗透通量的影响

　　在 pH 高于 ZrO₂ 粉体等电点的条件下,进行了吸附实验并考察了中药生地黄体系的膜分离实验。实验结果如图 3－15 和图 3－16 所示。从图 3－15 和表 3－4 可以看出当 pH 为 9.7 时,吸附程度较小。由于 pH 增加,膜表面电性绝对值增大,可能与水提液中溶质电性相同,导致吸附稍微减轻,但是总的变化不是太明显。这一点可以从图 3－16 的过滤曲线得到验证,当 pH 从 7.2 增大到 11.7 时,渗透通量逐渐增大,说明吸附污染程度有变小的趋势。

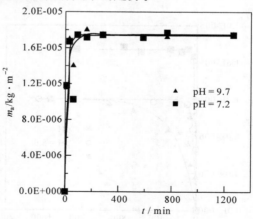

图 3－15　pH 对吸附量的影响

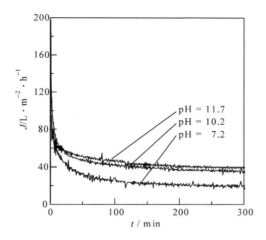

图 3-16　pH 对渗透通量的影响

　　图 3-17 是不同 pH 时平衡吸附量的变化,当 pH 处于 ZrO_2 等电点附近时,吸附量较大,这与图 3-18 中渗透通量随 pH 的变化趋势相符合,在膜的等电点附近,膜孔内和膜面吸附较严重,过滤阻力较大,渗透通量最小。

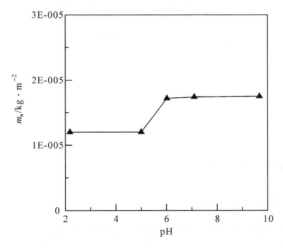

图 3-17　pH 对 ZrO_2 颗粒吸附平衡量的影响

　　膜面吸附量和其吸附致密程度对固含物截留有重要的影响,采用的生地黄水提液的质量百分浓度为 5.68%,渗透液的固含量以及固含物的截留率与 pH 的变化情况见表 3-5。从表中可以看出,当 pH 分别为 2.2,5.0 和 7.2 时,其渗透液固含量依次减小,分别为 4.22,4.08 和 4.02,相应的截留率从 25.7% 上升到 29.2%;当 pH 高于 7.2 时,过滤渗透液固含量依次下降,截留率逐渐减小。这反

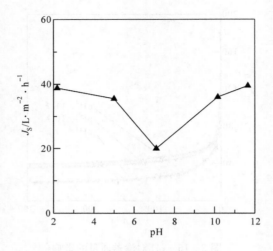

图 3‑18　pH 对拟稳态通量的影响

映出当 pH 处于 ZrO_2 颗粒等电点时,水提液中有机物容易在膜面发生吸附,形成的污染层增大了有机物被截留的程度,截留率有所提高。

表 3‑5　不同 pH 时固含物截留率

pH	渗透液固含量(质量分数)/t%	固含物截留率/%
2.2	4.22	25.7
5.0	4.08	28.2
7.2	4.02	29.2
10.2	4.88	14.1
11.7	4.92	13.4

3.3.5　Al_2O_3 材料吸附特性参数

3.3.5.1　平衡吸附参数

Al_2O_3 颗粒在中药生地黄水提液中的吸附特性研究方法与 ZrO_2 类似,平衡吸附实验数据分别用 Langmuir 和 Freundlich 模型进行参数拟合。从图 3‑19 的结果中可以看出,当体系浓度在 $0 \sim 25\,kg \cdot m^{-3}$ 范围内时,实验数据比较符合 Langmuir 方程,相关的模型参数拟合结果如表 3‑6 所示。

表 3‑6　吸附平衡模型拟合参数

参　　数	Langmuir 模型		Freundlich 模型	
	A	B	k	n
拟合结果	9.33×10^{-6}	0.234	9.12×10^{-6}	0.433

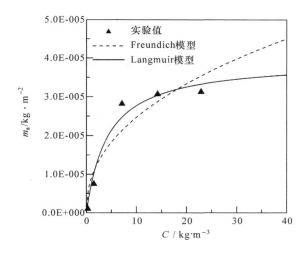

图 3‐19　中药水提液中有机物
在 Al_2O_3 表面的吸附等温线

3.3.5.2　吸附动力学参数

采用检测溶液中溶质浓度变化可计算溶质在颗粒表面的吸附量,从而得到不同时刻吸附量的变化情况,用式(3‐29)进行参数回归得到 p 和 n' 的值。

当 pH 为 5.0 和 9.5 时,颗粒表面吸附量随时间的变化关系如图 3‐20 和图 3‐21所示,参数的回归度很好,表 3‐7 列出了 pH 从 1.2～9.5 范围内 7 个点的相关动力学参数值。为了比较不同 pH 过滤吸附特性,在参数拟合时取定 n' 为0.015,从 p 的取值可以看出,当 pH 为 2.3 时,其值为 7.83×10^{-3},高于 pH 为 1.2和 3.3 时的情况,并且随着 pH 的增大而减小;当 pH 为 9.5 时,参数 p 值增大到1.36×10^{-3}。说明当 pH 为 2.3 和 9.5 时,吸附的速率比附近其他 pH 时要快,因为这两个 pH 接近中药生地黄水提液的等电点和 Al_2O_3 颗粒的等电点。在这两个等电点附近,吸附速率较大。

表 3‐7　吸附动力学参数拟合结果

pH	吸附动力学方程参数	
	p	n'
1.2	2.48×10^{-3}	0.015
2.3	7.83×10^{-3}	0.015
3.3	4.60×10^{-3}	0.015
5.0	1.19×10^{-3}	0.015
6.1	8.23×10^{-4}	0.015
7.2	5.38×10^{-4}	0.015
9.5	1.36×10^{-3}	0.015

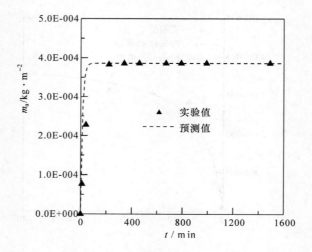

图 3 - 20　Al₂O₃ 颗粒表面吸附量
随时间的变化(pH＝5.0)

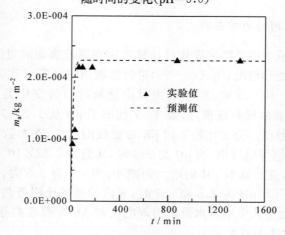

图 3 - 21　Al₂O₃ 颗粒表面吸附量
随时间的变化(pH＝9.5)

3.4　面向胶体类体系的陶瓷膜设计、制备和应用

3.4.1　研究背景

中国加入 WTO 后,制药工业面临全面的挑战。中药是中华民族的瑰宝,为了将其推向全世界,让更多病人能接受这种绿色药物的治疗,必须对中药的制剂等相关加工技术进行现代化改革。目前,大部分中药产品与国际医药市场的标准和要求存有差距,主要原因是中药行业的装备和工艺水平都相当落后,中药质量堪忧,

符合国际标准的中成药品种很少。中药现代化的重要内容之一是中药生产过程中提取浓缩、分离纯化等关键单元技术的现代化。

中药的化学成分非常复杂,通常含有无机盐、生物碱、氨基酸和有机酸、酚类、酮类、皂甙、甾族和萜类化合物以及蛋白质、多糖、淀粉和纤维素等,分子质量从几十到几百万道尔顿。通过水提法从中药药材里可以得到化学成分很复杂的中药煎煮液,由于中药水提液体系中含有种类繁多的化学物质,有学者将其称为"天然组合化学库",很难用单一的参数来对中药煎煮液特性进行准确定量描述。一般认为中药有效成分是指具有明确的化学结构式和物性常数的物质,当然单方中药都有一种或多种特定的有效成分。

但是,从当前的基础研究水平来看,由药理模型来筛选"天然组合化学库"的方法是十分艰巨而遥远的历程。因而,目前所能做的是,通过最大限度地去除中药及其复方中目前已知的无效物质,尽可能地完整保留各种药效物质。以煎服的汤剂为主的中药制剂体现出水溶性成分的重要性,因而从中药及其复方的水提液中获取药效物质是现代中药开发的主要思路。

传统的中药精制方法主要是用乙醇萃取法去除大部分非水溶性大分子物质,水相成分经过浸膏等工序后,制剂成型,如图 3-22 所示。在进行醇沉工序时,乙醇需进行回收,能耗大,而且乙醇损失多,目标成分收率不高。另外,由于醇沉过程需要将煎煮液温度冷却下来,使得生产周期增长。

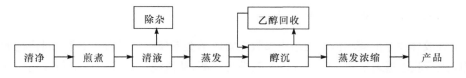

图 3-22　传统的中药加工工艺流程

随着材料科学的不断进步,很多新型的以材料为基础的分离技术逐渐得到迅速发展,分离膜就是其中的典型代表,由于膜技术具有高效节能的优点,在食品、医药、化工、水处理以及环保等领域都有较好的应用[34]。有机膜超滤技术首先用来净化和浓缩中药水提液[35],采用无机膜进行中药的精制尚处于研究阶段,关于陶瓷膜在中药水提液精制方面中的系统应用报道较少[36,37]。陶瓷膜分离技术用于中药精制过程,主要是除去固体悬浮物、大分子蛋白以及多糖类非药效成分,使起药理治病作用的物质从膜孔渗出,从而实现目标成分的精制和浓缩。如图 3-23 所示,将陶瓷膜微滤技术代替醇沉工艺,能有效降低能耗、减少萃取剂乙醇的消耗。同时无机陶瓷膜材料性能优异,尤其是耐高温性,对于煎煮完的高温药液可以直接过滤,无需冷却,可显著缩短生产周期。用纳滤膜脱水浓缩技术取代传统的蒸发浓缩也具有很大的优越性,蒸发浓缩主要采用三效蒸发技术进行相变脱水,能量消耗较高;而纳滤技术不涉及相变,能耗较低,尤其对热敏性物质影响较小。

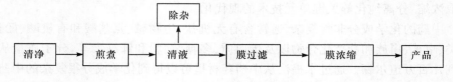

图 3-23　膜集成技术改进的中药精制工艺流程

为了对中药水提液体系进行陶瓷膜微结构设计,首先将模型用于简单模拟体系(BSA 水溶液)考察其合理性和适用性。在此基础上,采用实验获得的吸附动力学和平衡参数,就中药水提液实际过滤体系进行陶瓷膜微结构设计,得到最佳膜孔径并制备出来,并与商业陶瓷膜产品的性能进行比较。

3.4.2　BSA 溶液的陶瓷膜分离

根据文献[38]报道,BSA 相对分子质量为 67 000,三维尺寸为 14nm×4nm×4nm,等电点在 4.7～4.9 之间。实验选取的 BSA 为 BR 级药品,含量大于 99%。BSA 的含量采用紫外分光光度法测定(PE Lambda 35,USA),在波长为 278nm 处 BSA 对紫外光吸收达到最大值,吸收值与 BSA 浓度在 0～6.0g·L^{-1} 的范围内呈很好的线性关系。

3.4.2.1　陶瓷膜微结构设计

在胶体体系的膜功能与微结构参数之间数学关系模型的基础上,就不同孔径的陶瓷膜进行膜渗透通量随时间的变化关系进行预测,从微滤稳定渗透通量与膜孔径计算结果判断适合本体系最优孔径的膜。模拟计算和实验条件为:操作压差 0.1MPa,膜面错流速度 3.0m·s^{-1},温度 29℃,pH 为 5.0,体系中 BSA 浓度为 0.2g·L^{-1}。

从预测结果(图 3-24)可以看出,当膜孔径在 0～250nm 范围内,膜渗透通量出现一个最大值。当膜孔径较小时,膜的本身阻力较大,膜孔径较大时,膜阻力较小。但是由于膜污染的原因,膜孔径较大时,BSA 大分子较易进入膜孔并发生吸附导致膜的微结构发生变化,孔径收缩,孔隙率下降,膜自身的阻力急剧增加。最终可能出现这种情况:孔径大的膜渗透通量不一定比孔径小的高,只有当膜孔径合适时,污染程度与膜本身阻力之和将呈现最低,体现在宏观过滤时,膜渗透通量较高。从图 3-25 可见,在 0～250nm 范围内时,BSA 的截留率(ϕ_s)在 70%以上;当膜孔径高于 250nm 时,这种陶瓷膜对 BSA 的截留率相应较低,当膜孔径达到 450nm 时,截留率低于 10%。因此在这个范围内,膜对 BSA 不起分离截留作用,而是膜面新形成的吸附层在起分离作用。当膜孔径较大时,膜面的这一吸附层难以保证其完整性,因此截留率很低;而膜孔径较小时,BSA 分子在膜面由于架桥等相互作用,在膜面容易形成稳定的污染层,截留率相应较高。这一点从 $250\sim$ 500nm 之间的计算结果也能看出,随着孔径的增加,膜的渗透通量逐渐增大。

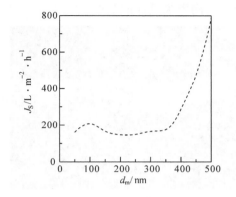

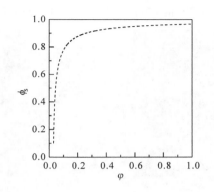

图 3-24　膜孔径对拟稳定
渗透通量的影响

图 3-25　膜孔径对 BSA 截留率的影响

为了得到一定截留率下渗透通量较高的陶瓷膜,根据图 3-25 的预测结果,确定 90nm 孔径的陶瓷膜对于 BSA 溶液而言渗透通量和截留率均较高。

3.4.2.2　最优膜的制备和应用

通过理论模型的预测得到适合 BSA 溶液过滤的陶瓷膜微结构参数,针对这一特定膜孔径参数的要求,通过膜定量控制技术得到所需的膜也是面向应用过程的陶瓷膜设计与制备方法的重要组成部分之一。

目前,陶瓷微滤膜主要采用悬浮粒子烧结法进行制备,前期大量研究工作[39,40]对这个方法进行了详细的探讨。为了得到膜层均匀完整的陶瓷膜,选用 Al_2O_3 粉体颗粒,以孔径 90nm、膜厚度 $20\mu m$、孔隙率 30% 左右为目标,按照特定的陶瓷膜微滤膜工艺进行制备。在陶瓷膜制备过程中,制膜粉体粒径、制膜液配方、涂膜工艺、烧结过程和添加剂等均对膜微结构(膜孔径、厚度和孔隙率)产生影响,具体内容将在第 3 章详细介绍。陶瓷膜的表征是评价膜的完整性和孔径是否达到要求的手段,膜平均孔径和孔径分布通过气液排除法进行检测,膜厚度一般根据涂膜称重和破坏性的 SEM 观测法获得。

图 3-26 是粒子烧结法得到的平均孔径为 90nm 的 Al_2O_3 陶瓷膜,从图中检测结果来看,其平均孔径和膜孔中个数最可几孔

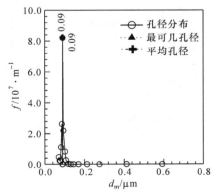

图 3-26　膜的孔径分布

直径一致为 90nm,说明膜的孔径分布较均匀,而且峰的宽度较窄。图 3-27 给出了膜的 SEM 电镜照片,从图中可以看出陶瓷膜的粒子堆积基本特征,膜的厚度大约为 20μm 左右,制备的膜在孔径和厚度上符合陶瓷膜设计的要求。

(a) 表面　　　　　　　　　(b) 断面

图 3-27　陶瓷膜 SEM 照片

制备得到预测孔径最优膜(90nm)与其他孔径膜(50nm、280nm 和 450nm)实验对比如图 3-28 所示,稳定渗透通量与膜孔径之间的变化关系与预测结果基本一致,图3-29 给出了不同 φ 值时膜对 BSA 分子截留率的变化。当膜孔径为 450nm($\varphi=0.031$)时,过滤渗透通量到达 750 $L \cdot m^{-2} \cdot h^{-1}$,这与预测结果很接近;但截留率小于 10%,基本不具有选择分离性,因此不能用来截留 BSA 分子。而 50nm、90nm 和 280nm 三种孔径膜对 BSA 的截留率均高于 70%,且 90nm 膜的渗透通量最高,达到 220 $L \cdot m^{-2} \cdot h^{-1}$,很明显所设计制备的陶瓷膜对 BSA 溶液过滤具有最好的分离性能。

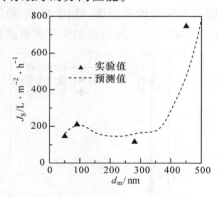

图 3-28　膜孔径对拟稳定渗透通量的影响

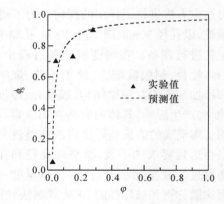

图 3-29　膜孔径对截留率的影响

图 3-30 和图 3-31 分别是 90nm 和 280nm 膜的微滤渗透通量衰减与截留率变化曲线,从图中可以看出这两种膜的截留率变化基本一致,稳定的截留率在70%左右,孔径 90nm 的陶瓷膜截留率要高一些。但渗透通量变化却相差很大,孔径为 90nm 的膜渗透通量初始值远比孔径为 280nm 的膜要小,但是衰减率较小,最终膜的稳定渗透通量保持较高;而孔径为 280nm 膜的污染速度较快,10min 内渗透通量衰减至初始值的二十分之一左右,渗透通量随之达到稳定状态。通过与一般陶瓷膜过滤过程对比发现,通过理论设计的陶瓷膜渗透性能得到较大的提高。

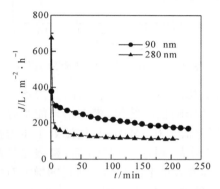

图 3-30　不同孔径膜的通量衰减

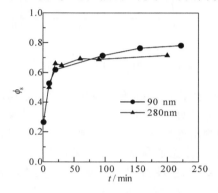

图 3-31　膜孔径对 BSA 截留率的影响

3.4.2.3　模型预测

陶瓷膜微结构参数主要包括膜孔径、厚度和孔隙率,由于膜制备技术的局限性,很难得到各种系列微结构参数的陶瓷膜,因此可以从理论上对此进行模型的计算和预测,深入研究膜微结构参数对过滤过程的影响,同时就操作压差和膜面流速对 BSA 溶液过滤的影响进行预测计算。模拟预测条件如下:体系 BSA 浓度为 0.2 $g \cdot L^{-1}$,pH 为 5.0;操作压差 0.1 MPa,膜面错流速度 3.0 $m \cdot s^{-1}$,温度 29℃。

图 3-32 表示用孔隙率为 0.3、平均孔径为 90nm 陶瓷膜处理 BSA 溶液时,不同膜厚度对渗透通量的影响。从图中可以看出,随着膜厚度的增大,膜渗透通量逐渐降低,膜厚度越大,膜本身的阻力越大,因而最终的过滤渗透通量也较小。我们制备的陶瓷膜厚度为 20μm 左右,过滤稳定渗透通量为 200$L \cdot m^{-2} \cdot h^{-1}$;从预测图中可以发现,当膜厚度为 10μm 左右,过滤稳定渗透通量将达到 400$L \cdot m^{-2} \cdot h^{-1}$;因此,制膜时应该尽可能地将膜的厚度控制在较薄的情况下,当然这都要在保证膜层的完整性前提下。膜孔隙率对渗透通量的影响计算结果如图 3-33 所示,当膜孔径为 90nm,厚度为 20μm 时,膜孔隙率的增大能有效提高膜的渗透通量,一般通过粒子烧结法制备的陶瓷膜孔隙率在 0.2～0.4 之间,主要取决于粉体粒子大小的分布特性。

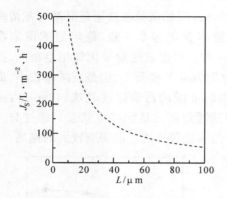

图 3-32　厚度对稳定通量的影响　　　　图 3-33　孔隙率对稳定通量的影响

　　操作压差和膜面流速对流体流动产生很大影响,相应地也会反映到渗透通量值的计算。图 3-34 是操作压差对渗透通量的影响预测结果,模型结果能很好地预测出操作压差对渗透通量的影响,当操作压差低于 0.4MPa 时,过滤处于压力控制区,渗透通量随操作压差的增大几乎成线形增大;到达 0.4MPa 后,渗透通量趋于稳定,过滤过程为传质控制,操作压差的继续增大将不能对渗透通量的增大有所贡献。这就是"临界压力"现象,引起这种现象的原因主要是吸附层收到压缩后变得更为致密,操作压差增大的同时吸附层阻力也逐渐增大。因此,在工艺参数选取时,应该考虑到这种情况,本模型能反映出这个"临界压力"。膜面错流速度的改变对流体传质产生一定的影响,流速的增大,流体的流动可能从层流进入湍流状态,从而增大了边界层内的传质系数等,也即提高了过滤的推动力。一定范围内,错流速度的增大能提高膜过滤渗透通量,因此这是一般用来强化膜过滤过程的方法之一。对于本体系的影响如图 3-35 所示,当错流速度从 0.05 上升到 4m·s^{-1} 时,过滤渗透通量从 210L·m^{-2}·h^{-1} 增大到 228L·m^{-2}·h^{-1},增大的幅度较小。但此结果在一定程度上也能反映出流体动力学参数改变对渗透通量影响的趋势。

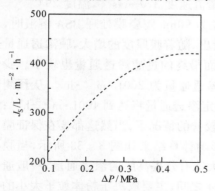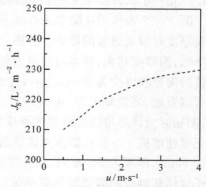

图 3-34　操作压差对渗透通量的影响　　　　图 3-35　错流速度对渗透通量的影响

3.4.3 陶瓷膜在中药精制过程中的应用

3.4.3.1 陶瓷膜微结构设计

设计条件为:操作压差 0.1MPa,膜面错流速度 3.6 m·s^{-1},温度 20℃,pH 为 5.0,生地黄水提液体系总固含量为 44.0g·L^{-1};膜孔径范围从 90～4000nm。模型计算过程中认为过滤 100min 达到比较稳定的渗透通量值,称之为拟稳定渗透通量。

图 3-36 中虚线是模型预测结果,从计算结果中可以看出,不同孔径的陶瓷膜对生地黄水提液微滤拟稳定渗透通量的影响相差较大。在膜孔径计算范围内,渗透通量出现了最大值,即存在一个最佳的陶瓷膜孔径使得过滤渗透通量达到最大值。

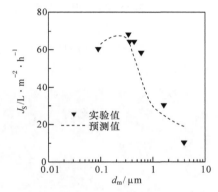

图 3-36 膜孔径对拟稳定渗透通量的影响

从图中可以看出,90nm 陶瓷膜过滤的拟稳定渗透通量为 60L·m^{-2}·h^{-1},计算值随着膜孔径的增大而增大直到膜的孔径为 340nm。此后,随着膜孔径的增大,过滤渗透通量随着膜孔径的增大而减小。如图所示,当膜孔径为 3940nm 时,微滤渗透通量低,为 10L·m^{-2}·h^{-1}。当膜孔径较小时,中药水提液体系中的胶体或部分微小颗粒进入膜孔内的概率不高,而较易在膜面形成凝胶层或吸附层,对于膜孔径较大的微滤膜而言,这种过滤时形成的吸附层对体系中的待分离物质将产生选择性截留,可以有效地阻止这些胶体或小颗粒对膜孔的进一步堵塞。当膜孔径较大时,这些堵塞物质将对膜孔进行堵塞和孔内吸附,造成膜孔径收缩和孔隙率降低效应,由纯水渗透性能与膜微结构参数(孔径、厚度和孔隙率)之间的关系可知,当堵塞较严重时,膜的渗透通量将较小。但是,膜孔径较小时膜本身的水力阻力较大,这时就存在一对矛盾,膜孔径的大小对过滤渗透通量的影响将出现如图 3-36 所示的情况:在一定范围内将出现一个合适的孔径使得膜的渗透通量达到最大值。这一点在实验中也已经得到验证,模型计算值与实验结果吻合很好。

3.4.3.2 最优膜的制备和应用

通过理论模型的计算预测得到合适孔径的陶瓷膜,相同条件下,使得膜过滤渗

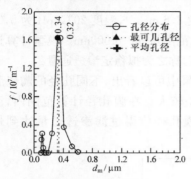

图 3-37　膜的孔径分布

透通量达到最大。对于这种特定微结构参数的专用陶瓷膜的制备是面向应用过程的陶瓷膜设计与制备方法中的重要组成部分。微滤膜的制备主要方法为悬浮粒子烧结法,通过一定的制备工艺,得到了所设计孔径(340nm)的陶瓷膜,膜平均孔径和孔径分布如图 3-37 所示。膜的平均孔径为 340nm,最可几分布为 320nm,分布较窄,制备得到的陶瓷膜符合设计的需要。

图 3-38 是制备的陶瓷膜的表面和横截面的 SEM 电镜照片,粒子烧结堆积孔特征在图中得到清楚的表现,陶瓷膜厚度为 20μm 左右,膜层结构较完整。

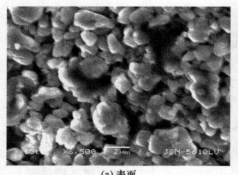
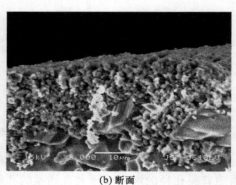

(a) 表面　　　　　　　　　　(b) 断面

图 3-38　陶瓷膜的 SEM 照片

制备得到的平均孔径 340nm 的陶瓷膜和其他膜的使用对比情况如图 3-39 所示。从图中可以看出,相同的操作条件下,通过模型理论设计的最佳孔径陶瓷膜在过滤中药生地黄水提液时体现了良好的分离性能,通量衰减较 90nm 和 3940nm 的膜要慢,而且稳定渗透通量提高了 1～4 倍。

陶瓷膜理论优化设计方法在中药单方生地黄水提液体系中初步得到了较好的验证,通过

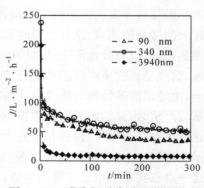

图 3-39　膜孔径对渗透通量的影响

这种方法,得到了适合本体系的理论最优结构的陶瓷膜,对工程应用提供了很好的设计依据,对膜应用领域长期存在选膜经验性问题从理论上提出了初步的解决方案,为膜技术的更好应用提供了新的思维方法。

3.5　小　　结

针对胶体体系,在 Gekas 等的吸附-浓差极化模型基础上,引入膜的微结构参数,并对膜孔径收缩程度定量化计算,建立了膜功能与微结构参数之间的数学模型。该模型能预测微滤过程膜渗透通量随时间的变化以及膜微结构参数对稳定渗透通量的影响。

选取 BSA 水溶液模拟体系作为研究对象,实验考察了根据模型理论设计的最优膜(孔径为 90nm)的过滤过程,结果与模型预测值取得了较好的一致性,模型的合理性得到初步验证。从模拟结果可以看出,浓差极化现象在过滤初期 90s 时就已经基本形成,此时膜面 BSA 浓度相对值达到 40,随后的过滤过程膜面浓度增大不多。由阻力分析可以发现,由孔内吸附造成的堵塞阻力占总过滤阻力的 88%,渗透通量在过滤开始 5min 内,渗透通量衰减为初始值的 30%～50%。就膜厚度、孔隙率以及操作压差、错流速度等参数对渗透通量的影响进行了理论预测,模拟结果显示:渗透通量随膜厚的增大而减小,由于制膜技术的限制,一般保证膜厚度为 $20\mu m$ 左右;膜孔隙率的增大能大幅提高膜的过滤渗透通量;对于胶体类体系,存在一个"临界压力",当达到这个值时,继续增大操作压差,渗透通量将不再继续变大,本体系为 0.4MPa 左右;错流速度的增大导致了传质系数的增大,在一定程度上提高了渗透通量,当错流速度从 $0.5m \cdot s^{-1}$ 上升到 $4m \cdot s^{-1}$ 时,过滤渗透通量从 $210L \cdot m^{-2} \cdot h^{-1}$ 增大到 $228L \cdot m^{-2} \cdot h^{-1}$,并趋于稳定。

为了拓宽模型的应用范围,研究了陶瓷膜材料在中药水提液中的吸附特性,通过实验的方法获取了模型计算必须的吸附动力学和平衡参数。结果表明,生地黄水提液中多糖类等主要有机物在 ZrO_2 颗粒表面上吸附服从 Langmuir 模型;当 pH 分别为 Al_2O_3 和 ZrO_2 等电点时,吸附动力学参数 p 达到最大值,即此时吸附速率最快;对于中药生地黄水提液体系的 ZrO_2 陶瓷膜微滤实验,当 pH 为其等电点(7.2)左右时,吸附污染最严重,膜渗透通量最小,固含物的截留率最大,吸附动力学的研究结果与膜过滤结果基本一致。这个结果可为中药膜法分离纯化工业应用提供一定的参考。

符 号 说 明

A——Langmuir 模型常数

b_1, b_2, b_3——渗透压差维里系数

B——Langmuir 模型常数

C——蛋白质浓度（kg·m^{-3}）

C_0——体系中蛋白质浓度（kg·m^{-3}）

C_m——膜面蛋白质浓度（kg·m^{-3}）

C^*——蛋白质相对浓度（C/C_0）

C_m^*——膜面蛋白质相对浓度（C_m/C_0）

d_h——颗粒水力直径（m）

d_m——膜孔径（m）

d_{m0}——新膜孔径（m）

d_p——陶瓷膜成膜粒子大小（m）

d_s——BSA 分子尺寸（m）

D——扩散系数（m^2·s^{-1}）

J——渗透通量（L·m^{-2}·h^{-1}）

J_0——纯水通量（L·m^{-2}·h^{-1}）

J_c——清洗后膜通量（L·m^{-2}·h^{-1}）

J_S——拟稳态通量（L·m^{-2}·h^{-1}）

J^*——无因次通量（J/J_0）

k——质量传递系数

k_1, k_2——膜阻力待定参数

k_a——吸附层阻力参数

k_d——膜孔径收缩因子

k_e——膜孔隙率变化因子

k_{Sh}——Sherwood 常数

L——膜厚（m）

L_h——膜管长度（m）

$m_a(t)$——单位膜面 BSA 吸附量（kg·m^{-2}）

m_{ae}——单位膜面 BSA 平衡吸附量（kg·m^{-2}）

m——颗粒质量（kg）

n——吸附层阻力参数

n'——动力学吸附参数

p——动力学吸附参数

Pe——Peclet 准数

ΔP——操作压差（Pa）

R_a——吸附层阻力（m^{-1}）

Re——Reynolds 准数

R_m——膜层阻力（m^{-1}）

R_{m0}——新膜阻力（m^{-1}）

S——颗粒比表面（m^2·kg^{-1}）

Sc——Schmidt 准数

Sh——Sherwood 准数

T——过滤时间（s）

u——错流速度（m·s^{-1}）

V——料液体积（m^3）

x——渗透方向坐标轴（m）

x^*——渗透方向坐标轴无因次值（x/δ）

α——膜的比阻（m^{-2}）

$\Delta\Pi$——膜两侧 BSA 引起的渗透压差（MPa）

δ——边界层厚度（m）

δ_g——吸附层厚度（m）

ε——膜孔隙率

ε_0——新膜孔隙率

ϕ_s——溶质截留率

φ——胶体分子与膜孔径尺寸之比

μ——料液黏度（Pa·s）

参 考 文 献

[1] Vernhet A, Bellon-Fontaine M N, Brillouet J M, et al. Wetting properties of the capillary rise technique and incidence on the adsorption of wine polysaccharide and tannins. J. Membr. Sci., 1997, 128: 164~174

[2] Reichert U, Linden T, Belfort G, et al. Visualising protein adsorption to ion-exchange membranes by confocal microscopy. J. Membr. Sci., 2002, 199: 161~166

[3] Gebauer K H, Thommes J, Kula M R. Breakthrough performance of high-capacity membrane adsorbers in protein chromatography. Chem. Eng. Sci., 1996, 52: 405~419

[4] Conder J R, Hayek B O. Adsorption kinetics and equilibria of bovine serum albumin on rigid ion-exchange and hydrophobic interaction chromatography matrices in a stirred cell. Biochem. Eng. J., 2000, 6: 215~223

[5] Nakamura K, Matsumoto K. Adsorption behavior of BSA in microfiltration with porous glass membrane. J. Membr. Sci., 1998, 145: 119~128

[6] Persson A, Jönsson A -S, Zacchi G. Transmission of BSA during cross-flow microfiltration: influence of pH and salt concentration. J. Membr. Sci., 2003, 223: 11~21

[7] Vilker V L, Colton C K, Smith K A. Concentration polarization in protein ultrafiltration. Part I: an optical shadowgraph technique for measuring concentration profiles near a solution-membrane surface. AIChE J., 1981, 27(4): 632~637

[8] Williams F A. A nonlinear diffusion problem relevant to desalination by reverse osmosis. SIAM J. Appl. Math. 1969, 17(1): 59~73

[9] Gekas V, Aimar P, Lafaille J P, et al. A simulation study of the adsorption-concentration polarization interplay in protein ultrafiltration. Chem. Eng. Sci., 1993, 48(15): 2754~2765

[10] Ruiz Bevia F, Gomis Yagues V, Fernandez Sempere J, et al. An improved model with time-dependent adsorption for simulating protein ultrafiltration. 1997, 52(14): 2344~2352

[11] Aimar P, Baklouti S, Sanchez V. Membrane solute interactions: influence on pure solvent transfer during ultrafiltration. J. Membr. Sci., 1986, 29: 207~224

[12] Sherwood T K, Pigford R L, Wilke C R. Mass Transfer. McGraw Hill, New York, 1975

[13] Opong W S, Zydney A L. Diffusive and convective protein transport through asymetric membranes. AIChE J., 1991, 37 (10): 1497

[14] Nabetani H, Nakajima M, Watanabe A, et al. Effects of osmotic pressure and adsorption on ultrafiltration of ovalbumin. AIChE J., 1990, 36: 907

[15] 王厚廷, 乔善义, 杨明等. 超滤法提取六味地黄汤活性多糖的工艺研究. 解放军药学学报, 2001, 17 (2): 69~71

[16] 孙文基. 天然药物成分提取分离和制备. 北京: 中国医药科技出版社, 1999

[17] 杨云, 冯卫生. 中药化学成分提取分离手册. 北京: 中国中医药出版社, 1998

[18] Bhattacharjee S, Sharma A, Bhattacharya P K. Surface interactions in osmotic pressure controlled flux decline during ultrafiltration. Langmuir, 1994, 10: 4710~4720

[19] Bhattacharjee S, Sharma A, Bhattacharya P K. Estimation and influence of long range solute. Membrane interactions in ultrafiltration. Ind. Eng. Chem. Res., 1996, 35: 3108~3121

[20] Iritani E, Nakatsuka S, Aoki H, et al. Effect of solution environment on unstirred dead-end ultrafiltration characteristics of proteinaceous solution. J. Chem. Eng. Jpn., 1991, 24: 177~183

[21] Iritani E, Watanabe T, Murase T. Effects of pH and solvent density on dead-end upward ultrafiltration. J. Membr Sci., 1992, 69: 87~97

[22] Schaep J, Vandecasteele C, Peeters B, et al. Characteristics and retention properties of a mesoporous γ-Al$_2$O$_3$ membrane for nanofiltration, J. Membr. Sci., 1999, 163: 229~237

[23] Labbez C, Fievet P, Szymczyk A, et al. Analysis of the salt retention of a titania membrane using the "DSPM" model: effect of pH, salt concentration and nature. J. Membr. Sci., 2002, 208: 315~329

[24] Fane A G, Fell C J D, Suki A. The effect of pH and ionic environment on the ultrafiltration of protein

solutions with retentive membranes. J. Membr. Sci., 1983,16: 195～210

[25] Fane A G, Fell C J D, Waters A G. Ultrafiltration of protein solutions through partially permeable membranes - the effect of adsorption and solution environment. J. Membr. Sci., 1983,16: 211～224

[26] Heinemann P, Howell J A. Bryan R A. Microfiltration of protein solutions: effect of fouling on rejection. Desalination, 1988,68: 244～250

[27] Palecek S P, Mochizuki S, Zydney A L. Effect of ionic environment on BSA filtration and the properties of BSA deposits. Desalination, 1993, 90: 147～159

[28] Palecek S P, Zydney A L. Hydraulic permeability of protein deposits formed during microfiltration: effect of solution pH and ionic strength. J. Membr. Sci., 1994, 95: 71～81

[29] Jones K L, O'Melia C R, Ultrafiltration of protein and humic substances: effect of solution chemistry on fouling and flux decline. J. Membr. Sci., 2001, 193: 163～173

[30] Szymczyk J A, Fievet P, Reggiani J C, et al. Characterisation of surface properties of ceramic membranes by streaming and membrane potentials. J. Membr. Sci., 1998, 146: 277～284

[31] Huang P, Xu N, Shi J, et al. Characterization of asymmetric ceramic membranes by modified permporometry. J. Membr. Sci., 1996, 116: 301～305

[32] Conder J R, Hayek B O. Adsorption kinetics and equilibria of bovine serum albumin on rigid ion-exchange and hydrophobic interaction chromatography matrices in a stirred cell. Biochem. Eng. J., 2000, 6: 215～223

[33] Reh C T, Gerber A. Total solids determination in dairy products by microwave oven technique. Food Chemistry, 2003, 82: 125～131

[34] 徐南平. 无机膜的发展趋势与展望. 化工进展, 2000, 19(4): 5～10

[35] 姜忠义, 吴洪. 超滤技术在现代中药生产中的应用. 化工进展, 2002, 21(2): 122～126

[36] 赵宜江, 姚建民, 徐南平等. 无机膜提取栀子黄色素的工艺研究. 南京化工大学学报, 1997, 19(1): 77～81

[37] 郭立玮, 金万勤. 无机陶瓷膜分离技术对中药药效物质基础研究的意义. 膜科学与技术, 2002, 22(4): 46～49

[38] Peters Jr T. Serum albumin. Adv. Protein Chem., 1985, 37: 161

[39] 黄培. 氧化铝陶瓷膜的制备表征与应用研究.[博士论文]. 南京: 南京化工大学, 1996

[40] 王沛. 氧化铝微滤膜制备与工业化研究.[博士论文]. 南京: 南京化工大学, 1997

第 4 章　多孔陶瓷膜的制备

膜的制备是膜科学技术领域中的核心问题,多学科的科学家对这个问题进行了广泛的研究,同时众多工程师也开发出一代又一代新的成膜装备,推动了膜制备技术水平的提高。早期的研究主要偏重于膜制备工艺和膜制备条件的研究,随着膜科学技术的不断发展,人们更关注膜制备过程中的质量控制问题,特别是对膜微结构的控制,试图通过对膜制备宏观条件的调控而实现对膜材料微结构的控制。要达到这样的目标,膜形成机理研究是关键。例如通过对高分子膜相转化成膜机理的研究而形成的新一代复合反渗透、超滤、微滤有机膜,通过对热致相转化动力学理论的研究而形成性能更为稳定的高强度高分子膜,在陶瓷膜制备领域,溶胶-凝胶成膜理论以及水热合成分子筛膜的理论和方法也已经成为该领域的研究重点与热点。通过对这些关键的成膜机理的创新研究,不仅要在理论上形成新的认识,开发出新的膜及膜材料微结构的控制技术,更重要的是通过相关理论的研究,建立膜及膜材料微结构与膜制备过程控制参数间的定量关系,从而实现膜制备过程从以经验为主向定量控制的转变。

多孔陶瓷膜的微结构主要包括膜的孔道空间结构、表面性质及结合强度。膜的表面性质与孔道的空间结构决定了膜的分离功能,而膜的结合强度确定了膜的使用寿命。如何通过对膜制备过程控制参数的调控,实现膜及膜材料的制备从以经验为主向定量控制的转变,是陶瓷膜领域需要研究的科学问题,也是陶瓷膜材料的设计与制备的理论基础之一。在面向应用过程的陶瓷膜材料设计与制备的体系中,膜的微结构与制膜过程控制参数间的定量关系是陶瓷膜制备的科学基础。膜制备过程的控制参数包括制膜液物性参数、涂膜过程的控制参数以及热处理过程参数,通过对膜制备过程中控制参数与膜微结构定量关系的研究,即可以建立膜制备过程的数学模型,从而实现膜制备过程的定量控制,见图 4-1。

本章将主要围绕陶瓷膜材料的结构-制备之间的定量关系展开讨论。重点介绍我们研究所近几年来为解决陶瓷膜工业化制备过程中的“放大效应”问题,实现陶瓷膜的定量化制备所进行的陶瓷膜制备相关基础性研究工作,并结合陶瓷膜工业化制备技术的开发,进一步对陶瓷膜制备放大过程的关键技术进行探讨。

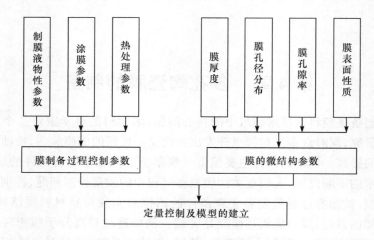

图 4-1　膜微结构参数与膜制备控制参数之间的关系

4.1　陶瓷膜厚度的控制

　　膜厚度对膜性能的影响主要表现在渗透通量上，由于膜厚度的增加必然使流体流过的路程增加，因此过滤阻力增加，通量下降。研究表明[1,2]，多孔陶瓷膜的渗透性能与膜分离层的厚度成反比，因此，提高膜质量的关键措施之一就是要降低膜的厚度，也就是所谓的膜制备的"薄膜化"。但膜厚度降低是有前提的，随着膜厚度的降低，不仅膜的制备难度加大，更重要的是，膜的厚度与膜的完整性是一矛盾关系，厚度的降低可能会导致膜的不完整。另一方面，在陶瓷膜制备的热处理过程中，膜厚度与膜的缺陷形成有着密切的关系。如果能够精确控制膜的厚度，不仅能够有效地提高膜的渗透通量，同时也可以提高膜制备的成品率和质量。

　　膜的厚度主要取决于涂膜方式、制膜液的性质及相应的工艺条件。为实现对膜厚度的精确控制，必须建立膜形成过程的数学模型，实现膜制备过程中膜厚度的定量控制。膜制备过程的数学模型应该反映膜厚度与膜制备工艺参数和制膜液物性之间的定量关系。本节以目前应用最广、能够大面积制备陶瓷膜的"浸浆（dip-coating）成型"法为例，详细介绍浸浆涂膜过程中成膜机理及其对应的数学推导过程，着重探讨影响膜厚度的因素及其控制方法，并研究支撑体的孔结构及表面粗糙度对成膜性能的影响，以期为陶瓷膜膜厚度的定量化控制提供必要的技术基础。

4.1.1　多孔陶瓷膜的成膜机理[3]

　　采用"浸浆（dip-coating）成型"法制备多孔陶瓷膜的过程如图 4-2 所示，将含有膜材料的超细粒子分散在介质中形成稳定的浆料（slip），经过涂覆在多孔支撑体上形成湿膜，再经干燥和烧结后得到多孔支撑膜。浸浆成型法涂膜过程包括以下步骤[4]:①载体与浆料接触;②接触后载体与浆料分离。浆料在多孔支撑体上的成膜机理主要有两种:毛细过滤(capillary filtration)和薄膜形成(film-coating)[5,6]。毛细过滤发生在干燥载体与浆料接触的时候,分散介质水在毛细管力的作用下进入载体中,成膜粒子则在载体的表面堆积形成膜。薄膜形成发生在接触后载体与浆料的分离过程中,浆料在黏滞力的作用下滞留于支撑体表面而成膜。

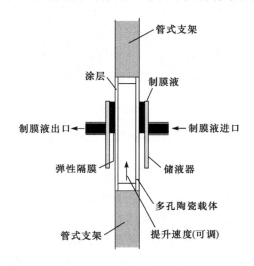

图 4-2　浸浆成型法制备管式外膜示意图[3]

4.1.1.1　毛细过滤机理

"毛细过滤"过程即为当干燥的支撑体与悬浮液接触时,在毛细管力的作用下产生过滤作用,即在与支撑体表面垂直方向产生吸浆作用(见图 4-3)。悬浮液中的粒子在支撑体表面堆积形成滤饼层。对于此过程,膜的厚度主要受到制膜液性质参数(如固含量、添加剂的种类和性质以及黏度等)、支撑体性质参数(如孔隙率、孔径大小及分布等)的影响。下面结合 Leenaars[7,8] 和 Tiller[9,10] 的工作,详细介绍毛细过滤数学模型的推导过程。

首先,由于多孔载体的表面弯曲度对毛细过滤所形成的滤饼厚度影响非常小[11],因此我们可以将毛细过滤过程近似地看成一维过滤过程,如图 4-4 所示。

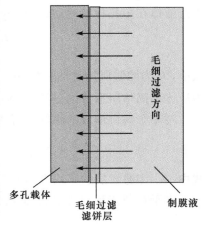

图 4-3　毛细过滤机理示意图

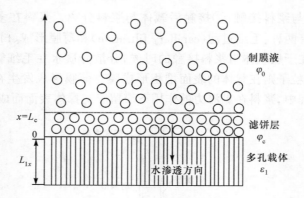

图 4 - 4　毛细过滤吸浆模型

在图 4 - 4 中,定义"滤饼层/制膜液"界面移动速率为

$$v = \frac{\mathrm{d}L_c}{\mathrm{d}t} \tag{4-1}$$

式中,L_c 为毛细过滤吸浆膜厚,m;t 为浸浆时间,s。

在滤饼层中,假定滤饼层中的颗粒体积分率为 φ_c,其粒子体积流量为 $-v\varphi_c$;在制膜液中,假定颗粒体积分率为 φ_0,则其粒子体积流量为 $-(v+q)\varphi_0$,这里 q 为表面流体流率,$m \cdot s^{-1}$。由于在滤饼层和制膜液中,颗粒的体积流量相等,故有

$$-v\varphi_c = -(v+q)\varphi_0 \tag{4-2}$$

整理,得表面流体流速 q 如式(4 - 3)所示。

$$q = \left(\frac{\varphi_c}{\varphi_0} - 1\right) \frac{\mathrm{d}L_c}{\mathrm{d}t} \tag{4-3}$$

根据液体在多孔材料流动的 Darcy 定律[12],有

$$q = \frac{K}{\eta} \frac{\mathrm{d}P_1}{\mathrm{d}x} = -\frac{K}{\eta} \frac{\mathrm{d}P_s}{\mathrm{d}x} \tag{4-4}$$

式中,K 为滤饼层渗透性系数,m^2;η 为液体的黏度,$Pa \cdot s$;P_1 和 P_s 分别为滤饼层中液体和固体所形成的分压力,$N \cdot m^{-2}$(见图 4 - 5)。

对整个滤饼形成的膜厚进行数学描述,有

$$\eta q L_c = -\int_{\Delta P_c}^{0} K \mathrm{d}P_s = \int_{0}^{\Delta P_c} K \mathrm{d}P_s = K_c \Delta P_c \tag{4-5}$$

式中,K_c 为滤饼层的平均渗透性系数,m^2;ΔP_c 为滤饼层的压力降,$N \cdot m^{-2}$。

由于在载体和滤饼中,表面流体流率相等,故有

$$\eta q = \frac{K_1}{L_1} \Delta P_1 = \frac{K_c \Delta P_c}{L_c} \tag{4-6}$$

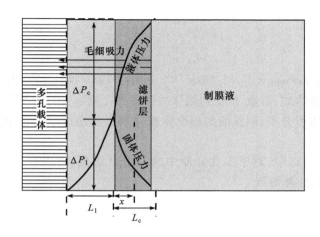

图 4-5　毛细过滤压力分布图[10]

式中，K_1 为载体渗透性系数，m^2；L_1 为液体在载体中渗透深度，m；ΔP_1 为液体在载体中渗透为 L_1 时对应的压力降，$N \cdot m^{-2}$。

而载体的毛细吸力 ΔP 为

$$\Delta P = \Delta P_1 + \Delta P_c \tag{4-7}$$

结合式(4-6)，可以解出

$$\Delta P_c = \frac{\Delta P}{1 + \dfrac{K_c L_1}{K_1 L_c}} \tag{4-8}$$

对液体体积进行衡算，可以得到

$$\frac{L_1}{L_c} = \frac{\varphi_c / \varphi_0 - 1}{\varepsilon_1} \tag{4-9}$$

式中，ε_1 为载体的孔隙率。

将式(4-9)代入式(4-8)中，得出

$$\Delta P_c = \frac{\Delta P}{1 + \dfrac{K_c}{K_1 \varepsilon_1} \left[\dfrac{\varphi_c}{\varphi_0} - 1 \right]} \tag{4-10}$$

将式(4-3)和式(4-10)代入式(4-6)，可以得到

$$L_c \frac{dL_c}{dt} = \frac{\varphi_0}{\varphi_c - \varphi_0} \frac{K_c}{\eta} \frac{\Delta P}{1 + \dfrac{K_c}{K_1 \varepsilon_1} \left[\dfrac{\varphi_c}{\varphi_0} - 1 \right]} \tag{4-11}$$

积分，得到

$$L_c^2 = \frac{2 \Delta P t}{\eta \left[\dfrac{\varphi_c}{\varphi_0} - 1 \right] \left[\dfrac{1}{K_c} + \left[\dfrac{\varphi_c}{\varphi_0} - 1 \right] \middle/ \varepsilon_1 K_1 \right]} = 2 C \frac{t}{\eta} \qquad (4-12)$$

式(4-12)即为 Leenaars[7,8] 和 Tiller[9,10] 分别在 1985 年和 1986 年推导出的毛细过滤过程数学表达式,常数 C 受到载体的性质如孔隙率、渗透性系数、毛细吸力和滤饼层的颗粒体积分率、制膜液的颗粒体积分率以及滤饼层的毛细压力等因素的影响。

在方程(4-12)中,对于多孔介质中的渗透性系数,可以根据 Carman-Kozeny 公式[13](4-13)计算得到

$$K' = \frac{\varepsilon^3}{\left[1 - \varepsilon \right]^2 k_0 k_\tau S_0^2} \qquad (4-13)$$

式中,K' 为多孔介质渗透性系数,m^2;S_0 为单位体积固体颗粒的比表面积,m^{-1};k_0、k_τ 为分别为颗粒表面形状因子和多孔介质孔道弯曲因子,对于大部分粒子堆积而言,$k_0 k_\tau$ 通常近似为 5;S_0 取决于浆料的组成及其制备方法;ε 为多孔介质的孔隙率,通常取决于浆料的组成(如是否加入高分子等)及粒子的形状和堆积方式。

4.1.1.2　薄膜形成机理

所谓的"薄膜形成"过程,Rushak[14] 将其定义成"可以大面积形成一层或多层均一液体薄膜的一种液体流动过程",其形成过程如图 4-6 所示[15]。当支撑体与浆料接触后,以一定的速率脱离浆料时,在黏性力的作用下将形成一黏滞层,其厚度(h)主要与悬浮液的黏度(η)和脱离速率(v_e)有关,干燥后的膜厚度还与悬浮液固含量有关。同时黏滞层形成时还受到悬浮液表面张力(γ)和重力($\rho_L g$,ρ_L 为悬浮液的密度)的影响。即[15]

$$h = f(v_e, \eta, \rho_L g, \gamma) \qquad (4-14)$$

对于稳定的提升过程和 Newton 型流体(如图 4-7 所示[16]),由 Navier-Stokes 方程和连续性方程建立了各个量的关系[17~19]:

$$\gamma \frac{d^3 h}{d x^3} + \eta \frac{\partial^2 u_x}{\partial y^2} + \rho_L g = 0 \qquad (4-15)$$

Landau[17] 和 Levich[15] 对方程式(4-15)中进一步忽略重力项并求解,可得式(4-16):

$$h = 0.944 \left[\frac{\eta v_e}{\gamma} \right]^{1/6} \left[\frac{\eta v_e}{\rho_L g} \right]^{1/2} = 0.944 \frac{\eta^{2/3} v_e^{2/3}}{\gamma^{1/6} \left[\rho_L g \right]^{1/2}} \qquad (4-16)$$

式中,v_e 为浆料与支撑体的脱离速率,$m \cdot s^{-1}$;γ 为制膜液的表面张力,$N \cdot m^{-1}$;ρ_L 为制膜液的密度,$kg \cdot m^{-3}$;g 为重力加速度,$m \cdot s^{-2}$。

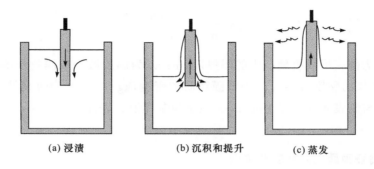

(a) 浸渍　　　　　(b) 沉积和提升　　　　(c) 蒸发

图 4 - 6　薄膜形成成膜过程[15]

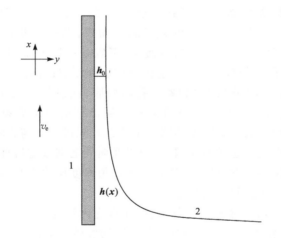

图 4 - 7　薄膜形成涂膜机理示意图[16]

1. 支撑体；2. 悬浮液

h_0：支撑体顶端的黏滞层厚度；

$h(x)$：距支撑体顶端 x 处的黏滞层厚度

　　从式(4 - 16)可以看出，黏滞层的厚度与浆料和支撑体脱离速率(v_e)的 2/3 次方成正比，与其黏度(η)的 2/3 次方成正比，与其表面张力(γ)的 1/6 次方成反比，与其密度(ρ_L)的 1/2 次方成反比，而与接触时间无关。

　　若已知所形成薄膜的孔隙率(ε')和颗粒材料的理论密度(ρ_s)以及制膜液的密度(ρ_L)，可以得到薄膜形成过程的膜厚度(L_{mf})：

$$L_{mf} = \frac{h\rho_L\, w_s}{\rho_s(1 - \varepsilon')} \tag{4 - 17}$$

将式(4 - 17)代入式(4 - 16)中，则有[15,17]

$$L_{\mathrm{mf}} = 0.944 \frac{\rho_{\mathrm{L}} \, w_{\mathrm{s}} \, \eta^{2/3} \, v_{\mathrm{e}}^{2/3}}{\rho_{\mathrm{s}} \left(1 - \varepsilon' \right) \gamma^{1/6} \left(\rho_{\mathrm{L}} \, g \right)^{1/2}} \tag{4-18}$$

式中，L_{mf} 为薄膜形成机理产生的膜厚度，m；w_{s} 为制膜液中成膜物质的质量百分数；η 为浆料的黏度，Pa·s；ρ_{s} 为成膜物质的密度，kg·m^{-3}；ε' 为薄膜的孔隙率；v_{e} 为支撑体与制膜液的分离速度，m·s^{-1}；γ 为制膜液的表面张力，N·m^{-1}；g 为重力加速度，m·s^{-2}。

4.1.2　陶瓷膜厚度层状吸浆模型[4]

无机陶瓷膜的结构通常为三明治式，顶层为活性分离层，非常的薄，一般为 $10\sim20\mu\mathrm{m}$，超滤膜、纳滤膜也有薄到小于 $5\mu\mathrm{m}$ 的；载体层比较厚，一般为几个毫米，但孔径较大，一般由较大粒径的粒子制备而成，机械强度和渗透通量都很高。位于顶层和载体层之间的中间层为过渡层，可以是一层或多层，厚度一般为 $20\sim50\mu\mathrm{m}$。整个膜的孔径分布和渗透性能由载体层到顶层逐渐减小，形成非对称结构分布。如前所说，采用"浸浆"法制备多孔陶瓷膜，在浆料与载体（底膜）接触过程中，存在毛细过滤过程。那么，对于非对称三明治结构的无机陶瓷膜，其在制备过程中毛细过滤过程影响滤饼厚度的因素是什么？滤饼厚度与影响因素间的数学方程式又是什么？围绕着这样的问题，我们以经典的毛细过滤机理为理论基础，推导出多层管式吸浆速率数学表达式，建立起陶瓷膜厚度层状吸浆模型。

该模型以下面 4 点假设为基础：

(1) 制膜液/溶胶仅堆积于撑体表面，不存在内渗透；

(2) 制膜液/溶胶不可压缩，亦即制膜液/溶胶体积可恒算；

(3) 湿膜/凝胶层组成分布均一，且不可压缩；

(4) 计算毛细管力时只考虑平均孔径而不考虑孔径分布，且浸润角为 0°。

如图 4-8 所示，当 N 层非对称膜吸收浆料成膜时，假定某一时刻溶剂介质到达第 N 层的 L_{nx} 处，与经典毛细过滤机理推导过程一样，定义滤饼层/制膜液界面移动速率为

$$v = \frac{\mathrm{d} L_{\mathrm{c}}}{\mathrm{d} t} \tag{4-19}$$

则滤饼中的固体颗粒体积流量为 $-2\pi (R_i - L_{\mathrm{c}}) v\varphi_{\mathrm{c}}$；制膜液中的固体颗粒体积流量为 $-[2\pi (R_i - L_{\mathrm{c}}) v + q] \varphi_0$，根据颗粒质量守恒，颗粒的体积流量相等，故有

$$-2\pi (R_i - L_{\mathrm{c}}) v\varphi_{\mathrm{c}} = -[2\pi (R_i - L_{\mathrm{c}}) v + q] \varphi_0 \tag{4-20}$$

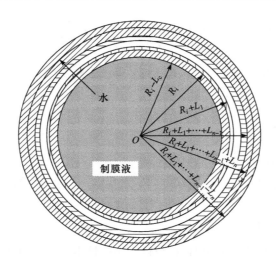

图 4 - 8　　N 层非对称管式陶瓷膜吸浆模型

由式(4 - 20)解得表面流体流率

$$q = 2\pi\left[R_i - L_c \right]\left[\frac{\varphi_c}{\varphi_0} - 1 \right]\frac{\mathrm{d}L_c}{\mathrm{d}t}$$

令 $\frac{\varphi_c}{\varphi_0} - 1 = k$(下同),则

$$q = 2\pi\left[R_i - L_c \right]k\frac{\mathrm{d}L_c}{\mathrm{d}t} \tag{4 - 21}$$

根据 Darcy 定律[12],有

$$q = -\frac{2\pi xK_c}{\eta}\frac{\mathrm{d}P_c}{\mathrm{d}x} \tag{4 - 22}$$

边界条件为:$x = R_i$ 时,$P_c = 0$;$x = R_i - L_c$ 时,$P_c = \Delta P_c$,得

$$q\ln\frac{R_i}{R_i - L_c} = \frac{2\pi K_c}{\eta}\Delta P_c$$

或者

$$\frac{\eta q}{2\pi} = \frac{\Delta P_c}{\dfrac{1}{K_c}\ln\dfrac{R_i}{R_i - L_c}} \tag{4 - 23}$$

对载体 1、载体 2、…、载体 n、滤饼层及制膜液中的溶剂(水)量进行恒算(其中,L_0 = 0):

$$\pi\left[R_i^2 - \left(R_i - L_c\right)^2\right]\left(1 - \varphi_c\right) + \pi\sum_{j=1}^{n-1}\varepsilon_j\left[\left(R_i + \sum_{i=0}^{j}L_i\right)^2 - \left(R_i + \sum_{i=0}^{j-1}L_i\right)^2\right]$$

$$+ \pi\left[\left(R_i + \sum_{i=0}^{n}L_i + L_{nx}\right)^2 - \left(R_i + \sum_{i=0}^{n-1}L_i\right)^2\right]\varepsilon_n$$

$$= \frac{\pi\left[R_i^2 - \left(R_i - L_c\right)^2\right]\varphi_c}{\varphi_0}\left(1 - \varphi_0\right) \tag{4-24}$$

求解可得

$$L_{nx} = \sqrt{\left(R_i + \sum_{i=1}^{n-1}L_i\right)^2 + \frac{1}{\varepsilon_n}\left[kL_c\left(2R_i - L_c\right) - \sum_{j=1}^{n-1}L_j\varepsilon_j\left(2R_i + 2\sum_{i=1}^{j}L_i - L_j\right)\right]}$$

$$- \left(R_i + \sum_{i=1}^{n-1}L_i\right) \tag{4-25}$$

表面流率 q 在滤饼层中与在载体 1、载体 2、…、载体 n 中应相互一致,故有

$$\frac{\eta q}{2\pi} = \frac{\Delta P_n}{\dfrac{1}{K_n}\ln\dfrac{R_i + \sum\limits_{i=1}^{n-1}L_i + L_{nx}}{R_i + \sum\limits_{i=1}^{n-1}L_i}} = \frac{\Delta P_{n-1}}{\dfrac{1}{K_{n-1}}\ln\dfrac{R_i + \sum\limits_{i=1}^{n-1}L_i}{R_i + \sum\limits_{i=1}^{n-2}L_i}} = \cdots$$

$$= \frac{\Delta P_2}{\dfrac{1}{K_2}\ln\dfrac{R_i + L_1 + L_2}{R_i + L_1}} = \frac{\Delta P_1}{\dfrac{1}{K_1}\ln\dfrac{R_i + L_1}{R_i}} = \frac{\Delta P_c}{\dfrac{1}{K_c}\ln\dfrac{R_i}{R_i - L_c}}$$

即 $\dfrac{\eta q}{2\pi} = \dfrac{P_n}{\dfrac{1}{K_c}\ln\dfrac{R_i}{R_i - L_c} + \dfrac{1}{K_n}\ln\dfrac{R_i + \sum\limits_{i=1}^{n-1}L_i + L_{nx}}{R_i + \sum\limits_{i=1}^{n-1}L_i} + \sum\limits_{j=1}^{n-1}\left(\dfrac{1}{K_j}\ln\dfrac{R_i + \sum\limits_{i=1}^{j}L_i}{R_i + \sum\limits_{i=1}^{j-1}L_i}\right)}$

$$\tag{4-26}$$

式中,$P_n = \Delta P_c + \sum\limits_{i=1}^{n}\Delta P_i$,且 $P_n = \dfrac{2\sigma_n\cos\theta_n}{r_n}$;$r_n$ 为第 n 层膜孔半径。

联合式(4-21)、(4-25)及(4-26),通过逐层数值积分可得 $L_c\left(t\right)$。

也可采用近似解法:由于 $\dfrac{L_c}{R_i} \ll 1$,$\dfrac{L_1}{R_i} \ll 1$,$\dfrac{L_2}{R_i} \ll 1$,…,$\dfrac{L_n}{R_i} \ll 1$;且

$$\frac{L_{nx} + R_i + \sum\limits_{i=1}^{n-1}L_i}{R_i + \sum\limits_{i=1}^{n-1}L_i} = \sqrt{1 + \frac{kL_c\left(2R_i - L_c\right) - \sum\limits_{j=1}^{n-1}L_j\varepsilon_j\left(2R_i + 2\sum\limits_{i=1}^{j}L_i - L_j\right)}{\varepsilon_n\left(R_i + \sum\limits_{i=1}^{n-1}L_i\right)^2}}$$

故

$$\ln \frac{L_{nx} + R_i + \sum\limits_{i=1}^{n-1} L_i}{R_i + \sum\limits_{i=1}^{n-1} L_i} = \ln \sqrt{1 + \frac{kL_c\left(2R_i - L_c\right) - \sum\limits_{j=1}^{n-1} L_j\varepsilon_j\left(2R_i + 2\sum\limits_{i=1}^{j} L_i - L_j\right)}{\varepsilon_n\left(R_i + \sum\limits_{i=1}^{n-1} L_i\right)^2}}$$

$$\approx \frac{kL_c\left(2R_i - L_c\right) - \sum\limits_{j=1}^{n-1} L_j\varepsilon_j\left(2R_i + 2\sum\limits_{i=1}^{j} L_i - L_j\right)}{2\varepsilon_n\left(R_i + \sum\limits_{i=1}^{n-1} L_i\right)^2} \approx \frac{kL_c - \sum\limits_{j=1}^{n-1} L_j\varepsilon_j}{\varepsilon_n\left(R_i + \sum\limits_{i=1}^{n-1} L_i\right)}$$

$$\ln \frac{R_i + \sum\limits_{i=1}^{j} L_i}{R_i + \sum\limits_{i=0}^{j-1} L_i} \approx \frac{L_j}{R_i + \sum\limits_{i=0}^{j-1} L_i} \qquad (其中, j = 1, \cdots, n-1)$$

$$\ln \frac{R_i}{R_i - L_c} \approx \frac{L_c}{R_i - L_c}$$

因此,式(4-26)可简化为

$$\frac{\eta q}{2\pi} = \frac{P_n}{\dfrac{L_c}{K_c\left(R_i - L_c\right)} + \dfrac{kL_c - \sum\limits_{j=1}^{n-1} L_j\varepsilon_j}{\varepsilon_n K_n\left(R_i + \sum\limits_{i=1}^{n-1} L_i\right)} + \sum\limits_{j=1}^{n-1}\left[\dfrac{L_j}{K_j\left(R_i + \sum\limits_{i=0}^{j-1} L_i\right)}\right]}$$

$$(4-26a)$$

将式(4-21)代入式(4-26a)中,并整理得

$$k\eta\left(R_i - L_c\right)\frac{\mathrm{d}L_c}{\mathrm{d}t}$$

$$= \frac{P_n}{\dfrac{L_c}{K_c\left(R_i - L_c\right)} + \dfrac{kL_c - \sum\limits_{j=1}^{n-1} L_j\varepsilon_j}{\varepsilon_n K_n\left(R_i + \sum\limits_{i=1}^{n-1} L_i\right)} + \sum\limits_{j=1}^{n-1}\left[\dfrac{L_j}{K_j\left(R_i + \sum\limits_{i=0}^{j-1} L_i\right)}\right]}$$

$$(4-27)$$

式(4-27)可进一步简化为

$$\left[\sum\limits_{i=1}^{n-1}\left(\frac{L_i}{K_i} - \frac{L_i\varepsilon_i}{\varepsilon_n K_n}\right) + \left(\frac{1}{K_c} + \frac{k}{\varepsilon_n K_n}\right)L_c\right]\frac{\mathrm{d}L_c}{\mathrm{d}t} = \frac{P_n}{\eta k} \qquad (4-28)$$

边界条件：

$$t = t_{(n-1)} \text{ 时}, L_c = L_{c(n-1)}$$

于是，得

$$L_c = \cfrac{-\sum_{i=1}^{n-1}\left[\dfrac{L_i}{K_i}-\dfrac{L_i\varepsilon_i}{\varepsilon_n K_n}\right]+\sqrt{\dfrac{2P_n}{\eta k}\left(\dfrac{1}{K_c}+\dfrac{k}{\varepsilon_n K_n}\right)\left(t-t_{(n-1)}\right)+\left[\sum_{i=1}^{n-1}\dfrac{L_i}{K_i}+\dfrac{L_{c(n-1)}}{K_c}\right]^2}}{\dfrac{1}{K_c}+\dfrac{k}{\varepsilon_n K_n}}$$

$$(4-29)$$

当撑体完全被水所饱和时，$L_{nx}=L_n$；由式（4 - 25），得

$$L_{cn}=R_i-\sqrt{R_i^2-\dfrac{1}{k}\sum_{j=1}^{n}L_j\varepsilon_j\left(2R_i+2\sum_{i=0}^{n-1}L_i+L_n\right)} \qquad (4-30)$$

由式（4 - 29）及式（4 - 30）可解得撑体完全被水饱和所需时间 t_n。

4.1.3　层状吸浆模型模拟计算

对于具有实际应用的管式陶瓷超滤膜，膜的载体结构通常由三层构成，根据层状吸浆模型，可采用三层非对称管式膜吸浆模型来模拟（$n=2$）[20]。实际模拟计算时应由里向外逐层计算，且必须已知或测定下列参数：

（1）各层平均孔半径（已知）——过渡层 1（$r_1=0.1\mu m$）、过渡层 2（$r_2=0.4\mu m$）以及支撑体（$r_3=0.75\mu m$）；

（2）各层孔隙率（已知）——过渡层 1（$\varepsilon_1=0.33$）、过渡层 2（$\varepsilon_2=0.35$）以及支撑体（$\varepsilon_3=0.40$）；

（3）各层渗透性系数（实验测定）——过渡层 1（K_1）、过渡层 2（K_2）、支撑体（K_3）以及凝胶（湿膜）层平均渗透性系数（K_c）；

（4）各层厚度（模型预测）——过渡层 1（L_1）、过渡层 2（L_2）以及支撑体（L_3）。

4.1.3.1　参数 K_c 的测定原理——单层片状对称陶瓷膜浆料吸收模型

根据 Bonekamp[21] 推导的结果，对于单层片状陶瓷膜吸浆成膜

$$L_c(t)=\sqrt{\dfrac{2P_1 t}{\eta k\left(\dfrac{1}{K_c}+\dfrac{k}{K_1\varepsilon_1}\right)}} \qquad (t\leqslant t_1) \qquad (4-31)$$

t 时刻溶剂浸入深度为 L_{1x}

$$L_{1x}=\dfrac{kL_c}{\varepsilon_1}\Leftrightarrow L_c=\dfrac{L_{1x}\varepsilon_1}{k} \qquad (4-32)$$

对于参数 k，K_c，计算式推导过程如下：

假定浆料在稀释过程中体积可加和，则可对浆料进行体积恒算，于是

$$A L_c + A L_{1x} \varepsilon_1 = \frac{W(t)}{\rho_L} \tag{4-33}$$

将 $L_c = \dfrac{L_{1x} \varepsilon_1}{k}$ 代入式(4-33)，则可得

$$L_{1x} \varepsilon_1 A \left[1 + \frac{1}{k} \right] = \frac{W(t)}{\rho_L} \tag{4-34}$$

由于 $L_{1x} = K_L \sqrt{t}$，$W(t) = K_W \sqrt{t}$，于是

$$K_L \sqrt{t} \varepsilon_1 A \left[1 + \frac{1}{k} \right] = \frac{K_W \sqrt{t}}{\rho_L}$$

即

$$k = \frac{1}{\dfrac{K_W}{\rho_L A K_L \varepsilon_1} - 1} \tag{4-35}$$

式中，K_W 为质量系数，$\mathrm{kg \cdot s^{-1/2}}$；$K_L$ 为厚度系数，$\mathrm{m \cdot s^{-1/2}}$；$\rho_L$、$A$ 及 ε_1 均为已知参数。故由式(4-35)即可得 k 值。

将 $L_{1x} = \dfrac{k L_c}{\varepsilon_1}$ 代入式(4-34)中，可得

$$L_c(t) = \frac{W(t)}{\rho_L A[1 + k]} = \frac{K_W \sqrt{t}}{\rho_L A[1 + k]} \tag{4-36}$$

将式(4-31)代入(4-36)，可得

$$\frac{K_W \sqrt{t}}{\rho_L A[1 + k]} = \sqrt{\frac{2 P_1 t}{\eta k \left[\dfrac{1}{K_c} + \dfrac{k}{K_1 \varepsilon_1} \right]}} \tag{4-37}$$

由式(4-37)即可求得 K_c 值

$$K_c = \frac{1}{\dfrac{2 P_1}{\eta k \left[\dfrac{K_W}{\rho_L A[1 + k]} \right]^2} - \dfrac{k}{K_1 \varepsilon_1}} \tag{4-38}$$

4.1.3.2　参数 K_1、K_2 的测定原理——单层片状对称陶瓷膜纯水吸收模型

如图 4-9 所示，定义水在膜中的内渗透速率(吸收速率) $q = \dfrac{\mathrm{d} L_{1x}}{\mathrm{d} t}$，根据 Darcy定律[12]，有

$$\eta q = \frac{K_1}{L} \Delta P_1 \qquad (4-39)$$

$$\frac{L_{1x}}{K_1} \frac{\mathrm{d} L_{1x}}{\mathrm{d} t} = \frac{\Delta P_1}{\eta} \qquad (4-40)$$

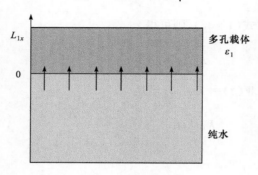

图 4 - 9　单层对称陶瓷膜纯水吸收模型

由边界条件：$t=0$ 时，$L=0$，可得

$$L_{1x}^2 = \frac{2 K_1 \Delta P_1 t}{\eta} \qquad (4-41)$$

单层膜的分压降等于总压降，即

$$\Delta P_1 = P_1$$

于是得

$$L_{1x} = \sqrt{\frac{2 K_1 P_1 t}{\eta}} \qquad (t \leqslant t_1) \qquad (4-42)$$

令

$$K_{W1} = \sqrt{\frac{2 K_1 P_1}{\eta}} \qquad (4-43)$$

则

$$K_1 = \frac{K_{W1}^2 \eta}{2 P_1} \qquad (4-44)$$

由 $P_1 = \dfrac{2 \gamma_W \cos \theta}{r_1}$ 可得

$$K_1 = \frac{K_{W1}^2 \eta r_1}{4 \gamma_W \cos \theta} \qquad (4-45)$$

同理

$$K_2 = \frac{K_{W2}^2 \eta r_2}{4 \gamma_W \cos \theta} \qquad (4-46)$$

根据式(4-42),可以通过吸浆实验测定 L_{1x} 与浸浆时间 t 的平方根关系,确定 K_{w1} 的值,然后由式(4-45)计算出 K_1;同样可以测定 L_{2x} 与浸浆时间 t 的平方根关系,确定 K_{w2} 的值,再由式(4-46)计算出 K_2。

图 4-10 为 L_{1x} 随时间 t 的平方根变化,由图可得到 $K_{w1}=0.0603\times10^{-2}$ m・$s^{-1/2}$。根据 $\eta=1.0\times10^{-3}$ Pa・s, $r_1=0.1\mu m$, $\varepsilon_1=0.33$, $\gamma_w=72.6\times10^{-3}$ N・m^{-1}, $\theta=0$,根据式(4-45)计算得出 $K_1=1.515\times10^{-16}$ m^2。

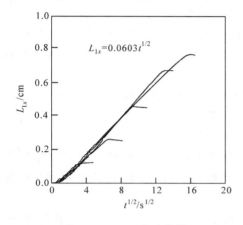

图 4-10　K_{w1} 实验曲线

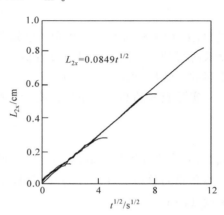

图 4-11　K_{w2} 实验曲线

图 4-11 为 L_{2x} 随时间 t 的平方根的变化曲线,由图可得到 $K_{w2}=0.0849\times10^{-2}$ m・s$^{-1/2}$。根据 $\eta=1.0\times10^{-3}$ Pa・s, $r_2=0.4\mu m$, $\varepsilon_2=0.35$, $\gamma_w=72.6\times10^{-3}$ N・m^{-1}, $\theta=0$,根据式(4-46)计算得出 $K_2=9.826\times10^{-16}$ m^2。

4.1.3.3　参数 K_3 的实验测定

由 Darcy 定律[12],有

$$K_3=(q_3\cdot\Delta P)\cdot L_3\cdot\eta_w \qquad(4-47)$$

而纯水通量 Q_3 为

$$Q_3=q_3\cdot\Delta P \qquad(4-48)$$

因此可以实验测得 Q_3,然后通过式(4-47)计算得到 K_3。

图 4-12 为支撑层的纯水通量测定结果。从图中可以得出 $q_3=16.7\times10^{-3}$ m^3・m^{-2}・s^{-1}・MPa^{-1}, $L_3=2.4\times10^{-3}$ m,

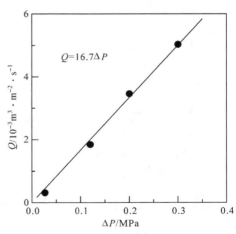

图 4-12　Q_3 实验测定结果

$\eta_w = 1.0 \times 10^{-3} Pa \cdot s$，于是可以得到 $K_3 = 4.08 \times 10^{-14} m^2$。

4.1.3.4　模型的预测结果

以含质量分数为 0.326% 甲基纤维素（MC）的 $0.05 mol \cdot L^{-1}$ 锆溶胶为制膜液，以湿凝胶膜经烧结处理后所得膜的厚度为模型的计算值，其计算式如式（4-49）所示：

$$L_{mc} = \frac{L_c \left[k+1 \right] \left[2R_i - L_c \right] \rho_L w_s}{2R_i \left[1-\varepsilon \right] \rho_s} \tag{4-49}$$

式中，L_c 由实验所测定参数和各已知参数代入式（4-21）、（4-25）及（4-26）中联立求解得到。也同样可以通过近似方程式（4-29）解得 L_c，两者的解得结果具有很高的一致性，见图（4-13）。

实际膜厚的测量值系根据质量法按照式（4-50）计算而得

$$L = \frac{W_2 - W_1}{A \rho_s (1-\varepsilon)} \tag{4-50}$$

式中，L 为实际测量的膜厚，m；W_1、W_2 为分别为涂膜前支撑体和涂膜烧结后支撑体和膜的总质量，kg；A 为膜面积，m^2；ε 为顶层膜的孔隙率；ρ_s 为顶层膜材料的密度，$kg \cdot m^{-3}$。

实际测量膜厚与模型预测膜厚的比较如图 4-14 所示，从图中可以看出，两者保持了相当高的一致性，说明层状吸浆模型较好地反映了膜制备过程中的实际毛细过滤（吸浆）过程。

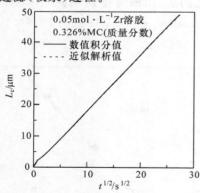

图 4-13　模型数值积分
与近似解析值的比较

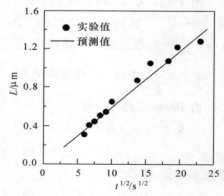

图 4-14　模拟计算值和实测值的比较

4.1.3.5　三层支撑体对膜厚的贡献

三层支撑体在膜制备过程中，对膜厚的贡献是不尽相同的。在以上超滤膜制备模拟过程中，支撑体的不同涂层（过渡层 1、过渡层 2 以及支撑体层）对凝胶膜层形成过程的影响,其结果分别如图 4-15～图 4-17 所示。

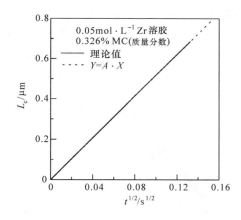

图 4-15　过渡层 1 对凝胶层厚度的影响

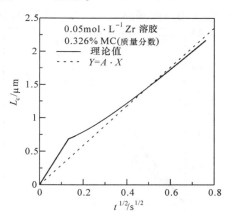

图 4-16　过渡层 1+过渡层 2
对凝胶层厚度的影响

图 4-15～图 4-17 分别为过渡层 1、过渡层 1+过渡层 2 以及过渡层 1+过渡层 2+支撑体层对凝胶膜层形成过程的影响。从图 4-15 可以看出,在过渡层 1 吸浆过程中,凝胶膜厚度与时间的平方根近似成正比;但在进入过渡层 2 后,凝胶膜厚度与时间的平方根不再是正比的关系(图 4-16);在进一步进入支撑层后,整体考虑而言,这种正比关系仍近似成立,如图 4-17 所示。

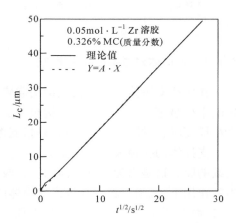

图 4-17　支撑层+过渡层整体
对凝胶层厚度的影响

4.1.3.6　模型在其他制备条件下的模拟结果

图 4-18 及图 4-19 分别为通过模型模拟含有不同 MC 的 $0.05\text{mol} \cdot \text{L}^{-1}$ 及 $0.10\text{mol} \cdot \text{L}^{-1}$ 的锆溶胶涂膜所得膜厚度随时间的变化,膜厚系根据式(4-49)计算所得。

由图 4-18 和图 4-19 可见,在相同的时间下,溶胶浓度越大,其凝胶膜生长越快,所得的膜也越厚,这是由于在一定的时间下,浓度越高,越多的胶粒在毛细吸浆的作用下浓缩形成滤饼;对同一浓度的溶胶,MC 含量越大,其凝胶膜生长也越慢,所得成膜的膜厚也越薄,这是因为 MC 含量越大,制膜液的黏度越高,毛细吸力越难在表面浓缩形成滤饼层,即在相同的毛细吸力下,所形成的滤饼层越薄。

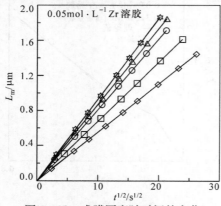

图 4-18　成膜厚度随时间的变化
（0.05mol·L^{-1}Zr 溶胶）

✿ 0.000% MC(质量分数);△ 0.061% MC
(质量分数);○ 0.119% MC(质量分数);
□ 0.227% MC(质量分数);◇ 0.326%
MC(质量分数)

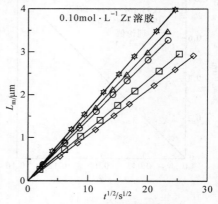

图 4-19　成膜厚度随时间的变化
（0.1mol·L^{-1}Zr 溶胶）

✿ 0.000% MC(质量分数);△ 0.061% MC
(质量分数);○ 0.119% MC(质量分数);
□ 0.227% MC(质量分数);◇ 0.326%
MC(质量分数)

4.1.4　支撑体对成膜性能的影响

在多孔支撑体采用浸浆成型法成膜时,支撑体的微结构和性质对成膜过程的影响十分显著。支撑体的微结构包括支撑体的孔径大小、孔径分布、孔容积以及表面粗糙度等,支撑体的性质主要是指支撑体的材料性质。

支撑体的孔径大小对成膜的影响主要体现在:当支撑体孔径较大时,难以形成连续的膜。这是因为当支撑体的孔径较大,对于悬浮粒子法而言,制膜液在毛细管力的作用下,成膜颗粒容易进入支撑体的孔道中,难以在支撑体的表面堆积形成滤饼层;而对于溶胶－凝胶法,则体现在载体表面的凝胶层难以形成。Leenaars 等[22]实验研究发现溶胶不能在大孔径的支撑体上形成凝胶膜;Okubo 等[23]发现溶胶在孔径 1.1μm 的支撑体上得不到凝胶膜,只有在通过多次重复"涂膜-干燥-焙烧-涂膜"循环后,最后才得到了厚约 3μm,孔径 5nm 的非对称膜。Chai 等[24]用平均孔径 0.5μm 的支撑体,重复制膜过程达 20 次才得到厚 5~10μm 的 γ-Al$_2$O$_3$膜。可见,溶胶在孔径小的支撑体上可以直接形成凝胶膜,而在孔径大的支撑体上只有通过多次涂膜,才能得到连续的分离膜。这也仅仅是因为多次涂膜时的初期涂膜过程中,溶胶或粉体进入支撑体孔中,其孔径逐渐减小,使得最后的涂膜次数在小孔径支撑体上形成连续的凝胶膜或堆积层。黄培[25]经实验发现,对于平均孔径达 1.0μm 的支撑体,即使重复"涂膜-干燥-焙烧"制膜过程多达 7 次,分离层的渗透性系数仍与平均压力有关。而对于平均孔径 0.15μm 的支撑体,重复两次制膜过程,渗透性系数已与平均压力无关。因此,对于溶胶-凝胶法,一般认为支撑体的孔径应在 $0.2\mu m$ 左右[22,26]。

支撑体孔径分布对成膜的完整性也有影响。这是因为当支撑体的孔径分布较宽时,支撑体各部分的吸浆性能将会不均,这样就会导致在涂膜过程中,在一定的时间内,吸浆性能高的地方形成的堆积层或凝胶层比较厚而吸浆性能低的地方所形成的堆积层或凝胶层较薄,从而导致在干燥和焙烧过程,膜容易因厚度不均而引起应力不均,从而导致开裂,出现缺陷。

支撑体还必须具有足够高的孔隙体积。这是由于当孔隙体积及孔容积比较低时,制膜液中的水一旦浸满支撑体,致使毛细管力消失,则毛细过滤成膜过程停止。Okubo 等[27]在多孔 $\alpha\text{-}Al_2O_3$ 中空纤维膜上浸涂溶胶时发现:由于支撑体的壁很薄,孔容积小,溶胶在转变为凝胶之前毛细管作用已经消失,无法得到凝胶膜。他们针对这种薄壁支撑体,提出采用过滤技术促使溶胶在支撑体壁面上形成凝胶膜的方法,并制备出 5nm 的 $\gamma\text{-}Al_2O_3$ 超滤膜。另外,支撑体的壁面粗糙度也会影响到凝胶膜的均匀性。国内外研究结果表明,制备超滤膜的支撑体内表面的粗糙度应控制在 100nm 以下,同时要求支撑体孔结构均一,不能有缺陷存在。

支撑体的材料性质对成膜的影响主要体现在支撑体和成膜材料之间的热性能匹配上。当支撑体与成膜材料之间的热性能不相匹配时,在热处理过程中,支撑体与膜层间会出现结合强度不够以及膜层与支撑体间开裂等问题。另外,支撑体材料性质对合成分子筛膜也同样有着重要的影响。比如合成 ZSM-5 沸石分子筛膜,在 $\gamma\text{-}Al_2O_3$ 支撑体上比在 $\alpha\text{-}Al_2O_3$ 支撑体上容易合成[28,29],对于水热合成沸石分子筛膜,TiO_2 支撑体比 $\alpha\text{-}Al_2O_3$ 和 ZrO_2 更易形成完整的、比较高的 H_2/N_2 分离因子[30]沸石分子筛膜。

综上所述,为了能够制备出完整的陶瓷膜,必须选择材料性质合适且需要经过一定预处理的支撑体。

以溶胶-凝胶法制备陶瓷超滤膜为例,支撑体表面粗糙度如图 4-20 所示,假定:

(1) 支撑体的吸浆速率均一;

(2) "湿膜"孔隙率为 ε_{wet};

(3) 制膜液固含量为 w_s;

(4) 膜表面的粗糙度可以用如图 4-20 所示的 α 及 β 角的余切值表示。

那么可以简单地推出膜表面粗糙度与涂膜次数间的关系[4]。

由图 4-20(b)所示,$\dfrac{L_5}{L_1}=\tan\alpha,\dfrac{L_5}{L_4}=\tan\beta$

$$\frac{\tan\alpha}{\tan\beta}=\frac{L_4}{L_1}=\frac{L_1+L_2-L_3}{L_1}=1+\frac{L_2-L_3}{L_1} \tag{4-51}$$

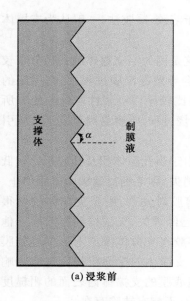
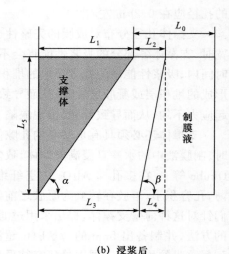

(a) 浸浆前　　　　　　　　　　　　(b) 浸浆后

图 4-20　支撑体浸浆前后的表面变化

同时,根据假定:

$$L_2 \left(1 - \varepsilon_{wet} \right) = L_0 \, w_s \tag{4-52}$$

$$L_3 \left(1 - \varepsilon_{wet} \right) = \left(L_0 + L_1 \right) w_s \tag{4-53}$$

可以得出

$$\frac{L_2 - L_3}{L_1} = - \frac{w_s}{1 - \varepsilon_{wet}} \tag{4-54}$$

将式(4-54)代入式(4-51)中,并整理可得

$$\frac{\tan \beta}{\tan \alpha} = \frac{1 - \varepsilon_{wet}}{1 - \varepsilon_{wet} - w_s} \tag{4-55}$$

对于多次涂膜而言,设涂膜次数为 m,则

$$\frac{\cot \beta_m}{\cot \alpha} = \left[\frac{1 - \varepsilon_{wet} - w_s}{1 - \varepsilon_{wet}} \right]^m \tag{4-56}$$

　　由式(4-56)可知,由于 ε 通常在 0.5 左右,因此提高制膜液的固含量可在保证膜表面的平整度前提下显著减少涂膜次数。图 4-21 为不同涂膜次数下,制膜液的固含量对膜表面粗糙度的影响,图 4-21 很好地反映了式(4-56)的关系。另外需要指出,提高制膜液的固含量虽然可以减少涂膜次数,但是可能造成一次所成的膜较厚而在热处理过程中易于开裂的现象,因此在提高制膜液的固含量过程中,需要兼顾考虑,进行固含量的优化。

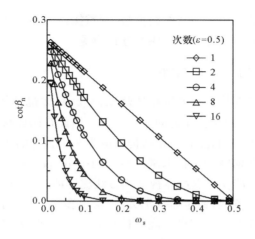

图 4 - 21　制膜液固含量及涂膜次数
对膜表面粗糙度的影响

4.2　陶瓷膜孔径及其分布的控制

孔径分布是决定无机膜的渗透率和渗透选择性的关键因素。基于粒子堆积制备而成的陶瓷膜,孔结构非常复杂,膜孔相互交联,孔与孔之间四通八达,其三维空间结构是典型的无序状态。一般说来,孔径越小,对一定粒径的粒子或溶质的截留率越高而相应的通量往往越低[31~33]。膜应用中膜的优化选型就是要在保证截留率的基础上使得所选孔径的膜通量最高。对于纯溶剂介质而言,当其他膜微结构参数一定时,通量随着膜孔径增大而增大[34,35]。但在实际体系分离中,由于吸附、浓差极化、堵塞等膜污染现象的影响,实际体系过滤渗透通量很少能与膜的纯溶剂过滤通量相比拟。经研究发现,在某些情况下,通过对膜孔径的优化设计,可以开发出最优孔径的陶瓷膜:膜自身阻力与膜污染阻力总和最小、膜通量最高[36,37]。

膜的孔径大小及其分布根据测定方法的不同可以分为两类[38]:第一类孔径大小及其分布是膜孔的实际几何孔径分布,如电镜法和小角度 X 射线衍射法等测定的孔径大小及其分布,其测定对象一般为实际的几何量,如长度、面积、体积等。这类膜孔由膜的空间孔道微结构决定,主要取决于粒子的粒径、粒子的形状、粒子的堆积方式以及烧结温度等。第二类孔径大小及其分布是采用毛细孔原理间接测得的膜孔径分布,反映的是膜在流体通过时所表现出的孔径分布,如压汞法、泡压法、液体排除法、BET 法和渗透孔度法等测定的孔径分布。这类膜孔实际是指流体流经某一孔道时所遇到的该孔道流动阻力的平均当量孔径,显然,其测定结果与测定时的孔道长度、弯曲因子以及管壁摩擦力等因素有关。本节首先对第一类膜孔的空间几何特性进行简单的介绍,然后分别介绍对称结构的陶瓷支撑体层状结构模型以及非对称结构的陶瓷膜层状结构模型,着重探讨影响膜孔径大小的控制因素,以期为陶瓷膜孔径的定量化制备提供指导性意见。

4.2.1　陶瓷膜孔道的空间几何特性[39]

陶瓷膜是由陶瓷粉体颗粒的堆积体烧结而成,粉体烧结体内孔洞形状的变化过程,可以被认为是一种"纯"几何的变化过程。因此在陶瓷材料领域中,从几何角度分析烧结体显微组织的孔洞-固相结构就成为一个独特的研究领域。

陶瓷烧结体的几何特性包括米制特性(metric properties)和拓扑特性(topological properties)。它们涉及可以用体视金相方法测定的一系列参数。烧结体米制特性在于用测量的几何参数,通过体视学关系,给出多孔烧结体孔洞、晶粒、晶界等显微组织结构发展演变的定量信息。烧结体拓扑特性的研究,集中于孔洞连通性的研究,其目的是给出孔洞变化的定量关系。

4.2.1.1　米制特性

1970 年,DeHoff 和 Aigeltinger 概括的粉末烧结体的米制特性包括[40]:孔洞体积分数,孔洞-固相界面的比表面积,晶界的表面积,孔洞-固相界面的总曲率,晶粒刃的总长度,孔洞固相界面与晶界的交线,孔隙、固相、晶粒的平均截距长,表面平均曲率。这些参数的符号与量纲如表 4-1 所示。

表 4-1　烧结组织的几何米制特性及截面上可测的几何特征[40]

显微组织	特性	符号	单位
固相体积	体积分数	V_v^s	cm³/cm³
	平均固相截距	$\overline{\lambda}_s$	cm
孔洞体积	体积分数	V_v^p	cm³/cm³
	平均孔洞截距	$\overline{\lambda}_p$	cm
孔洞-固相界面	表面积	S_v^{ps}	cm²/cm³
	总曲率	M_v^{ps}	cm/cm³
	平均表面曲率	$\overline{H}$	1/cm
	亏格	G_v	1/cm³
	分离部分数	N_v	1/cm³
晶界	表面积	S_v^{ss}	cm²/cm³
	平均晶界截距	$\overline{\lambda}_g$	cm
晶粒刃	刃总长	L_v^{sss}	cm/cm³
孔洞-固相界面的三结线	线总长	L_v^{ssp}	cm/cm³

　　烧结体几何特性变化由两个原因导致:一是粉末颗粒表面的迁移;二是内部原子的迁移。因此,研究烧结组织的几何理论应当与烧结机制相联系。与建立在原子迁移过程的烧结动力学相比,几何特性的变化动力学规律的建立经过了相当长的一段时间。1949 年,Kuczynski 建立了球-板模型来表征烧结颈生长的动力学规律;1989 年,DeHoff 首次提出了几何特性变化的机制问题,并试图建立一种与物质迁移机构相联系的几何特性变化的动力学模型,即烧结的体视理论[41,42]。要建立一个这些机制同时起作用的体视学参数变化的动力学模型相当复杂,目前的理论仅仅就某一种扩散机制控制下的体视学参数的变化来建立其动力学模型。在这里我们就不详细地介绍了,有兴趣的读者可以参看文献[41]、[42]和其他相关文献。

4.2.1.2　拓扑特性

　　陶瓷膜烧结体的几何拓扑特性的基本参数包括:孔洞-固相界面的亏格(genus)、孔洞空间网格的连通性、孔洞-固相界面的断开分离部分的数目和及孤立孔洞的数目。按照 Rhines[43]的观点,有两种网格可以描述同一个烧结体。一种是联结颗粒的网格:当烧结达到已形成烧结颈阶段,可以想象把颗粒收缩为质点,烧结颈收缩成线。代表颗粒的点由这些线相互联结,形成了一个以结点(node)和分支(branches)相互联结的三维网格。烧结体拓扑性质的变化就由这些网格的亏格数的变化来表征。另外一种是孔洞空间连通的网格:其是指在连通的孔洞-固相界面包围的孔洞空间内结构连通的网格。也就是将孔洞看作质点,颗粒收缩成线,点和线相互联结,同样形成一个三维网格。值得注意的是随着孔洞-固相界面的收缩,这种网格也必然收缩。

　　在拓扑特性基本参数中,亏格数是一个非常重要的变量。亏格数是表面连通性的量化,它是在表面连续变形中表现出不变的本质属性。表面可以是任意形状的闭合表面,没有大小的限制。比如一个圆柱体,它可以连续变形直到它的外表面成为球面,同样一个盘子也可以连续变形成为一个球体。这些物品不需要外界对其形状进行操作,它们可通过自身变形成为同一个表面,因此在拓扑理论中,认为这些物品具有连通性等同的表面。通过参数-亏格数来表示,即亏格数为 0。再比如,一个有把手的杯子,无论自身如何变形,都不会变成一个球。只有切开把手处,然后在变形过程中,手柄被杯体“吸收”成为一个碗,才有可能变成球。外界对把手处切开一次,显然它的亏格数为 1。圆筒也一样,它的亏格数也为 1。显然,亏格数为 1 的这类表面,与上面提到的亏格数为 0 的表面在连通性上,本质是不同的。亏格数为 0 的表面是完全连通的,而亏格数为 1 的表面,至少包含了一个分离不连通的表面。

　　一般来讲,对于复杂的一类表面,亏格数等于该类表面在降低其表面积变形成为一个球体表面过程中,需要“切开”不连通的或分离的表面次数。亏格数越大,需要"切开"的次数越多,表明表面的连通性越低。

　　陶瓷膜烧结体由大量的粉末颗粒组成,是内外表面极为复杂的多孔体。Rhines 用一个表面的亏格数从拓扑几何的观点研究了烧结过程[43]。假定粉末颗粒为单一尺寸的球,这样一个系统的亏格数 G 定义为[44,45]

$$G = C - P + 1 \tag{4-57}$$

式中,C 为颗粒接触点数;P 为粉末颗粒数。

　　为了确定烧结体网格的亏格数变化,必须考虑三维组织的特性。与烧结体几何米制特性相比,对于拓扑特性,还没有一种由二维测量所得的参数可定量地反映三维特性的体视学关系。因此,要估计烧结过程中孔洞-固相组织结构的三维几何特征变化,必须对样品采用所谓的顺次截面法观察一系列依次平行排列的二维孔洞-固相截面的拓扑特性变化,用这一系列顺次的变化来判断三维网格亏格的定量变化。

　　Leu 和 Hare 等[46]在 1988 年建立拓扑约束模型,这是一种具有物理意义的颗粒密排计算模拟新方法,其模拟的核心问题是描述在烧结应力的作用下,颈部相联结的粒子组成的网格所发生的拓扑约束发展过程。与早期单纯研究颗粒配位数随着烧结致密化而变化的工作[47~50]相比,网格化的拓扑约束模型无疑是一种进步。因为仅仅知道颗粒(孔道)配位数的变化,人们只能"想象"颗粒是如何排列变化的,而网格化的至少给人们一个二维的颗粒密排的视觉形象。

　　到目前为止,陶瓷膜几何理论仍然只停留在定性解释烧结的显微组织的水平上,以此为理论基础解释或定量预测陶瓷烧结体的孔道空间变化行为的工作还远远不够,特别是用来解决陶瓷膜领域的工程放大问题,目前几何理论更是显得力不从心。下面将介绍为了实现陶瓷膜孔径的控制,从陶瓷膜结构出发,将陶瓷膜结构看作由若干个通过单层颗粒堆积而成的薄层组成,及在这样一个层状假设下,我们所建立的陶瓷膜孔径及其分布模型方面的一些工作。

4.2.2　对称多孔陶瓷支撑体层状结构模型[51]

　　如前所说,绝大多数的无机膜均为"三明治"型多层不对称结构。其中最底层为具有一定机械强度的多孔载体,约数毫米的厚度,它是整个无机膜的基体,主要提供整个无机膜的机械强度。目前,支撑体的制备方法主要采用挤出法、流延法、注浆法以及压制法等[52]。对于不同构型的载体应采用不同的方法成型。一般说来,工程上应用最多的多孔道构型,均采用挤出成型法制备,而其他的几种方法一般用来制备管状或片状构型支撑体。

　　根据王沛[53]在研究微滤膜的膜厚与膜孔径之间的关系时提出的层状结构模型,结合陶瓷支撑体制备的实际情况,我们提出多孔陶瓷支撑体的原料平均粒径、支撑体的厚度和支撑体孔径之间关系的层状结构数学模型[51],其目的是为多孔陶瓷支撑体孔径及分布的定量控制提供理论基础。

4.2.2.1　模型的基本假设

从支撑体的制备方法可以看出,多孔陶瓷支撑体是通过微米级颗粒的无规则堆积,通过高温处理得到的。因此,所形成的支撑体的微观结构是一个由颗粒以及通过颗粒的堆积而形成的孔构成的空间网状结构。然而,这种空间网状结构非常复杂,不可能用简单的方法将结构的每一个细节均如实地描述出来,为了便于进行数学模拟,以期能够预测出多孔支撑体的孔结构(平均孔径和孔径分布),在研究中引入以下四种假设来简化孔结构:

(1)在实际支撑体的制备过程中是采用具有两种粒径分布的颗粒通过均匀混合得到的,但是考虑到两种颗粒的粒径差别较大且小颗粒所占的比例较低,而且经过高温烧成后,从支撑体的 SEM 照片中已经看不出小颗粒。因此,在模型建立的过程中忽略小颗粒对支撑体孔径的影响,只考虑具有一定分布的大颗粒的堆积对支撑体孔径的贡献。

(2)具有一定厚度的支撑体沿径向可以看作由若干个通过单层颗粒堆积而成的薄层组成,每一个薄层的厚度设定为构成支撑体的具有一定分布的颗粒的平均粒径 d_a。因此,支撑体的结构可以近似用图 4-22 所示的层状结构模型来表示。若支撑体的厚度为 $L_s(mm)$,那么一定厚度的支撑体可以认为是由 N 个厚度为 d_a 的薄层组成。层数 N 为

$$N = \frac{L_s}{d_a} \tag{4-58}$$

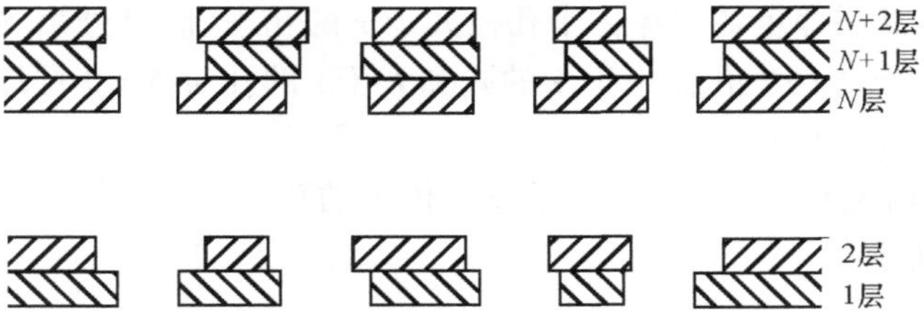

图 4-22　支撑体的层状结构模型

(3)假设孔为圆柱形通孔,且每一个薄层中的孔径分布相同,均符合正态分布,则每一个薄层中孔径的微分分布函数 $f^0(r)$ 应该满足式(4-59):

$$f^0(r) = \frac{1}{\sqrt{2\pi}\,\sigma} e^{-\frac{(r-r_m)^2}{2\sigma^2}} \tag{4-59}$$

式中,r_m 为平均孔半径;σ 为正态分布方差。同时定义其积分分布 $F^0(r)$ 为

$$F^0(r) = \int_{r_{min}}^{r} f^0(r)\mathrm{d}r \qquad r_{min} < r < r_{max} \tag{4-60}$$

式中，r_{min} 和 r_{max} 根据数理统计知识[54]作式(4-61)的定义

$$r_{min} = r_m - 3\sigma \quad , \quad r_{max} = r_m + 3\sigma \qquad (4-61)$$

经过 N 个薄层的堆积后，N 层厚度的支撑体的孔径微分分布为 $f^n(r)$，积分分布为 $F^n(r)$，且 $F^n(r)$ 由式(4-62)定义：

$$F^n(r) = \int_{r'_{min}}^{r} f^n(r)dr \qquad 1 < n \leqslant N \qquad (4-62)$$

式中，$r'_{min} < r_{min}$。

(4) 在堆积过程中，不考虑由于新增加的一层中颗粒完全覆盖而造成 $N+1$ 层中孔结构的变化。即每一层中的任意孔与新叠加层中的孔是连通的，支撑体的孔为贯通孔中最小当量孔径。

4.2.2.2　模型的数学推导

若 N 层厚度的支撑体孔径的微分分布为 $f^n(r)$，相应的积分分布为 $F^n(r)$。在此支撑体上再叠加一层(即第 $N+1$ 层)后，$N+1$ 层厚度的支撑体的孔径的微分分布为 $f^{n+1}(r)$，相应的积分分布为 $F^{n+1}(r)$。那么对于 N 层厚度的支撑体中孔径小于 r 的孔来说，在此支撑体上再叠加第 $N+1$ 层后，厚度为 $N+1$ 层的支撑体中孔径小于 r 的孔的分布的变化存在以下两种情况：

(1) 对于 N 层厚度的支撑体中孔径小于 r 的孔来说，经过第 $N+1$ 层颗粒的堆积以后，第 $N+1$ 层中孔径小于 r 的孔和大于 r 的孔对 $N+1$ 层厚度的支撑体中孔径小于 r 的孔的贡献。

(2) 对于 N 层厚度的支撑体中孔径大于 r 的孔来说，经过第 $N+1$ 层颗粒的堆积以后，第 $N+1$ 层中孔径小于 r 的孔和大于 r 的孔对 $N+1$ 层厚度的支撑体中孔径小于 r 的孔的贡献。

以上两种情况对 $N+1$ 层厚度的支撑体中的孔径分布函数 $F^{n+1}(r)$ 的具体影响如表 4-2 所示。

表 4-2　叠加第 $N+1$ 层后厚度为 $N+1$ 层的支撑体中孔径小于 r 的孔的分布

第 $N+1$ 层叠加在 N 层厚度支撑体的情况		第 $N+1$ 层叠加在 N 层厚度支撑体的图示	叠加第 $N+1$ 层后 $N+1$ 层厚度的支撑体中孔径小于 r 的孔分数
N 层厚度的支撑体中孔径小于 r 的孔	第 $N+1$ 层中孔径小于 r 的孔	不错位　错位	$F^0(r) \cdot F^n(r)$
	第 $N+1$ 层中孔径大于 r 的孔	不错位　错位	$F^n(r) \cdot [1 - F^0(r)]$
N 层厚度的支撑体中孔径大于 r 的孔	第 $N+1$ 层中孔径小于 r 的孔	不错位　错位	$F^0(r) \cdot [1 - F^n(r)]$
	第 $N+1$ 层中孔径大于 r 的孔	不错位　错位	$P[1 - F^0(r)] \cdot [1 - F^n(r)]$

因此,经过第 $N+1$ 层的堆积而得到的$(N+1)$层厚度的支撑体中孔径小于 r 的孔的分布函数应该满足式(4-63):

$$F^{n+1}(r) = F^0(r)F^n(r) + F^n(r) \cdot [1 - F^0(r)] + F^0(r) \cdot [1 - F^n(r)]$$
$$+ P[1 - F^0(r)] \cdot [1 - F^n(r)] \qquad (0 < P < 1) \qquad (4-63)$$

将式(4-63)经过变化得到式(4-64):

$$F^{n+1}(r) = F^n(r) + F^0(r) - F^n(r) \cdot F^0(r) + P[1 - F^0(r)] \cdot$$
$$[1 - F^n(r)] \qquad (0 < P < 1) \qquad (4-64)$$

式(4-64)即为多孔陶瓷支撑体孔径分布与支撑体厚度层状结构数学模型。

当 $N=2$ 时,

$$F^2(r) = (P-1)[F^0(r)]^2 + 2F^0(r)[1-P] + P \qquad (4-65)$$

当 $r = r_m$ 时,$F^0(r) = 0.5$,则

$$F^2(r) = 0.75 + 0.25P > 0.5 = F^0(r) \qquad (4-66)$$

当 $N=3$ 时,

$$F^3(r) = F^2(r) + F^0(r) - F^2(r) \cdot F^0(r) + P[1 - F^0(r)] \cdot [1 - F^n(r)]$$
$$(4-67)$$

当 $r = r_m$ 时,$F^0(r) = 0.5$,则

$$F^3(r) = F^2(r) + F^0(r) - F^2(r) \cdot F^0(r) + P[1 - F^0(r)] \cdot [1 - F^2(r)]$$
$$= 0.875 + 0.25P - 0.125P^2 > 0.75 + 0.25P = F^2(r) \qquad (4-68)$$

从上述对于 $N=2$ 和 3 的计算中可以看出,随薄层堆积层数的增加,亦即随支撑体的厚度增大,支撑体中小于 $r(r_{min} < r < r_{max})$ 的孔的比例逐渐增加。也就是说,随支撑体厚度的增大,支撑体的平均孔径减小,孔径分布向小孔径方向移动。这种趋势与实际变化情况是符合的。

在利用该模型进行实际预测时,需要获得的参数有:颗粒的平均粒径 d_a、支撑体的厚度 L_s、每一单颗粒层所服从的正态分布函数中的平均孔径 r_m 和参数 P。其中颗粒的平均粒径 d_a、支撑体的厚度 L_s 可以通过测量直接得到;平均孔径 r_m 可以由颗粒的粒径分布获得;P 是模型的一个参数,需要通过模拟计算确定。有关该模型在实际体系中的模拟计算过程,将会在 4.4.1 节陶瓷膜支撑体工业化制备相关内容中作详细介绍。

4.2.3　非对称多孔陶瓷膜层状结构模型[53]

对于非对称多孔陶瓷膜层状结构,层状结构模型首先将空间网络状膜孔结构简化成直通柱状孔,孔与孔互相平行且互不相通,并且进一步作出以下几点假设:

(1)一定厚度的膜可以沿平行于膜表面方向切成若干个由单层粒子组成的薄层,每个单层包括无规则排列的粒子和孔道,层与层之间的孔道一般是相通的,层

高为 l_h,膜厚为 L,l_h 与悬浮液粒子的平均直径 d_m 之间有式(4-69)的关系

$$l_h = k_d d_m \tag{4-69}$$

系数 k_d 与膜的微孔结构、颗粒的粒径分布和形状、烧结程度等因素有关。故膜的总层数为

$$N = \frac{L}{k_d d_m} \tag{4-70}$$

(2)每个单层具有相同的孔径分布,$f^0(r)$ 是半径为 r 的孔的面积分布密度函数,$F^0(r)$ 为其积分分布函数,有

$$\int_{r_{\min}}^{r_{\max}} f^0(r)\mathrm{d}r = 1 \tag{4-71}$$

$$F^0(r) = \int_{r_{\min}}^{r} f^0(r)\mathrm{d}r \tag{4-72}$$

(3)膜孔道由其所经过的所有单层孔串联而成。模型只计径向贯通孔道,每个孔道的实测孔径为液体通过该孔道所遇到的最小当量孔径。

4.2.3.1　模型的数学推导

根据上述假设,可以通过以下推导得到孔径分布的预测模型。设膜厚为 $(n-1)l_h$ 的膜的微分孔径分布为 $f^{n-1}(r)$,积分分布为 $F^{n-1}(r)$,如图 4-23 所示。为简化起见,单层孔均简化为圆柱形,其孔径为该孔道的实际最小当量孔径。

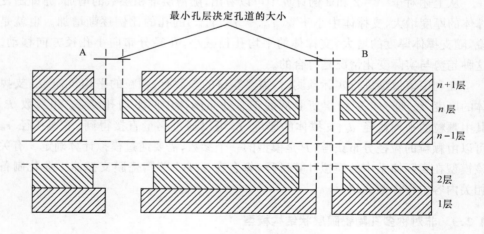

图 4-23　膜的层状结构模型示意图

图 4-23 中,A 表示大孔被小孔覆盖,孔径变小,B 表示小孔被大孔覆盖,新的叠加层对原有孔径没有改变。因此 n 个单层叠加所构成的膜的孔径分布对 $r\sim r+\mathrm{d}r$ 区间有

$$f^{n}(r)\mathrm{d}r = f^{n-1}(r)\mathrm{d}r - R_1 + R_2 \tag{4-73}$$

式中，R_1 是 $n-1$ 层的膜上，半径为 r 的孔被新增加层的小孔所覆盖引起的孔面积减少量，R_2 是在 $n-1$ 层的膜上，孔径大于 r 的孔由于被新增加层中孔半径为 r 的孔所覆盖时产生的孔的增加量，有

$$R_1 = F^{0}(r)f^{n-1}(r)\mathrm{d}r \tag{4-74}$$

$$R_2 = \left[1 - F^{n-1}(r)\right]f^{0}(r)\mathrm{d}r \tag{4-75}$$

代入式(4-73)可得

$$f^{n}(r) = \left[1 - F^{0}(r)\right]f^{n-1}(r) + f^{0}(r)\left[1 - F^{n-1}(r)\right] \tag{4-76}$$

式(4-76)即为所提出的无机多孔膜孔径分布的层状结构数学模型。

4.2.3.2　模型的分析

当 $n=2$ 时，有

$$\frac{f^{2}(r)}{f^{0}(r)} = 2\left[1 - F^{0}(r)\right] \tag{4-77}$$

假设 $f^{1}(0)$ 和 $f^{0}(r)$ 是一致的，当 $r = r_{50}$ 时，$F^{0}(r_{50})=0.5$，则当 $r < r_{50}$ 时，$f^{2}(r) > f^{0}(r)$；当 $r > r_{50}$ 时，$f^{2}(r) < f^{0}(r)$，即膜叠加后小孔面积所占比例增加，大孔面积比例减少，同时 r_{50} 也随之减小，孔径分布宽度变窄。对于多层结构，虽然其变化趋势是一致的，但其验证较为繁杂，但经实验证明，这种预测的变化趋势与实验得到的规律是完全一致的。

该模型用于实际预测计算，需要获得的参数有：颗粒平均粒径，层高系数 k_d 和单层膜的孔径分布。颗粒的平均粒径由制膜原料的粒径以及烧结过程所决定，它们可以通过对膜的电镜照片进行图像分析得到，一般的简化处理可以采用制膜原料的平均粒径代替。

k_d 作为模型的一个可调参数，主要由膜的微孔结构决定，一般通过对不同厚度膜的孔径进行相应的关联得到。

对于该模型来说，单层膜的孔径分布是至关重要的，采用不同的单层膜的分布去预测，结果也就不同，单层膜的孔径分布可以通过对膜的电镜照片进行图像分析等方法直接测定得到，也可以根据一定的条件假设使其符合某一分布。

对于支撑膜对模型的影响，膜与载体交界的一层或数层膜可能会由于受到影响而与主体层不同。但在制膜过程中，一般均将载体预涂进行修饰，基本消除了悬浮液中颗粒向载体孔中的扩散，界面附近的膜基本与主体层一致。另外，预涂主要影响膜的纯水通量，对膜孔径分布并没有显著的影响，因此该模型忽略了界面层的影响。

4.2.3.3　模型的模拟计算

我们以载体层、中间层、顶层组成的三层膜结构为例，假设顶层膜孔径分布服

从正态分布,由正态分布性质,σ 为可调参数,$r_m = (r_{max} + r_{min})/2$,最大和最小孔的结果由泡压法测定,即

$$f^0(r) = \frac{1}{\sqrt{2\pi}\sigma} e^{-\frac{(r-r_m)^2}{2\sigma^2}} \qquad\qquad r_{min} < r < r_{max} \qquad (4-78)$$

$$f^0(r) = 0 \qquad\qquad r > r_{max}, r < r_{min} \qquad (4-79)$$

对于顶层膜最小和最大孔分别为 $0.001\mu m$ 和 $0.32\mu m$,对中间层膜分别为 $0.13\mu m$ 和 $1.85\mu m$。首先对平均孔径进行关联获取参数,见图 4-24 和图 4-25 分别是对顶层和中间层膜关联的结果。从图中可以看出,关联结果与 k_d 的值密切相关,随着 k_d 值的增大,关联的误差先减小,过了某一临界点后增大,对于顶层和中间层膜,k_d 的临界点分别为 2.5 和 6。具体关联结果见表 4-3。误差由式(4-80)计算,其中 N_s 为关联的点数。

$$\text{ard}\,\overline{r} = \frac{1}{N_s}\sum \frac{|\overline{r_{iexp}} - \overline{r_{ical}}|}{\overline{r_{iexp}}} \times 100\% \qquad (4-80)$$

表 4-3　模型参数 k_d 对关联结果的影响

中间层膜			顶层膜		
k_d	σ	误差/%	k_d	σ	误差/%
1.0	0.7151	6.97	1.0	0.1097	21.4
1.2	0.7449	6.16	1.6	0.1167	17.2
1.4	0.7788	5.51	2.0	0.1207	16.2
1.6	0.8257	4.17	4.0	0.1458	10.2
2.0	0.8708	1.77	6.0	0.1732	3.60
2.5	0.9549	1.28	8.0	0.1903	8.50
3.0	1.013	2.99	—	—	—

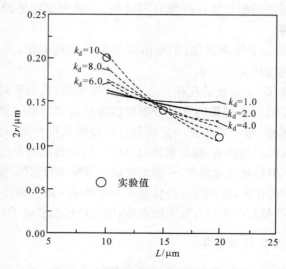

图 4-24　顶层膜 σ 的关联结果

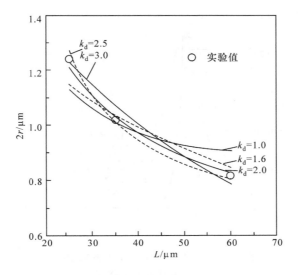

图 4-25　中间层膜 σ 关联结果

　　图 4-26 和图 4-27 分别是对一定厚度顶层和中间层膜孔径分布的模拟结果,从模拟结果来看,对于中间层膜的模拟效果较好,顶层膜的误差较大,但平均孔径的模拟结果均十分理想。另外,随着 k_d 的增大,模拟的误差同时增大,对于两种膜,最佳的 k_d 值似乎均为 1。这与 σ 的关联结果存在一定的矛盾。这些问题说明该模型有待于进一步研究和完善。

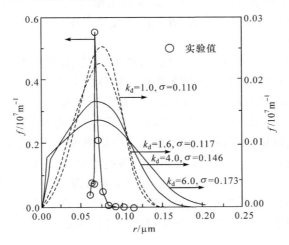

图 4-26　顶层膜孔径分布的模拟结果

（膜厚为 15μm）

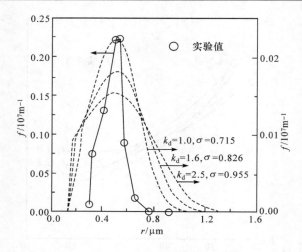

图 4-27　中间层膜孔径分布的模拟结果

（膜厚为 $45\mu m$）

4.3　陶瓷支撑体孔隙率的模拟计算

　　孔隙率是膜微结构的一个重要参数。无机膜的孔隙率是膜的微孔总体积（与微孔大小及数量有关）与膜的总体积之比。研究表明[55,56]：对于孔径大致相同的膜，孔隙率越大，相应地在同等压力下流体的通量就越大。反之，通量就越小。一般来说，多孔无机膜特别是陶瓷膜，其膜层的孔隙率在 $20\%\sim60\%$ 之间，对微滤膜而言，希望孔隙率大于 30%[57]。

　　在关于多孔支撑体制备的一些文献报道中[58,59]，采用平均粒径在 $20\sim40\mu m$，同时添加粒径较小颗粒的方法来制备陶瓷支撑体的方法得到重视。但由于多孔陶瓷支撑体是通过微米级颗粒的无规则堆积得到的，这样得到的多孔堆积体的孔隙率主要受到原料粒子的形状、粒径分布以及堆积方式（孔的配位数）等因素的影响。目前，对于多孔支撑体的制备，缺乏原料与最终烧成支撑体微结构如孔隙率之间关系的数学描述，使得在多孔陶瓷支撑体的制备过程中，缺乏必要的理论指导。本节内容重点介绍我们以 Furnas 等[60]计算混凝土最大堆积密度的原理，初步建立起采用两种具有不同粒径分布的氧化铝颗粒制备得到的支撑体的孔隙率的计算方法，以期为多孔陶瓷支撑体工业化制备过程中孔隙率的控制和预测提供必要的理论依据。

　　对于具有两种不同粒径分布的氧化铝颗粒，假设粒径较大的氧化铝的平均粒径为 d_1，粒径较小的氧化铝的平均粒径为 d_2，氧化铝的真实密度为 ρ_a。考察上述两种具有不同粒径分布的氧化铝按一定质量比混合的情况。若其中平均粒径为

d_1 的氧化铝所占的质量分数为 W_1，所对应的体积为 V_1；平均粒径为 d_2 的氧化铝所占的质量分数为 W_2，所对应的体积为 V_2。

我们可以假设在一个容器中，首先平铺一层平均粒径为 d_1（其所对应的质量分数为 W_1）的氧化铝颗粒，然后在其上再叠加一层平均粒径为 d_2（其所对应的质量分数为 W_2）的氧化铝颗粒。并同时假设这两种不同粒径的氧化铝颗粒具有相同的微观形貌，且具有该种形貌的氧化铝颗粒经过堆积而成的体系的表观密度为 $\rho^{[61]}$。那么此时，容器中全部氧化铝所占的总体积 V_i 可以用式（4 - 81）计算：

$$V_i = V_1 + V_2 + V'_p = \frac{W_1 + W_2}{\rho} = \frac{\rho_a}{\rho}\left[V_1 + V_2\right] \qquad (4 - 81)$$

式中，V'_p 为体系中由于氧化铝颗粒堆积后所生成的孔隙所占的那部分体积。

若考虑在理想状态下（即认为平均粒径为 d_2 的氧化铝颗粒无限小），当这两种不同粒径分布的氧化铝在容器中充分混合均匀（即对每一种粒径分布的氧化铝而言，都均匀地分布在整个体系中），则充分混合均匀后整个体系所占的总体积 V'_e 就应当等于平均粒径为 d_1 的较大的氧化铝颗粒所占的那部分体积。则有

$$V'_e \approx \frac{\rho_a}{\rho} V_1 \qquad (4 - 82)$$

因此，当这两种不同粒径分布的氧化铝在容器中充分混合均匀后，体系的总体积的减小为（如图 4 - 28 所示）：

$$\Delta V' = V_i - V'_e = \frac{\rho_a}{\rho} V_2 \qquad (4 - 83)$$

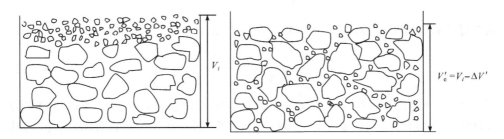

图 4 - 28　两种不同粒径颗粒混合前后的体积变化

但是在实际的支撑体制备过程中，对于两种具有不同粒径分布的氧化铝颗粒，考虑到平均粒径较小的氧化铝颗粒其平均粒径值 d_2 总不会无限小，因此，在实际

的两种氧化铝颗粒混合过程中，混合后总体积的减小 ΔV 总是小于 $\Delta V'$ 的，因此有

$$\Delta V = y(V_i - V'_e) = y\,\frac{\rho_a}{\rho}\,V_2 \qquad 0 < y < 1 \qquad (4-84)$$

当小颗粒氧化铝的平均粒径 d_2 无限小，即在上述理想状态下，$y=1$；若平均粒径值 d_2 等于 d_1，即体系中只存在一种粒径分布的氧化铝颗粒时，则 $y=0$。所以，两种具有不同粒径分布的氧化铝颗粒充分混合均匀后，其体积为

$$V_e = V_1 + V_2 + V_p = \frac{\rho_a}{\rho}\bigl[\,V_1 + V_2\,\bigr] - y\,\frac{\rho_a}{\rho}\,V_2 \qquad (4-85)$$

式中，V_p 为充分混匀后体系中孔隙所占的那部分体积。

若令 $\dfrac{\rho_a}{\rho} = \delta_1$，并整理式(4-85)得到式(4-86)：

$$V_p = \bigl[\,\delta_1 - 1\,\bigr]\,V_1 + \bigl[\,\delta_1\bigl(1 - y\bigr) - 1\,\bigr]\,V_2 \qquad (4-86)$$

由式(4-85)和式(4-86)得到孔隙率的计算式(4-87)

$$\varepsilon = \frac{V_p}{V_1 + V_2 + V_p} = \frac{\bigl[\,\delta_1 - 1\,\bigr]\,V_1 + \bigl[\,\delta_1\bigl(1 - y\bigr) - 1\,\bigr]\,V_2}{V_1 + V_2 + \bigl[\,\delta_1 - 1\,\bigr]\,V_1 + \bigl[\,\delta_1\bigl(1 - y\bigr) - 1\,\bigr]\,V_2}$$

$$= \frac{\bigl[\,\delta_1 - 1\,\bigr]\,V_1 + \bigl[\,\delta_1\bigl(1 - y\bigr) - 1\,\bigr]\,V_2}{\delta_1\,V_1 + \delta_1\bigl(1 - y\bigr)\,V_2} \qquad (4-87)$$

对于按一定质量比例的两种氧化铝颗粒的混合，令

$$\frac{W_1}{W_2} = \frac{V_1}{V_2} = \varphi$$

则支撑体孔隙率的计算式(4-87)变为式(4-88)：

$$\varepsilon = \frac{\bigl[\,\delta_1 - 1\,\bigr]\,\varphi + \bigl[\,\delta_1\bigl(1 - y\bigr) - 1\,\bigr]}{\delta_1\,\varphi + \delta_1\bigl(1 - y\bigr)} \qquad (4-88)$$

式(4-88)即为采用两种不同分布的氧化铝颗粒制备得到的支撑体孔隙率的计算式。从中可以看出，要计算支撑体的孔隙率，需要获得的参数有 δ_1、φ 和 y，其中 δ_1、φ 容易得到；关键是参数 y 的确定。在该模型中，对参数 y 的确定采用 Furnas 等[62]对混凝土的研究结果，即

$$y = 1.0 - 2.62 K^{1/n} + 1.62 K^{2/n} \tag{4-89}$$

$$K = \frac{d_2}{d_1} \quad , \quad n = 1$$

4.4 陶瓷膜工业化制备及定量控制

目前,已经商品化的无机陶瓷膜从几何结构上来分,主要有平板型、管型以及多通道型。其中,多通道型结构是单管和管束结构的改进,它具有较高的强度,生产、安装和维修更换成本低及单位膜面积大等优点。无机陶瓷膜的工业化制备的复杂性是由膜结构的特点及微结构的形成机理与控制方法决定的。陶瓷膜是由致密的或者微孔的分离层支撑在多孔材料上组成的,其结构的复杂性表现在微结构的控制和分离层的薄膜化,既要薄,又要完整;其次,膜的微结构形成机理不够明确,导致膜微结构控制手段和方法的匮乏,从而导致膜领域一个普通存在的实际现象,即膜制备是以经验为主,达不到定量控制的程度。实验室制备的膜性能与工业产品性能差别很大,膜的制备存在放大问题。

本节将围绕着陶瓷膜工业化制备,简单地介绍陶瓷膜支撑体以及陶瓷膜工业化制备路线,重点介绍在前面对膜制备的理论研究基础上,通过所建立的微结构模拟模型,尝试对支撑体以及顶层膜的微结构参数进行定量控制,优化膜制备工艺条件,初步实现陶瓷膜工业化定量制备。

4.4.1 陶瓷支撑体工业化制备

我们知道,陶瓷膜必须有一定的机械强度,因此超薄的分离膜必须担载在多孔支撑体上。支撑体的质量对膜的质量起着关键的作用。总体而言,对支撑体的要求是:具有一定的孔径分布和孔隙率、较高的机械强度、良好的耐腐蚀性能和优秀的成膜性能。支撑体一般由陶瓷和不锈钢材料制备。相比较而言,陶瓷材料成本较低,成膜性能和耐腐蚀性能更好,目前是首选材料。而氧化铝材料具有原料来源广、价格便宜、耐强酸强碱等优异性能,是陶瓷材料中用来制备支撑体的首选材料。

4.4.1.1 工艺流程

图 4-29 是工业化制备多孔陶瓷支撑体的工艺路线。主要包括起始原料的分析、粉料的混合、可塑性泥料的制备、成型、干燥、高温烧成以及支撑体的检测等过程。每个过程的主要控制参数如图 4-29 所示。

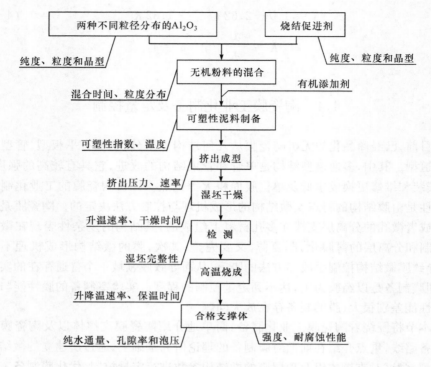

图 4-29 陶瓷支撑体工业化制备工艺流程图

4.4.1.2 支撑体微结构的控制

在多孔陶瓷支撑体的工业化制备过程中,从整个工业制备流程来看,除了需要解决主要原材料成型困难的问题以及解决粉体混合方式、泥料制备方法、烧成过程的严格控制等关键问题外,特别需要解决支撑体微结构的控制,主要包括支撑体平均孔径大小及孔径分布的控制和支撑体孔隙率的控制。这是因为合适的平均孔径及分布是支撑体适合后续涂膜的前提条件,而合适的孔隙率可以使支撑体渗透性能与强度达到统一。因此,在支撑体微结构的定量控制中,主要需要对支撑体平均孔径、孔径分布以及支撑体的孔隙率这两个微结构参数进行定量控制。下面我们以 4.2.2 节和 4.3 节中建立的多孔陶瓷支撑体层状结构模型以及孔隙率预测模型为基础,尝试在陶瓷支撑体工业制备中对支撑体孔径分布及其孔隙率实现定量控制。

（1）平均孔径及孔径分布的控制

根据所建立的对称多孔陶瓷支撑体层状结构模型,对于具有两种不同粒径分布的氧化铝颗粒所形成的支撑体,我们首先假定粒径较大的氧化铝的平均粒径为 d_1,粒径较小的氧化铝的平均粒径为 d_2,氧化铝的真实密度为 ρ_a。

其次考察上述两种具有不同粒径分布的氧化铝按一定质量比混合的情况。若

其中平均粒径为 d_1 的氧化铝所占的质量为 W_1，所对应的体积为 V_1；平均粒径为 d_2 的氧化铝所占的质量为 W_2，所对应的体积为 V_2。在支撑体层状结构模型建立过程中已经提到，利用该模型对支撑体的平均孔径进行预测，除了需要知道颗粒的平均粒径 d_a、支撑体的厚度 L_s 和参数 P 之外，还必须知道每一单颗粒层所服从的正态分布函数中的平均孔径 d_m。在该模型中，采用了山本登等的研究结果，山本登等[63]认为，对于经过多次严格分级的原料，在每个级配中，颗粒的粒径相当接近，可视为等径球体的堆积，并推导出经验式：

$$d_m = 0.46 D \sqrt{\varepsilon} \qquad\qquad (4-90)$$

式中，d_m 为平均孔径；D 为颗粒粒径；ε 为孔隙率。

采用制备支撑体所用颗粒的平均粒径 d_a 作为式（4-90）中的 D，孔隙率 ε 采用支撑体模拟计算推导式（4-88），在该式中，$\delta_1 = \rho_a / \rho$，$\varphi = W_1 / W_2 = V_1 / V_2$；对参数 y 的确定采用式（4-89），式中 $n=1$。从而可以获得每一单颗粒层所服从的正态分布函数中的平均孔半径 r_m。对于平均颗粒粒径分别为 $30\mu m$、$18.5\mu m$、$10.8\mu m$ 的三种氧化铝粉料，利用式（4-90）计算所得到其对应的平均孔径 d_m 分别为 $8.8\mu m$、$5.4\mu m$、$3.14\mu m$。

参数 P 的确定需要进行模拟计算。图 4-30(a)～(c)分别是当 $\sigma=0.5$、$\sigma=1$、$\sigma=2$ 时，采用平均粒为 $30\mu m$ 的氧化铝颗粒，在不同堆积层数（$N=20$、50、100）的条件下计算得到的支撑体的平均孔径与模型中参数 P 的关系。在固定层数 N 和参数 P 的条件下，支撑体的平均孔径应当是一确定值。从图 4-30(a)～(c)中可以看出，当 $P<0.001$ 时，参数 P 的变化基本不影响支撑体平均孔径的模拟计算结果。因此，在利用该模型进行计算时，参数取值确定为 $P=0.001$。

表 4-4 是模型预测计算平均孔径结果与实际测定值的比较。从中可以看到，在所采用原料的平均粒径分别为 $30\mu m$、$18.5\mu m$、$10.8\mu m$ 的条件下，支撑体的厚度均为 $2.4mm$ 时，当 σ 分别为 1.5、0.8 和 0.6 时，预测计算值与最终产品的实际泡压孔径值吻合得较好。

表 4-4　泡压法平均孔径的测定值与模拟计算结果的比较

支撑体种类	σ	平均孔径 模拟计算值/μm	平均孔径 实测值/μm	误差/%
	1.0	6.44		25.05
原料平均粒径为 $30\mu m$、厚度	1.5	5.25		1.94
为 $2.4mm$（$N=80$）的支撑体	2.0	4.07	5.15	20.97
A1	2.5	2.89		43.88
	3.0	1.71		66.80

支撑体种类	σ	平均孔径 模拟计算值/μm	平均孔径 实测值/μm	误差/%
原料平均粒径为 18.5μm、厚 度为 2.4mm(N=130)的支撑 体 A2	0.5	4.13		31.95
	0.8	3.37		7.67
	1.1	2.62	3.13	16.29
	1.4	1.86		40.58
	1.8	0.84		73.16
原料平均粒径为 10.8μm、厚 度为 2.4mm(N=220)的支撑 体 A3	0.3	2.33		50.32
	0.6	1.52		1.94
	0.7	1.25	1.55	19.35
	0.9	0.71		54.19
	1.1	0.17		89.03

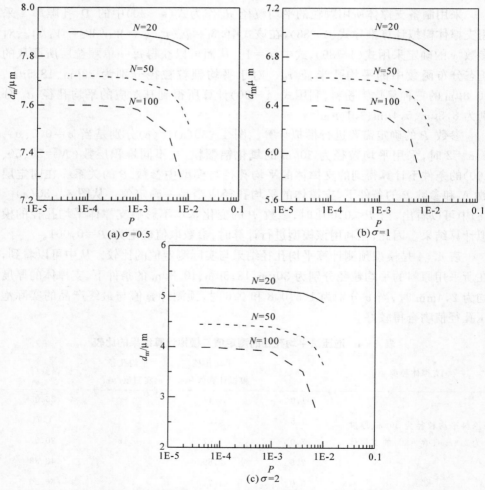

图 4-30 不同 N(20, 50, 100)和 σ(0.5, 1, 2)条件下
支撑体的平均孔径随参数 P 的变化

　　图 4-31～图 4-33 分别是采用 σ 为 1.5、0.8 和 0.6 时,模拟计算出的孔径分布与实验测定的孔径分布的比较,从图中可以看出,模拟计算与实验测定的结果比较接近,但模拟计算出的孔径分布要比实际测定的孔径分布窄。这是由于实际原料粒子存在一定的粒径分布,并且成型过程导致颗粒堆积成孔与正态分布有所偏移,从而导致实际测定的孔径分布比较宽。总体而言,以该模型为基础,通过相应的原料参数的调节,对实现支撑体膜孔径的定量化制备有着指导性意义。

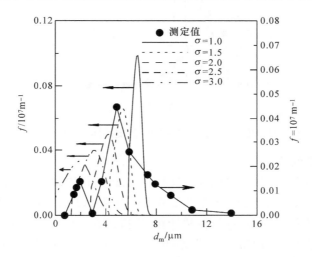

图 4-31　对厚度为 2.4mm($N=80$)的支撑体 A1 的孔径的模拟结果

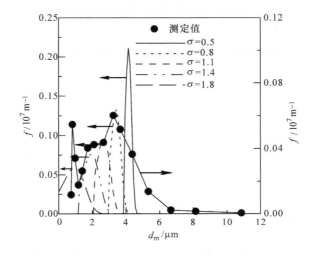

图 4-32　对厚度为 2.4mm($N=130$)的支撑体 A2 的孔径的模拟结果

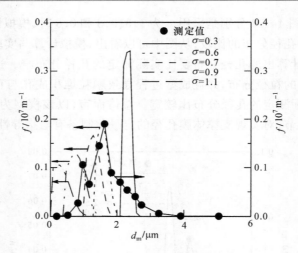

图 4-33　对厚度为 2.4mm($N=220$)的支撑体 A3 的孔径的模拟结果

（2）孔隙率的控制

根据所建立的孔隙率计算关系式（4-88），以氧化铝颗粒堆积而成的体系的表观密度分别为 1.85、1.90、1.95、2.0、2.05、2.10 和 2.15 g·cm^{-3}，且两种氧化铝颗粒中小颗粒平均粒径为 d_2 进行模拟计算，模拟计算结果与实际测定值如图 4-34 所示。模拟计算结果与实验值的误差如表 4-5 所示。其中误差的计算方法为

$$\delta = \frac{1}{N} \sum_{i=1}^{N} \frac{|\varepsilon_{i,\text{exp}} - \varepsilon_{i,\text{cal}}|}{\varepsilon_{i,\text{exp}}} \tag{4-91}$$

式中，N 为关联的点数。

表 4-5　孔隙率的实验测定（Archimedes 法）结果与模拟计算结果的比较

$\rho/\text{g·cm}^{-3}$	误差/%
1.85	11.17
1.9	7.73
1.95	4.54
2	1.85
2.05	2.72
2.1	5.29
2.15	8.58

从图 4-34 中可以看出，随着氧化铝颗粒堆积密度 ρ 的增大，模拟计算结果与实际测定值的误差先逐渐减小，当 $\rho=2.0$g·cm^{-3}时，模拟计算结果与实际值比较接近。当 ρ 继续增大，模拟计算结果与实际值的误差又会增大。从模拟计算结果

和实际值的比较也可以看出,在同一堆积密度的条件下,采用不同粒径的骨料氧化铝制备得到的支撑体的孔隙率的变化不大。这个结果与山本登等[63]所认为的颗粒堆积体系的孔隙率只与颗粒的堆积方式有关,而与颗粒的粒径大小无关的结论是基本一致的。

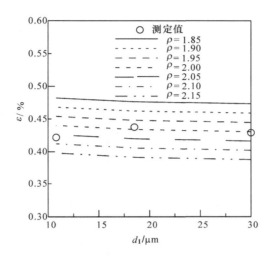

图 4-34　原料颗粒的平均粒径与支撑体孔隙率的关系

当小颗粒氧化铝的平均粒径为 d_2,骨料氧化铝的平均粒径 d_1 为 $30\mu m$ 时,在两种氧化铝的质量比不同的条件下,支撑体孔隙率的模拟计算结果与实际测定结果如图 4-35 所示。模拟计算结果与实际值的误差见表 4-6,误差同样通过式(4-91)计算。从图 4-35 中可以看出,当 $\rho=2.0g\cdot cm^{-3}$ 时,模拟计算结果与实际值吻合较好。图 4-36 和图 4-37 是骨料氧化铝的平均粒径分别为 $18.5\mu m$ 和 $10.8\mu m$ 时,支撑体孔隙率的模拟计算结果与两种氧化铝的质量比关系。从模拟计算结果与实际测定结果的比较中可以看出,随着 W_1/W_2 数值的减小,即小颗粒在体系中所占比例的增加,支撑体的孔隙率降低,且当 $W_1/W_2<4$ 以后,孔隙率急剧下降。

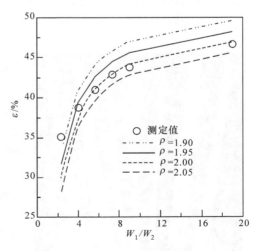

图 4-35　两种颗粒的比例与支撑体孔隙率的关系($d_1=30\mu m$)

表 4-6　孔隙率的实验测定（Archimedes 法）结果与模拟计算结果的比较

$\rho/\mathrm{g\cdot cm^{-3}}$	误差/%
1.9	6.46
1.95	4.46
2	3.26
2.05	6.07
2.1	9.72
2.15	13.38

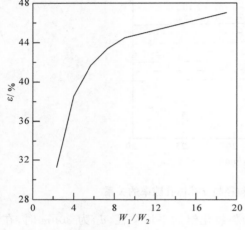

图 4-36　两种颗粒的比例与支撑体孔隙率
的模拟计算结果（$d_1=18.5\mu\mathrm{m}$）

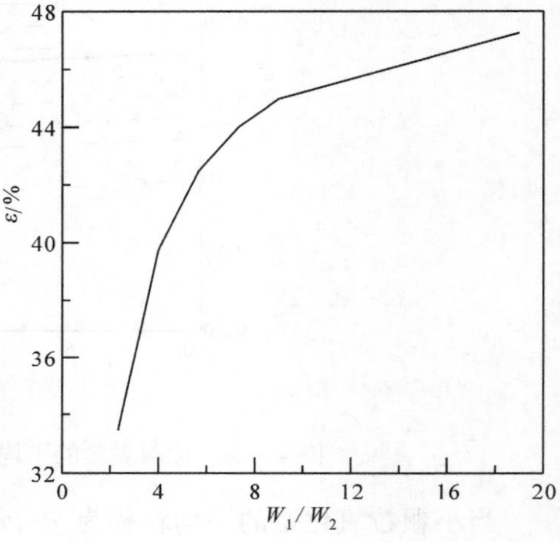

图 4-37　两种颗粒的比例与支撑体孔隙率
的模拟计算结果（$d_1=10.8\mu\mathrm{m}$）

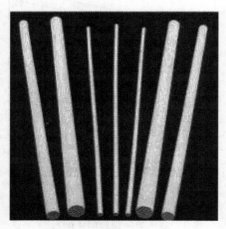

图 4-38　多孔陶瓷支撑体

　　从以上结果中可以得出结论：采用两种不同分布的氧化铝制备而成的多孔支撑体，对于小颗粒氧化铝的粒径为 d_2 时，要想获得孔隙率大于 35% 的支撑体材料，需满足 $W_1/W_2>4$，即小颗粒氧化铝在体系中的比例不能超过 20%。在这样一个结论的指导下，我们在支撑体工业化生产中，可以制备出强度与渗透性能相统一的产品。

　　图 4-38 为我们生产出的支撑体产品，包括单通道、19 通道和 37 通道。所制备的支撑体断面的 SEM 照片如图 4-39 所示。支撑体的平均泡压孔径为 $2.4\mu\mathrm{m}$、孔隙率大于 40%、三点抗弯强度达到 60MPa。

图 4-39　陶瓷支撑体断面 SEM 照片

4.4.2　陶瓷膜工业化制备

目前,能够大规模工业化生产的陶瓷膜有微滤膜和超滤膜。微滤膜是指平均孔径在 100nm 以上的大孔膜,一般采用粒子烧结法制备。而对于孔径介于 2～100nm 之间的陶瓷超滤膜,一般采用溶胶-凝胶法制备。两者在工业上通常均采用"浸浆"成型法成膜技术来大面积制备陶瓷膜,即通过毛细过滤和薄膜形成机理形成涂层,干燥烧结后得到多孔膜。

4.4.2.1　工艺流程

粒子烧结法是将无机微粉或超细颗粒与适当的溶剂、分散剂、抗絮凝剂、黏结剂以及增塑剂混合分散形成稳定的浆料,成型后制成生坯,再经过干燥,然后在高温下烧结成膜。其流程见图 4-40。

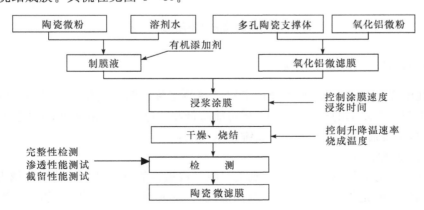

图 4-40　粒子烧结法制备陶瓷微滤膜工艺路线图

粒子烧结法可以通过调节粒子的大小、烧结温度等参数,制备不同孔径和孔隙率的多孔膜,具有结构可调等优点。目前也有文献[64~66]报道以纳米粉体为原料,通过该方法来制备超滤膜,但由于纳米粉体特殊的表面性质,在使用过程中的团聚问题没有得到很好的解决,因此以粒子烧结法来制备超滤膜还处于实验室阶段,在工业化上,该方法尚限于制备微滤孔膜。

溶胶-凝胶法是合成无机膜的一种重要方法,其工艺路线如图 4-41 所示。根据起始原料和得到溶胶的方法不同,溶胶凝胶法又可以分为胶溶法(DCS)和分子聚合法(PMU)。由于该技术可以制备出纳米级的超细胶粒,目前商品化的 γ-Al_2O_3、TiO_2 和 ZrO_2 超滤膜绝大部分是采用这一方法制备而成的。

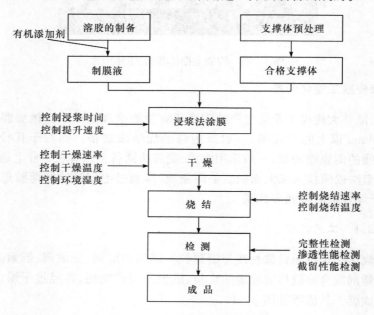

图 4-41　溶胶-凝胶法制备超滤膜工艺流程图

4.4.2.2　关键技术问题

在陶瓷膜制备过程中,关键在于控制膜的完整性和薄膜化,即在避免针孔、裂纹和不完整等缺陷的产生前提下,尽可能降低膜的厚度。概括来讲,在陶瓷膜制备过程中,主要需要控制以下三个关键技术问题:

(1) 膜厚度的控制

这是因为膜的厚度不仅关系到最终膜的渗透性能(膜越厚,渗透阻力越大),而且影响到膜的完整性。这里包含两种情况:第一种情况,膜太薄,不能完全覆盖载体,载体表面形成不了连续的膜层;其次是膜厚度不均匀,导致在干燥或烧结过程中,所受到的应力不一样而导致膜的开裂。这两种情况特别在大面积工业化制备中更容易出现。这就需要在工业化技术开发中,加强陶瓷膜成膜机理的基础性研究,只有通过相应的基础研究,建立起膜厚与膜制备过程控制参数间的定量关系,找出膜厚的关键控制因素,才能进行相应的涂膜工艺条件的优化。

（2）合适的干燥制度

制膜液在支撑体上浸涂时,一部分水进入支撑体孔隙中,另外一部分以自由水和吸附水的结合方式存在于"湿膜"或凝胶膜中（凝胶膜还有部分以化学水的形式和膜材料结合在一起）,因此在烧结前需要对"湿膜"或凝胶膜进行干燥。相比于粒子烧结法热处理前形成的"湿膜"而言,溶胶-凝胶法形成的凝胶膜的干燥更难。这是因为溶胶转变成凝胶和粒子堆积的机理是不同的,堆积层是各自分开的颗粒,而凝胶则是由胶粒组成的三维空间网状结构,形成凝胶时,由于液相被包裹在胶粒骨架内,在干燥过程中大量水的蒸发伴随着体积的收缩,因而很容易导致开裂。导致开裂的因素主要有两个方面:一是凝胶自身的性质如厚度、骨架强度等;二是干燥条件。解决的方法前者严格控制膜的厚度,可以通过多次成膜的方法获得一定的膜厚,这样使得膜层中的应力有释放的空间和时间。后者严格控制干燥条件,如温度升降速率、环境的相对湿度,使其缓慢干燥,这样就保证了孔隙内介质的物质传递,使得胶粒有时间和条件调整相互间的作用状态,及时消除局部应力,避免局部或表层干缩、结壳或龟裂。

（3）烧结工艺的确立

干燥后的成型粒子的堆积方式决定了颗粒的三维几何空间的排列,也就决定了膜孔的空间结构。没有经过烧结工艺的这种结构符合热力学要求,因此是一种热力学平衡体系。这种平衡体系是暂时和不稳定的,不具有抵抗外力的机械强度。解决的方法就是将堆积方式形成粒子与粒子间互相连接的统一的空间连接结构,这样既可以保持孔结构又能保证有足够的机械强度,这就是高温烧结的主要目的。然而,与常规的陶瓷烧结不同的是膜的烧结还须兼顾强度与孔隙率的矛盾。在烧结工艺中,烧结温度和保温时间是影响膜结构和性能的主要因素,因此在确定烧结温度和保温时间时,需要研究考察膜的孔隙率、膜的强度、膜的渗透性以及孔径分布。研究发现[67],随着烧结温度的提高或保温时间的延长,膜的孔隙率成下降趋势而强度增大,膜的孔径变小、分布变窄,膜的渗透性随烧结温度的提高而下降。由此可见,膜渗透性能和机械强度是相互矛盾的因素。因此在确定最佳的膜烧结制度时,在确保膜的强度、膜孔径的前提下,一般以渗透性能最大的原则进行烧结制度的优化。

另外,在制备复合膜时,必须在烧结工艺中解决陶瓷复合过程中材料性质之间的匹配问题,尤其是高温烧结过程中的热性能匹配问题。比如在氧化铝载体上制备一层氧化锆[68]或氧化钛[69,70]膜,由于氧化锆和氧化钛材料的热膨胀系数与氧

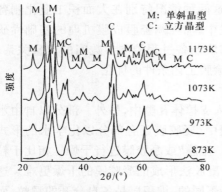

图 4-42　纯氧化锆晶型随温度变化

化铝有差异,而且烧结过程中还会出现晶型转变(氧化锆高温晶型转换如图 4-42 所示,氧化钛高温晶型转换如图 4-43 所示),这些因素都有可能破坏膜自身结构及与支撑体之间的结合。为了解决这些问题,需要通过适宜的烧结制度以及添加适当的晶型稳定剂来控制,如在氧化锆中添加钇,可以使得氧化锆仅以稳定的立方相存在(如图 4-44 所示),从而达到避免由于晶型转变所造成的膜开裂。

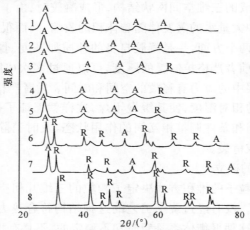

图 4-43　烧结温度对 TiO₂ 超滤膜晶型结构的影响
A:锐钛型;R:金红石型
1. 300℃;2. 350℃;3. 400℃;4. 450℃;5. 500℃;6. 600℃;7. 700℃;8. 800℃

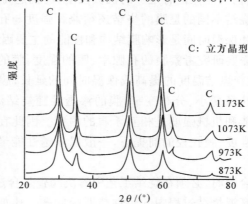

图 4-44　YSZ 晶型随温度变化

4.4.2.3　涂膜工艺条件的优化[4]

如前所述,在陶瓷膜制备过程中,膜厚度的控制是非常重要的。在陶瓷膜成膜机理研究中,业已揭示出在实际采用"dip-coating"制膜过程中,膜的厚度受到毛细过滤和薄膜形成两种成膜机理的控制,并且发现膜厚度为两种机理的线性叠加。因此,我们可依据支撑体的结构和对膜厚度的要求,选择恰当的涂膜方式并优化涂膜工艺条件,从而控制膜厚度及其均匀性。

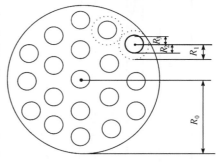

图 4 - 45　19 通道支撑体断面结构

（1）多通道支撑体结构

首先介绍一下多通道支撑体的结构。以 19 通道的三层结构多通道支撑体为例,其结构和尺寸见图 4 - 45 及表 4 - 7 所示。图 4 - 45 中支撑体的每一个通道相当于一个管式支撑体,因此可由支撑体结构计算出吸浆成膜时的最大浸润半径(R_1)。

表 4 - 7　支撑体结构尺寸

结构参数	通道个数	支撑体半径 R_0/mm	通道半径 R_2/mm	最大浸润半径 R_1/mm	支撑体长度 L_s/mm
大小	19	15	2	3	1000

（2）涂膜方式的选择

涂膜的操作过程有如图 4 - 46(a)和(b)的两种方式可供选择。在图 4 - 46(a)中,涂膜液由支撑体的上端流入,控制适当的停留时间,然后由下端放出涂膜液。由于整个操作过程中对于支撑体的任一位置吸浆时间是相同的,因此若放料速度一定,则膜的厚度也相同。在图 4 - 46(b)中,涂膜液的进入和放出均经由支撑体的下端,因此支撑体各不同位置浸浆时间不同,下端大于上端,这导致整个膜管的膜厚度在垂直方向上处处不均匀。然而对于前一种操作方式,所要求的涂膜装置的结构较为复杂,不利于涂膜过程的规模化。因此实际制备多通道膜的过程中选择了较为简单的后一种涂膜操作方式,并对其进行相应的工艺条件优化,尽可能地降低膜厚度的不均匀性。

（3）工艺条件的优化确定

工艺条件的优化过程是以膜厚度及其均匀性为目标函数,得到最优的涂膜液组成和操作条件。

由于实际浸浆涂膜过程中膜的厚度可以认为是毛细过滤和薄膜形成机理所分别形成的膜厚度的加和,因此可由式(4 - 92)计算支撑体 x 处的膜厚度 $L(x)$:

$$L_m(x) = L_{mc}(x) + L_{mf}(x) \tag{4-92}$$

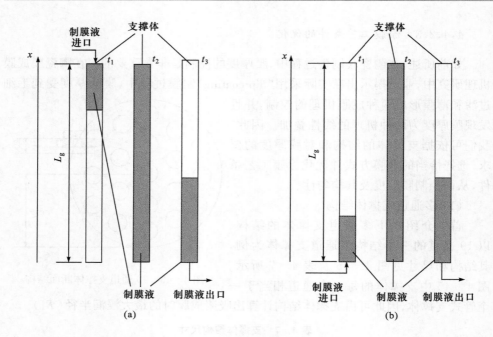

图 4 - 46　涂膜方式示意图

式中，$L_{mc}(x)$和 $L_{mf}(x)$分别为毛细过滤和薄膜形成机理所形成膜的厚度，并可分别由式（4 - 49）和（4 - 18）计算得到，亦即

$$L_m = \frac{L_c\left(k+1\right)\left(2R_i - L_c\right)\rho_L\, w_s}{2R_i\left(1 - \varepsilon\right)\rho_s} + 0.944\,\frac{\rho_L\, w_s\, \eta^{2/3}\, v_e^{2/3}}{\rho_s\left(1 - \varepsilon\right)\gamma^{1/6}\left(\rho_L\, g\right)^{1/2}}$$

$$(4 - 93)$$

式中，L_c 由式（4 - 29）给出。由式（4 - 93）可知膜厚度是涂膜液的密度、黏度（是增稠剂的浓度的函数）和成膜物质含量、浸浆时间以及涂膜液从支撑体中脱离速度的函数。

　　如果膜厚度的均匀性以膜管两端膜厚度之差表示，则有以下优化目标函数：

$$\begin{cases} \min f(w_s, w_{MC}, t_1, t_2, v_e) = \min\left|\, L_{(x=0)} - L_{(x=L_s)}\,\right| \\ \min g(w_s, w_{MC}, t_1, t_2, v_e) = \min\displaystyle\int_0^{L_s}\left(L_{(x)} - L\right)^2\mathrm{d}x \end{cases}$$

$$(4 - 94)$$

式中，t_2 为涂膜液在支撑体内的停留时间，s；L 为预定设计的膜厚度，m；v_e 为涂膜液从支撑体中放出的线速度，m/s。若控制均匀的速度，则

$$v_e = \frac{L_s}{t_3}$$

$$(4 - 95)$$

式中，L_s 为支撑体的总长度，m；t_3 为涂膜液的液面由支撑体上端下降到下端的时

间,s。

在优化过程中,为利用毛细吸浆能力对"湿态膜"的浓缩增强作用,"湿态膜"中的微粉体积分率应尽可能高,以降低膜厚度的变化。即

$$\max \varphi_c = \max \frac{1}{L_s} \int_0^{L_s} \frac{2 R_2 \left[1 - \varepsilon \right] L_{(x)}}{\varepsilon_0 \left[R_1^2 - R_2^2 \right] + 2 R_2 L_{(x)}} \mathrm{d} x \qquad (4-96)$$

另外,涂膜液的组成以及涂膜液进入和脱离支撑体的速度还应满足以下实际制膜及可操作约束条件

$$\begin{cases} 1.0\% \leqslant w_s(w_{MC}) \leqslant 1.2\% \\ 0\% \leqslant w_{MC} \leqslant 0.33\% \\ t_1 \geqslant 2s \\ t_2 \geqslant 2s \\ t_3 \geqslant 2s \end{cases} \qquad (4-97)$$

以制备陶瓷超滤膜为例,欲制备的膜厚为 $2 \mu m$,底膜为三层结构,各层的结构参数如表 4-8 所示。根据以上关系和优化及约束条件,采用试算的方法,可得到其最优制膜液组成和涂膜操作条件:$1.08\%(w_s)$,$0.0036 Pa \cdot s [\eta(w_{MC})]$,$2s(t_1)$,$98s(t_2)$,$2s(t_3)$。

表 4-8 支撑体与膜的结构及性能参数

	孔径/μm	厚度/μm	孔隙率/%	渗透性系数 K_i/m^2
超滤膜层	0.05	2	40	3.06×10^{-18}
$0.2\mu m$ 层	0.2	30	33	1.52×10^{-16}
$0.8\mu m$ 层	0.8	50	35	9.83×10^{-16}
$3.0\mu m$ 层	3	1000	40	4.08×10^{-14}

4.5 小 结

在毛细过滤理论的基础上,推导出多层无机陶瓷管式膜的吸浆速率公式,从理论上说明了各物性参数和工艺参数对膜厚的影响。同时,举例说明了测定上述毛细吸浆公式中各参数的实验方法,最终理论预测膜厚与实验测定膜厚的较高的一致性说明该毛细吸浆模型具有良好的可靠性,从而为控制陶瓷膜厚度及其渗透性提供了方便。

探讨了支撑体孔径及其表面粗糙度对陶瓷膜成膜性能的影响,并从理论上说明了多次重复涂膜有利于支撑体表面的修复;同时说明了提高涂膜液的固含量可在保证膜表面的平整度前提下显著减少涂膜次数。

简单地介绍了陶瓷膜孔道的空间几何米制特性和拓扑特性。并将一定厚度的陶瓷膜简化看作由若干个通过单层颗粒堆积而成的薄层组成,提出了用于预测无机多孔膜孔径分布的层状结构模型,并导出了能够用于支撑体孔径分布和陶瓷中间层及顶层活性层膜孔径分布预测的数学表达式。从而为预测陶瓷膜的平均孔径及孔径分布提供了理论依据。

以 Furnas 等计算混凝土最大堆积密度的原理,初步建立起采用具有两种不同粒径分布的氧化铝粉体制备得到的支撑体孔隙率的计算方法,为多孔陶瓷支撑体的制备过程中孔隙率的控制提供必要的理论指导。

在简单介绍陶瓷膜支撑体以及陶瓷膜工业化制备路线的基础上,重点介绍了在上述对膜制备的理论研究基础上,通过所建立的微结构模拟模型,尝试在工业化制备过程中对支撑体以及顶层膜的微结构参数进行定量控制,优化了膜制备工艺条件,初步实现陶瓷膜工业化制备过程中微结构的定量调控。

本章我们主要介绍了在陶瓷膜制备中,为了实现陶瓷膜微结构的定量化制备所进行的相关基础理论的研究工作。应当指出的是,本章节所涉及到的关于陶瓷膜制备方面一些数学模拟和数学表达式的建立,是面向于实际的工程应用和陶瓷膜规模化生产过程中所存在的"放大效应"而采用的半经验的近似解。这种以经验为基础的近似解,概括地讲,就是主要在经验规律基础上进行的归纳并结合第一性原理的演绎,并不具有普遍性,不可能产生一个封闭的解析式来讨论各个参数之间的关系。因此,这种方法作为研究陶瓷膜微结构在制备过程中的微观变化规律,也就有了一定的局限性,但是,作为一种解决工程化问题的手段,在处理复杂条件下陶瓷膜的定量化制备时,表现出较大的灵活性和实用性。

实际上,从膜微结构参数来看,远不止这些参数,微结构也相当的复杂,这些微结构的控制问题需要理论机理的进一步探明,这样,更有效、更广泛的微结构控制手段和方法才将不断涌现。总之,目前已经进行的工作还只相当于冰山浮于水面的一角,更多的问题还潜伏在水面之下,尚有待于进一步的探索研究。

参 考 文 献

[1] Lee S H, Chung K C, Shin M C et al. Preparation of ceramic membrane and application to the crossflow microfiltration of soluble waste oil. Materials Letters,2002, 52: 266~271

[2] 李卫星,赵宜江,刘飞等. 面向过程的陶瓷膜材料设计理论与方法(II)颗粒体系微滤过程中膜微结构参数影响预测. 化工学报, 2003, 54(9): 1290~1294

[3] Burggreaf A J, Cot L. Fundamentals of inorganic membrane science and technology. The Netherlands: Elsevier Science B V, 1996

[4] 嵇行松. 氧化锆陶瓷超滤膜制备及相关基础技术研究. [博士论文]. 南京: 南京工业大学, 2000

[5] Pugh A J, Bergstrom L. Surface and colloid chemistry in advanced ceramics processing. In: Surfactant Science

Series 51. New York：Marcel Dekker, 1995

[6] Brinker C J, Scherer G W. Sol-Gel science. New York：Academic Press, 1990

[7] Leenaars A F M. Preparation, structure and separation characteristics of ceramic alumina membrane. Thesis Twente University, the Netherlands,1984

[8] Leenaars A F M, Burggraaf A J. The preparation and characterization of alumina membranes with ultrafine pores, Part 2：The formation of supported membranes. J. Am. Ceram. Soc., 1986, 69：882~887

[9] Tiller F M, Green T C. Role of porosity in filtration, IX：Skin effect with highly compressive materials. AIChE J., 1973, 19：1266~1269

[10] Tiller F M, Tsai C-D, Theory of filtration of ceramics：I. Slip casting. J. Am. Ceram. Soc.,1986, 69：882~887

[11] Tiller F M, Hsyung N B, Theory of filtration of ceramics：II. Slip casting on radial surfaces. J. Am. Ceram. Soc., 1991, 74：210~218

[12] Dullien F A L. Porous media, fluid transport and pore structure. 2 nd ed. London：Academic Press, 1992

[13] Dodds J, Leitzelement M. The relation between the structure of packings of particles and their properties, In：Boccara N and Daoud M (Eds). Physics of Finely Divided Matter. Springer Proc Phys, 1985, 5：56~75

[14] Rushak K J. Coating flows. Ann. Rev. Fluid Mech., 1985, 17：65~89

[15] Scrivin L E. Physics and applications of dip-coating and spin coating. In：Brinker C J, Clark D E and Uhlrich D R(Eds.). Better Ceramics Through Chemistry III. Matericals Research Society. Pittsburgh, PA, 1988：717~729

[16] Van Rossum J J. Viscous lifting and drainage of liquids. Appl. Sci. Res., 1958, A7：121~144

[17] Levich V G. Physicochemical Hydrodynamics. Prentice Hall Englewood Cliffs, NJ, 1962

[18] Tallmadge J A and Gutfinger C. Entrainment of liquid films, Drainage withdrawal and removal. Industrial and Engineering Chemistry, 1969, 59(11)：19

[19] Probstein R F. Physicochemical Hydrodynamics, An Introduction. Boston：Butterworths, 1989

[20] 琚行松，黄培，徐南平等. 非对称管式陶瓷超滤膜毛细过滤成膜过程的数学模拟. 化工学报, 2002, 53(6)：595~599

[21] Bonekamp B C. Preparation of asymmetric ceramic membrane supports by dip-coating. In：Burggreaf A J, Cot L. Fundamentals of inorganic membrane science and technology. The Netherlands：Elsevier Science B V, 1996

[22] Leenaars A F M, Keizer K and Burggraaf A J. The preparation and characterization of alumina membranes with ultrafine pores, Part I：Microstructural investigation on non-supported membranes. Journal of Materials Science, 1984, 19：1077~1088

[23] Okubo T, Watanabe M, Kusakabe K et al. Preparation of gamma-alumina thin membrane by sol-gel processing and its characterization by gas permeation. Journal of Materials Science, 1990, 25：4822~4827

[24] Chai M, Machida M, Eguchi K et al. Preparation and characterization of sol-gel derived microporous membranes with high thermal stability. Journal of Membrane Science, 1994, 96：204~212

[25] 黄培. 氧化铝陶瓷膜的制备、表征和应用研究.[博士论文]. 南京：南京化工大学, 1996

[26] Leenaars A F M and Burggraaf A J. The preparation and charaterization of alumina membranes with ultrafine pores, Part 2：The formation of supported membranes. Journal of Colloid and Interface Science, 1985,105：27~40

[27] Okubo T, Haruta K, Kusakabe K et al. Preparation of a sol-gel derived thin membrane on a porous ceramic

hollow fiber by the filtration technique. Journal of Membrane Science, 1991, 5:73~80

[28] Coronas J, Noble R D, Falconer J L. Separation of C_4 and C_5 isomers in ZSM-5 tubular membranes [J]. Ind Eng. Chem. Res., 1998, 37(1): 166

[29] Aoki K, Kusakabe K, Morooka S. Gas permeation properties of A-type zeolite membrane formed on porous substrate by hydrothermal synthesis [J]. J. Membr. Sci., 1998,141 (1): 197

[30] 董强, 黄培, 徐南平等. 支撑体材料对 NaA 型沸石分子筛膜形成的影响. 高校化学工程学报, 2001, 15(2): 179~182

[31] Leenaars A F M, Burggraaf A J. The preparation and characterization of alumina membranes with ultra-fine pores, Part 5: Ultrafiltration and hyperfiltration experiments. J. Membr. Sci., 1985, 24: 261~270

[32] Leenaars A F M and Burggraaf A J. The preparation and characterization of alumina membranes with ultra-fine pores, Part 4: The permeability for pure liquids. J. Membr. Sci., 1985, 24: 244~260

[33] Hsieh H P. Inorganic membrane. AIChE Symposium Series, 1988, 84(261): 1~18

[34] Bhave R R. Inorganic Membranes: Synthesis, Characteristics, and Applications. New York: Van Nostrand Reinhold, 1991

[35] Hsieh H P. Inorganic membrane for separation and reaction. Amsterdam: Elsevier Scienec B. V. 1996

[36] Matsumoto Y, Nakao S, Kimura S. Cross-flow filtration of solutions of polymers using ceramic microfiltration. Intl Chem Eng, 1988, 28: 677~683

[37] 吴俊. 印钞废水处理方法的实验研究. [硕士论文]. 南京: 南京化工大学, 2001

[38] 王沛, 徐南平, 时钧. 氧化铝微滤膜孔径的影响及控制. 高校化学工程学报, 1998, 1(12):28~32

[39] 果世潮. 粉末烧结理论. 第 2 版. 北京: 冶金工业出版社, 2002

[40] DeHoff R T, Aigeltinger E H. Perspectives in powder metallurgy, vol 5. Plenum press New York: Hirschhorn Joel S and Roll K H, 1970:80

[41] DeHoff R T. Stereology and metallurgy. Metas Forum, 1982, 5(1):4~12

[42] DeHoff R T. Science of Sintering. New York: Plenum Press, 1989.55

[43] Rhines F N, DeHoff R T. Modern development in powder metallurgy, vol 4. Plenum Press New York-London: Mansner H H, 1971:173

[44] Hirschhorn J S. Introduction to powder metallurgy. Colnial Press Inc American Powder Metallurgy Institute, 1969:167

[45] Lenel F V. Powder metallurgy priciples and applications. Metal Powder Industry Federation Princedon, New Jersey,1980:242

[46] Leu H J, Hare T, Scattergood R O. Computer simulation method for particle sintering. Acta Metallurgica, 1988, 36 (8):1977~1987

[47] Hare T M. Sintering Progresses. Mater. Sci. Res., 1979,13:77

[48] Scott G D. Radial distribution of the random close packing of equal spheres. Nature, 1962, 194:956~957

[49] Mason G. Radial distribution functions from small packings of spheres. Nature, 1968, 217:733

[50] Eadie R L, Wilkinson D S, Weatherley G C. Rate of shrinkage during the initial stage of sintering. Acta Metallurgica, 1974, 22(10):1185~1195

[51] 漆虹. 多孔陶瓷支撑体的制备研究. [博士论文]. 南京: 南京工业大学, 2001

[52] 徐南平, 邢卫红, 赵宜江. 无机膜分离技术与应用. 北京: 化学工业出版社, 2003

[53] 王沛. 氧化铝微滤膜的制备和工业化研究. [博士论文]. 南京: 南京化工大学. 1997

[54] 盛骤, 谢式千, 潘承毅. 概率论与数理统计. 第二版. 北京: 高等教育出版社, 1994

[55] Rautenbach R，Albrecht R．Membrance Process．New York：John Wiley & Sons Ltd．，1989

[56] 李卫星．面向中药水提液体系的陶瓷膜设计与应用．[博士论文]．南京：南京工业大学，2004

[57] Yang C，Zhang G S，Xu N P，et al．Preparation and application in oil-water separation of $ZrO_2/$ α-Al_2O_3 MF membrane．J．Membr．Sci．，1998，142：135～243

[58] 漆虹，范益群，徐南平．保温时间对低温烧成多孔氧化铝支撑体性能的影响．膜科学与技术，2001，21 (3)：5～10

[59] Biesheuvel P M，Verweij H．Design of ceramic membrane supports：Permeability，tensile strength and stress．J．Membr．Sci．，1999，156：141～152

[60] Furnas C C．Grading Aggregates I-mathematical relations for beds of broken solids of maximum density．Ind．Eng．Chem．，1931，23(9)：1052～1058

[61] Perry R H．化学工程手册(第 19 篇 液-固系统)．北京：化学工业出版社，1989

[62] Furnas C C．Bur Mines Bull．，1929，307：74～83

[63] 山本登．化学と工业．1978，9：114～117

[64] Cortalezzi M M．Rose J，Wells G F et al．Ceramic membranes derived from ferroxane nanoparticles：a new route for the fabrication of iron oxide ultrafiltration membranes．J Membr．Sci．，2003，227：207～217

[65] Cortalezzi M M，Rose J，Barron A R，Wiesner M R．Characteristics of ultrafiltration ceramic membranes derived from alumoxane nanoparticles．J．Membr．Sci．，2002，205：33～43

[66] DeFriend K A，Wiesner M R，Barron A R．Alumina and aluminate ultrafiltration membranes derived from alumina nanoparticles．J Membr．Sci．，2003，224：11～28

[67] 黄仲涛，曾昭槐，钟邦克等．无机膜技术及其应用．北京：中国石化出版社，1999

[68] Ju X S，Huang P，Xu N P，Shi J．Influences of sol and phase stability on the structure and performance of mesoporous zirconia membranes．J Membr．Sci．，2000，166：41～50

[69] 董强，琚行松，黄培等．氧化钛-氧化铝复合微滤膜的制备．南京化工大学学报，2002，2(22)：34～38

[70] 吴立群，黄培，徐南平等．溶胶-凝胶法制备 TiO_2 担载超滤膜．高校化学工程学报，1999，13(3)：205～210

第 5 章　混合导体致密透氧膜及膜反应器

随着人类社会的发展,世界能源格局发生了深刻的变化。20 世纪 50 年代,世界能源消耗以煤炭为主,20 世纪 70 年代以后石油逐渐取代煤成为主要能源。近 10 年来,石油探明储量上升缓慢,而能源消耗量与日俱增,石油开采速度已超过探明储量的增长速度。同时,全球范围内能源消耗速度的飞速增长,特别是近期世界石油价格的变动,引发了一系列政治、经济和军事格局的变化。美国能源部预计从 2001~2025 年能源需求将增加 54%,这反映了目前能源问题的严重性和迫切性。天然气资源作为仅次于煤和石油的第三大能源,已受到各国政府的关注。近年来天然气探明储量增加迅速,远超过其开采速度。世界天然气储量约为 152 万亿立方米,可开采 65 年。美国能源部 2004 年的一份报告中预测,在未来的二三十年中,天然气的消耗增长速度将位居各类能源之首,其消耗增长量达到 70%,且天然气的消耗增长主要来自于发展中国家。

我国天然气资源丰富,但大多集中在中西部地区,而东部沿海地区经济发展迅速,能源需求量高,气体运输不便造成了天然气资源供求失衡。若将天然气资源首先转化为液体化工产品,将大大降低天然气资源的运输成本,明显提高天然气资源的利用价值。天然气主要成分为甲烷,其化学加工途径主要分为两类:经过合成气中间过程的间接转化以及甲烷的直接转化,两种转化方式的固定床反应过程得到了广泛研究。以合成气为基础的甲烷间接转化路线的甲烷转化率和目的产物选择性很高,但由于该过程增加了操作工序,产品的生产成本偏高;甲烷的直接转化路线的甲烷转化率和目的产物选择性偏低,目前尚难以满足工业生产要求。因此,开发出具有明显技术经济优势的甲烷转化路线是该领域研究需要解决的关键问题。

20 世纪 60 年代,科学家提出了膜反应器的概念[1,2]。与传统反应器相比,膜反应器耦合了反应和分离过程,降低了大量的操作费用,并且能够有选择地控制反应进料或移走反应产物,突破反应热力学平衡限制,提高反应产率。早期的膜反应器大多采用有机膜,只能应用于低温或酶生物反应。20 世纪 80 年代,随着无机膜产品的出现及其制备技术的不断提高,人们对无机膜反应器的研究也取得了很大进展,无机膜具有良好的热、机械和化学稳定性,可以用于许多高温、强侵蚀或腐蚀性反应,因而,膜反应器的应用领域得到了拓展。将无机膜反应器用于甲烷催化转化过程为天然气资源的优化利用开辟了一条崭新的工艺路线,受到了人们广泛的关注[3]。特别是采用混合导体致密透氧膜反应器进行甲烷部分氧化反应已成了近年来研究的热点[4]。该过程采用混合导体膜取代传统的氧分离工厂分离氧气,预计比传统工艺过程降低操作成本 20％以上，同时能够控制反应进程，防止放热反应引起的飞温失控[5]，提高了反应操作的安全性。

混合导体透氧膜材料在高温下是电子和氧离子的导体，对氧具有选择透过性。此类材料在高温下（特别是温度高于 700℃时），当材料两侧存在氧浓度差梯度时，氧以氧离子的形式通过晶格中动态形成的氧离子缺陷，由高氧压区向低氧压区传导，同时电子通过在可变金属离子之间的跳跃朝相反的方向传导。由于同时具有高的氧离子及电子传导能力，材料不需要外加电路就可实现氧传递过程，而且由于是通过晶格振动的形式来传导氧，理论上对氧的选择性为 100％。因此，此类材料不仅在中高温下能选择性透氧，还具有催化活性，因而在纯氧制备、燃料电池以及化学反应器等方面展现出十分诱人的应用前景。

对混合传导型致密透氧膜的研究经历了一个从萤石型（Fluorite-type）氧化物到钙钛矿型（Perovskite-type）氧化物的发展历程，20 世纪 80 年代中期至 90 年代初，主要集中在以掺杂 CaO 或 Y_2O_3 的 ZrO_2 和 CeO_2 为代表的萤石型氧化物，此类混合传导型氧化物的缺点是操作温度高（一般为 900℃以上）且透氧速率低。日本科学家 Teraoka[6] 在 1985 年率先对 $La_{1-x}Sr_xCo_{1-y}Fe_yO_{3-\delta}$ 钙钛矿型系列透氧膜材料的电导率、氧渗透通量等进行了研究，发现该类膜材料同时具有相当高的电子传导（$10^2 \sim 10^3 S \cdot cm^{-1}$）和离子传导能力，在相同的操作条件下，钙钛矿膜的渗透速率及离子传导率比稳定的 ZrO_2 快离子导体膜高出 1～2 个数量级。随后，在 20 世纪 90 年代，美国、荷兰、英国、中国等国家都在该领域进行了研究开发。美国能源部在 1992 年设立了 Gas To Liquid（GTL）计划以实现天然气的优化利用，设想采用致密透氧膜构成膜反应器，将甲烷转变为合成气，再采用 Fishcher-Tropsch 法将合成气转化为对环境友好的优质汽油和其他化工原料。以此在美国形成了两大研究团体：一是以 Argonne 国家实验室和 Air Products 公司为首的研究团体，受美国能源部资助，合作公司包括 Ceramatec、Eltron Research 等；另一是由 Amoco、BP、Praxair 公司等组成的研究团体。此外，欧洲一些国家及日本也制定了类似的计划以发展本国的天然气利用技术。目前国内外有关混合导体透氧膜的研究均处于实验室研究水平。作为透氧膜材料，高的氧渗透通量和还原气氛下的良好稳定性是其满足工业应用的基本前提。普遍认为，膜反应器中膜的氧渗透通量在 1～10 $cm^3(STP) \cdot cm^{-2} \cdot min^{-1}$ 左右才具有工业应用价值[1,7,8]。膜反应器的操作寿命（使用过程中膜的热化学稳定性及机械稳定性）亟待提高。同时在膜的氧渗透机理、致密膜的制备技术及膜反应的基础理论方面缺乏深入的研究。

鉴于我国丰富的天然气资源，我国政府分别在国家“863”计划、国家“九五”攀登计划、自然科学基金项目以及国家重点基础研究项目（“973”计划）中均设立了混合导体致密透氧膜的研究项目，旨在加强我国在该领域的基础研究，开发适合天然气转化的膜材料及技术，以形成自主的知识产权。在 1997 年我们负责承担了国家

"863""无机分离催化膜"项目。该项目以天然气转化为背景,开展氧离子电子混合导体致密透氧膜材料及天然气制合成气(POM)的基础研究,目的是开发有自主知识产权的膜材料、膜制备技术及建立膜渗透机理及膜反应的基础理论,为实现天然气的转化利用奠定基础。围绕项目关键的科学技术问题(如膜材料的氧通量及稳定性、膜氧的渗透机理、致密膜的制备、膜反应器设计及膜反应的理论等),我们提出了面向这一过程的陶瓷致密透氧膜及膜反应器的研究思路,如图 5-1 所示。

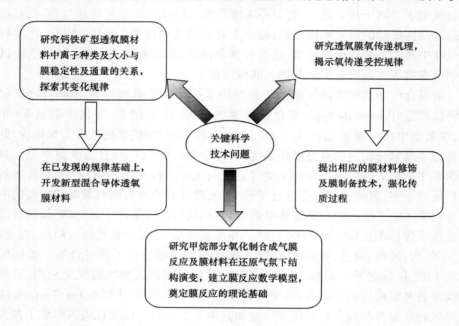

图 5-1　面向天然气转化的陶瓷致密透氧膜材料设计与制备及膜反应的研究思路

　　本章将重点介绍我们按照这一研究思路所开展的研究工作及进展。为了使读者对混合导体透氧膜有一个较全面的了解,本章首先在第一节就混合导体透氧膜材料的结构、氧传输的基本原理、膜材料及膜的制备方法作一简单介绍。

5.1　混合导体透氧膜材料结构与氧传递性能

5.1.1　透氧膜材料的分类

5.1.1.1　离子导体透氧膜材料

　　较早开发的用于氧渗透的无机致密膜材料有两类:一类是金属材料,如银及其合金;另一类是陶瓷材料,如稳定的氧化锆、氧化铋等固体电解质材料。由于贵金属成本较高,膜的渗透通量较低,以及在高温气氛中化学稳定性的降低,均限制了金属膜的应用。因此,早期使用的无机致密透氧膜主要是具有萤石型结构的快离子导体膜。此类膜在高温下是氧的快离子导体,对氧有绝对的选择性,已被广泛应用于固体燃料电池电解质材料、电化学氧泵、氧传感器以及各种化学反应[9~12]。

萤石矿型结构是氧离子导体中最为重要的晶体结构形式之一,它是高温态 ZrO_2 和稳定化的 ZrO_2 结构形式。离子导体膜材料在高温下氧化物晶格中能够产生大量可移动的氧空位缺陷,在存在电化学位梯度时,氧空位发生定向移动,表现为氧离子的定向传输。由于离子导体膜是借助晶格振动来实现氧的传输,因而对其他气体都不具有透过性。但离子导体膜的电子导电性非常低,在应用过程中为实现氧传输就必须加电极并外接电路,从而造成膜组件的结构复杂化,以及电能的损耗。常见的萤石型快离子导体材料有 ZrO_2 基、ThO_2 基、CeO_2 基、Bi_2O_3 基等固体电解质[13],该类材料通过在具有萤石或类萤石结构基氧化物中掺杂低价态的金属离子氧化物,如 CaO、Y_2O_3 稳定的 ZrO_2[14],Er_2O_3 稳定的 Bi_2O_3[15],可使其高温结构稳定化,同时为保持晶体内部的电荷平衡出现了氧缺陷,此为氧离子导电的原因。若同时掺入一些可变价金属离子氧化物可产生电子或电子空穴,可变金属离子价态的变化引起了电子或电子空穴在可变金属离子之间的跳跃,从而引入了电子导电性能,如加入 CeO_2[16,17]、TiO_2[18]、TbO_2[19,20] 或 CuO[21] 等。根据目前的研究报道,尽管该类膜材料的电子传导能力得到了改善,但其混合传导能力仍然相当有限。该类材料很少直接用于氧气分离,而主要用于固体燃料电池电极材料[22,23]和氧传感器[24,25]等方面,Siemens Westinghouse 公司用 Ni 负载的 YSZ 作为阳极,成功地制备了固体燃料电池产品[26],中国科学院上海陶瓷研究所同样用 YSZ 作为电极制备了燃料电池样机[27]。

5.1.1.2　双相混合导体透氧膜材料

双相混合导体膜材料指电子与氧离子分别由不同的相中通过,这一概念最先由 Mazanec[28]提出。以 YSZ、CSZ、β-Bi_2O_3 等快离子导体为基础,通过添加一定量的贵金属及电子导体氧化物如 Ag、Au、$Bi_2CuO_{4-\delta}$[29~31]等,使其在材料中形成连续的第二相,电子与氧离子分别由电子导体相和离子导体相中通过,使得材料具备电子和离子导电性。双相混合导体膜要求材料在使用条件下具有良好的热化学和力学稳定性外,还要求两相彼此之间为化学惰性,电子导体相和离子导体相分别是连续的,且具有低的扭曲度以缩短氧离子的迁移路径。

对于双相混合导体膜来说,要解决的基本问题是各组成相的体积分数和几何分布如何对材料的传输性质,尤其是两极电导率产生影响。Mazanec[28]和 Chen[29]等研究了 YSZ 和金属 Pd 组成的混合导体膜,发现 Pd 体积含量为 30% 时,材料不具有电子导电能力,当 Pd 体积含量达到 40% 时,膜材料表现出了电子导电性,此时的氧渗透通量比前者在同样条件的氧渗透通量约大两个数量级。ten Elshof[31]等研究了 YSZ 和 Ag 组成的混合导体膜,发现当 Ag 的含量由 27.8% 增到 40% 时,氧渗透由电子传导控制变为表面动力学控制。Wu 等[32]研究了金属 Ag 和 YSB 组成的双向混合导体膜,同样发现当 Ag 的体积分数达到 34% 时,金属相成为连续相,材料的两极电导率达到了最大。Wu 等[32]还采用电阻网络分析,预测了多相复合导体的有效离子、电子电导率和两极传输性质,得出双相混合导体的渗透起始点是其中一相体积分数的 1/3,当各相的体积分数在 1/3~2/3 范围内时,两相都是连续的,此时,两极电导率相对较高。该结论与实验结果具有较好的一致性,对今后多相混合导体的研究具有指导意义。

双相混合导体对于均匀的单相混合导体来说,其最大的优点是可根据使用要求事先对材料的传输性质进行设计加工,但双相混合导体的制备需消耗大量的贵金属,成本较高,同时由于第二相的引入,使传输第一相的体积分数减少,大大降低了材料的离子电导率(Chen 等[29]发现 YSZ-Pd40 中的离子电导率为单相 YSZ 的 23%),从而使材料的氧传输能力降低,因而限制了该类材料的发展。但若能在担载膜技术方面有所突破,双相混合导体膜将更具有发展前途。

5.1.1.3　单相混合导体透氧膜

近年来,单相混合导体膜材料的研究是最为活跃的一个领域,对该类材料的研究大多集中在具有钙钛矿型(ABO_3)及其衍生结构的化合物。该类材料在高温下是电子和氧离子的快导体,电子与氧离子由同一相通过,对氧具有选择透过性。此类材料在高温下(特别是温度高于 997K 时),当膜材料两侧存在氧浓度差梯度时,氧以氧离子的形式通过晶格中动态形成的氧离子缺陷由高氧压区向低氧压区传导,同时电子通过在可变金属离子之间的跳跃朝相反的方向传导。由于同时具有高的氧离子及电子传导能力,此类膜材料不需要外加电路就可实现氧传递过程连续不断的进行,而且由于是通过晶格振动的形式来传导氧,理论上对氧的选择性为 100%。Teraoka[6]率先对 $La_{1-x}Sr_xCo_{1-y}Fe_yO_{3-\delta}$ 系列透氧膜材料的电导率、氧渗透通量等进行了研究,发现该类膜材料同时具有相当高的电子传导(10^2~10^3 S·cm^{-1})和离子传导能力,在相同的操作条件下,钙钛矿膜的渗透速率及离子传导率比稳定的 ZrO_2 快离子导体膜高出 1~2 个数量级。氧通量随着 Co 和 Sr 含量的增加而增加,并发现氧通量主要受氧空位浓度控制。还研究了透氧量随部分 A 位、B 位离子的变化情况[33],对于 A 位取代的 $La_{0.6}A_{0.4}Co_{0.8}Fe_{0.2}O_{3-\delta}$,其氧透量的大小为 Ba>Ca>Sr>Na,对于 B 位取代的 $La_{0.6}Sr_{0.4}B_{0.8}Fe_{0.2}O_{3-\delta}$,氧透量大小为 Cu>Ni>Co>Fe>Cr>Mn。该研究结果一经报道即引起了科技界的浓厚兴趣,国内外研究者对钙钛矿型混合导体膜材料展开了广泛深入地研究,研究材料涉及 $La_{1-x}Sr_x$ $CoO_{-3\delta}$[34,35]、$La_{1-x}Sr_xFeO_{3-\delta}$[36]、$La_{1-x}A_xCo_yFe_{1-y}O_{3-\delta}$(A=Sr,Ca,Ba)[37~39]、

$SrCo_{0.8}Fe_{0.2}O_{3-\delta}$[40~43]、$SrCo_{1-x}B_xO_{3-\delta}$（$B=Cr,Mn,Fe,Ni,Cu,x=0\sim0.5$）[44]、$BaBi_xCo_yFe_{1-x-y}O_{3-\delta}$[45]、$Ba_xSr_{1-x}Co_yFe_{1-y}O_{3-\delta}$[46]、$LaCo(M)O_3$（$M=Ga,Cr,Fe,Ni$）[47,48]、$La(Sr)(GaCoM)O_{3-\delta}$（$M=Mg,Ni,Cu$）[49~51]等。与萤石型混合导体膜材料相比,钙钛矿混合导体材料表现出相当高的氧渗透性能,在氧气分离[8,52,53]、燃料电池[27,54]及膜反应器[55~59]等方面有着广泛的应用前景。

至今,研究比较广泛的钙钛矿型透氧膜材料体系是 $La_{1-x}Sr_xCo_{1-y}Fe_yO_{3-\delta}$（$x=0\sim1,y=0\sim1$）。此类膜材料在高温下具有高的电导率及氧渗透性能,在氧分离领域显示了巨大的应用潜力,但近年来的研究结果也发现具有高氧通量的钙钛矿膜材料,如 $Sr(Co,Fe)O_{3-\delta}$,仍存在着一个亟待解决的问题,即在低氧分压或还原性气氛下材料的结构及热化学稳定性。此类膜的实际应用通常由于膜材料本身的一些性质而受到限制,如氧空位的无序-有序相转变。材料由高温相的无序结构转变为低温相的有序结构将导致氧离子活性的降低,从而影响氧渗透性能。另外当 $Sr(Co,Fe)O_{3-\delta}$ 膜用于氧渗透及膜催化反应时,高的氧化学位梯度将导致膜材料晶格之间不匹配,从而在材料内部产生应力导致膜的断裂。因此,开发具有高氧渗透通量且在低氧分压气氛下稳定的膜材料已成为各国科研工作者关注的焦点。

5.1.1.4　新型混合导体透氧膜

研制开发具有类钙钛矿结构的混合导体膜材料是一种解决材料在低氧分压气氛下稳定性的一种有效途径。美国 Argonne 实验室的 Balachandran 等[60~65]开发了一种类钙钛矿结构的 $SrFeCo_{0.5}O_x$ 透氧膜材料,对该材料的晶体结构、缺陷结构以及氧传输性能等进行了系统的研究。研究表明此材料具有高的氧离子及电子混合电导率,在 1173K 空气气氛中,其离子电导率及总电导率分别为 7 和 17S·cm^{-1}。另外此材料在氧化及还原气氛下都具有好的结构稳定性,将其用于甲烷部分氧化制合成气反应操作 1000h 以上。此类材料的优良性能引起了学术界的关注,国内外研究者纷纷展开了对 $SrFeCo_{0.5}O_x$ 材料的研究及开发新的层状材料。Guggilla 及 Fjellvag 等[66,67]对 $SrFeCo_{0.5}O_x$ 的相结构进行了系统的研究,发现 $SrFeCo_{0.5}O_x$ 由三相组成:钙钛矿共生相 $Sr_4Fe_{6-x}Co_xO_{13+\delta}$（$x<1.5$）,钙钛矿相 $SrFe_{1-x}Co_xO_{3-\delta}$ 以及尖晶石相 $Co_{3-x}Fe_xO_4$。对 $SrFeCo_{0.5}O_x$ 材料氧渗透有贡献的主要是钙钛矿相 $SrFe_{1-x}Co_xO_{3-\delta}$[68,69],其透氧量比单相 $Sr_4Fe_{6-x}Co_xO_{13\pm\delta}$ 高约两个数量级;而钙钛矿共生相 $Sr_4Fe_{6-x}Co_xO_{13+\delta}$ 的存在能够提高膜材料在操作条件下的机械稳定性。$Sr_4Fe_{6-x}Co_xO_{13+\delta}$ 是由钙钛矿相 $Sr(Fe,Co)O_3$ 和 $(Fe,Co)_2O_{2.5}$ 沿 b 轴层堆叠而成。$(Fe,Co)_2O_{2.5}$ 层中其 Fe/Co 原子具有畸变的四角锥及三角锥氧配位[66]。尽管 $(Fe,Co)_2O_{2.5}$ 层有利于维持钙钛层在还原气氛下的稳定性,但其氧渗透通量

比钙钛矿层低近三个数量级[68,69]。另一类隶属于 Ruddlesden-Popper(R-P)系列具有 $Sr_{n+1}Fe_nO_{3n+1}$ 分子结构的共生氧化物也得到了的关注,如 $LaSr_3Fe_{3-x}Co_xO_{10}(0 \leqslant x \leqslant 1.5)^{[70]}$ 及 $Sr_{3-x}La_xFe_{2-y}Co_yO_{7-\delta}(0 \leqslant x \leqslant 0.3, 0 \leqslant y \leqslant 1.0)^{[71]}$ 等。此类材料在高温低氧分压下具有良好的结构稳定性,但其氧渗透通量较钙钛矿型膜材料 $SrCo_{0.8}Fe_{0.2}O_{3-\delta}$ 低约一个数量级。另外,研究者们也陆续开发了一些具有中温透氧性能的透氧膜材料,如具有氟镍酸钾结构的La_2NiO_4[72]以及高温超导材料$Bi_2Sr_2CaCu_2O_8$[73]。这些材料具有较低的透氧活化能,但其透氧量通常较低,目前难以进入实际应用。

我们在系统研究 ABO_3 型透氧膜材料 A 位替代的基础上,发现单相透氧膜材料在高温及低氧分压下不稳定性的规律,提出以钙钛矿型透氧膜材料为基掺杂另一种混合导电型氧化物合成新的多相混合导体透氧膜材料,以提高膜材料稳定性的研究思路,开发了稳定性好的 ZrO_2 掺杂的 $SrCo_{0.4}Fe_{0.6}O_{3-\delta}$(SCFZ)混合导体膜材料[74~76]。该材料的具体性能将在本章第 3 节中作详细介绍。

5.1.2　钙钛矿型氧化物的结构与氧缺陷

钙钛矿型氧化物通常是指与天然钙钛矿($CaTiO_3$)具有相同晶体结构的一类化合物。其化学式可用 ABO_3 来表示,其晶体结构见图 5-2。其中 A 位常由稀土、碱土、碱金属以及其他一些离子半径较大的离子占据,而 B 位则由元素周期表中第三、四、五周期的过渡元素离子占据。结构中小离子 B 位于[BO_6]八面体的中心,八面体之间以共顶方式相连,大离子 A 位于八面体搭成的笼状空穴的中心。

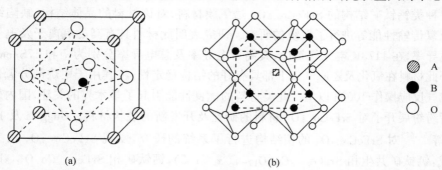

(a)　　　　　　　　　　　　　(b)

图 5-2　理想的钙钛矿结构

(a) B 位离子位于晶胞体心;(b) BO_6 八面体以共顶方式相连

从几何方面考虑,钙钛矿结构要求 B 位离子半径必须超过 0.51Å,A 位离子的半径要求大于 0.9Å。理想的立方钙钛矿结构 A 位,B 位及氧离子半径之间存在着如下几何关系[52]

$$r_A + r_O = \sqrt{2}(r_B + r_O) \tag{5-1}$$

式中，r_A、r_B、r_O 分别代表 A(12 配位)、B(6 配位)、O 离子的有效半径。事实上，形成钙钛矿结构对离子半径要求并未如此严格，当钙钛矿型氧化物结构满足

$$0.75 < t = (r_A + r_O)/[\sqrt{2}(r_B + r_O)] < 1.0 \tag{5-2}$$

都能形成钙钛矿结构，t 称为容差因子。当 t 接近 1 时，氧化物形成理想的立方结构；当 t 偏离 1 时，立方结构产生扭曲，对称性下降，发生畸变，形成正交晶系或菱形晶系。对于简单的钙钛矿型氧化物，如 $CaTiO_3$，可以直接用正常价态的金属离子半径对容限因子进行估算，而对于在 A 位或 B 位进行了部分取代得到的材料，由于产生了变价，其容限因子的计算相当复杂。Shao 等[77] 和 Attfield[78] 对钙钛矿材料的容限因子进行了较细致的研究。钙钛矿型氧化物的一般形式有 $A^+B^{5+}O_3$、$A^{2+}B^{4+}O_3$ 和 $A^{3+}B^{3+}O_3$。

元素周期表中大约有 90% 的元素可以形成钙钛矿型氧化物。适当取代 A 位或 B 位元素，可以保持原有的钙钛矿结构，合成出多组分钙钛矿型复合氧化物。在钙钛矿氧化物中适当引入阳离子空位、阴离子空位等晶格缺陷，可以获得适合于不同用途的材料物理化学性质(如：导电性能、磁性能、催化性能等[79~82])。

晶格氧缺陷在钙钛矿材料研究中最为普遍。氧化物具有电子导电与氧离子导电性能是因为氧化物晶格中存在缺陷。通常认为间隙离子或氧空穴的存在是氧离子导电的原因，而电子缺陷是电子导电的原因。钙钛矿型氧化物的缺陷结构包括阳离子空位、阴离子空位或阴离子过剩。其中阴离子空位即氧离子空位(氧缺陷)最为常见和重要，它对钙钛矿材料的离子电导起决定性作用，其浓度大小直接影响钙钛矿材料的透氧性能。在 A 位掺杂离子半径相近、但价态较低的阳离子将形成晶格氧缺陷。当 B 位离子采用混合价态金属离子时，钙钛矿型氧化物将通过 B 位离子价态的变化以及氧空位的形成以维持材料的电中性，从而具备了电子传导能力。

以 $LaFeO_3$ 基钙钛矿氧化物为例，当 A 位掺杂低价阳离子 Sr^{2+} 时，为了维持晶体内部的电中性导致出现氧空位，其缺陷反应如式(5-3)(采用 Kröger-Vink 符号表示[83])

$$SrFeO_3 \xrightarrow{LaFeO_3} Sr'_{La} + Fe^{\bullet}_{Fe} + 3O^x_O \tag{5-3}$$

该材料体系同时满足如式(5-4)、(5-5)所示两个平衡反应

$$2Fe^{\bullet}_{Fe} + O^x_O \rightleftharpoons 2Fe^x_{Fe} + V^{\bullet\bullet}_O + \frac{1}{2}O_2 \tag{5-4}$$

$$2Fe^x_{Fe} \rightleftharpoons Fe'_{Fe} + Fe^{\bullet}_{Fe} \tag{5-5}$$

当膜两端存在氧浓度差时，O_2 就以 O^{2-} 的形式进入晶格中并通过缺陷(氧空位)向低氧压方向移动。当 B 位的三价过渡金属离子的第四电离能不是太大时，A

位掺杂低价阳离子导致的电荷不平衡也可通过 B 位离子的升价而得以补偿,从而引入了电子导电能力。当 B 位离子采用具有单一的离子价态的阳离子时,钙钛矿型氧化物主要表现为离子导电性能。

钙钛矿型氧化物的电子导电是通过 B 位离子的变价而得以实现的[84],通过 B 位离子 B—O—B 键的部分重叠,以所谓的 Zerner 双交换机理进行,表示为

$$B^{n+}—O^{2-}—B^{(n-1)+} \longrightarrow B^{(n-1)+}—O^{-}—B^{(n-1)+} \longrightarrow B^{(n-1)+}—O^{2-}—B^{n+}$$

B 位离子的价电子转移通过 B 位离子的价轨道与 O^{2-} 的价轨道发生强烈相互重叠而得以实现。当材料呈现立方结构时,B—O—B 的键角为 $180°$,此时重叠为最大,因此立方结构的晶体形式对同一材料来说,具有最大的电子导电能力。

钙钛矿型氧化物的缺陷浓度除与材料本身及掺杂原子的性质有关外,还受温度、气氛等因素的影响。Mizusaki[85,86] 和 Stevenson[38] 等分别系统地研究了 $La_{1-x}Sr_xMO_{3-\delta}$($M = Cr, Fe, Co, Mn$; $0 \leqslant x \leqslant 0.6$)及 $La_{1-x}M_xCo_{1-y}Fe_yO_{3-\delta}$($M = Sr, Ba, Ca$; $0.4 \leqslant x \leqslant 0.8$; $0.2 \leqslant y \leqslant 0.8$)的氧缺陷浓度 δ 与温度、氧分压以及 A 位掺杂浓度的关系。研究表明,在同一氧分压下,温度愈高,氧缺陷浓度愈大;同一温度下,氧分压愈低,氧缺陷浓度愈高。

5.1.3　氧传输机理

钙钛矿型混合导体透氧膜材料的氧渗透过程是一个复杂的物理化学过程,氧由高氧压区通过导体膜向低氧压区的扩散需要经历如下几个步骤:①高氧分压侧的气相氧扩散至膜表面;②氧分子物理吸附在膜表面;③氧分子在膜表面解离产生化学吸附氧;④吸附氧进入膜表面的晶格氧空位;⑤在氧空位梯度下,产生定向晶格氧空位扩散;⑥晶格氧从另一侧膜表面脱离形成化学吸附氧;⑦化学吸附氧释放电子形成氧分子从膜表面脱附;⑧氧分子从膜表面扩散至低氧分压气相主体。

膜的氧传输速率可能受主体扩散控制,也可能受表面交换控制,大多数情况下,膜的氧传输受两方面共同作用。膜的氧渗透速率受何种因素的制约,除了与自身的膜材料属性有关外,还与膜厚度以及操作条件有关。但就目前所报道的混合导体透氧膜材料的氧渗透通量,即使对于同一种材料,不同的研究者测得不同的透氧数据,这反映出高温下透氧数据测量的困难性,主要由以下几方面引起:①与密封有关的边缘效应,导致氧渗透发生非轴向扩散;②当用玻璃密封而引起的界面反应;③密封玻璃(软化温度低)在氧化物表面的扩散;④膜两侧氧分压的准确性等[87]。

5.1.3.1　主体扩散过程

当混合导体透氧膜两侧存在氧浓度差梯度时,将会引起方向相反、相互作用的氧离子流和电子载体流。假设氧离子、电子与中性氧分子之间在氧化物中存在局

部平衡,根据点缺陷模型,对主体扩散控制膜的氧渗透速率可以用 Wagner 方程[88]来描述

$$J_{O_2} = -\frac{RT}{4^2 F^2 L} \int_{\ln P'_{O_2}}^{\ln P''_{O_2}} t_{el} \sigma_{ion} \mathrm{dln} P_{O_2} \tag{5-6}$$

式中, $t_{el} = \dfrac{\sigma_{el}}{\sigma_{el} + \sigma_{ion}}$ 为电子迁移数; σ_{ion} 为材料的离子电导率,$S \cdot cm^{-1}$; F 为法拉第常数,$C \cdot mol^{-1}$; T 为绝对温度,K; L 为膜的厚度,m; P'_{O_2}、P''_{O_2}(Pa)分别为高氧压及低氧侧分压。

假定 $\sigma_{el} \gg \sigma_{ion}$(对大多数钙钛矿透氧膜材料适用),有 $t_{el} \approx 1$,则式(5-6)可写为

$$J_{O_2} = -\frac{RT}{4^2 F^2 L} \int_{\ln P'_{O_2}}^{\ln P''_{O_2}} \sigma_{ion} \mathrm{dln} P_{O_2} \tag{5-7}$$

对于氧渗透速率受主体扩散控制的膜材料,减少膜厚度,可以提高膜的氧渗透通量;但过多的降低膜厚度,将影响到膜的机械强度。近年来,一些研究小组开展了致密担载透氧膜的制备工作,期望在高强度多孔撑体表面制备一层薄且致密的混合导体膜材料,以同时提高膜的氧渗透通量和稳定性及机械强度。但由于解决撑体和膜材料相容性和热膨胀匹配等关键问题的难度较大,一直未有无缺陷致密的担载膜的报道。我们提出了协同收缩(即多孔支撑体与致密膜层在烧结过程中同时收缩)的思想,解决了非对称透氧膜材料的热膨胀系数匹配、相容性等问题,成功地制备出同种材料、致密顶层 $200 \mu m$ 厚的 $La_{0.6}Sr_{0.4}Fe_{0.8}Co_{0.2}O_{3-\delta}$ 担载膜[89]。该膜具体的制备方法及其性能将在本章第 4 节中介绍。

5.1.3.2　表面交换过程

衡量表面交换过程对膜的氧渗透速率影响大小的方法有两种:

(1) 表面交换系数 k_s 与示踪氧离子扩散系数 D^* 的比值 k_s/D^*[8,90]。 k_s/D^* 值越小,表面交换过程对氧渗透越明显。

(2) 特征厚度 $L_c (= D^*/k_s)$,即表面阻力与体扩散阻力相等时的膜厚度[91]。当 $L < L_c$ 时,膜的氧渗透速率主要受表面交换速率控制;当 $L > L_c$ 时,膜的氧渗透速率主要受主体扩散控制。

在不同的环境气氛中,表面交换速率存在很大的差别,k_s 的不同带来 L_c 的变化,并最终影响到透氧率的大小。当膜的两侧处于不同的气氛中时,表面交换速率较小的过程对膜的氧渗透起着更重要的影响。 L_c 并不是材料的本征性质,它与环境气氛、温度、膜表面性质等多种因素有关[92]。对于氧渗透速率受表面交

换控制的膜材料,在膜表面制备一层多孔层或修饰一层具有良好的氧交换性能的材料,将有助于膜的氧渗透通量的提高。Qiu 等[43]在 Air/He 气氛下研究不同厚度 $SrCo_{0.8}Fe_{0.2}O_{3-\delta}$ 膜的氧渗透通量,发现该材料的氧渗透速率在所测量的操作条件下受表面交换控制。Lee 等[93]在膜表面修饰了一层同种材料的多孔层,膜的氧渗透速率得到明显的加强。Kharton 等[94]研究了 $La_{0.3}Sr_{0.7}CoO_{3-\delta}$ 氧渗透性能,发现膜厚在 1.5~2.0mm 以下,膜的氧渗透通量主要受表面交换控制,同时他们在比较了几种修饰材料的基础上,认为表面修饰 Ag 的 $La_{0.3}Sr_{0.7}CoO_{3-\delta}$ 膜在高温下的氧渗透性能得到了明显的提高。但表面修饰的过程复杂,且易在烧结过程中导致密膜产生缺陷。我们在揭示透氧膜材料的离子种类和大小与膜稳定性和通量的规律、以及材料制备技术研究基础上,提出了对钙钛矿型透氧膜材料的掺杂方法代替膜表面修饰的研究思路[95],新的方法简单且易于控制。我们研究发现通过 Ag^+ 的掺杂提高了 $SrCo_{0.8}Fe_{0.2}O_{3-\delta}$(SCF)膜的表面交换速率,对 SCF 膜表面交换速率的改善在较低的温度更加显著。

5.1.3.3　氧离子迁移

作为氧离子导体,需要满足两个必要条件,即一定量的可移动离子和氧离子迁移的连续通道存在。透氧膜材料的电导率与其透氧量密切相关,对于含 Co、Fe、Cr、Mn、Ni 等变价金属材料的电子电导率比氧离子电导率高许多。因此提高氧离子电导率是提高透氧能力的关键。在导体材料中氧离子电导率可以表示为[96]

$$\sigma_i T = A \cdot \exp(- E_a / kT) \tag{5-8}$$

式中,T 为绝对温度,K;E_a 为氧离子迁移活化能和缺陷形成能之和,$J \cdot mol^{-1}$;A 为指前因子。氧离子电导率由温度、A 与 E_a 共同决定,在一定温度下,增大 A 值与降低 E_a 值都将有利于氧离子电导率的提高。在不考虑载体浓度随温度变化的情况下,指前因子有

$$A = C\gamma(Z^2 e^2 / k) a_o^2 \nu_o \exp(\Delta S_m / k) \tag{5-9}$$

式中,C 为电荷载体的浓度;γ 为几何因子;Ze 为电荷载体的电荷数;a_o 为跳跃的距离,ν_o 为跳跃的概率。通常 $E_a = \Delta H_m$(ΔH_m 为迁移焓)。C 由氧离子交换的氧空穴浓度决定的,即

$$C = N_0 [V_o^{··}](1 - [V_o^{··}]) \tag{5-10}$$

式中,N_0 为单位体积内的阴离子数(氧离子);$V_o^{··}$ 为氧空穴浓度,当其较小时有:$C \approx N_0 [V_o^{··}]$。

提高氧空穴浓度将有利于氧离子电导率公式中指前因子的增大,从而使得氧离子电导率提高。以上结论是基于作为电荷补偿缺陷的氧空位是自由载体,不存在任何的缔合作用。提高氧空穴浓度可以通过提高 A 位低价金属离子的掺杂浓

度来实现。但是在很多情况下,特别是在低温时,氧空穴浓度并不与低价掺杂离子浓度成简单正比关系,因为氧缺陷浓度达到一定值时,会发生缔合现象,缔合现象的产生会使得 C 值对掺杂浓度的依赖关系发生变化,另外缔合的产生也会导致氧离子迁移活化能 E_a 增大,从而使氧离子电导率反而减小,因而在特定条件下低价离子的掺杂量具有一定的限度。

由式(5-8)可知,氧离子电导率的提高可通过降低活化能来实现。氧离子迁移活化能 E_a 与关口尺寸(r_c)、晶胞自由体积(F_v)及金属氧的平均键能(ABE)等密切相关[97]。提高 F_v 和 r_c 及降低 ABE 都将有利于氧离子电导率的提高。

(1) 关口尺寸与晶胞自由体积

Kilner[96]等对以氧空位机制扩散的氧离子导体的研究发现,氧离子的迁移常沿着[BO6]八面体的(110)面进行,其迁移活化能由迁移能 ΔH_m 和缔合能 ΔH_a 两部分组成,迁移能 ΔH_m 的大小主要取决于材料的晶体结构,而缔合能 ΔH_a 则主要由掺杂阳离子半径和主体相氧离子的半径之比所决定。Cook[84,98]等指出,氧离子在迁移过程中必然会经过一个由 B 离子和两个 A 离

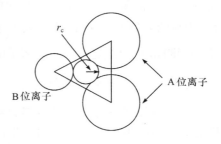

图 5-3 氧离子迁移中的关口示意图

子所构成的"关口",由 B 离子和两个 A 离子围成的一个空腔,如图 5-3 所示,此空腔的半径就定义为关口尺寸 r_c。

$$r_c = \frac{r_A^2 + \frac{3}{4} a_o^2 - \sqrt{2} a_o r_B + r_B^2}{2(r_A - r_B) + \sqrt{2} a_o} \tag{5-11}$$

式中,r_c 为关口尺寸;r_A、r_B 分别代表 A、B 离子半径;a_o 为晶胞参数。r_c 通常都小于 1.10Å[84],比氧离子半径 $r_o = 1.40\text{Å}$ 要小得多,因而氧离子经过关口时要发生弛豫效应[99],此过程需要一个较大的能量,其对氧离子迁移过程活化能的贡献较大。"关口"尺寸越大,氧离子经过此空穴时需要的能量就越小,就越利于氧离子的迁移,由公式可以看出,减小 A 离子或 B 离子半径对提高关口尺寸值有利。

晶胞自由体积指的是晶胞体积与组成晶胞的元素离子的体积之差。可用式(5-12)计算

$$V_F = a_o^3 - \frac{4}{3} \pi [r_A^3 + r_B^3 + (3 - \delta) r_o^2] \tag{5-12}$$

式中,r_o 为氧离子半径(1.40Å)。自由体积随着 A 位和 B 位平均离子半径的增大而增大。自由体积越大,氧离子迁移的活化能就越小[84]。自由体积与关口尺寸对氧离子迁移的影响是一对矛盾。通常情况下关口尺寸 r_c 都小于氧离子半径,增加

晶胞自由体积比增加关口尺寸更有利于氧离子迁移。

（2）M—O 键平均结合能

对于钙钛矿型复合氧化物，氧空位的形成与 A—O 和 B—O 键强密切相关。为了提高氧离子电导率，应选择具有平均结合能（ABE）小的那些元素组成。ABE 不仅影响到氧在导体膜表面的表面交换动力学过程，而且影响到氧离子在体相中的扩散过程。通过式（5-13）可算出材料中 M—O 键的平均结合能 ABE[98]：

$$ABE = [(\Delta_f H^\circ_{A_m O_n} - m\Delta H^\circ_A - D_{O_2}/n)/12\,m]$$
$$+ [(\Delta_f H^\circ_{B_{m'} O_{n'}} - m'\Delta H^\circ_B - D_{O_2}/n')/6\,m'] \qquad (5-13)$$

式中，$\Delta_f H^\circ_{A_m O_n}$ 和 $\Delta_f H^\circ_{B_{m'} O_{n'}}$ 为氧化物的标准生成焓；ΔH°_A 和 ΔH°_B 为单质的升华热；D_{O_2} 为氧的分解热。ABE 越小氧离子就越容易挣脱金属离子对其的束缚，即当 M—O 键能越小时，越有利于氧离子的迁移。

5.1.3.4　材料的稳定性

作为一种理想的透氧膜材料，要求其在使用的温度及氧浓度范围内都具有稳定的相结构组成。相结构的变化往往会伴随着材料透氧能力及晶胞体积的急剧变化，容易在材料内部引入很大的应力而导致膜的破裂。从钙钛矿材料的结构来看，当容限因子 t 在 0.75～1 范围内时钙钛矿结构就能稳定。另外，当 A 或 B 位原有离子被其他离子取代，或组分偏离化学计量时，在一定范围内，这类材料仍能保持钙钛矿结构。Shao[77]等从容限因子的角度对钙钛矿材料的稳定性进行了研究。

材料有序及无序结构之间的相转变是研究钙钛矿材料稳定性的一个重要问题。Kruidhof 等[40]在对 $SrCo_{0.8}B'_{0.2}O_{3-\delta}$（B′＝Cr，Fe，Cu）的研究中发现，此类材料在高温及高氧分压下为含氧缺陷的钙钛矿结构（无序结构），随着温度及氧分压的降低，材料会发生钙钛矿相到氧空位有序 Brownmillerite 相的转变，且有序－无序相转变温度随 B 位离子的掺杂而发生变化，Cr（1213K）＞Cu（1183K）＞Fe（1063K）。材料由高温相的无序结构转变为低温相的有序结构将导致氧离子活性的降低，从而影响氧渗透性能[43,100]。

钙钛矿膜用于膜反应过程，通常处于缺氧或还原性气氛中，膜材料在该气氛下的热化学稳定性好坏，直接影响到钙钛矿膜的使用寿命。钙钛矿型化合物的热化学稳定性与元素的组成密切相关。Arakawa 等[101]研究了钙钛矿氧化物 A 位阳离子对材料稳定性的影响，发现 $LnCoO_3$（Ln：镧系元素）在氢气气氛下的稳定性随着镧系元素离子半径的增加而增大，他们认为这是由于较大的镧系金属离子更容易形成 12 配位结构的缘故。Ma[102]等也观察到类似的现象，并认为 $LnCoO_3$ 的还原程度与 Ln—O 和 Co—O 键能之和有直接关系，键能越低的钙钛矿氧化物越易被还原。钙钛矿氧化物在 A 位掺杂不同价态的金属氧化物,不但对材料缺陷的形成产生影响,同时还影响着材料的稳定性。例如,采用 Sr 掺杂 $LaCoO_3$ 氧化物,随着 Sr 掺杂量的增加,Co^{4+} 和氧空位浓度将提高,有利于晶格氧从材料主体向表面扩散,但同时导致材料的不稳定性加强了;另一方面,如果在 $LaCoO_3$ 的 A 位掺杂了高价态金属离子(如 Th^{4+}),材料中将产生 Co^{2+},稳定性得以提高。

钙钛矿型氧化物在还原性气氛下的热化学稳定性不但与 A 位金属离子有关,与 B 位金属离子特性也存在很大关系。Nakamura 等[103]研究了 $LaBO_3$(B＝V,Cr,Mn,Fe,Co,Ni)钙钛矿材料在还原气氛下、1273K 操作温度下的相结构变化规律,发现此类氧化物在 1273K 下所能保持钙钛矿型结构的最低氧浓度为 $LaCoO_3$(10^{-7} atm)＜$LaMnO_3$(10^{-15} atm)＜$LaFeO_3$(10^{-17} atm)＜$LaCrO_3$(10^{-20} atm)。这与 B 位离子相应氧化物的稳定性是一致的。氧化物在还原气氛下分解的情况各不相同,但大多是由于 B 位 3＋离子转变为 2＋的缘故。因此抑制 B 位离子的价态变化可以提高钙钛矿结构的稳定性。一些 B 位离子为 Ti、Cr 的钙钛矿氧化物(如:$SrTiO_3$、$BaTiO_3$ 和 $LaCrO_3$ 等)具有相当高的化学稳定性,在 1473K 的还原性气氛下都能够保持完整的钙钛矿结构。

如果能够通过适当的离子掺杂,使得材料在较广的温度及气氛范围内都能维持结构的稳定性,将对透氧膜的工业化应用有着重要的意义。我们在研究材料稳定性机理基础上,开发了系列性能较好的 $Sr(Co,Fe,Zr)O_{3-\delta}$ 新型透氧膜材料[104],拓宽了无机致密透氧膜材料的研究体系。此部分详细研究内容见本章第 3 节。

5.1.4　混合导体透氧膜材料及膜的制备

5.1.4.1　粉体制备方法

粉体的制备方法有多种,不同的粉料制备方法,其过程中物质的变化过程存在差异,从而会影响粉料的性质,并最终影响膜的性能。如 Kharton 等[105]的研究表明,用固相反应法制备的 $LaCoO_{3-\delta}$ 透氧膜的速率控制步骤是体扩散,而用纤维素法制备的膜的速率控制步骤是表面交换,并且两种方法制备的膜的透氧率不同。

（1）固相反应法

固相反应法是最简单的粉料制备方法。其过程如下:将相应的金属氧化物或盐按化学计量比混合球磨,一段时间后取出干燥并灼烧得到粉料。球磨的目的是使得粉料能够混合均匀,通常是将粉料在水中球磨,然而由于水的表面张力较大,在干燥过程中粉料容易团聚,因而很多情况下将原料在有机液体中进行球磨,如甲醇[106]、乙醇[107,108]、丙酮[109,110]、异丙醇[89,111]等。也有通过干磨对粉料进行混合[112,113],不过这种混合方法很少用。

（2）溶胶-凝胶法

相比于固相反应法，溶胶-凝胶法制备的粉料体系均匀性更好。通常是将相应金属的有机盐，如草酸盐[111,114,115]或醇盐[116]，溶于水中搅拌后干燥灼烧制得粉料。研究发现溶胶-凝胶过程中前驱体的选择和溶胶的水解速率对粉料的晶粒形貌有显著的影响[117,118]。

（3）溶液法

固相反应法是颗粒与颗粒之间的混合，溶胶-凝胶法则是更细小的颗粒间的混合，而溶液法则可以通过金属离子在溶液中的均匀分布实现分子尺度上的混合。

第一大类是将相应金属的硝酸盐溶于一定量的硝酸水溶液中，再通过干燥和灼烧制得粉料[105,119]。某些制备过程还加入其他物质，如柠檬酸[37,120,121]、EDTA[92,122]、柠檬酸和 EDTA[46,77,123]、柠檬酸和醇[124,125]、氨基乙酸[126,127]等，使得金属离子在溶液中形成络合物或螯合物，然后对得到的络合物溶液进行处理制备粉料。

第二大类是共沉淀法，在溶液中加入沉淀剂，使得金属离子以沉淀的形式析出，再进行后续的工艺。常用的沉淀剂有 H_2O_2[128,129]、KOH[130]、Na_2CO_3[111]等。也有不使用沉淀剂，直接利用不同价态金属离子进行氧化还原反应而生成沉淀，Philip 等[131]就利用+7 价和+2 价的 Mn 离子之间发生的反应得到 Mn 离子价为+4 的 MnO_2 沉淀。

对于用溶液法制备的粉料，除了常用的加热干燥外，其他的干燥方法还有冷冻干燥[132,133]、超临界干燥[134]、或将溶液直接喷射到高温物体上[111,130]等。

（4）其他方法

除了以上几大类外，还有很多过程各异的粉料制备方法，如水热合成[135,136]、燃烧合成[137,138]、微波合成[139]等。Schaak 等[140]报道了一种拓扑化学合成法，在一种具有钙钛矿母结构的物质中利用离子交换来制备钙钛矿粉料。

总之，固相反应合成的钙钛矿材料时焙烧温度高，且粉料粒度较大，需多次研磨方能得到理想的粉料，但该法一次可制备的粉料量较多；而液相法及其他合成的粉料纯度高、粒度小，但一次制备的量少。

5.1.4.2　膜的制备

混合导体透氧膜的制备通常需经历成型和烧结两个过程。

常用的两种成型方法是等静压法和塑性挤压法。等静压法成型是利用外部压力使得颗粒在模具内相互靠近并牢固的结合，获得一定形状的坯体。成型过程中需要控制的条件为成型压力和保压时间。由于过程简单，易于控制，片状膜基本上都是用这种方法制备。我们采用等静压法制备了管式膜[141,142]。塑性挤出法是将由粉料和添加剂混合均匀的泥料放入挤制机内，利用螺旋或活塞推进产生的压力制得各种形状的坯体。添加剂包括黏结剂、塑化剂、润滑剂和分散剂等。塑性挤出法适于挤制管状、棒状的坯体,但由于泥料中添加剂较多,因此坯体在干燥和烧成时收缩较大,性能受到影响。而且,挤出成型的压力与等静压成型的压力不同,得到的膜管就会具有不同的致密度。我们研究发现用等静压法制备的管式膜的相对密度比用塑性挤出法制备的管式膜的相对密度要高出约 10%[141]。

烧结是使材料获得预期的显微结构,赋予材料各种性能的关键工序。烧结使得生坯在高温下致密化,随着温度的上升和时间的延长,固体颗粒相互融合,晶粒长大,孔隙和晶界渐趋减少。通过物质的传递,其总体积收缩,密度增加,最后成为坚硬的具有某种显微结构的多晶烧结体。

烧结过程中影响膜性能的因素主要有升温速率、烧结温度和保温时间。由于钙钛矿材料的烧结通常是在空气气氛中进行,因此一般很少考虑烧结气氛对膜性能的影响。在烧结初期,主要是添加剂的挥发,此阶段的升温速率不能过快,以避免因添加剂挥发速度过快而导致膜产生裂纹、气孔等缺陷,此阶段之后升温速率可以适当提高;烧成温度过高将导致材料融化;保温时间要适当,时间过长材料会发生二次结晶,时间过短晶体可能发育不完全。膜的组成不同,其烧结行为会有很大的差异,Kleveland 等[143]的研究就表明用 Co 部分取代 $SrFeO_{3-\delta}$ 中 A 位的 Sr 会显著地提高材料的烧结速率,因此可以看出控制烧结过程是获得预期膜性能很重要的一个方面。烧结对膜性能的影响主要体现为烧结得到的膜的微观结构对膜性能的影响。Mori 等[129]的研究表明不同烧结温度和不同保温时间得到的膜的致密程度存在很大的差异,而膜的致密度是膜微观结构的宏观表现。

研究表明膜的微观结构对膜的氧渗透及机械强度均有较大的影响[105,144~146]。而膜的微观结构取决于膜材料粉体的制备方法和膜制备工艺。为了探索膜微结构的形成与粉体及膜制备工艺之间的关系,我们对粉体制备方法及膜制备工艺对膜微结构和氧渗透性能的影响开展了深入的研究[147~148](详见本章第 2 节),为进一步致密透氧膜材料及膜的设计与制备提供了参考。

5.2　混合导体透氧膜氧渗透性能及稳定性

Teraoka[6]率先在 1985 报道了对 $La_{1-x}Sr_xCo_{1-y}Fe_yO_{3-\delta}$ 透氧膜的研究,开创了钙钛矿氧化物在氧分离膜中的研究领域。继 1985 年的研究,Teraoka 等[33]又研究了 A 位和 B 位替换材料的变化对 $La_{0.6}A_{0.4}Co_{0.8}Fe_{0.2}O_{3-\delta}$(A=La,Na,Ca,Sr,Ba)和 $La_{0.6}Sr_{0.4}Co_{0.8}B_{0.2}O_{3-\delta}$(B=Cr,Mn,Fe,Co,Ni,Cu)的透氧速率的影响。他们的研究结果一经报道即引起了研究者浓厚的兴趣。Stevenson 等[38]和 Tsai 等[37]都对 A 位替代的钙钛矿氧化物的透氧性能进行了研究,但他们所报道的结果不尽相同且未作理论分析。为了探索这一原因,我们首先对典型的钙钛矿型氧

化物 $La_{0.2}Sr_{0.8}Co_{0.2}Fe_{0.8}O_{3-\delta}$ 膜氧渗透性能进行了研究,在此基础上对 A 位替代的影响进行了详细的实验及理论研究,阐明了 A 位替代对膜性能影响的机理,并进一步对粉体制备方法及膜的制备工艺对膜微结构及氧渗透性能的影响开展了深入研究。

5.2.1　钙钛矿型致密透氧膜的氧渗透性能

在前节中我们已提到致密透氧膜的透氧过程主要受到两个因素的影响,即体扩散速率和膜两侧的表面反应速率。对于体扩散占主导地位的材料而言,降低膜厚度可以提高膜的氧通量,但是当膜厚度降低到一定程度(即特征膜厚度 L_c)时,透氧过程通常为体扩散和表面反应所共同影响。文献中对于片状钙钛矿型透氧膜材料透氧过程的数学模型未将主体扩散过程与表面反应过程整合起来[34,38,149]。因此,我们选择了一种典型的钙钛矿型氧化物 $La_{0.2}Sr_{0.8}Co_{0.2}Fe_{0.8}O_{3-\delta}$,通过考察温度、氧分压以及膜厚度对于材料透氧性能的影响,建立了数学模型并模拟包含体扩散和表面反应共同作用情况下的材料的透氧过程。

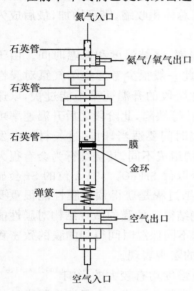

图 5-4　氧渗透器示意图

我们采用常规的固态反应法合成了 $La_{0.2}Sr_{0.8}Co_{0.2}Fe_{0.8}O_{3-\delta}$ 粉料,并采用等静压成型法制备了片状 $La_{0.2}Sr_{0.8}Co_{0.2}Fe_{0.8}O_{3-\delta}$ 膜[120]。为了评价样品的氧渗透性能,我们成功地组建了高温氧渗透实验装置。图 5-4 和图 5-5 为氧渗透器及装置流程图(实物装置图见本章附图 1)。该装置实现了参数自动控制和数据自动采集。

在测定前,先用金相砂纸对膜片表面进行打磨、抛光,膜厚度控制在 2mm 左右。膜经清洗、烘干后由两根断面经抛光处理的石英管(内径 6mm,外径 12mm)固定,然后装入氧渗透器。膜与石英管之间采用金环密封,膜的有效透氧膜面积大约为 $0.283cm^2$。将氧渗透器装入电炉固定,以 $2K·min^{-1}$ 的速度升温至 1313K,保温 4h,金环在高温下软化,利用弹簧产生的压力实现渗透器的密封。密封完成后以 $2K·min^{-1}$ 的速度降至测试温度点,进行透氧性能的测定。在实验流程图 5-5 中,氦气由一根细的石英内管(内径 2.3mm,外径 4.3mm)引入膜的一侧,空气由不锈钢管引入膜的另一侧。进料气的流量通过质量流量控制器控制,并由皂膜流量计标定。程序温控仪控制操作温度。渗透的氧气经氦气吹扫进入一带有热导检测器的色谱仪检测,在渗透侧出口注入一股恒定流量的甲烷气体用于内标膜的氧渗透量。膜与石英管之间的密封效果通过检测出口气体的 N_2 浓度来判断。

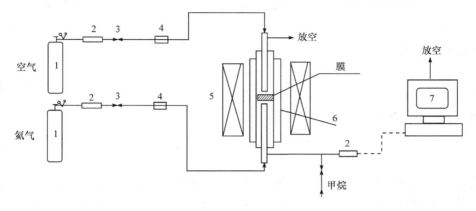

图 5-5　透氧实验流程示意图

1. 钢瓶；2. 气体干燥器；3. 阀门；4. 质量流量控制器；5. 管式炉；6. 透氧膜组件；7. 气相色谱

5.2.1.1　片状氧渗透膜氧渗透机理模型

片式膜的透氧过程如图 5-6 所示。

对于主体扩散当空气和吹扫气刚被引入膜两侧时,致密膜的透氧为非稳态过程,此时离子迁移数接近于零,膜内部氧空位的质量平衡关系表达为

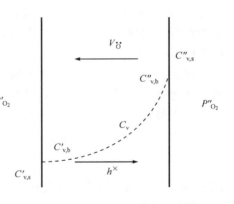

$$\frac{\partial C_v}{\partial t} = -D_v \frac{\partial^2 C_v}{\partial x^2} \qquad (5-14)$$

式中,C_v、D_v 分别为氧空位浓度和扩散系数。起始阶段,膜主体内氧空位浓度 ($C'_{v,b}$) 与空气达到平衡。在零点时,一侧膜表面($x=L$ 处,L 为膜厚度)在氦气气氛下,其氧分压为 P''_{O_2}。此时膜内部接近

图 5-6　氧空位浓度梯度

$x=L$ 处的氧空位浓度($C''_{v,b}$)与下游吹扫气建立起新的平衡。则式(5-14)的起始条件(IC)和边界条件(BC)分别为

$$C_v = C'_{v,b},\ \text{当}\ t=0 \qquad (5-15)$$

$$C_v = C'_{v,b},\ \text{当}\ x=0 \qquad (5-16)$$

$$C_v = C''_{v,b},\ \text{当}\ x=L \qquad (5-17)$$

在该临界条件下式(5-14)的解为[150]

$$C_v = C'_{v,b} + (C''_{v,b} - C'_{v,b}) \frac{x}{L} + \sum_1^\infty \sin \frac{n\pi x}{L} e^{-D_v n^2 \pi^2 t / L^2} \times \frac{2\cos n\pi}{n\pi} (C'_{v,b} - C''_{v,b})$$

$$(5-18)$$

主体扩散的氧通量 J_{O_2} 则为

$$J_{O_2} = \frac{D_v}{2} \frac{d C_v}{d x} \bigg|_{x=L} \qquad (5-19)$$

将式(5-18)带入式(5-19)得到的氧通量为

$$J_{O_2} = \frac{D_v (C''_{v,b} - C'_{v,b})}{2 L} \left[1 + \sum_1^\infty 2 e^{-D_v n^2 \pi^2 t / L^2} \right] \qquad (5-20)$$

式(5-20)表明,主体扩散的氧通量可以分为两部分:不随时间变化的稳态过程的贡献和因为膜材料失氧而产生的非稳态过程的贡献。当 $t=0$ 时,$J_{O_2} \to \infty$,因而在起始阶段可以得到很高的氧通量数值。但这个数值随时间的变化会逐渐降低,并随着氧空位扩散系数和膜厚度的不同而不同。当 $t \to \infty$ 时,主体扩散的稳态氧渗透通量可通过式(5-21)计算:

$$J_{O_2} = \frac{D_v}{2 L} (C''_{v,b} - C'_{v,b}) \qquad (5-21)$$

Tsai[58],Kruidhof[40]和 Zeng[151]等都对向稳态阶段过渡的阶段进行了考查。但由于考查温度、膜材料以及膜厚度有所不同,导致氧空位扩散系数的差异,因而报道的数据有所不同。

在我们的研究中发现,过渡时间大约为 1h,所测量的氧通量也基于稳态过程的氧渗透通量。因而对于主体扩散的氧通量的讨论也基于式(5-21)。

对于膜表面反应,可以表达为[151]

$$下游: \quad J_{O_2} = k_d (C''_{v,s} - C''_{v,b}) \qquad (5-22)$$

$$上游: \quad J_{O_2} = k_a (C'_{v,b} - C'_{v,s}) \qquad (5-23)$$

式中,k_d,k_a 分别为脱附和吸附速率常数;$C''_{v,s}$,$C'_{v,s}$ 分别为膜两侧与氧分压平衡时的氧空位浓度。

因此,将式(5-21)、(5-22)与(5-23)合并后即得到氧通量方程

$$J_{O_2} = \frac{C''_{v,s} - C'_{v,s}}{\dfrac{1}{k_a} + \dfrac{2 L}{D_v} + \dfrac{1}{k_d}} \qquad (5-24)$$

5.2.1.2 温度对膜氧渗透通量的影响

图 5-7 是 $La_{0.2}Sr_{0.8}Co_{0.2}Fe_{0.8}O_{3-\delta}$ 膜氧渗透通量与温度的关系。可以看出,温度高于 1050K 时,氧通量忽然增大,这是由氧空位的有序-无序转变造成的。

$La_{0.2}Sr_{0.8}Co_{0.2}Fe_{0.8}O_{3-\delta}$ 膜的氧通量随着温度的升高而增加,在 1123K、氧分压为 0.21atm(上游)/10^{-3}atm(下游)条件下,2mm 厚的 $La_{0.2}Sr_{0.8}Co_{0.2}Fe_{0.8}O_{3-\delta}$ 膜的透氧速率为 0.32 cm^3·cm^{-2}·min^{-1}(STP),1073~1223K 温度范围内膜的透氧活化能为 192 kJ·mol^{-1}。

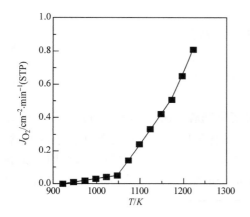

图 5-7　$La_{0.2}Sr_{0.8}Co_{0.2}Fe_{0.8}O_{3-\delta}$膜氧通量　　　图 5-8　$La_{0.2}Sr_{0.8}Co_{0.2}Fe_{0.8}O_{3-\delta}$膜的热重
　　　　　与温度关系　　　　　　　　　　　　　　　分析结果
（氧分压梯度:0.21atm(上游)/10^{-3}atm(下游)）　　（a）空气气氛;（b）氮气气氛

5.2.1.3　氧空位浓度及扩散系数

膜的氧空位浓度差分(ΔC_v)可以通过热重分析(TGA)得到(图 5-8)。假定在室温条件下氧非化学计量系数(δ)在空气气氛和氮气气氛下相同,可以得到 $La_{0.2}Sr_{0.8}Co_{0.2}Fe_{0.8}O_{3-\delta}$膜的 δ 与 ΔC_v 的关系

$$\Delta C_v = \frac{\delta_{N_2} - \delta_{air}}{V_m} \tag{5-25}$$

式中,δ_{N_2} 和 δ_{air} 分别为氮气气氛和空气气氛下的 δ。膜的摩尔体积

$$V_m = \frac{M}{\rho} \tag{5-26}$$

式中,M,ρ 分别为膜的摩尔质量(g·mol^{-1})和理论密度(g·cm^{-3})。对 $La_{0.2}Sr_{0.8}Co_{0.2}Fe_{0.8}O_{3-\delta}$ 氧化物,$M=202.3$ g·mol^{-1}(假设 δ 为零),$\rho=6.03$ g·cm^{-3}(由 XRD 数据得到),计算得到 $V_m=33.6$ cm^3·mol^{-1}、$\Delta C_v = 0.014$ mol·cm^{-3}。

根据文献,K_a 和 K_d 分别大约为 1.38×10^{-4} 和 8.83×10^{-5} cm·s^{-1}[151]。则在 1123K 氧空位扩散系数依据式(5-24)计算为 9.80×10^{-6} cm^2·s^{-1}。

5.2.1.4　氧分压对氧渗透通量的影响

假设膜表面的氧空位浓度与气相中的氧分压 P_{O_2} 相关

$$C_v \propto P_{O_2}^{-m} \tag{5-27}$$

则有

$$J_{O_2} = \frac{A(P_{O_2 s}^{-m} - P_{O_2 s}^{-m})}{\dfrac{1}{k_a} + \dfrac{2L}{D_v} + \dfrac{1}{k_d}} \tag{5-28}$$

式中，A 和 m 均为常数。

图 5-9(a)为实验得到 1123K 时的氧通量随着下游气体的氧分压 P''_{O_2} 的变化情况。在测定过程中，空气侧膜表面的氧分压保持固定。在这样的实验条件下，氧通量随着下游侧氧分压的升高而降低[如式(5-28)所示]。用式(5-28)回归实验数据得到 $m=0.15$、$A=9.0\times10^{-3}\ \mathrm{mol\cdot cm^{-2}\cdot atm^{0.15}}$。

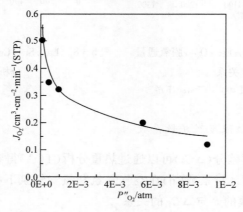

图 5-9(a)　$La_{0.2}Sr_{0.8}Co_{0.2}Fe_{0.8}O_{3-\delta}$ 膜氧通量与氧分压关系

5.2.1.5　特征厚度(L_c)

$La_{0.2}Sr_{0.8}Co_{0.2}Fe_{0.8}O_{3-\delta}$ 膜特征厚度可由式(5-29)计算[52]

$$L_c = \frac{D_v}{k_s} \tag{5-29}$$

其中，k_s 为表面交换系数($\mathrm{cm\cdot s^{-1}}$)，并表达为

$$k_s = \frac{k_a k_d}{k_a + k_d} \tag{5-30}$$

计算得到的 k_s 和 L_c 的值分别为 $5.38\times10^{-5}\ \mathrm{cm\cdot s^{-1}}$ 和 1.8 mm。

图 5-9(b)为 1123K 时的氧通量与膜厚度倒数（1/L）的关系。可以看出当 $L>1.8$mm 时，氧通量与膜厚度的变化成反比关系，说明此时以主体扩散为主要控制步骤。当 $L<1.8$mm 时，氧通量随膜厚度的变化情况偏离的先前的反比关系，说明此时表面反应开始起作用。

表 5-1 列出了 $La_{0.2}Sr_{0.8}Co_{0.2}Fe_{0.8}O_{3-\delta}$ 膜在 1123K 的性能数据。

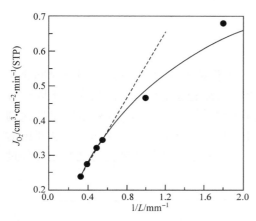

表 5-1　$La_{0.2}Sr_{0.8}Co_{0.2}Fe_{0.8}O_{3-\delta}$ 膜在 1123K 时的氧渗透特征

氧渗透通量 J_{O_2}	0.32 mL·cm^{-2}·min^{-1}(STP)
氧空位浓度差 C_v	0.014 moL·cm^{-3}
氧缺陷扩散速率 D_v	9.98×10^{-6} cm^2·s^{-1}
表面交换系数 k_s	5.38×10^{-5} cm·s^{-1}
特征厚度 L_c	1.8 mm

图 5-9(b)　$La_{0.2}Sr_{0.8}Co_{0.2}Fe_{0.8}Fe_{0.8}O_{3-\delta}$ 膜厚度与氧渗透通量的关系

5.2.2　A 位替代的 $La_{0.2}A_{0.8}Co_{0.2}Fe_{0.8}O_{3-\delta}$（A=Sr,Ba,Ca）钙钛矿型透氧膜氧渗透性能

Teraoka[6,33]、Stevenson[38] 和 Tsai[37] 等都对 A 位替代的钙钛矿氧化物的透氧性能进行了研究。他们的工作主要集中在对 $La_{0.4}A_{0.6}Co_{0.2}Fe_{0.8}O_{3-\delta}$（A=Sr,Ba,Ca）钙钛矿型混合导体氧化物体系的研究。但他们所报道的结果不一致，Tsai 等与 Teraoka 等的研究结果一致，即 A 位取代后材料的透氧量大小顺序为：Ba＞Ca＞Sr；而 Stevenson 等的实验结果为：Sr＞Ba＞Ca。为此我们进行 $LaCo_{0.2}Fe_{0.8}O_{3-\delta}$ A 位取代（A=Sr,Ba,Ca）的研究，考察 A 位取代对材料的氧空位扩散、氧空位浓度、活化能、平均键能以及自由体积、稳定性等的影响。

5.2.2.1　膜材料的物理性能

我们采用常规的固态反应法合成了各种替代的氧化物[87]。粉体经 1173K 焙烧 5h 后，经等轴压制备成膜片，膜片再分别经 1423 K、1473 K 和 1523 K 烧结 5h 后进行表征。A 位替代的 $La_{0.2}A_{0.8}Co_{0.2}Fe_{0.8}O_{3-\delta}$（Sr,Ba,Ca）钙钛矿晶型材料的物理性能如表 5-2 所示。

表 5-2　La$_{0.2}$A$_{0.8}$Co$_{0.2}$Fe$_{0.8}$O$_{3-\delta}$(Sr,Ba,Ca)钙钛矿膜的物理性能

膜材料	膜厚度/cm	晶型	晶胞参数/Å	致密程度
La$_{0.2}$Sr$_{0.8}$Co$_{0.2}$Fe$_{0.8}$O$_{3-\delta}$	0.2	立方钙钛矿	3.820	>90%
La$_{0.2}$Ba$_{0.8}$Co$_{0.2}$Fe$_{0.8}$O$_{3-\delta}$	0.2	立方钙钛矿	3.870	>90%
La$_{0.2}$Ca$_{0.8}$Co$_{0.2}$Fe$_{0.8}$O$_{3-\delta}$	0.2	立方钙钛矿	3.780	>90%

5.2.2.2　膜的氧渗透性能

在测定材料氧渗透通量的初期阶段,温度保持不变,材料的透氧量随时间变化会经历一个先下降再趋于平衡的过程。这种氧渗透通量由最初的较高值下降到一个稳定数值的阶段称为氧渗透的非稳态阶段[40,58,151],而相应的氧渗透通量达到稳定值后的过程称为稳态阶段(如图 5-10 所示)。Zeng 等[151]指出,透氧开始前膜片中的氧含量与稳态阶段时膜片中氧含量的差值应该与达到稳态之前这部分过量透过的氧相等。

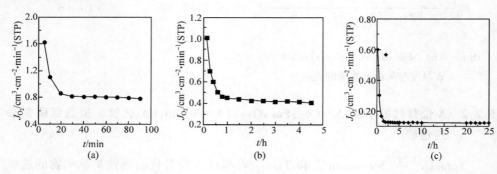

图 5-10　钙钛矿透氧膜氧渗透的暂态过程

(氦气流量:30mL·min^{-1},温度 1173K、氧分压为 0.21/1×10^{-3} atm)

(a) La$_{0.2}$Sr$_{0.8}$Co$_{0.2}$Fe$_{0.8}$O$_{3-\delta}$;(b) La$_{0.2}$Ba$_{0.8}$Co$_{0.2}$Fe$_{0.8}$O$_{3-\delta}$;(c) La$_{0.2}$Ca$_{0.8}$Co$_{0.2}$Fe$_{0.8}$O$_{3-\delta}$

在非稳态过程中,氧空位浓度 C_v 和氧通量 J_{O_2} 可由式(5-31)和(5-32)得到

$$C_v = C'_v + (C''_v - C'_v)\frac{x}{L} + \sum_1^\infty \sin\frac{n\pi x}{L} e^{-D_v n^2 \pi^2 t/L^2} \times \frac{2\cos n\pi}{n\pi}(C'_v - C''_v)$$
$$(5-31)$$

$$J_{O_2} = \frac{D_v(C''_v - C'_v)}{2L}\left(1 + \sum_1^\infty 2 e^{-D_v n^2 \pi^2 t/L^2}\right)$$
$$(5-32)$$

其中,C 和 D 分别代表一种载流子的浓度和扩散系数;下角标 v 代表氧空位;上角标 ′ 和 ″ 分别代表上游和下游气体;L 为膜厚度;t 为时间。

　　理论上时间无限大时氧通量才能够达到稳态阶段,实际过程中我们可以认为当氧通量与稳态通量的差值在 1% 时即达到稳态阶段。平衡时间 t_{equil} 可由实验测定。那么扩散系数可以由式(5-33)计算

$$\sum_{1}^{\infty} 2\,e^{-D_v n^2 \pi^2 t_{\text{equil}}/L^2} = 0.01 \qquad (5-33)$$

　　表 5-3 列出了平衡时间、稳态氧通量以及计算得到的扩散系数,可以看出氧通量和扩散系数的大小均符合这样的顺序,即 Sr>Ba>Ca。这个结果与 Stevenson[38] 等一致,但是与 Teraoka[33] 和 Tsai[37] 等的结果不同。

表 5-3　钙钛矿型透氧膜的透氧数据

膜	平衡时间 /min	稳态氧通量 J_{O_2}(950℃)[①] /cm³·cm⁻²·min⁻¹	活化能 E_a/kJ·mol⁻¹	扩散系数 D_v/cm²·s⁻¹
$La_{0.2}Sr_{0.8}Co_{0.2}Fe_{0.8}O_{3-\delta}$	20	0.81	106.0	1.71×10^{-5}
$La_{0.2}Ba_{0.8}Co_{0.2}Fe_{0.8}O_{3-\delta}$	40	0.40	123.3	8.54×10^{-6}
$La_{0.2}Ca_{0.8}Co_{0.2}Fe_{0.8}O_{3-\delta}$	120	0.12	144.0	2.85×10^{-6}

① 氧分压:$0.21/1\times10^{-3}$atm;氩气流量:$30\ \text{mL·min}^{-1}$。

5.2.2.3　晶体结构参数与氧通量的关系

　　与钙钛矿材料的透氧性能相关的晶体结构参数主要指:钙钛矿材料晶胞中金属与氧的平均键能(ABE)、自由体积(V_F)和特征半径(r_c)。

　　对于理想的立方钙钛矿结构,A 位离子为 12 配位,B 位离子位 6 配位,平均键能可以表达为

$$\text{ABE} = \Delta(\text{A—O}) + \Delta(\text{A}'\text{—O}) + \Delta(\text{B—O}) + \Delta(\text{B}'\text{—O}) \qquad (5-34)$$

其中,A′ 和 B′ 分别为 A 位和 B 位的掺杂离子。则 $\Delta(\text{A—O})$ 和 $\Delta(\text{B—O})$ 可以由式(5-35)和(5-36)计算

$$\Delta(\text{A—O}) = \frac{x_A}{12\,m}\left(\Delta H_{A_m O_n} - m\Delta H_A - \frac{n}{2}D_{O_2}\right) \qquad (5-35)$$

$$\Delta(\text{B—O}) = \frac{x_B}{6\,m}\left(\Delta H_{B_m O_n} - m\Delta H_B - \frac{n}{2}D_{O_2}\right) \qquad (5-36)$$

其中,x_A 和 x_B 分别为金属 A 和 B 在 A 位和 B 位上的摩尔分数;$\Delta H_{A_m O_n}$ 和 $\Delta H_{B_m O_n}$ 分别为在 298K 时 $A_m O_n$ 和 $B_m O_n$ 的生成热;ΔH_A 和 ΔH_B 分别为 298K 时金属 A 和 B 的升华热;D_{O_2} 为氧气的解离能($119.1\ \text{kcal·mol}$)。

　　特征尺寸代表由两个 A 离子和一个 B 离子形成的移动的阴离子必须要通过的鞍点,可以通过式(5-11)计算。

自由体积(V_F)为晶胞体积扣除金属阳离子和氧离子所占的体积后剩余的体积部分,即

$$V_F = a_0^3 - \frac{4}{3}\pi\left[\ r_A^3 + r_B^3 + (3-\delta)r_O^2\right] \tag{5-37}$$

其中,r_O 为氧离子的半径。

表 5-4 给出了计算得到的 $La_{0.2}A_{0.8}Co_{0.2}Fe_{0.8}O_{3-\delta}(A=Sr,Ba,Ca)$ 的晶体结构参数。

表 5-4　钙钛矿膜的晶体结构参数

膜	平均键能 /kJ·mol^{-1}	自由体积 /Å	特征半径 /Å	活化能 /kJ·mol^{-1}
$La_{0.2}Sr_{0.8}Co_{0.2}Fe_{0.8}O_{3-\delta}$	286.46	13.765	0.79	106.04
$La_{0.2}Ba_{0.8}Co_{0.2}Fe_{0.8}O_{3-\delta}$	285.70	11.031	0.625	123.34
$La_{0.2}Ca_{0.8}Co_{0.2}Fe_{0.8}O_{3-\delta}$	288.14	13.17	0.732	143.99

对三种元素 A 位替代的平均结合能(ABE)、特征半径(r_c)、自由体积(V_F)进行的理论计算可很好地解释氧渗透实验结果。一般来说:ABE 越小、V_F 越大则透氧速率活化能就越小。因为 ABE 与材料表面氧的解离和材料内部氧的传递有关。而 V_F 的大小决定了离子移动通到的大小。Ca 替代的氧化物具有较高的 V_F,但其最高的 ABE 抵消了高的 V_F,Ba 替代的氧化物具有最低的 ABE 和最低的 V_F,只有 Sr 替代的氧化物具有较低的 ABE 和最高的 V_F,所以其透氧活化能最小。

5.2.2.4　膜的热稳定性

文献报道 $LaFeO_3$ 比 $LaCoO_3$ 稳定。在还原性气氛下,后者会转变为 La_2O_3 和 Co。Tai 等[152]的研究表明,$La_{1-x}Sr_xCo_{0.2}Fe_{0.8}O_{3-\delta}(x=0,0.2,0.4)$ 的热性能介于 $LaFeO_3$ 和 $LaCoO_3$ 之间,而导电性能更接近于 $LaFeO_3$。而 Sr 含量对高温条件下材料的稳定性没有太大的影响。

通过对 $La_{0.2}Sr_{0.8}Co_{0.2}Fe_{0.8}O_{3-\delta}$ 膜和 $La_{0.2}Ba_{0.8}Co_{0.2}Fe_{0.8}O_{3-\delta}$ 膜的热化学稳定性的研究(图 5-11~图 5-14)表明此两种氧化物在高温空气气氛下都具有良好的热化学稳定性。但在低氧分压(氩气气氛)下,当温度高于 1023K 时,$La_{0.2}Sr_{0.8}Co_{0.2}Fe_{0.8}O_{3-\delta}$ 膜的晶相发生了转变,出现了 La_2O_3、SrO、CoO、Fe 等新峰。相比较而言,$La_{0.2}Ba_{0.8}Co_{0.2}Fe_{0.8}O_{3-\delta}$ 膜在低氧分压下未发生晶型转变,具有良好热化学稳定性。

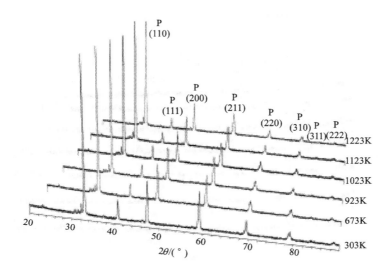

图 5 - 11　$La_{0.2}Sr_{0.8}Co_{0.2}Fe_{0.8}O_{3-\delta}$膜于空气中各种温度中的 XRD 衍射图

（P：Perovskite，钙钛矿晶型）

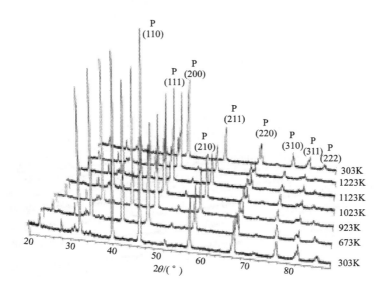

图 5 - 12　$La_{0.2}Ba_{0.8}Co_{0.2}Fe_{0.8}O_{3-\delta}$膜于空气中在各种温度中的 XRD 衍射图

（P：Perovskite，钙钛矿晶型）

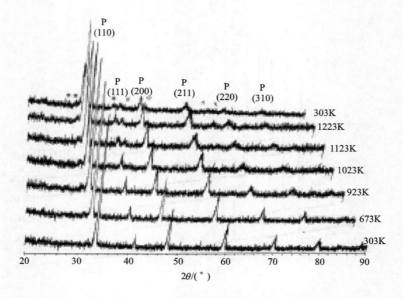

图 5 - 13　La$_{0.2}$Sr$_{0.8}$Co$_{0.2}$Fe$_{0.8}$O$_{3-δ}$膜于氩气气氛中各种温度的 XRD 衍射图
（P：Perovskite，钙钛矿晶型）

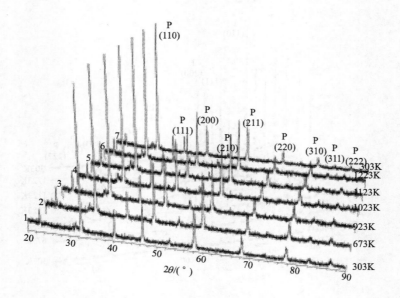

图 5 - 14　La$_{0.2}$Ba$_{0.8}$Co$_{0.2}$Fe$_{0.8}$O$_{3-δ}$膜于氩气气氛中各种温度的 XRD 衍射图
（P：Perovskite，钙钛矿晶型）

5.2.3　制备工艺对钙钛矿型透氧膜氧渗透性能的影响

混合离子电子导体膜的透氧性能会受到许多因素的影响,如膜材料、膜微观结构、膜应用时的操作条件等。众所周知,用不同材料制备的膜具有不同的透氧速率[130]。即使膜的材料及组分完全一样,如果在制备过程中由于方法和条件的不同而导致了不同的微观结构,所获得的膜仍然可能具有不同的透氧速率[130,146]。因此,膜材料的微观结构与其性能之间有着密切的关系,制备过程的不同会影响钙钛矿型透氧膜的微观结构从而影响其氧渗透性能。我们从制备工艺-微观结构-性能的关系出发,研究了膜微观结构的调控方法及其对透氧性能的影响规律。

5.2.3.1　粉料制备方法对 $Ba_{0.5}Sr_{0.5}Co_{0.8}Fe_{0.2}O_{3-\delta}$ 透氧膜微观结构和性能的影响

钙钛矿型透氧膜的制备过程通常可分为粉料的制备、膜的成型和膜的烧结三个部分。烧结气氛、升温降温速度、烧结温度和保温时间都会影响到膜的微观结构[129]。同样,膜的成型也是影响微观结构的一个因素,例如,用等静压制备的膜比用挤出成型法制备的膜更致密[9]。Cui 等[134]的研究表明,用不同方法制备的 $LaBO_3$(B:Co 或 Mn)和 $La_{1-x}Sr_xBO_3$ 粉料具有不同的晶型转变温度,使用超临界法干燥得到的粉料具有更多的表面缺陷,从而促进了晶型的转变。膜的微观结构从根本上会影响到膜的透氧性能。Zhang 等[146]对 $SrCo_{0.8}Fe_{0.2}O_{3-\delta}$ 透氧膜的研究表明,氧渗透速率随着晶粒平均粒径的减小而增大,Kharton 等[105]也得到了类似的结果。但 Qi 等[130]认为不同的制备方法使得膜的组分与化学计量比产生一定的偏差,而这一偏差是透氧率速率不同的主要因素。

尽管有文献报道粉体制备方法对材料性能的影响,但其透氧膜均在不同的烧结温度和不同保温时间下制备的。由陶瓷的烧结机理可知[153],晶粒会随着烧结温度的升高和保温时间的延长而长大,因此,无法肯定粉体制备方法是导致透氧膜微观结构不同的惟一因素,而只有在同样的烧结温度、保温时间下考察制备方法对膜透氧性能的影响,才具有一定的可比性。因此,我们采用三种方法制备了 $Ba_{0.5}Sr_{0.5}Co_{0.8}Fe_{0.2}O_{3-\delta}$(BSCF)粉料,分别是固相反应法、改进柠檬酸法和柠檬酸-EDTA 络合法,采用相同的前驱物($Ba(NO_3)_2$、$Sr(NO_3)_2$、$Co(NO_3)_2 \cdot 6H_2O$ 和 $Fe(NO_3)_3 \cdot 9H_2O$。

三种方法具体制备如下[147]:①固相反应法:将四种硝酸盐按化学计量比混和,置于水中球磨 24h,取出后在 473K 干燥,得到棕色的粉料;②改进柠檬酸法:将四种硝酸盐溶于一定量的浓硝酸中,并加入柠檬酸,柠檬酸与金属离子的摩尔比为2:1。用氨水调节溶液的 pH 至 9,搅拌 24 h 后取出,放入烘箱中在 473 K 干燥,当温度升至约 453 K 时,已经干燥至胶状的混合物发生自燃,得到很细的棕黑色粉料;③柠檬酸-EDTA络合法:首先将EDTA溶于氨水,然后加入硝酸盐和柠檬酸,EDTA、柠檬酸与金属离子的摩尔比为1:1.5:1,溶液的温度用水浴控制在353 K。用氨水调节溶液的pH为6,搅拌24 h,得到棕色透明溶液。在473 K下干燥后,溶液变成凝胶状,并且膨胀为一种海绵结构。将上述方法制备的粉体干燥后用研钵多次研磨,在1223 K灼烧5 h,制得BSCF粉料,升温速度和降温速度控制为2 K·min^{-1}。粉体在400 MPa单轴压力下成型,得到膜片生坯(直径为16 mm,厚度约为2 mm)。坯体在1373 K烧结5 h,升温速度和降温速度控制为2 K·min^{-1}。粉料在成型过程中未加入有机添加剂,避免对膜的结构产生影响。

(1) 制备方法对材料晶型转变的影响

通过分析不同方法制备的材料的热性质可以得到材料发生晶型转变随温度变化的详细信息,结合材料在不同温度下的XRD表征,可以确定不同制备方法对材料晶型形成的影响。图5-15和图5-16分别给出了用三种方法制备的BSCF粉料的DSC曲线和XRD图谱。从图5-15可以看出,用固相反应法制备的粉料在1000~1180 K之间存在一个吸热峰,表明材料在该温度区域内发生晶型的转变。对应于图5-16(a),钙钛矿相出现在973 K,并且在1223 K完成晶型的转变;对于用改进柠檬酸法制备的粉料,在DSC图上出现了两个吸热峰,分别大约在1100 K和1185 K,对应的在图5-16(b)中,尽管在2θ约为31°的地方存在一些不能识别的杂峰,但仍然表明了钙钛矿相在1173 K开始形成;图5-16(c)表明用柠檬酸-EDTA络合法制备的粉料在1173 K完全转变为钙钛矿晶型,这与图5-15中曲线(c)的吸热峰在约1170 K结束相吻合。而图5-15曲线(c)中700~900 K的巨大放热峰分别对应于柠檬酸和EDTA络合物的热解。从图5-15曲线(b)中的两个吸热峰,可以推测出用改进柠檬酸制备的粉料的晶型转变包括两步,在第一步中钙钛矿相初步形成,而杂峰在第二步中进一步消除。与图5-15曲线(a)中吸热峰的位置相比较,说明用改进柠檬酸法制备的粉料的钙钛矿晶型开始转变的温度低于固相反应法,而钙钛矿晶型完全转变的温度则相反。这一结果在图5-16中得到进一步的验证,用改进柠檬酸法制备的粉料在1173 K灼烧后仍然存在一些杂峰。从吸热峰的高度可以看出,与固相反应法相比用改进柠檬酸法制备的粉料完成晶型转变所需要的能量要少。Kwon等[117]也指出自燃过程中释放的热能可能会促进钙钛矿晶型的成核,因此,晶型完全转变所需的能量就较少。比较图5-15曲线(a)和(c),可以看出两者在1130 K左右的吸热峰的形状几乎一样,只是曲线(c)比曲线(a)向低温方向偏移。这表明用柠檬酸-EDTA络合法制备的粉料在灼烧过程中同样发生了固相反应,并且这一反应发生的温度比用固相反应法要低。这说明柠檬酸-EDTA络合法中EDTA的存在能够促进钙钛矿相的形成。从图5-16可以看出,在1173 K灼烧后,用柠檬酸-EDTA法制备的粉料已经完全转变为钙钛矿晶型,而用固相反应法制备的粉料中仍然存在一些杂相。

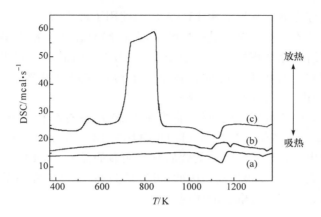

图 5-15 用不同方法制备的 BSCF 粉料在 473 K 干燥后的 DSC 曲线
(a) 固相反应法；(b) 改进柠檬酸法；(c) 柠檬酸-EDTA 络合法

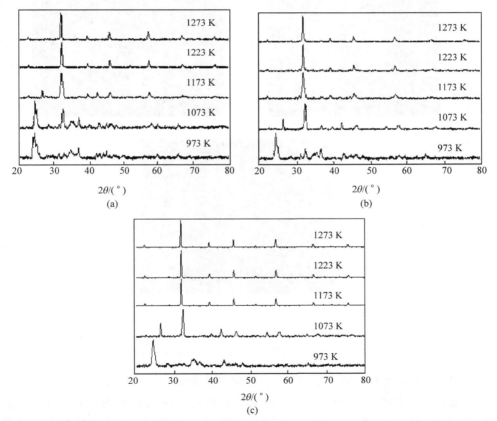

图 5-16 用不同方法制备的 BSCF 粉料在不同温度灼烧 5 h 后的 XRD 图谱
(a) 固相反应法；(b) 改进柠檬酸法；(c) 柠檬酸-EDTA 络合法

尽管改进柠檬酸法和柠檬酸-EDTA 法都使用了柠檬酸,用这两种方法制备的粉料的热行为却不一样。对改进柠檬酸法而言,粉料在 473 K 干燥时发生的自燃过程使得有机组分完全烧尽。而对于柠檬酸-EDTA 法而言,有机组分能干燥后的粉料中仍然存在。有机络合物的存在影响了粉料在灼烧过程中的晶型转变,图 5-16(b)和(c)进一步证实了这一差异。

在图 5-15 中还可以发现,每条曲线在 1320 K 左右都有一个较小的吸热峰。结合粉料在 1223 K 灼烧 5 h(图 5-17)和膜片在 1373 K 烧结 5 h(图 5-19)的表面情况可以看出,粉料在 1223 K 灼烧后存在明显的晶界,而 1373 K 烧结后,晶粒基本融合在一起,晶界变得模糊。因此,可以认为在 1320 K 左右的吸热峰是微观结构从晶体形态转变成熔融态的体现。

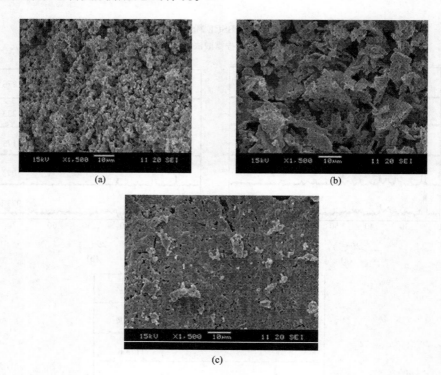

图 5-17　用不同方法制备的 BSCF 粉料在 1223 K 灼烧 5 h 后的 SEM 照片
(a) 固相反应法;(b) 改进柠檬酸法;(c) 柠檬酸-EDTA 络合法

(2) 制备方法对晶粒大小和粉体的粒径分布的影响

观察三种不同方法制得的粉料在 1223 K 灼烧后的颗粒形貌(图 5-17)可以发现,固相反应法制备的粉料具有清晰的边界;改进柠檬酸法制备的粉料为一种珊瑚状结构;柠檬酸-EDTA 络合法制备的粉料尽管发生了一定程度的融合,其边界仍较为清楚。

柠檬酸-EDTA 络合法制备的粉料开始形成钙钛矿晶型结构所需要的温度比固相反应法低,但在形成完整钙钛矿晶型的过程中,晶粒会随温度的提高而长大并逐渐互相融合,宏观上表现为颗粒之间的融合。而固相反应法制备的粉料在 1223 K 仅形成钙钛矿晶型结构,如果要使膜致密化,则需要更高烧结温度。因此,相对而言柠檬酸-EDTA 络合法制备的粉料的颗粒互相联结在一起,而固相反应法制备的粉料的颗粒则互相孤立。对于用改进柠檬酸法制备的粉料,整个体系的框架没有因为有机物的热解而遭到破坏,因此,尽管粉料同样是钙钛矿晶型结构,却显示出了与其他两种方法制备的粉料完全不同的颗粒形貌。

粉体的粒径分布可以影响膜的微观结构。从图 5-16 的 XRD 图谱可以看出,用三种不同方法制备的粉料在 1223 K 灼烧后都具有钙钛矿晶型结构,因此,进行粒径分布表征的粉料是在此温度下灼烧后的粉料,使得结果具有可比性。图5-18 给出了三种方法制备的粉料的粒径分布图。三种方法制备的粉料的粒径分布几乎完全一样,平均粒径分别为 4.16、4.27 和 3.99 μm。Suresh 等[154]报道,对于有机前驱体系而言,粉料在制备过程中自燃的方式会影响粉料的粒径分布。改进柠檬酸法的自燃方式为激烈的燃烧,而用柠檬酸-EDTA 络合法为闷烧。在粉体制备过

程中,改进柠檬酸法制备的粉料颗粒最细。但经过 1223 K 灼烧后,晶粒长大并融合为大颗粒。但从图 5-17 的 SEM 照片中可以看出用三种方法制备的粉料的颗粒大小不同,而图 5-18 的结果表明用三种方法制备的粉料具有几乎相同的粒径分布,这是由于在采用不同表征方法时采用不同制样方法导致的差异。由于在高温下颗粒的生长和融合,粉料在灼烧后得到的是一种块状结构。当进行 SEM 表征时,仅仅将得到的块状粉料略为研磨至粉状,以避免破坏原始形貌。因此 SEM 照片中三种方法制备的粉料的颗粒大小不同。而对于粒径分布表征,充分的研磨

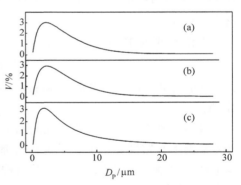

图 5-18　用不同方法制备的 BSCF 粉料在 1223 K 灼烧 5 h 后的粒径分布图
(a) 固相反应法;(b) 改进柠檬酸法;
(c) 柠檬酸-EDTA 络合法

破坏了粉料的原始形貌,并且得到的更细小的颗粒很可能具有相近的粒径分布。尽管在表征之前在异丙醇中分散 30min,但这些细颗粒还是发生了团聚,因此图 5-18 中的粒径分布应该是团聚体的粒径分布。并且由于相似分布的细颗粒,得到的团聚体的粒径分布也基本相同。

（3）膜的微观结构对氧渗透速率的影响

膜片的收缩率和相对密度是膜微观结构的一种比较直接的体现。研究发现固相反应法制备的膜的收缩率和相对密度最大（表 5-5），三种方法制备的膜的收缩率和相对密度的顺序是一致的。

表 5-5　BSCF 膜的收缩率和相对密度

粉料制备方法	$SR/\%$	$RD/\%$
固相反应法	15.59	92.3
改进柠檬酸法	14.34	90.8
柠檬酸-EDTA 络合法	11.55	88.6

收缩率按式（5-38）计算

$$SR = (d_0 - d)/d_0 \times 100\% \qquad (5-38)$$

式中，SR 为收缩率，%；d_0 为膜片生坯的直径，mm；d 为烧结后膜片的直径，mm。

相对密度按式（5-39）计算

$$RD = \rho/\rho_0 \times 100\% \qquad (5-39)$$

式中，RD 为相对密度，%；ρ_0 为 BSCF 材料的理论密度，$g\cdot cm^{-3}$；ρ 为膜片的实际密度，$g\cdot cm^{-3}$。

理论密度 ρ_0 按式（5-40）计算

$$\rho_0 = M/(N \cdot a^3) \times 10^{24} \qquad (5-40)$$

式中，M 为 BSCF 的摩尔质量，$g\cdot mol^{-1}$；N 为阿伏伽德罗常数，mol^{-1}；a 为晶胞参数，Å。

观察三种方法制备的膜片在断面情况可以发现，膜片内部存在一些孔（图 5-19），常温下气密性实验证实了这些孔都是闭孔。由于烧结温度较高的缘故，膜片均呈现出熔融态。固相反应法和改进柠檬酸法制备的膜在表面具有相近的平均晶粒大小（约为 0.3～0.5 μm）。但在断面处，固相反应法制备的膜更加致密。柠檬酸-EDTA 络合法制备的膜在表面的平均晶粒大小为 0.1 μm，且断面最为疏松。灼烧后粉料的颗粒比膜表面的颗粒大得多（图 5-17 和图 5-19），尤其是固相反应法制备的粉料更为明显。由于具有较高的表面能，细颗粒很容易团聚在一起。图 5-17 中的颗粒应该是许多晶粒的团聚体，而图 5-19 中的膜表面上是晶粒。在烧结过程中，晶粒之间的距离逐渐减小，并且小晶粒逐渐融合，生长成为较大的晶粒。因此，膜片的收缩率越大，其孔隙率越小。图 5-19 的 SEM 照片的结果和表 5-5 给出的烧结后膜片的收缩率数据是吻合的。

从膜的收缩率、相对密度及 SEM 照片可以得出，三种方法制备的膜片微观结构致密程度的顺序为：固相反应法＞改进柠檬酸法＞柠檬酸-EDTA 法。在我们的实验中,除了粉料制备方法不同之外,其他因素都控制一样,因此,不同的粉料制备方法是造成膜片微观结构不同的原因。

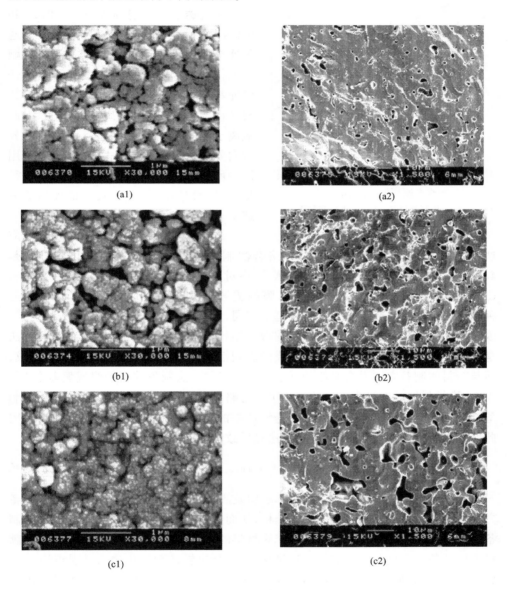

（a1）　　　　　　　　　　　　　　　　　　　（a2）

（b1）　　　　　　　　　　　　　　　　　　　（b2）

（c1）　　　　　　　　　　　　　　　　　　　（c2）

图 5 - 19　用不同方法制备的 BSCF 膜片在 1373 K 烧结 5 h 后的 SEM 照片

（a）,（b）,（c）分别为固相反应法,改进柠檬酸法和柠檬酸-EDTA 络合法制备的膜

（1）和（2）分别对应于表面和断面部分

　　图 5-20 给出了透氧速率的 Arrhenius 曲线。在 1123 K,用固相反应法、改进柠檬酸法和柠檬酸-EDTA 络合法制备的透氧膜的透氧速率分别是 11.0、9.97 和 6.6×10^{-7} mol·cm^{-2}·s^{-1}。可以发现,透氧速率的大小顺序与膜片相对密度的顺序保持一致。因此不同的微观结构是透氧速率存在差异的主要原因。对 BSCF 材料而言,晶界阻碍氧离子的传递,因此氧离子在晶体内部的传递速度比沿晶界方向要快。膜的晶粒越大则晶界越少,用固相反应法制备的膜的晶粒的平均粒径最大,膜最致密,因此其具有最大的透氧速率。

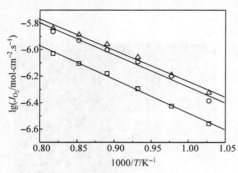

图 5-20　用不同方法制备的 BSCF 膜
透氧速率的 Arrhenius 图
(△) 固相反应法;(○)改进柠檬酸法;
(□) 柠檬酸-EDTA 络合法

　　结合材料透氧数据计算出固相反应法、改进柠檬酸法和柠檬酸-EDTA 络合法制备的透氧膜的表观活化能分别是 45.1、46.3 和 48.7 kJ·mol^{-1}。Tsai 等[37]在对 La$_{0.4}$A$_{0.6}$Fe$_{0.8}$Co$_{0.2}$O$_{3-\delta}$(A=Ba,Sr,Ca)的研究中发现,表观活化能越低,膜的透氧速率越大。在本实验中,尽管用三种方法制备的透氧膜的表观活化能基本相同,但其透氧速率则有着比较大的差异。因此膜的透氧速率的不同是由不同的微观结构而造成的,而不同的粉料制备方法是导致不同微观结构的原因。透氧膜的表观活化能主要取决于膜的材料及组成,而与粉料的制备方法没有必然的联系。(注:三种方法制备的膜的组成偏差在 2% 以内,膜材料组成对微观机构的影响可以忽略。由于在膜的制备过程中,除粉料制备方法以外,其他因素均保持一致,透氧速率的测定也是在相同的条件下进行,因此,粉料制备过程中所采用的不同方法是导致膜片透氧速率差异的主要原因。)

5.2.3.2　烧结制度对 Ba$_{0.8}$Sr$_{0.2}$Co$_{0.8}$Fe$_{0.2}$O$_{3-\delta}$透氧膜微观结构和性能的影响

　　通过前面研究粉料制备方法对膜材料及膜微结构的影响,我们发现:粉体制备方法的不同将直接影响到膜的微观结构,从而影响膜的氧渗透性能。众所周知,制备工艺的另一个关键步骤烧结对陶瓷膜材料的微观结构有着显著的影响。有文献报道烧结条件会显著的影响大多数氧化物,包括钙钛矿型氧化物的微观结构[153]。Wang 等[155]发现在 1623 K 烧结 8 h 的 La$_{0.6}$Sr$_{0.4}$Co$_{0.8}$Fe$_{0.2}$O$_{3-\delta}$透氧膜呈现出一种纤维状结构,这种结构使得膜具有良好的机械强度,而在较低的温度下烧结的膜就没有这种结构。Mori 等[129]也发现在不同条件下烧结得到的 La$_{0.6}$Ca$_{0.4}$MnO$_3$ 和 La$_{0.6}$Sr$_{0.4}$MnO$_3$ 膜具有不同的相对密度。但因烧结条件引起膜微结构的变化而对膜氧渗透性能的影响的报道甚少。为此,我们详细研究了烧结制度对膜结构及氧渗透性能影响,以指导陶瓷致密透氧膜的烧结工艺。

实验选用了具有较高的氧渗透速率的 $Ba_{0.8}Sr_{0.2}Co_{0.8}Fe_{0.2}O_{3-\delta}$(BSCF)氧化物为研究体系,采用固态反应合成该材料[148]。

（1）烧结制度对晶型结构的影响

图5-21给出了不同烧结条件制得的 BSCF 膜的晶型结构。在 2θ 约为 $22°$、$32°$、$38°$、$46°$、$56°$、$66°$ 和 $75°$ 处的主峰与标准的钙钛矿晶型结构图相比,向左有一定程度的偏移。由于 Ba 的离子半径比 Sr 大,因此 Ba 在 A 位的部分取代使得 BSCF 晶胞体积增加,导致主衍射峰的位置向低衍射角方向偏移。2θ 为 $28°$ 和 $43°$ 的峰对应于 $BaFeO_{2.9}$,且 $BaFeO_{2.9}$ 峰的强度随着烧结温度的升高而减小[图5-21(a)],这可能是较高的温度促进了 $BaFeO_{2.9}$ 与 BSCF 的固溶。尽管保温时间差别很大,$BaFeO_{2.9}$ 相对应的峰强度没有明显的变化[图5-21(b)],这表明了对于在同一温度下烧结的 BSCF 膜,保温时间的变化对 $BaFeO_{2.9}$ 与 BSCF 之间的固溶没有显著的影响。2θ 为 $38°$ 和 $46°$ 处的峰强度随着烧结温度的升高和保温时间的延长而增大(两个峰对应于钙钛矿结构的主峰),可以认为提高烧结温度和延长保温时间可以促进钙钛矿相的形成。

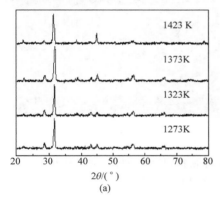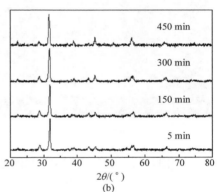

图5-21　不同烧结条件得到的 BSCF 膜的 XRD 图谱
(a) 不同温度焙烧 300min；(b) 1373 K 焙烧不同的时间

（2）烧结制度对膜微观结构的影响

在同样的保温时间下,较高烧结温度比在较低烧结温度下得到的膜更加致密(图5-22)。从 1423 K 烧结、保温 300 min 的膜的断面呈现为致密的烧结体,而在 1273、1323 和 1373 K 烧结得到的膜片的断面存在微孔[图5-22(d)]。对于在 1423 K 烧结、保温 300 min 的 BSCF 膜来说,孔的急剧减少可能是二次再结晶的结果。在陶瓷材料的烧结过程中,当孔隙率减小到某一个值时,会发生二次再结晶,在更高的烧结温度下,晶粒会过度生长,从而使得微观结构非常致密[153]。可以认为,当 BSCF 在某一个低于 1423 K 的温度烧结时,孔隙率降低到了发生二次再结晶的值,在随后从这一温度到 1423 K 的烧结过程中,晶粒发生了过度长大,从而使得膜片呈现为致密的烧结体。

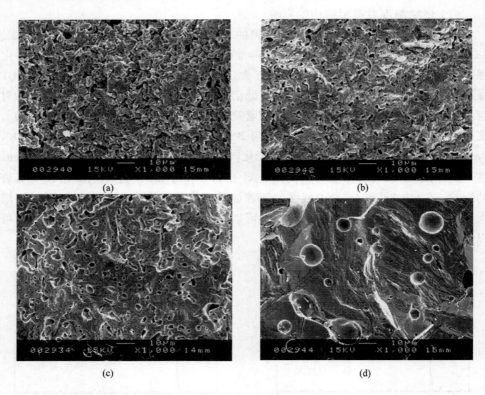

图 5-22　烧结温度不同,保温时间为 300 min 得到的膜的断面 SEM 照片

(a) 1273 K;(b) 1323 K;(c) 1373 K;(d) 1423 K

　　图 5-23 给出了在 1373 K 温度下烧结、保温不同时间的膜的断面 SEM 照片。可以看出在同一温度下烧结、保温不同时间得到的膜的微观结构比较相近,因此保温时间对膜的微观结构的影响不是很大。

　　图 5-24 给出了不同烧结条件制得的膜的收缩率,收缩率按式(5-41)计算

$$\eta = (d_0 - d)/d_0 \times 100\% \qquad (5-41)$$

式中,η 为收缩率,%;d_0 为膜片生坯的直径,mm;d 为烧结后膜片的直径,mm。

　　膜片的收缩率随着烧结温度的升高而增加,而随保温时间的变化没有发生明显的改变。陶瓷材料的致密化是晶粒生长的结果,晶粒的生长导致了晶粒的融合,在宏观上即表现为材料的收缩。膜的收缩率越大,表明其微观结构越致密。在一般情况下,收缩率应该随保温时间的延长而增大,但是从经 1373 K 烧结、不同保温

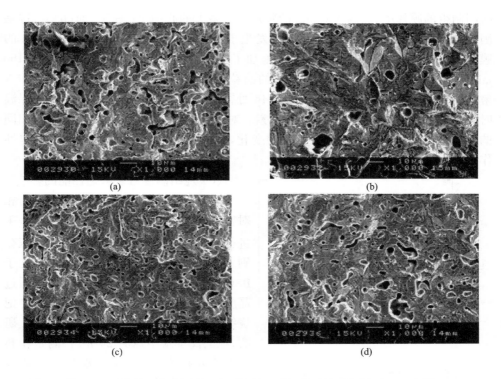

图 5-23　烧结温度为 1373 K,不同保温时间得到的膜的断面 SEM 照片

(a) 5 min；(b) 150 min；(c) 300 min；(d) 450 min

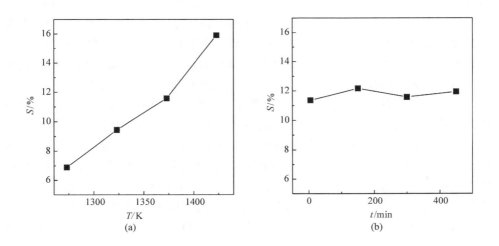

图 5-24　不同烧结条件得到的 BSCF 膜的收缩率

(a) 膜片在不同温度下焙烧 300min；(b) 膜片在 1373K 焙烧不同的时间

时间制得的膜片中,保温 150 min 的膜片具有最大的收缩率[图 5－24(b)]。这是因为 BSCF 的晶粒大小在烧结过程中发生了变化。对于保温 5min 和 150 min 的膜片而言,保温时间对膜片致密程度施加了主要的的影响。当保温时间超过 150 min 时,由于晶型结构的变化,BSCF 的晶粒变小,而晶型结构的变化对应于在 X 射线衍射谱图上 2θ 为 $28°、38°、43°$ 和 $46°$ 处衍射峰强度的减小。在此阶段后,保温时间再次在膜的致密化中成为主导因素。对于在不同温度下烧结、保温时间相同的膜片,尽管晶粒的大小同样会发生变化,但温度对膜片的致密化起了决定性作用。

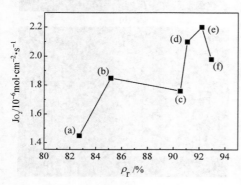

图 5－25　BSCF 膜的透氧速率和
相对密度的关系

(a)、(b) 和 (d) 分别为 1273 K、1323 K 和 1373 K
焙烧 300min 的膜;(c)、(e) 和 (f) 分别为 1373 K
焙烧 5、450 和 150min 的膜

(3) 烧结制度对氧渗透性能的影响

图 5－25 是 BSCF 膜的透氧速率与相对密度的关系。透氧速率 j_{O_2} 在 1123 K 进行测定,空气侧和渗透侧的氧气分压分别为 0.21 atm 和 $1×10^{-3}$ atm。由于 BSCF 是一种复合相材料,因此,无法通过晶胞参数计算出其理论密度。实验中把烧结得到的膜片在玛瑙研钵中敲碎、研磨,在去离子水中球磨 24 h 后,测定粉料的平均粒径为 1.4 μm,实验把这一粉料的实际密度做为 BSCF 材料理论密度的近似值。从图可以发现膜的透氧率与相对密度之间不是单调的关系。在烧结过程中,BSCF 晶粒生长并融合在一起,在膜片的致密化过程中,晶界的数量将会减少,即致密度高的膜具有较少的晶界。因此相对密度大的膜的晶界数量少。对 BSCF 材料而言,氧离子在晶体内部的传递速度较晶界处更快,如果不考虑其他因素的影响,膜的透氧速率应该随着相对密度的变大而变大。然而,透氧速率并不是随着相对密度的增加而变大(图 5－25),可以认为导致这一偏差的是膜片微观结构和晶型结构的共同作用的结果。

对于试样(a)、(b)和(d),透氧速率随着相对密度的增加而变大,与晶型结构相比,微观结构对氧渗透性能的影响更加显著,同样可以解释试样(c)、(d)和(e)的透氧速率随相对密度的增加而变大。尽管试样(f)的相对密度最大,但其透氧速率并不是最大,这是晶型结构对氧渗透性能的影响表现了出来。同样是由于晶型结构的影响,虽然试样(c)的相对密度比试样(b)要大,但前者的透氧速率比后者要低。

5.3　新型混合导体透氧膜材料

对于透氧膜材料,提高膜的氧通量、解决还原性气氛下膜的稳定性等问题是其实现工业化应用的关键。但是,就此类材料目前的研究状况来看,所开发的具有高氧通量的混合导体透氧膜材料仍存在一个亟待解决的问题:在一定的氧分压梯度下材料的结构和化学稳定性。因此,开发新型膜材料以获得具有高氧通量及低氧分压气氛下良好稳定性的膜材料已成为当前关注的焦点之一。

如前节所述,我们在系统研究 ABO_3 型透氧膜材料 A 位替代的基础上,发现了单相透氧膜材料在高温及低氧分压下不稳定性的规律。为了开发既有高的透氧速率又有良好热化学稳定性的透氧膜新材料,我们提出了以钙钛矿型透氧膜材料为基掺杂另一种混合导电型氧化物合成新的多相混合导体透氧膜材料,以提高膜材料稳定性的研究思路。基于这一思路,开发了 ZrO_2(Y_2O_3 稳定的)掺杂的 $SrCo_{0.4}Fe_{0.6}O_{3-\delta}$(SCFZ)类钙钛矿型多相混合传导型氧化物,即在具有良好透氧性能的立方钙钛矿型氧化物 $SrCo_{0.4}Fe_{0.6}O_{3-\delta}$(SCFZ)中掺杂少量具有增韧性能的离子导体 ZrO_2,以提高 SFC 的热化学稳定性[74~76,156]。研究表明新型 ZrO_2 掺杂的 $SrCo_{0.4}Fe_{0.6}O_{3-\delta}$(SCFZ)膜材料在低氧分压气氛下具有良好的结构稳定性。我们对该材料的氧化学计量、氧扩散系数进行了深入的研究,然后从不同尺度及不同量 ZrO_2 掺杂对 $SrCo_{0.4}Fe_{0.6}O_{3-\delta}$(SCF)性能影响入手,阐明掺杂 ZrO_2 稳定 SCF 结构的机理,并以此为指导开发出具有良好性能的 $Sr(Co,Fe,Zr)O_{3-\delta}$新型透氧膜材料,进一步拓宽了无机致密透氧膜材料。

5.3.1　新型 ZrO_2 掺杂的 $SrFe_{0.6}Co_{0.4}O_{3-\delta}$(SCFZ)膜材料

5.3.1.1　SCFZ 膜材料及膜的制备

采用固相反应法制备了 SCFZ 粉料。将原料 Co_2O_3、Fe_2O_3、$SrCO_3$ 及 ZrO_2[$D_{50}=0.5\mu m$,其在 SCFZ 中的比例为 9%(质量分数)]粉体按照一定比例混合后,加入酒精,置于球磨机中湿磨 24h,然后在静态空气中干燥。将干燥后的粉料置于玛瑙研钵中再次混合均匀,以避免干燥过程中造成的不均匀。将均匀混合的粉料置于高铝坩埚内,于 1223K 干燥空气中焙烧 4h,控制升降温速率为 $2K \cdot min^{-1}$。烧结产物经研磨、过筛后获得 300 目以上的 SCFZ 粉体。

在 SCFZ 粉料中加入适量的添加剂,再次研磨、过筛、造粒后,在 200MPa 的单轴压力下压制成直径为 16mm 的圆片。将试样坯体置于高温硅钼棒炉内,以 $2K \cdot min^{-1}$的升温速率从室温升至 1473K,保温 5h,再以相同的速率降至室温,获得 SCFZ 膜。采用相同的方法制备 $SrCo_{0.4}Fe_{0.6}O_{3-\delta}$(SCF)粉料和膜片,用于与 SCFZ

材料的性能作比较。

5.3.1.2 SCFZ 材料的结构与稳定性

当透氧膜用于氧分离和膜反应器时,需在高温下操作,且膜的一侧暴露在低氧分压气氛环境中。因此,膜能否在低氧分压气氛下维持稳定的晶型结构至关重要。

图 5-26 是 SCF 和 SCFZ 分别在空气和氩气气氛中晶型变化 HTXRD 的对比图谱,可以发现,在空气气氛中,SCF 氧化物具有单一的立方钙钛矿相结构,而 SCFZ 氧化物是一个多相复合体,包含钙钛矿相主相及少量的 $SrZrO_3$ 和 ZrO_2 相,并且 SCFZ 比 SCF 稳定温度高出 200K。比较两种粉料 HTXRD 图谱可以发现,SCFZ 中钙钛矿相最强峰的布拉格角比 SCF 稍微向低角度方向偏移,说明 SCFZ 的晶胞发生膨胀。这可能是由于部分 Zr^{4+} 进入钙钛矿相的晶格位置的缘故,因为 Zr^{4+} 的离子半径(0.84Å)大于 Fe^{3+}(0.61Å)和 Co^{3+}(0.645Å)的离子半径。

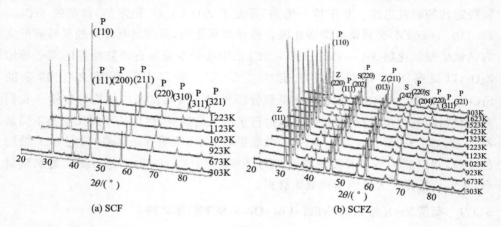

图 5-26 膜材料在空气气氛中的 HTXRD 衍射图

P(hkl)(米勒指数)为 Perovksite;Z 为 ZrO_2;S 为 $SrZrO_3$

图 5-27 是 SCF 和 SCFZ 在氩气气氛中晶型变化 HTXRD 的对比图谱。在氩气气氛中 SCF 在高温低氧分压下晶型发生改变,出现了氧空位有序正交 Brownmillerite 相 Sr_2CoFeO_5;而 SCFZ 膜材料经氮气气氛高温处理后仍保持稳定的晶型结构。这是因为 SCF 在高温氩气气氛中会大量脱氧,材料中的晶格氧部分丧失,晶格氧的丧失导致钙钛矿结构中的氧空穴浓度增加,在随后的降温过程中发生有序化,从而导致 Brownmillerite 结构的出现。虽然 SCFZ 在高温低氧分压下同样会有晶格氧的脱附现象,但其脱附量较小,不足以导致其结构的变化。这表明 ZrO_2 的掺入明显提高了 SCF 的稳定性。

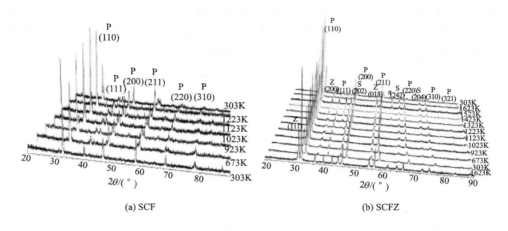

图 5 - 27　膜材料在氩气气氛、不同温度下的 HTXRD 衍射图

P 为 Perovskite；Z 为 ZrO_2；S 为 $SrZrO_3$

5.3.1.3　SCFZ 的氧非化学计量

我们采用热重法研究了材料在氧、氮气氛下的氧含量变化。随着温度的升高，样品中氧的活动能力增强，容易摆脱晶格的束缚，以氧气的形式逸出，表现为样品质量的减少。试样的质量变化（$m_0 - m_s$）与氧含量（$3-\delta$）的关系符合式（5 - 42）

$$3 - \delta = x_0 + \frac{(m_0 - m_s) M_0}{m_0 M} \qquad (5 - 42)$$

其中，m_s 为一定温度及氧分压下试样的质量；M 为氧的相对分子质量；m_0 与 M_0 分别初始态试样的质量和相对分子质量；x_0 为初始粉料的氧含量（由氢还原实验测定[7,8]）。不同气氛下试样的氧化学计量可通过质量损失曲线并根据式（5 - 42）计算求得。

图 5 - 28 为 SCF 与 SCFZ 膜材料的质量损失曲线，从图中可以看出，在氧、氮气氛中试样在 673K 以后才有明显的失氧现象，氧含量随着温度的升高而降低。在 1173K 时，SCF 膜材料的氧含量由氧气气氛下的 2.62 变为氮气气氛下的 2.48，试样氧含量的变化为 0.14；而对于 SCFZ 膜材料，其氧含量的变化仅为 0.10（由 2.71→2.61）。尽管这种氧含量的差异是膜透氧过程的推动力，但是氧分压差异太大反而会影响到膜的完整性。因为通常材料的晶胞体积随氧含量的变化而变化，当透氧膜用于氧渗透及膜催化反应时，膜两侧的氧分压不同（高氧压和低氧压），从而引起膜两侧氧含量的差异，造成膜两侧材料晶胞膨胀程度不同，从而在材料内部产生应力导致膜的断裂[42,157]。根据本实验结果，高温下，SCFZ 膜材料在高氧分压及低氧分压气氛下的氧含量变化小于 SCF 的氧含量变化，因此，当它们在实际

应用时,SCFZ 膜材料由于膜两侧气氛不同而引起的晶格膨胀将小于 SCF 膜,即 SCFZ 膜材料在高温、低氧分压条件下较 SCF 膜材料稳定。根据实验数据计算的 SCF 与 SCFZ 两种材料的氧非化学计量 δ 分别为 0.21 和 0.18。

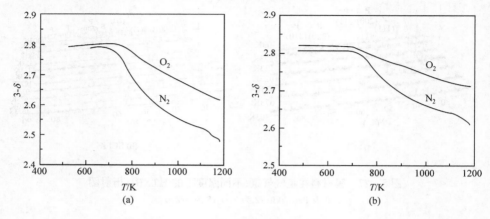

图 5-28　氧氮气氛下膜材料氧含量随温度的变化
(a) SCF;(b) SCFZ

5.3.1.4　SCFZ 氧化学扩散系数

扩散系数是材料中存在缺陷浓度梯度(化学位梯度)时缺陷迁移率的度量。目前常用的扩散系数测定方法有同位素示踪法[158]、固体电池电势法[159]、热重法(质量弛豫法)[63,160]及电导弛豫法[61,161]。其中以热重法和电导弛豫法最为常用。电导率随氧分压的变化较质量随氧分压的变化更为敏感,它与试样中载流子的迁移率和浓度密切相关,因此电导弛豫法更适用于较小的氧分压变化范围。而用热重法测氧扩散系数不受载流子迁移率和浓度的影响,适用于较大的氧分压变化范围。

氧气通过膜材料渗透时,在高氧分压侧的气/固界面上发生吸附及氧分子转变为氧离子的表面反应,经表面扩散和体扩散氧离子迁移至低氧分压侧的气/固界面上,发生氧离子向氧分子的转变及解析过程。质量弛豫法就是通过改变试样周围环境的氧分压,使其发生氧的吸附、脱附及氧的传输,来研究氧渗透过程中膜两侧的表面反应及体扩散过程。将样品在一定的氧分压下升温至某一给定温度后保持恒温,样品质量为常数时,表明体系处于平衡状态,氧缺陷浓度亦为常数。快速改变样品室的氧分压,由于样品周围环境氧分压的改变,样品表面将释放或吸收氧,从而造成样品质量的变化。通过测量体系达到新的平衡状态所伴随的质量变化随时间的关系,就可以得到材料中的氧扩散系数。我们首次采用质量弛豫法对 SCFZ 膜的氧化学扩散系数进行了测定。

根据固体扩散理论,由 Fick 第二定律得到样品质量变化与扩散系数之间的关系。扩散方程的基本形式为

$$\frac{\partial C}{\partial t} = \mathrm{div}(D\,\mathrm{grad}\,C) \qquad (5-43)$$

其中,D 为扩散系数;C 为扩散物质的浓度。假设一维扩散时扩散系数为常数,可以得到如下方程

$$\frac{\partial C}{\partial t} = D\frac{\partial^2 C}{\partial x^2} \qquad (5-44)$$

考虑厚度为 $2l$ 的薄平板,坐标原点可由平板中心开始,x 轴垂直于平板的表面。其初始条件为

$$C(x, t=0) = C_0 \qquad (5-45)$$

$$\left.\frac{\mathrm{d}C}{\mathrm{d}x}\right|_{x=0} = 0 \qquad (5-46)$$

如不考虑表面影响,则得到另一个边界条件

$$C(x=\pm l, t) = C_e \qquad (5-47)$$

式中,C_0 为扩散物质的初始浓度;C_e 为扩散物质的平衡浓度。Crank 根据式 $(5-45)\sim(5-47)$ 边值条件得到式 $(5-44)$ 的分析解[162]

$$\frac{m(t)-m(0)}{m(e)-m(0)} = 1 - \sum_{n=0}^{\infty}\frac{8}{(2n+1)^2\pi^2}\exp\left[-\frac{(2n+1)^2\pi^2 Dt}{4l^2}\right] \quad (5-48)$$

式中,$m(0)$、$m(t)$、$m(e)$ 分别为初始时刻、时间 t 时以及平衡时样品的质量;l 是样品厚度的一半。

测定 SCFZ 的氧化学扩散系数的装置如图 5-29 所示,样品膜片的厚度为 2.26mm,保证其氧渗透受主体扩散控制[76]。

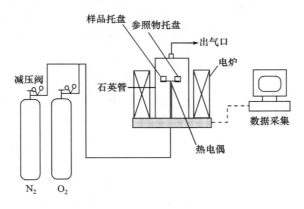

图 5-29　质量弛豫法测定氧化学扩散系数装置图

　　图 5 - 30 为在 1178K 下质量弛豫过程中环境气氛由 $60\% O_2$、$40\% N_2$ 切换到 $100\% N_2$ 时样品质量随时间的变化关系。图中 A-B 段表示在 $60\% O_2$ 和 $40\% N_2$ 气氛下 1178K 保温一定时间后，体系达到平衡，样品质量恒定。B 点处气流切换为纯氮，随之样品的质量开始减少。最初样品质量下降很快（B-B′曲线），称之为第一失氧阶段，随后样品的质量缓慢减少（曲线 B′-C），称之为第二失氧阶段。其他温度下的质量弛豫曲线与之相类似。

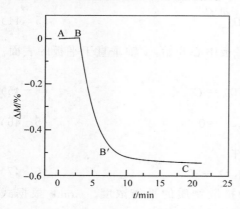

图 5 - 30　1178K 下 $60\% O_2$、$40\% N_2 \rightarrow$ $100\% N_2$ 时 SCFZ 膜的质量弛豫曲线

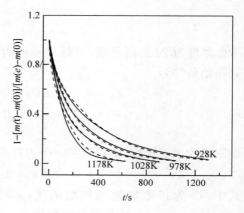

图 5 - 31　$1 - [m(t) - m(0)]/[m(e) - m(0)]$ 随时间的关系及其拟合曲线

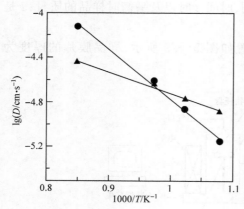

图 5 - 32　SCFZ 的 $\lg D$-$1/T$ 曲线

（▲）质量弛豫实验数据；（●）方程计算结果

　　根据式（5 - 48），将各温度点测得的实验数据采用最小二乘法进行拟合，不同温度下的实验结果及其拟合曲线见图 5 - 31。实验数据及其拟合曲线具有很好的一致性。根据质量弛豫数据可求得各个温度下膜的氧扩散系数，如图 5 - 32 所示。由图可知，$\lg D$ 随 $1/T$ 的变化曲线为一直线关系，满足 Arrhenius 方程。由此求得测试温度范围内的氧化学扩散活化能为 $37.0 kJ \cdot mol^{-1}$。

5.3.1.5　SCFZ 膜的氧渗透性能

　　SCFZ 膜的氧渗透性能评价在高温氧渗透装置（5.2 节中已描述）上进行。图 5 - 33 给出 SCFZ 和 SCF 膜非稳态氧通量随时间的变化关系。可以看出，对于 SCF 及 SCFZ 膜的非稳态氧渗透过程中，氧通量随时间的增加而逐渐增大。这是由于氧缺陷结构是从低氧分压区逐步向高氧分压区扩散，膜内部的氧势梯度逐步建立的缘故。因此在达到稳态前，主体氧扩散阻力是随时间的增加而逐渐减小的。对于 SCFZ 膜，12h 左右透氧即可达到平衡；而 SCF 膜则需要 20 多小时才能达到稳态。

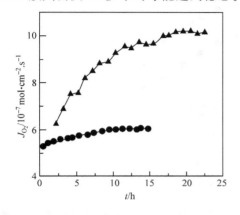

<table>
<tr><td>图 5-33　SCFZ 和 SCF 膜在 1223K 的
非稳态氧渗透通量
（●）SCFZ 膜；（▲）SCF 膜</td><td>图 5-34　SCFZ 和 SCF 膜的氧通量
与温度的关系
（●）SCFZ 膜；（▲）SCF 膜</td></tr>
</table>

　　SCFZ 与 SCF 膜的氧渗透通量随温度的变化关系如图 5-34 所示。透氧量的测定从高温逐渐向低温过渡。在每一温度测试点恒温一段时间，直至氧渗透达到平衡。显然，随着温度的升高，氧离子的可动性增强，膜的氧渗透通量就增大。从图中可以看出，ZrO_2 的加入降低了膜的透氧量。图 5-35 是氧通量与温度的 Arrhenius 曲线。可以看出，对于 SCF 膜，在测定的温度范围（973～1223K）内，透氧过程显示两个表观活化能，分别为 62.9kJ·mol^{-1}（1053～1223 K），和 120.1kJ·mol^{-1}（973～1053K）。在高温区膜材料为纯相钙钛矿结构，随着温度的降低，晶格氧无序度降低而同时有序度提高造成膜透氧过程表现为两个表观活化能。而对 SCFZ 膜，在研究的温度范围内，透氧过程为单一活化能（73.7kJ·mol^{-1}），这与 XRD 分析所得出的 SCFZ 在低氧分压下具有稳定结构的结论相一致。

　　透氧膜不仅要具有较高的透氧量，长时间的透氧稳定性是其能在实际中得以应用的关键。目前有些膜材料如 $SrCo_{0.8}Fe_{0.2}O_{3-\delta}$[33] 及 $Ba_{0.5}Sr_{0.5}Co_{0.8}Fe_{0.2}O_{3-\delta}$[46]，虽然具有较高的氧渗透能力，但透氧量随时间的增加而不断降低，尤其在较低的操作温度下。图 5-36 给出 SCFZ 和 SCF 膜的透氧稳定性考察结果。可以看出，SCFZ 膜具有较好的透氧稳定性，在 1223K 操作温度下能够稳定操作 240h 以上。在 1023K 温度下，其透氧量随时间略有下降。而对于 SCF 膜，在 1023K 操作温度下透氧量随时间下降很快。从图 2-14 可以得出 SCF 活化能转变温度约 1053K，故

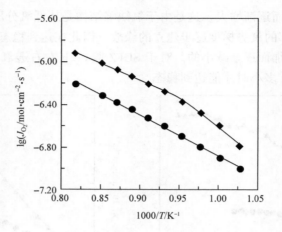

图 5 - 35 $\lg J_{O_2}$ —1000/T 关系图

（●）SCFZ 膜；（◆）SCF 膜

1023K 下操作会使 SCF 发生结构转变及氧空位的有序化,从而影响材料的氧渗透性能。但是,对于 SCFZ 膜来说,其在 1023K 氧渗透通量随时间而有所下降,这似乎不能用 XRD 结果及单一透氧活化能的结果得到解释。

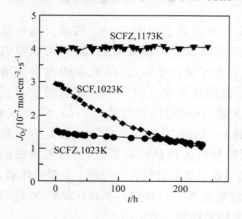

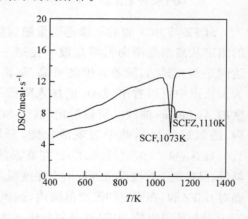

图 5 - 36 SCFZ 和 SCF 膜透氧量的
长时间考察

图 5 - 37 氮气气氛 973K 处理
粉料的 DSC 曲线

为了进一步阐明膜材料在低氧分压气氛下的结构变化,我们进行了示差量热分析（DSC）。首先将 SCF 与 SCFZ 粉料在氮气气氛 973K 处理 8h,然后在氮气气氛下进行 DSC 分析,升温速率控制在 $10K \cdot min^{-1}$。在升温过程中 SCF 膜材料在 1073K 附近有一很强的吸热峰,相应的热效应为 $56J \cdot g^{-1}$（图 5 - 37）,这是由于材料发生有序-无序相转变而引起的[40,43]。Kruidhof[40] 及 Liu[41] 等分别报道

$SrCo_{0.8}Fe_{0.2}O_{3-\delta}$的相转变温度为 1063K 及 1043K。对于 SCFZ 膜材料,DSC 分析表明,膜材料在 1110K 仍有一小的吸热峰,相应的热效应为 $14J \cdot g^{-1}$。这说明 SCFZ 膜材料在低氧分压气氛下仍会产生少量的有序相结构,但其量很小,不足以被 XRD 检测。这些少量有序相的存在降低了氧空位的活性,使得 SCFZ 膜在 1023K 长时间透氧稳定性考察中透氧量略有下降。

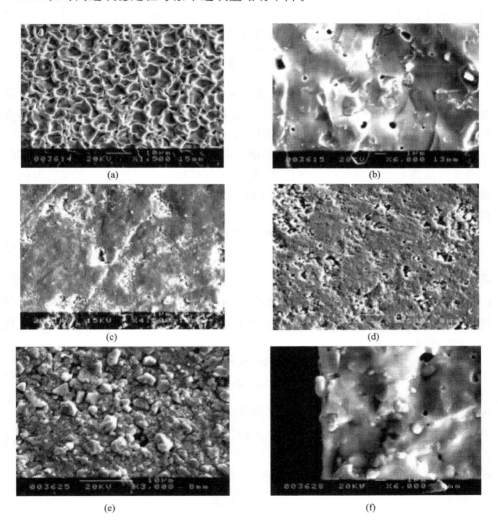

图 5 - 38　SCFZ 膜的 SEM 照片

(a) 刚制备的膜表面;(b) 膜断面;(c) 打磨后的膜表面;(d) 氢气气氛下的膜表面;
(e) 空气气氛下的膜表面;(f) 氢气侧的膜断面

图 5-38 给出 SCFZ 新鲜膜及 240h 透氧后的 SEM 分析结果。可以发现,新鲜膜表面晶界明显,晶粒尺寸约为 4～5μm[图 5-38(a)],断面虽然有小的气孔,但没有通孔的存在[图 5-38(b)]。经长时间透氧后,氦气侧膜表面并未发生很大变化图[5-38(d)]。对氦气侧断面分析也可看出膜仍然是无缺陷的致密体[图 5-38(f)]。图 5-38(e)显示空气侧膜表面发生蚀刻,这可能是由于长时间操作后,空气中的杂质以及空气进料管(不锈钢管)高温挥发出的组分对膜的作用造成。总之,SCFZ 膜在长时间透氧后能够保持良好的结构稳定性。

5.3.1.5　SCFZ 氧渗透通量与化学扩散系数的关联

为了定量地描述 SCFZ 氧渗透通量与其化学扩散系数之间的关系,我们根据混合导体扩散现象理论,结合载流子传递的相关原理,推导了一个简单氧传递方程。根据此传递方程,由氧渗透通量数据可计算化学扩散系数。

假定混合导体内氧离子、电子及晶格缺陷是可迁移的。当存在氧分压梯度时,氧离子将从高氧压侧向低氧压侧迁移,电子则向相反的方向迁移。化学扩散的推动力是氧化学势梯度。当氧渗透受主体扩散控制时,氧渗透通量可由 Wagner 方程表示[88]

$$J_{O_2} = -\frac{RT}{4^2 F^2 L} \int_{\ln P'_{O_2}}^{\ln P''_{O_2}} t_{el}\, \sigma_{ion}\, d\ln P_{O_2} \tag{5-49}$$

其中,σ_{ion} 为材料的离子电导率,$S \cdot cm^{-1}$;t_{el} 为电子迁移数;F 为法拉第常数,$C \cdot mol^{-1}$;T 为绝对温度,K;L 为膜的厚度,mm;P'_{O_2}、P''_{O_2}(Pa)分别为高氧及低氧侧分压。对于大多数钙钛矿型氧化物,其电子电导显著高于其离子电导,因此式(5-49)可以简化为

$$J_{O_2} = -\frac{RT}{4^2 F^2 L} \int_{\ln P'_{O_2}}^{\ln P''_{O_2}} \sigma_{ion}\, d\ln P_{O_2} \tag{5-50}$$

σ_{ion} 与扩散系数 D 及氧化学势 μ_0 的关系可以表示为[163]

$$\sigma_{ion} = -\frac{4 F^2 D}{V_m} \frac{\partial \delta}{\partial \mu_o} \tag{5-51}$$

式中,V_m 为试样的摩尔体积,$cm^3 \cdot mol^{-1}$。氧的化学势可以用式(5-52)来表示

$$\mu_o = \frac{RT}{2} \ln P_{O_2} \tag{5-52}$$

取 1 大气压为标准态。将式(5-51)和(5-52)代入式(5-50)可以得到氧渗透通量与化学扩散系数的关联式

$$J_{O_2} = \frac{D}{2 V_m L} \int_{\ln' P_{O_2}}^{\ln'' P_{O_2}} \frac{\partial \delta}{\partial \ln P_{O_2}} d\ln P_{O_2} \tag{5-53}$$

$\dfrac{\partial\delta}{\partial\ln P_{O_2}}$ 可通过实验测定化学计量与氧分压的关系而得出。

采用热重法测定不同氧分压下氧化学计量的变化。通过改变氧气、氮气在混合气中的含量来调节氧分压,测定了三个氧分压下(100% O_2、10% O_2 以及 1% O_2)试样氧化学计量的变化,结果见图 5-39。由图可见,氧非化学计量随氧分压的减小而增大。在测定的温度和氧分压范围内,δ 与 $\ln P_{O_2}$ 呈较好的线性关系。根据图 5-39 的氧化学计量及图 5-34 的氧渗透数据,由式(5-53),计算出氧化学扩散系数,如图 5-32 所示。根据直线斜率计算出氧扩散活化能为 $85.0\text{kJ}\cdot\text{mol}^{-1}$。与图中所示热重法测得的化学扩散系数相比较可以看出,根据模型计算的氧扩散系数与由热重法测得的氧化学扩散系数有较好的一致性,说明推导的氧传递方程能较好的将氧渗透通量与扩散系数关联起来。

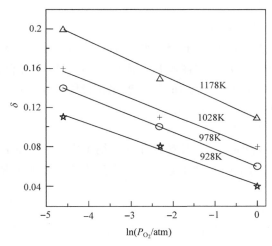

图 5-39　氧化学计量随氧分压的关系

但是由热重法及扩散方程两种方法得到的扩散系数及氧扩散活化能存在一定差异。扩散系数及扩散活化能的差别可能由下面两种因素引起的:一是由于测试中环境的氧分压不同而引起的,因为化学扩散系数是氧分压的函数[164]。此外,在暂态热重测试中,样品处于 60% O_2 和 40% N_2→100% N_2 的气流中,因为氧气的密度大于氮气密度,所以样品在氮气气氛下所受的浮力小于在氧气气氛中的浮力,使样品质量的测定值大于实际值,从而使得暂态法测得的扩散系数偏小。Ma 等[63]曾报道在中氧压及低氧分压范围内,活化能是氧分压的函数,它随氧分压的降低而增加。两种测试方法所得活化能的差异可与此相关联,对于质量松弛实验,测定是从 60% O_2,40% N_2 切换到 100% N_2,而对于氧渗透实验,是在一均匀的氧分压梯度下测定的。

5.3.2　掺杂不同尺度的 ZrO_2 对 SCFZ 结构及性能的影响

在研究 SCFZ[9%（质量分数）ZrO_2 掺杂 SCF 膜材料]时发现将亚微米级的 ZrO_2 粉体掺杂到微米级的 $SrCo_{0.4}Fe_{0.6}O_{3-\delta}$（SCF）粉体中，使材料稳定性得到较大的改善，但是膜的透氧量有所下降。因此，为了探索掺杂 ZrO_2 影响 SCFZ 材料性能的根本原因所在，同时也为今后膜材料的设计与制备提供依据，我们系统地研究了掺杂不同尺度的 ZrO_2 对 SCFZ 性能影响的基本规律。基本思路是在三种粒径尺度水平进行改性：微米与亚微米尺度、纳米尺度和原子水平，将这一改性方法从宏观的混合向微观尺度和分子、原子水平渗透，通过不同掺杂尺度下膜材料的微观结构和宏观性质的比较研究，以便发现致密膜材料掺杂的一般规律。

5.3.2.1　材料的制备

（1）微米、亚微米尺度掺杂

采用固相反应法制备 SCF 粉体（如 5.3.1 中的制备）。将粒径分别为 $1\mu m$、$3\mu m$ 及 $56\mu m$ 的单斜 ZrO_2 粉体在酒精介质中与 SCF 粉体混合，强烈搅拌 24h，烘干后，于静态空气中 1223K 焙烧 4h，制得氧化物粉体。粉体经筛分后压片成型，置于硅钼棒高温炉中 1473K 烧结 5h。

（2）纳米尺度的掺杂

将自制的纳米草酸锆溶胶（其粒径在几十纳米左右）与 SCF 粉体相混合，搅拌 24h，在干燥过程中，为了防止硬团聚现象的产生影响随后膜的烧结过程，我们采用共沸蒸馏进行干燥。

（3）分子尺度的掺杂

采用 Pechini 法，各反应组分可以实现分子水平的混合[165]。按化学计量比称取硝酸锶、硝酸铁、硝酸钴和硝酸锆，用去离子水溶解后，加入柠檬酸和乙二醇，于 343～353K 脱水后得到棕红色透明溶胶，继续脱水直至得到黏滞透明凝胶，凝胶经高温焙烧后压片烧结。

另外，对于微米、亚微米及纳米尺度的掺杂，我们还采用了另一种制备方法（II法）进行比较：直接将化学计量的 $SrCO_3$、Co_2O_3、Fe_2O_3 与不同尺度的 ZrO_2（草酸锆溶胶）混合搅拌，以制备 SCFZ 粉体。粉料和膜片的烧

表 5-6　不同尺度掺杂粉料的缩写表示

缩写	样品
I-1M	I 法掺杂 $1\mu m$ 的 ZrO_2
I-3M	I 法掺杂 $3\mu m$ 的 ZrO_2
I-56M	I 法掺杂 $56\mu m$ 的 ZrO_2
I-23N	I 法，草酸锆溶胶，23nm
II-1M	II 法掺杂 $1\mu m$ 的 ZrO_2
II-3M	II 法掺杂 $3\mu m$ 的 ZrO_2
II-56M	II 法掺杂 $56\mu m$ 的 ZrO_2
II-23N	II 法，草酸锆溶胶，23nm
Molecule	分子尺度掺杂

结制度均与前面相同。表5-6 给出不同尺度掺杂粉料的缩写表示。具体的制备流程见图5-40。

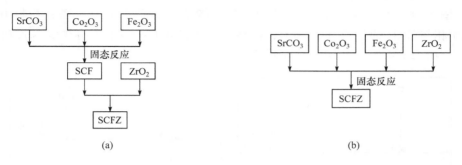

图5-40　粉料制备流程图

(a) I法；(b) II法

5.3.2.2　掺杂不同尺度 ZrO_2 对 SCF 晶体结构的影响

图5-41 是 I法不同尺度 ZrO_2 掺杂粉料的 XRD 结果。可以看出,除钙钛矿主晶相外,XRD 检测到 $SrZrO_3$ 相,这是高温下 ZrO_2 与钙钛矿相固相反应的结果,其反应程度随 ZrO_2 掺杂尺度的减小而增大。对 I-56M 及 I-3M,试样中仍有少量未反应的 ZrO_2 相存在,而当 ZrO_2 掺杂尺度减小到 $1\mu m$ 以下时,XRD 已检测不到 ZrO_2 相。经 1473 K 焙烧的膜片的 XRD 结果见图5-42。对于所有尺度掺杂的膜片,均检测不到 ZrO_2 相,可见在此温度下,ZrO_2 已完全反应,膜材料主要由钙钛矿

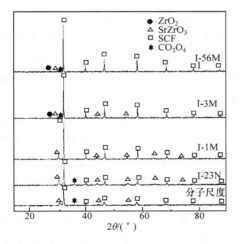

图5-41　I法不同尺度 ZrO_2 掺杂粉料
的 XRD 结果

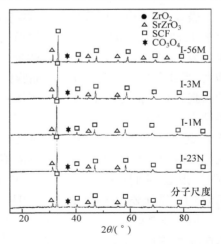

图5-42　I法不同尺度 ZrO_2 掺杂膜片
的 XRD 结果

相和 $SrZrO_3$ 构成。另外,XRD 检测到少量 Co_3O_4 相的存在。对于辉钴矿材料,高温焙烧后通常会有富钴相的析出[166]。由 II 法所制备的粉料及膜片的 XRD 结果(见图 5-43)得出相同的规律。但是在同一掺杂尺度下,II 法所制备的粉料中钙钛矿相与 ZrO_2 的反应程度较 I 法剧烈。例如,I-3M 粉料中仍有少量未反应的 ZrO_2,而 II-3M 粉料 ZrO_2 已完全反应。

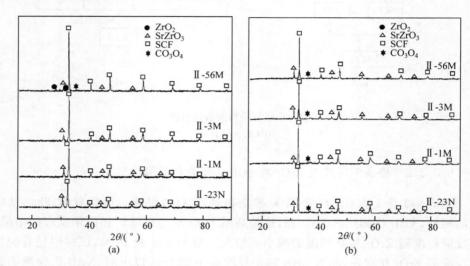

图 5-43　II 法不同尺度 ZrO_2 掺杂试样的 XRD 结果

(a) 未经焙烧的膜;(b) 焙烧后的膜

表 5-7 给出不同尺度 ZrO_2 掺杂粉料及膜片 SCF 相的晶胞参数。可以看出,对于 1473 K 烧结的膜片,ZrO_2 的加入使得 SCF 相的晶胞膨胀(纯 SCF 相的晶胞参数为 3.863Å)。对于微米、亚微米尺度的掺杂,晶胞体积随着掺杂尺度的减小而增大,当掺杂尺度小于 $1\mu m$ 时,晶胞体积没有增大的趋势。ZrO_2 加入导致 SCF 相的晶胞膨胀可能是由于部分 Zr 固溶到钙钛矿 B 位中的缘故。这是因为 Zr 的离子半径为 $0.84Å$[3],而 B 位 Co 和 Fe 的离子半径分别为 0.61Å 和 $0.645Å$[167],大离子 Zr 进入 B 位后,引起 SCF 相的晶胞膨胀。而 SCF 相的晶胞体积随掺杂尺度的变化是由于不同尺度掺杂造成 Zr 固溶量的不同的缘故。同样的现象也曾被 Wiik等[168]报道,他们在研究 $La_{0.7}Sr_{0.3}MnO_3$(LSM)与 YSZ 体系时发现,高温焙烧后(1623 K)部分 Zr 固溶到 LSM 晶相导致其晶胞膨胀。

值得注意的是,对于 1223K 焙烧的粉体,SCF 相的晶胞体积反而因 ZrO_2 的加入而降低(纳米及分子尺度掺杂的粉体除外),但总趋势是晶胞体积随 ZrO_2 掺杂尺度的减小而增大。这是因为在焙烧的过程中有 $SrZrO_3$ 生成,部分 Sr 从钙钛矿主晶相中析出,大离子半径 Sr 的析出导致 SCF 相晶胞体积变小。1223 K 焙烧温度

表 5-7　不同尺度 ZrO₂ 掺杂粉料和膜 SCF 相的晶胞参数

			ZrO₂ 颗粒尺寸				
			56μm	3μm	1μm	23nm	分子尺度
$a/\text{Å}$	粉体(1223K)	I	3.857	3.859	3.862	3.863	3.885
		II	3.852	3.862	3.867	3.869	
	膜(1473K)	I	3.865	3.885	3.897	3.896	3.895
		II	3.866	3.886	3.899	3.897	

下,由于 Sr 析出而引起的晶胞收缩效应大于 Zr 固溶而产生的晶胞膨胀效应。随着温度的升高,Zr 固溶量增大,1473K 焙烧温度下,Zr 固溶的影响大于 Sr 析出的影响,因而导致 SCF 相的晶胞膨胀。由于在高温焙烧过程中存在 Sr 的析出和 Zr 的固溶,因而 Zr 固溶量的计算十分困难。根据实验结果可知,Zr 固溶量与 SCF 相的晶胞参数密切相关(SCF 相的晶胞参数由于 Zr 固溶量的增大而增大),因而我们以晶胞参数的相对大小来比较 Zr 固溶量的大小。

5.3.2.3　掺杂不同尺度 ZrO₂ 对 SCF 相组分的影响

ZrO₂ 的加入引起 SCF 相的晶胞膨胀可能是由于部分 Zr 固溶到 SCF 相的缘故。为了进一步阐明晶胞膨胀的原因,我们以 I 法微米、亚微米 ZrO₂ 掺杂的膜片为例进行 SEM-EDX 分析。图 5-44 给出 I-1M、I-3M 以及 I-56M 烧结膜片的背反射电子扫描结果。可以看出,对每一试样,除了灰色基底相外,都有两种第二相物质的存在,一种对应于图中所示的白色区域,一种对应于黑色区域。我们以 I-1M 为例,分别对基底、白色区域以及黑色区域进行 EDX 元素分析,相应元素含量列于表 5-8。白色区域主要有 Sr、Zr 及 O 三种元素,且 Sr 和 Zr 的比约为 1:1,与上述 XRD 检测到的 SrZrO₃ 相吻合;对于黑色区域,主要富 Co 和 O,XRD 检测为 Co₃O₄。对氧渗透有贡献的主要是钙钛矿晶相,为此对三种不同尺度 ZrO₂ 掺杂膜的钙钛矿主晶相(灰色基底区)进行元素分析,结果见表 5-9。可以看出,钙钛矿晶相中都含有 Zr 元素,说明高温下,Zr 固溶到钙钛矿晶相中。不同尺度掺杂膜片钙钛矿晶相中 Sr,Co,Fe 及 Zr 元素之比分别为 1:0.31:0.78:0.16,1:0.31:0.83:0.12 及 1:0.41:0.83:0.04。很明显,SCF 相中的 Zr 固溶量随掺杂尺度的减小而增大,这解释了 XRD 所检测的晶胞参数随掺杂尺度减小而增大的现象:高温焙烧后,Zr 固溶到钙钛矿 B 位引起晶胞膨胀,随着掺杂尺度的减小,Zr 固溶量增大,因而使得晶胞体积随掺杂尺度的减小而增大。与纯 SCF 相的化学计量相比,掺杂后的膜组分具有偏高的 Fe/Sr 及 Fe/Co 比,这是由于 SCF 相中 Sr 与 Co 的析出所致(XRD 及 EDX 分析)。

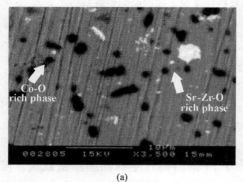
(a)

(b)

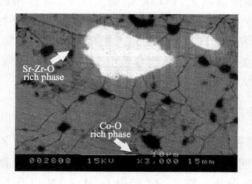
(c)

图 5‑44　I‑1M、I‑3M 及 I‑56M 膜的背反射电子扫描图

(a) I‑1 M；(b) I‑3 M；(c) I‑56 M

表 5‑8　I‑M 膜各区域的元素分析

区域	组成(摩尔分数)/%			
	Sr	Co	Fe	Zr
白色	44.72	3.15	7.67	44.46
黑色	3.80	89.92	5.07	1.22
灰色	43.84	16.01	31.90	8.26

表 5‑9　I‑1M、I‑3M、I‑56M 膜 SCF 相的组分分析

样品	组成(摩尔分数)/%			
	Sr	Co	Fe	Zr
I‑1 M	44.55	13.76	34.71	6.98
I‑3 M	44.33	13.62	36.82	5.23
I‑56 M	43.91	17.98	36.53	1.59

5.3.2.4　掺杂不同尺度 ZrO_2 对 SCFZ 膜氧渗透性能的影响

图 5-45 是 I 法不同尺度 ZrO_2 掺杂膜的氧渗透性能与温度的关系。从图中可以看出,I-56M 膜的氧渗透通量最高,在 1223K,其透氧量达到 8.41×10^{-7} $mol \cdot cm^{-2} \cdot s^{-1}$($L = 1.78mm$,He 流量为 $30mL \cdot min^{-1}$)。对于微米、亚微米 ZrO_2 掺杂的膜片,透氧量随掺杂尺度的减小而减小,当 ZrO_2 掺杂尺度小于 $1\mu m$ 时,透氧量十分接近。这与晶胞体积随掺杂尺度的变化关系呈相反趋势。图 5-46 是透氧量随 SCF 相晶胞参数的变化关系。从图中可以看出,氧渗透通量随 SCF 相晶胞参数的增大而减小,根据前面的讨论,SCF 相晶胞参数的增大是 Zr 固溶量增大的缘故,因此,透氧量随 Zr 固溶量的增大而减小。对于 II 法制备的膜片,我们得到相同的结论:透氧量随掺杂尺度的减小而减小,即随 Zr 固溶量的增加而减小。

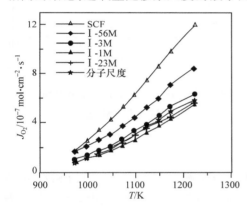

图 5-45　I 法不同尺度 ZrO_2 掺杂膜的
透氧量与温度的关系

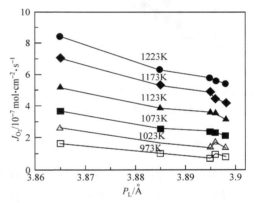

图 5-46　I 法制备膜片的透氧量随 SCF
相晶胞参数的变化关系

由表 5-7 可知,II 法制得的粉料经制膜焙烧后,其晶胞参数与在同一 ZrO_2 掺杂尺度下 I 法制得的膜片相近,那么由上述研究结果可以推断,在同一 ZrO_2 掺杂尺度下,两种方法制得的膜的氧渗透通量也应该相近。图 5-47 给出两种制备方法下微米、亚微米 ZrO_2 掺杂膜片的透氧量的比较结果,在实验误差范围内,它们的透氧量相接近。

Zr 的固溶导致透氧量下降可用式(5-54)表示

$$3ZrO_2 \xrightarrow{Fe_2O_3(或\ Co_2O_3)} 3Zr'_{Fe(Co)} + V'''_{Fe(Co)} + 6O_O^x \tag{5-54}$$

Zr 固溶产生的过剩氧会占据氧空位,降低了氧离子电导率从而影响氧渗透。另外,对于钙钛矿型氧化物,氧离子的迁移性能与金属离子(M)与氧(O)的键强密切相关,当 M—O 平均结合能较低时,氧离子就容易挣脱金属离子对其的束缚,这样有利于氧的迁移。在此体系的 B 位离子中以 Fe 离子的平均结合能最低,其次是 Co 和 Zr[169]。因此由于 Zr 的固溶增加了 M—O 键的平均结合能,也将导致氧离子的迁移活性降低,从而影响氧渗透性能。He[170]等同样发现 LaInO₃ 体系中,Zr 的掺杂降低了材料的电导率。

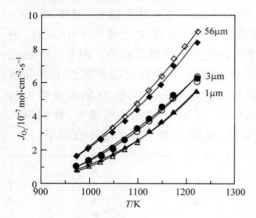

图 5 - 47　两种方法制备的微米、亚微米级 ZrO₂ 掺杂膜的透氧量比较

（◇）I-56 M;（◆）II-56 M;（○）I-3 M;

（●）II-3 M;（△）I-1 M;（▲）II-1 M

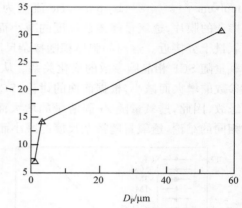

图 5 - 48　I-1M、I-3M、I-56M 膜中 SrZrO₃ 含量的半定量表示

另外,膜材料中第二相 SrZrO₃ 的存在也会影响氧渗透性能。因为 SrZrO₃ 的电导率低于具有低传导性的 YSZ(与钙钛矿型氧化物相比而言)的电导率[171]。为此,我们以 I 法制备的微米、亚微米 ZrO₂ 掺杂的膜为例,用 SrZrO₃ 相与 SCF 相最强峰的比来半定量的表示 SrZrO₃ 的含量。结果见图 5 - 48。可以看出,在膜片焙烧温度下,SrZrO₃ 的量反而随 ZrO₂ 掺杂尺度的减小而减小。这说明 Zr 固溶对材料氧渗透性能的影响大于第二相 SrZrO₃ 对氧渗透的影响。

5.3.2.5　掺杂不同尺度 ZrO₂ 对 SCF 结构稳定性的影响

为了研究材料在低氧分压下的稳定性问题,我们将 I 法 1223K 焙烧的粉料在氮气气氛分别于 973K、1073K、1123K 处理 3h,然后进行 XRD 分析,结果见图 5 - 49。以 973K 氮气气氛处理的粉料为例,SCF 经氮气气氛处理后,特征峰在 2θ= 32°和 58°附近出现开裂,其钙钛矿结构发生转变。随着 ZrO₂ 掺杂尺度的减小,2θ 为 32°峰开裂的程度逐渐减弱,表明结构稳定性逐渐增大,当掺杂尺度减小到 1μm 以下时,各粉料在低氧分压下均能保持稳定的晶型结构。这说明 Zr 固溶增加了材料在低氧分压下的稳定性,且其稳定性随 Zr 固溶量的增大而增大,当 Zr 固溶量达到某一值时,材料便能在低氧分压下保持稳定的结构。对在氮气气氛中以更高温度(1073K、1123K)处理的试样的 XRD 研究也得到类似的结果。只是在更高的温度处理后,只有当掺杂尺度减小到纳米以下,即需要更多的 Zr 固溶量才能使材料保持其稳定的晶型结构。结构稳定性随掺杂尺度的减小而增大。由表 5 - 7 可知,1223K 焙烧后,同一掺杂尺度下,II 法制备的粉料其晶胞参数大于 I 法制备的粉料,即 1223K 焙烧温度下,II 法制备的粉料 Zr 的固溶量大于 I 法制备的粉料,从而使得 II 法粉料在低氧分压气氛下较 I 法稳定。例如,对于 $1\mu m$ ZrO_2 掺杂,II 法 II-1M 粉料经氩气气氛 1123K 处理后就能保持稳定的晶型结构,而 I 法 I-1M 粉料经氩气气氛 1073K 处理后晶型就发生了变化。

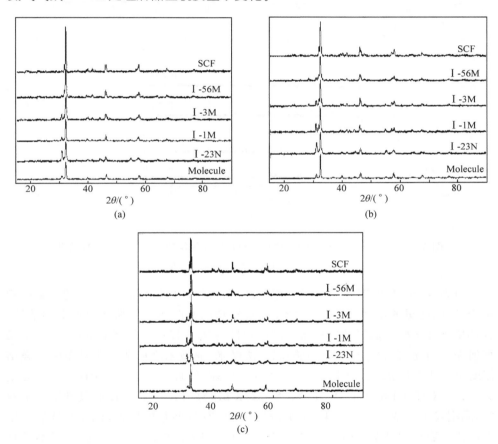

图 5 - 49 I 法不同尺度 ZrO_2 掺杂粉料在氩气气氛处理 3h 后的 XRD 结果

(a) 973K;(b) 1073 K;(c) 1123 K

II 法 1223K 焙烧粉料在氩气气氛 973K、1073K、1123K 处理后的 XRD 结果见图 5 - 50。

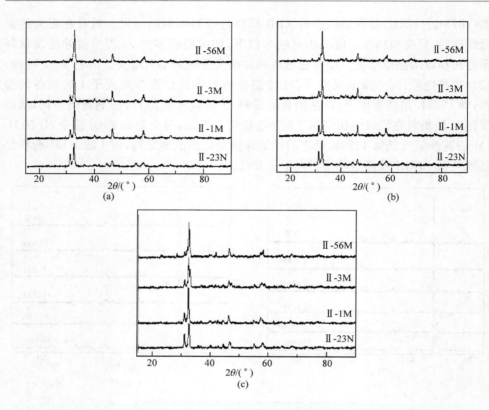

图 5 - 50 II 法不同尺度 ZrO_2 掺杂粉料在氢气气氛处理 3h 后的 XRD 结果
(a) 973K；(b) 1073 K；(c) 1123 K

由表 5 - 7 可知,对于同一尺度掺杂的粉料,1473K 焙烧后 SCF 相的晶胞体积由于 Zr 固溶量的增加而大于 1123K 焙烧粉料的晶胞体积。那么根据上述结论,1473K 焙烧试样在低氧分压气氛下的稳定性将优于 1223K 焙烧的试样,那么结果如何呢? 为此,我们进行如下实验:将 I 法微米、亚微米级掺杂的粉料在膜片烧结温度下(1473K)煅烧,然后在氢气气氛 1123K 处理 3h,进行 XRD 分析(见图 5 - 51)。对于 I-1M 和 I-3M 粉料,经 1223K 煅烧后,其在 1123K 低氧分压下不稳定,晶型发生改变;当其经 1473K 煅烧后,由于 Zr 固溶量的增大,试样在低氧分压下保持了稳定的晶型结构。这进一步说明了 SCFZ 试样的稳定性与 Zr 固溶量是密切相关的。对于 I-56M 粉料,虽经 1473K 的高温焙烧,Zr 的固溶量仍然很小(其晶胞参数为 3.865Å),仍不足以稳定其晶体结构。

我们以 1123K 温度下、氢气气氛处理粉料的晶型结构为例来说明材料稳定性与 Zr 固溶量的关系。图 5 - 52 给出不同尺度掺杂粉料及膜片于 1123K 氢气气氛处理后其稳定性与晶胞参数的关系。可以看出,结构稳定性随着晶胞参数的增加

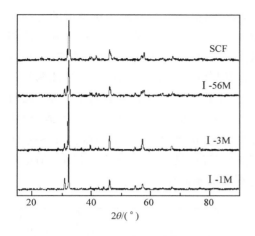 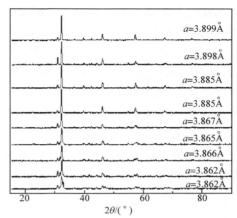

图 5 - 51　I 法 1473K 焙烧粉料在氮气
气氛 1123K 处理 3h 的 XRD 结果

图 5 - 52　材料稳定性与晶胞参数的关系
（氮气气氛下经 1123K 焙烧）

而增大,只有当 Zr 的固溶达到某一值（相应的 SCF 相的晶胞参数为 3.867Å）时,材料才能在 1123K 氮气气氛下保持稳定的结构。而由前面的讨论可知,用 1μm ZrO$_2$ 采用方法 II 进行掺杂是实现锆固溶的较为有效的方法。

5.3.2.6　烧结温度对材料结构及稳定性的影响

在 5.2 节中我们曾讨论了膜材料制备条件对材料的结构及稳定性的影响。在膜材料掺杂研究中烧结条件对材料的结构及稳定性由较大的影响,如对于 I-1M 的试样,其在 1123K 氮气气氛处理后,晶型发生转变;经 1473K 焙烧,由于 Zr 固溶量的增加,使其在氮气气氛处理后保持了稳定的晶型结构。因此,我们对微米、亚微米尺度掺杂的 SCFZ 材料进一步考察了焙烧温度对材料结构及稳定性的影响。

（1）烧结温度对材料结构的影响

图 5 - 53 是 I-1M、I-3M、I-56M 不同温度焙烧后粉料的 XRD 结果。当焙烧温度超过 1523K 后,粉料有熔融现象,因此我们将考察的温度范围设定在 1073～1523K 之间。从图 5 - 53 可以看出,SCF 相与 ZrO$_2$ 的反应程度随焙烧温度的升高而加剧。如对 I-1M 试样,经 1073K 及 1173K 焙烧后仍有未反应的 ZrO$_2$ 存在,而经 1273K 焙烧后已检测不到 ZrO$_2$ 相。对 I-3M、I-56M 试样也有类似的现象。用 SrZrO$_3$ 与 SCF 相最强峰的强度比来半定量表示 SrZrO$_3$ 的含量。不同尺度掺杂试样中 SrZrO$_3$ 的含量随温度的变化关系见图 5 - 54。可以看出,SrZrO$_3$ 在 1073K 焙烧温度下就开始形成。随焙烧温度的升高 SrZrO$_3$ 的含量逐渐增大;在达到一最大值后,其含量随焙烧温度的升高又逐渐减小,而且随着掺杂尺度的增大,达到 SrZrO$_3$ 最高含量所需的温度向高温区转移。表 5 - 10 给出了经不同温度焙烧试

样的晶胞参数值。可以看出,对所有的掺杂试样,晶胞参数是随焙烧温度的升高而增大的,即 Zr 固溶量随焙烧温度的升高而增大。对于 II 法制备的粉料,其规律与 I 法相似。因此,根据上述实验现象,可以推测 SCF 相与 ZrO_2 反应机理如下:在焙烧过程中,两者发生固相反应生成 $SrZrO_3$,同时伴随着 Zr 的固溶反应,且此两类反应程度都随焙烧温度的升高而加剧。当达到某一温度时,ZrO_2 完全反应,此时 $SrZrO_3$ 的含量达到最大。温度继续升高时,$SrZrO_3$ 的含量又有减小的趋势,说明生成的 $SrZrO_3$ 又逐渐固溶到钙钛矿晶相中,直至达到 Zr 的固溶极限。而 $SrZrO_3$ 含量达到最大时的温度随掺杂尺度的增大向高温区转移是由于不同尺度 ZrO_2 与基体 SCF 的接触面积不同,从而造成反应程度的不同而引起的。

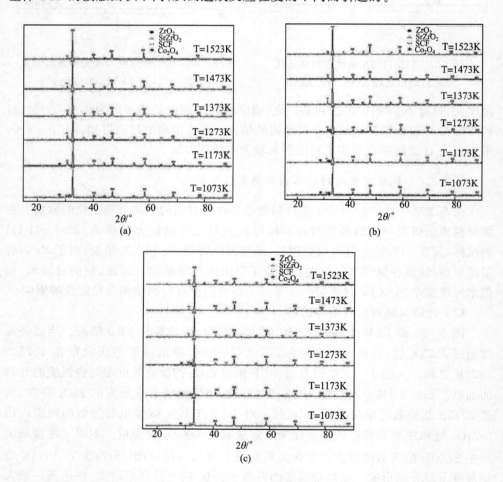

图 5-53　不同温度焙烧后粉料的 XRD 结果
(a) I-1M;(b) I-3M;(c) I-56M

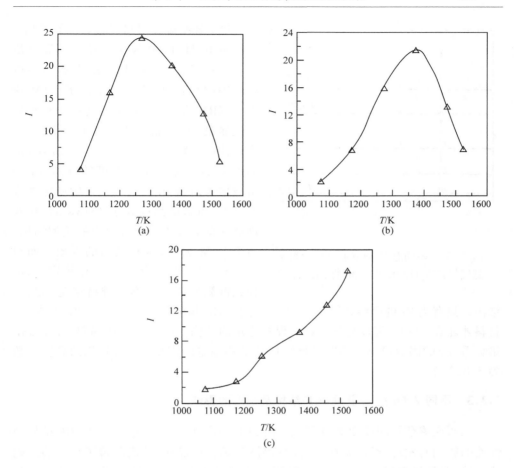

图 5-54 SrZrO₃ 含量随温度变化关系的半定量表示

(a) I-1M；(b) I-3M；(c) I-56M

表 5-10 不同焙烧温度下试样的晶胞参数

	试样					
	I-56M	I-3M	I-1M	II-56M	II-3M	II-1M
1073 K	3.859	3.859	3.858	3.858	3.861	3.863
1173 K	3.861	3.861	3.862	3.859	3.861	3.867
1273 K	3.862	3.866	3.867	3.864	3.870	3.878
1373 K	3.864	3.877	3.882	3.865	3.879	3.891
1473 K	3.865	3.882	3.893	3.866	3.885	3.895
1523 K	3.866	3.887	3.898	3.872	3.906	3.908

注：晶胞参数的单位为 Å。

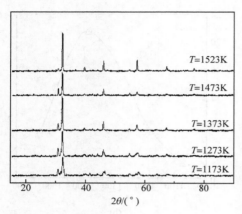

图 5-55　不同温度焙烧的 I-1M 粉料于
氮气气氛下 1123K 处理 3h 的 XRD 结果

（2）烧结温度对材料稳定性的影响

将 I-1M、I-3M 及 I-56M 不同温度焙烧的粉料于氮气气氛 1123K 处理 3h 后进行 XRD 分析。图 5-55 给出了 I-1M 粉料的 XRD 结果。1173K 焙烧的粉料经氮气气氛处理后，晶型结构发生转变，由立方钙钛矿相转变为氧空位有序 Brownmillerite 结构。随着焙烧温度的升高，Zr 固溶量增大，粉料在氮气气氛下的稳定性逐渐增大，当焙烧温度大于 1373K 后，粉料即能在低氧分压下维持稳定的晶型结构。对于 I-3M 粉料，也有类似的现象。而对于 I-56M 粉料，即使在 1523K 焙烧后，试样在低氧分压下仍不能维持稳定的晶型结构。只有当 Zr 的固溶达到某一值，相应于 SCF 相的晶胞参数大于 3.867Å 时，材料才能在 1123K 温度氮气气氛下保持稳定的结构。而对 I-56M 粉料，经 1523K 焙烧后，Zr 的固溶量仍然不能满足维持其结构稳定的需要（其 SCF 相的晶胞参数为 3.866Å）。

5.3.3　不同 ZrO_2 掺杂量对 SCF 结构及性能的影响

在研究掺杂不同尺度 ZrO_2[ZrO_2 在 SCF 中占 9%（质量分数）]对 SCF 结构及性能的影响时发现，经高温焙烧后，Zr 固溶到钙钛矿晶相，从而改善了材料的结构稳定性，但是氧渗透通量随 Zr 固溶量的增加而减小；并且 9%（质量分数，下同）ZrO_2 掺杂的材料经高温焙烧后仍存在部分 $SrZrO_3$ 相，$SrZrO_3$ 的生成不但不能对材料的稳定性起作用，而且会降低材料的氧渗透性能。因此设计合适的 Zr 掺杂量，既满足达到材料稳定所需的 Zr 固溶量的要求，又避免 $SrZrO_3$ 的生成，使材料同时具备高的氧通量及低氧分压气氛下的稳定性是很有必要的。为此，我们采用固相反应法分别合成出掺杂 0%（质量分数，下同）、1%、3%、5%、7% 及 9%ZrO_2 的 SCF 粉料及膜片，研究 ZrO_2 掺杂量对材料氧渗透及稳定性能的影响，以优化出最佳的掺杂量。

5.3.3.1　材料的制备

根据 5.3.2 研究，我们发现在同一焙烧温度下，用 1μm ZrO_2 粉体、采用直接将原料混合的制备方法（II）进行掺杂是实现 Zr 固溶的较有效的方法。因此，我们采用固相反应法制备 ZrO_2 掺杂量为 0%（质量分数，下同）、1%、3%、5%、7% 及 9%

的 SCF 氧化物粉体。具体步骤为：称取一定比例的 $SrCO_3$，Co_2O_3，Fe_2O_3（均为分析纯）及 ZrO_2（1μm），加入适量的酒精球磨 24h，于 343K 下烘干，并置于马弗炉中于 1223 K 焙烧 4h，所得焙烧物经研磨、筛分获得 300 目以上的粉体。粉体经造粒后压片成型，置于硅钼棒高温炉中 1473K 烧结 5h 得致密透氧膜。

5.3.3.2　不同 ZrO_2 掺杂量对 SCF 晶体结构的影响

图 5-56 为掺杂不同量 ZrO_2 的 SCF 粉料在 1223K 焙烧后的 XRD 结果。与掺杂 9%（质量分数，下同）ZrO_2 粉料的晶型相类似，其结构主要由钙钛矿和 $SrZrO_3$ 组成，且 $SrZrO_3$ 的含量随 ZrO_2 加入量的增加而增大。图 5-57 给出在 1473K 烧结的膜片的 XRD 结果。1473K 焙烧后，除 9% ZrO_2 掺杂的试样外，其他掺杂量的试样均检测不到 $SrZrO_3$ 相，说明生成的 $SrZrO_3$ 经高温焙烧后又固溶到钙钛矿晶格中。因此，1473K 焙烧温度下 ZrO_2 在 SCF 中的固溶限约为 7%。另外对 ZrO_2 掺杂量 ≥3% 的试样，XRD 检测到 Co_4O_3 相，其衍射峰的强度随 ZrO_2 掺杂量的增加而增大。随后的 SEM-EDX 分析表明 Co_4O_3 存在所有试样中，但是对 ZrO_2 掺杂量小于 3% 的试样来说，其含量很小，在 XRD 的检测限范围之外，不足以被 XRD 所检测。富钴相的形成包括两个部分：一是高温下 Co 的微量偏析；二是高温焙烧后 Zr 的固溶将导致 Co 的析出。由于 Zr 的固溶量随 ZrO_2 掺杂量的增加而增加，导致富 Co 相的析出量随 ZrO_2 掺杂量的增加而增加。

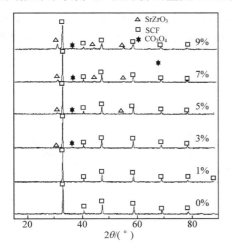

图 5-56　1223K 焙烧粉料的 XRD 结果

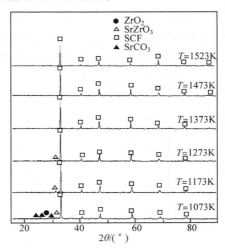

图 5-57　1473K 烧结膜片的 XRD 结果

图 5-58 给出 1473 K 焙烧温度下掺杂不同量 ZrO_2 粉料 SCF 相的晶胞参数随 ZrO_2 加入量的变化关系。可以看出，晶胞参数随 ZrO_2 掺杂量的增加而增大，SCF 相晶胞膨胀是由于 Zr 固溶的缘故，因此 Zr 固溶量随 ZrO_2 掺杂量的增加而增大。

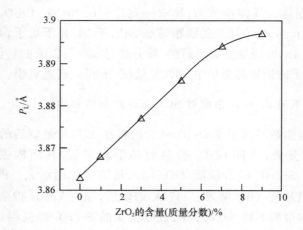

图 5-58　SCF 相晶胞参数随 ZrO₂ 掺杂量的变化

　　另外,我们以 5％ZrO₂ 掺杂的 SCF 膜材料(简写为 SCFZ-5)为例,考察焙烧温度对材料晶体结构的影响,结果见图 5-59。在 1073K 焙烧后就检测到 SrZrO₃相,当焙烧温度大于 1373K 时 SrZrO₃ 又完全固溶到钙钛矿晶相。对于 ZrO₂ 掺杂量≤7％ 的膜材料,都有类似的现象,但是对 9％ZrO₂ 掺杂的材料,即使在 1523K焙烧温度下,仍有少量 SrZrO₃ 相的存在,说明 9％ZrO₂ 掺杂量已超出其固溶限。图 5-60 给出 SCFZ-5 膜材料 SCF 相晶胞参数随焙烧温度的变化关系。可以看出SCF 相晶胞参数随焙烧温度的升高而增大,说明 Zr 的固溶随焙烧温度的升高而增大。这与 9％ZrO₂ 掺杂量粉料的结果相一致。

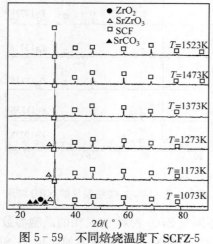

图 5-59　不同焙烧温度下 SCFZ-5
粉料的 XRD 结果

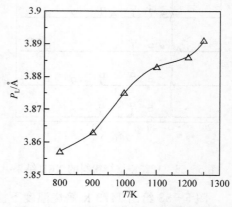

图 5-60　SCFZ-5 材料 SCF 相晶胞参数
随焙烧温度的变化关系

5.3.3.3　不同 ZrO₂ 掺杂量对 SCF 膜表面形貌及相组分的影响

图 5-61 给出掺杂不同 ZrO_2 量膜片的表面背反射电子扫描结果。对于 0%～ 7%(质量分数,下同) ZrO_2 掺杂量的膜有两相组成:灰色基底相及黑色第二相。而对 9% ZrO_2 掺杂量的膜,还检测到一白色相的存在。由 EDX 分析可确定基底

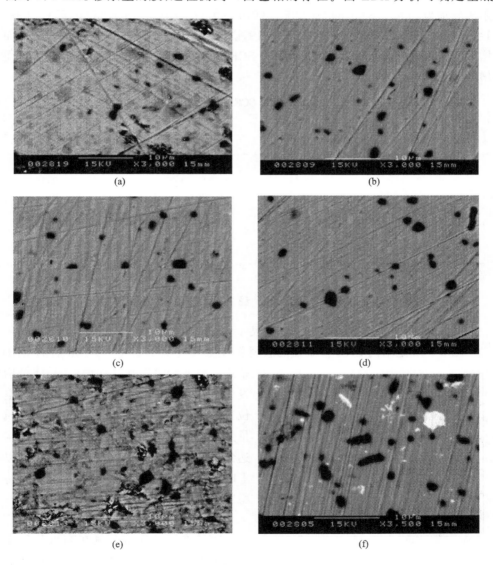

(a)　　　　　　　　　　　　　　(b)

(c)　　　　　　　　　　　　　　(d)

(e)　　　　　　　　　　　　　　(f)

图 5-61　膜的背反射电子扫描照片

ZrO_2 掺杂量(质量分数)为(a) 0%;(b)1%;(c) 3%;(d) 5%;(e) 7%;(f) 9%

相为 SCF 相,黑色相由 Co 和 O 元素组成,与 XRD 检测到的 Co_3O_4 相一致。对于白色区域,EDX 分析含有 Sr、Zr 和 O,XRD 检测为 $SrZrO_3$ 相。

对掺杂不同 ZrO_2 量的膜主体 SCF 相进行 EDX 元素分析,结果见表 5 - 11。可以看出,对于掺杂 ZrO_2 的试样,其 SCF 主晶相中均含有 Zr 元素,说明部分 Zr 固溶到钙钛矿晶相,掺杂不同量 ZrO_2 的膜片其钙钛矿晶相中 Sr、Co、Fe 及 Zr 元素摩尔比分别为:1:0.48:0.84:0.027,1:0.42:0.77:0.067,1:0.38:0.75:0.099,1:0.51:0.77:0.15 和 1:0.38:0.76:0.19,说明 Zr 固溶量随 ZrO_2 掺杂量的增加而增大。这很好地解释了 XRD 检测到的 SCF 相晶胞参数随 ZrO_2 掺杂量的增加而增大的现象。

表 5 - 11　烧结膜片 SCF 相的 EDX 分析结果

ZrO_2 掺杂量(质量分数)/ %	组成(摩尔分数)/ %			
	Sr	Co	Fe	Zr
0	47.51	18.76	33.73	—
1	42.57	20.33	35.95	1.16
3	44.35	18.53	34.12	2.99
5	44.84	17.10	33.59	4.46
7	41.03	20.93	31.82	6.23
9	42.93	16.31	32.50	8.26

5.3.3.4　不同 ZrO_2 掺杂量对 SCF 稳定性的影响

(1) 氦气气氛处理粉料的 XRD 结果

图 5 - 62 是不同 ZrO_2 掺杂量的膜材料经氦气气氛 1123K 处理 3h 后的 XRD 结果。SCF 经氦气气氛处理后,晶体结构发生转变,由立方钙钛矿结构转变为氧空位有序 Brownmillerite 结构。加入 1%(质量分数,下同)ZrO_2 仍不能使其晶型结构达到稳定。当 ZrO_2 掺杂量增加到 3% 以上时,材料经氦气气氛处理后便能够保持稳定的晶型结构。

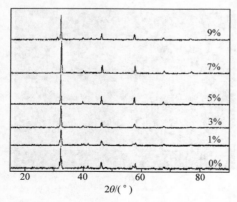

图 5 - 62　氦气气氛处理(1123 K、3 h)后粉料的 XRD 结果

(2) O_2-TPD 结果

膜的透氧过程涉及氧在高氧分压端膜表面的吸附、解离、体相扩散及在低氧分压端的氧重新与电子结合、脱附等过程,可见导体膜的透氧过程与氧程序升温

脱附过程非常相似。另外材料中氧的吸附、脱附过程会引起材料中各种可变价态相对比例的变化，导致钙钛矿型 B 位离子的有效半径发生变化，即容限因子的大小发生变化，从而可能使得钙钛矿结构受到破坏。因而研究膜材料的氧脱附性能不仅可以与其氧渗透性能相关联，还可以间接反映材料的结构稳定性。

对于钴、铁基钙钛矿型材料，氧脱附过程中通常有性质不同的两种脱附氧，即通常所说的 α 氧脱附和 β 氧脱附[172~174]。当 A 位被 Sr^{2+} 置换时，生成相应的氧空位。由于钙钛矿复合氧化物具有稳定的晶体结构，氧空位容易吸着气相中的氧，吸氧后空位消失。要维持体系的电中性，B 位 Co^{3+} 或 Fe^{3+} 生成非常价态的 Co^{4+} 或 Fe^{4+} 离子。α 氧为晶格氧空位处吸附的氧，其与高价 Co^{4+}、Fe^{4+} 还原为 Co^{3+}、Fe^{3+} 有关[172]，用方程可以表示为

$$2Fe_{Fe}^{\cdot} + O_o^x \rightleftharpoons 2Fe_{Fe}^x + V^{\cdot\cdot} + \frac{1}{2}O_2 \tag{5-55}$$

$$2Co_{Co}^{\cdot} + O_o^x \rightleftharpoons 2Co_{Co}^x + V^{\cdot\cdot} + \frac{1}{2}O_2 \tag{5-56}$$

而 β 氧是部分 Co^{3+} 或 Fe^{3+} 高温还原为 Co^{2+} 或 Fe^{2+} 时放出的晶格氧[172]，其用方程式表示为

$$2Fe_{Feo}^x + O_o^x \rightleftharpoons 2Fe_{Fe}' + V^{\cdot\cdot} + \frac{1}{2}O_2 \tag{5-57}$$

$$2Co_{Co}^x + O_o^x \rightleftharpoons 2Co_{Co}' + V^{\cdot\cdot} + \frac{1}{2}O_2 \tag{5-58}$$

图 5-63 给出不同 ZrO_2 掺杂量粉料的程序升温氧脱附结果。对所有测试的试样，在升温过程中都有两种脱附氧：一种是在 523~873K 附近的 α 脱附氧；另一种是在 1093~1223K 附近的 β 脱附氧。根据脱附峰的面积可以估算出氧脱附量的大小。Zhang 等[174]对 $La_{1-x}Sr_xCo_{1-y}Fe_yO_{3-\delta}$ 氧脱附性能进行了研究，其中 $SrCo_{0.4}Fe_{0.6}O_{3-\delta}$ 的氧脱附曲线与我们研究的 SCF 氧脱附曲线十分相似。从图中可看出，α 氧脱附量随 ZrO_2 掺杂量的增大而减小。这说明 Zr 的固溶降低了材料内的氧空位浓度，而 Zr 固溶量随 ZrO_2 掺杂量的增加而增大，因此材料内的氧空位浓度随 ZrO_2 掺杂量的增大而减小。根据 O_2-TPD 结果，可以推测膜的透氧量将随 ZrO_2 掺杂量的增大而减小。β 氧脱附量却随 ZrO_2 掺杂量的增大而增大，这似乎与粉料在低氧分压下的稳定性结果（图 5-62）不一致。因为文献报道表明结构稳定性与高温下氧的脱附（β 氧）密切相关[175,176]。由前述可知，当 Zr 固溶到钙钛矿 B 位后会导致 Co 的析出以维持材料的氧化学计量，富钴氧化物（Co_3O_4）的析出量随 Zr 固溶量的增大而增大（图 5-57）。这样高温氧脱附将包括两部分：一是 SCF 相中 Co^{3+} 高温还原为 Co^{2+} 时放出的晶格氧；二是 Co_3O_4 高温分解释放的氧。

Co_3O_4 随 ZrO_2 掺杂量的增加而增加,导致试样 β 氧的脱附量随 ZrO_2 掺杂量的增加而增加。

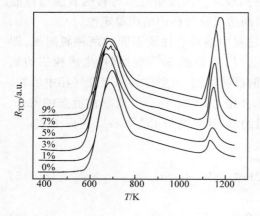

图 5-63　不同 ZrO_2 掺杂量粉料的 O_2-TPD 结果
[ZrO_2 掺杂量从 0%~9%(质量分数)]

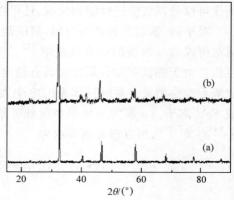

图 5-64　经(a)673 K 及(b)1073 K
氮气气氛处理后 SCFZ-1 粉料的 XRD 结果

材料在升温过程中有低温区的 α 氧脱附和高温区的 β 氧脱附。为了阐明材料相转变与低温及高温区氧脱附的关系,以 1% ZrO_2 掺杂的粉料(SCFZ-1)为例,将其分别在氮气气氛 673K 及 1073K 保温 1h,在相同的气氛下降至室温,然后进行 XRD 分析。结果见图 5-64。经 673K 温度处理后,材料没有发生相结构的变化,当在 1073K 处理后,材料由立方相转变为正交 Sr_2CoFeO_5 氧空位有序结构,这说明材料在低氧分压下的相结构转变确实与高温氧脱附有关。因为材料在高温低氧分压下会发生大量氧的脱附,材料中的晶格氧部分失去,晶格氧的失去导致钙钛矿结构中的氧空穴浓度增加,在随后的降温过程中发生有序化,从而导致 Brownmillerite 结构的出现。

(3) TG-DSC 分析结构

为了进一步说明膜材料在低氧分压气氛下的相结构变化,我们进行了 TG-DSC 分析。将掺杂不同 ZrO_2 量的 SCF 粉料在氮气气氛下以 $10K \cdot min^{-1}$ 升温至 1273K,然后再以相同的速率降至室温,结果见图 5-65。对于 0% 及 1% ZrO_2 掺杂的膜材料,升温过程中在 1098K 附近有一吸热峰,伴随着 TG 曲线上一质量损失;而在降温过程中存在一放热峰。很明显,升温及降温曲线所观察到的热效应是由于材料发生 Brownmillerite 到立方钙钛矿相的有序-无序相转变引起的[40,41,43,100],这与 XRD 分析得出的材料在低氧分压下发生结构转变的结果相一致。对于 ZrO_2 掺杂量大于 1% 的材料,只在升温过程中观察到一个吸热峰,其峰面积随 ZrO_2 掺杂量的增大有增大趋势,而在降温过程中并没有观察到放热峰的存

在。结合 O_2-TPD 实验结果可知,对于 ZrO_2 掺杂量大于 1% 的材料(SCFZ-1),其

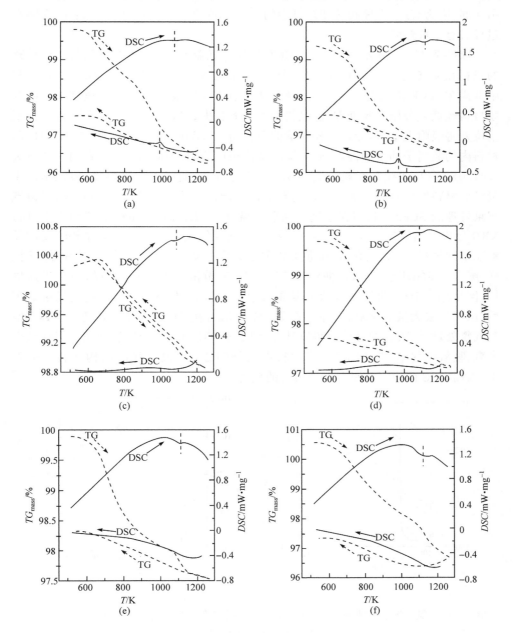

图 5-65　粉料在氮气气氛下的 TG-DSC 曲线

(a) 0%(质量分数,下同);(b) 1%;(c) 3%;(d) 5%;(e) 7%;(f) 9%

在氮气升温过程中的吸热峰是由于 Co_3O_4 相分解所致,而不是有序-无序相转变而引起的,因为有序-无序相转变是可逆的[41,100],在升温过程中存在吸热峰,在降温过程必有一放热峰。

以掺杂 1‰(SCFZ-1)及 7‰(SCFZ-7)ZrO_2 的材料为例,将在氮气气氛中处理的粉料在氧气气氛中进行 TG-DSC 分析,结果见图 5 – 66。对于 SCFZ-1,升温过程中试样在 580K 附近有一尖锐放热峰,伴随着 TG 曲线上质量的迅速增加。因为膜材料经低氧分压气氛处理过,晶格内大量氧丧失。当其在空气气氛中升温时,氧空位处将吸附大量氧,导致试样质量的急剧增加(580K 附近),当温度进一步升高,材料内的氧离子的可动性增强,氧又将从晶格内脱附,因而随着温度的进一步升高(>700K),TG 曲线又表现为失氧现象。对于 DSC 曲线上的吸热峰,应该是由于吸氧后材料发生有序到无序结构的转变而引起的。为了证实此结构转变,将氮气气氛处理的 SCFZ-1 粉料在空气气氛中升温至 580K,保温 30min 后降至室温进行 XRD 分析。结果见图 5 – 67。可以看出,在氮气气氛处理后发生有序相转变的粉料在空气气氛 580K 活化 0.5h 重新恢复了无序的立方钙钛矿结构。对 SCFZ-7 试样,图 5 – 66(b)所示的 TG 曲线在 550~660K 范围如 SCFZ-1 一样,质量迅速增加,但是相应 DSC 曲线并没有热量的变化。这是因为,SCFZ-7 经氮气气氛处理后,虽然失去大量晶格氧,但并没有发生立方相到氧空位有序相的转变。当其在空气气氛处理后,失去的晶格氧得以补充,伴随着 TG 曲线上的质量增加。但在整个失氧、吸氧过程中,与 SCFZ-1 膜材料不同,SCFZ-7 并没有伴随结构相转变的发生,因而 DSC 曲线上并没有伴随热量的变化。

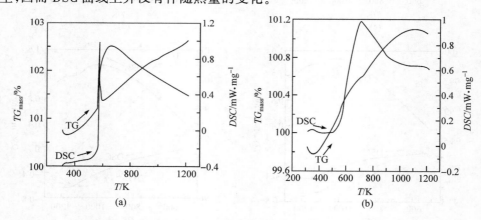

(a)　　　　　　　　　　　　　(b)

图 5 – 66　氮气气氛处理 SCFZ-1 及 SCFZ-7 粉料在空气气氛升温过程中的 TG-DSC 曲线
(a) SCFZ-1;(b) SCFZ-7

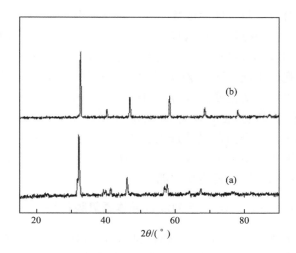

图 5-67　氦气气氛处理粉料及其在氧气气氛中 580K 活化 30min 后的 XRD 结果
(a) 处理前；(b) 处理后

5.3.3.5　不同 ZrO_2 掺杂量对 SCF 膜氧渗透性能的影响

　　膜的氧渗透通量随 ZrO_2 掺杂量的增加而减小(图 5-68)。在 0%～7%(质量分数) ZrO_2 掺杂量的膜片中,并没有 $SrZrO_3$ 的存在,因而排除了其对氧渗透通量的影响。可以肯定,氧渗透通量随 ZrO_2 掺杂量的增加而减小是由于 Zr 固溶随 ZrO_2 掺杂量的增加而增加的缘故。氧渗透实验结果与 O_2-TPD 结果相一致。透氧活化能是表征材料氧渗透性能的另一个重要指标。图 5-69 为不同 ZrO_2 掺杂

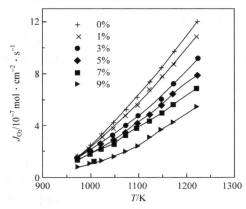

图 5-68　不同 ZrO_2 掺杂量的 SCFZ 氧
渗透与温度的关系

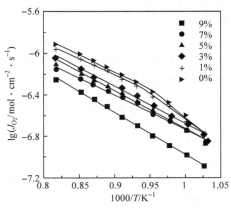

图 5-69　$\lg J_{O_2}$-$1/T$ 关系图

量的膜的透氧量对数值与温度的倒数关系。对 0%及 1%掺杂量的膜片,在测定的温度范围内,透氧过程显示两个表观活化能。这是由于在高温区材料为纯相钙钛矿结构,随着温度的降低,材料内晶格氧无序度降低而同时有序度提高造成透氧过程表现为两个表观活化能。而对 ZrO_2 掺杂量≥3%的试样,在研究的温度范围内,透氧过程只表现出单一活化能。这与 XRD(图 5-62)及 TG-DSC 分析(图 5-65)所得出的材料在低氧分压下较好的稳定性结果相一致。在 1223K,厚度约 1.78mm 的 3% ZrO_2 掺杂量的膜片透氧量达到 $8.9×10^{-7}\ mol·cm^{-2}·s^{-1}$。根据结构稳定性及氧渗透实验结果可以得出,3% ZrO_2 掺杂可以显著改善材料在低氧分压下的稳定性而不明显影响其透氧性能。

5.3.4 新型 $Sr(Co,Fe,Zr)O_{3-δ}$ 系列混合导体透氧膜材料

我们发现对于掺杂 ZrO_2 的 SCF 膜材料,真正对材料稳定性起作用的是 Zr 的固溶。在 SCF 中掺入 ZrO_2,虽然经高温焙烧后,部分 Zr 固溶到 SCF 晶相中,稳定了材料在低氧分压下的相结构,但是 Zr 进入 SCF 晶格,使 SCF 的化学计量发生偏移,并导致富钴相的偏析,这些都会对膜材料的透氧能力及稳定性产生不利影响。而且,对于掺杂 ZrO_2 的 SCF 材料,在高温焙烧过程中同时存在锶的析出(有锆酸锶生成)和 Zr 的固溶,很难对 Sr-Co-Fe-Zr 体系中 Zr 的固溶限及满足材料稳定所需 Zr 的固溶量等问题进行定量研究。另外,掺杂基体材料 SCF 的 Co 含量相对较低(为 0.4),研究表明材料稳定性随 Co 含量的增加而减小,而氧渗透通量随 Co 含量的增加而增大。因而研究含 Zr 体系材料中的氧渗透及稳定性随 Co 含量的变化关系,为膜材料的进一步优化设计提供依据是十分必要的。因此,我们直接将 Zr 在 SCF 中进行 B 位掺杂,开发了一系列 $Sr(Co,Fe,Zr)O_{3-δ}$ 混合导体透氧膜材料,包括 $SrCo_{0.4}Fe_{0.6-x}Zr_xO_{3-δ}(0≤x≤0.2)$ 及 $SrCo_{0.95-x}Fe_xZr_{0.05}O_{3-δ}(0≤x≤0.95)$,并对其性能进行了系统的研究,定量地考察了 $Sr(Co,Fe,Zr)O_{3-δ}$ 体系形成钙钛矿结构 Zr 的固溶限、满足材料在低氧分压下稳定所需 Zr 的固溶量、以及氧渗透通量随组成的变化关系等[104]。

5.3.4.1 材料的合成

我们采用固相反应法制备 $SrCo_{0.4}Fe_{0.6-x}Zr_xO_{3-δ}(x=0,0.02,0.05,0.1,0.15,0.2)$ 及 $SrCo_{0.95-x}Fe_xZr_{0.05}O_{3-δ}(x=0,0.1,0.2,0.4,0.6,0.8,0.95)$ 粉料。将 $SrCO_3$、Co_2O_3、Fe_2O_3 和 ZrO_2 混合在酒精介质中球磨 24h,于 343K 下烘干,并置于马弗炉中 1223K 下焙烧 4h 得氧化物粉体。将焙烧后的膜材料研磨并筛分获得 300 目以上的粉体,加入适量添加剂,在 200MPa 的单轴压力下压制得膜坯体。将所制得膜坯置于硅钼棒炉中,以 $2K·min^{-1}$ 的升温速率升至 1473~1523K,保温 5h,再以相同的速率降至室温。将所制得的膜片粉碎后进行 XRD、TG-DSC 及

O_2-TPD等分析。

5.3.4.2　$SrCo_{0.4}Fe_{0.6-x}Zr_xO_{3-\delta}(0 \leqslant x \leqslant 0.2)$体系

(1) 晶体结构

图 5-70 是 $SrCo_{0.4}Fe_{0.6-x}Zr_xO_{3-\delta}(0 \leqslant x \leqslant 0.2)$粉料的 XRD 结果。对于 $x \leqslant$ 0.1，材料为单相钙钛矿结构；当 Zr 掺杂量 $x > 0.1$ 时，材料除钙钛矿主晶相外，还有少量 $SrZrO_3$ 相。而且随着 Zr 含量的增大，$SrZrO_3$ 的生成量逐渐增加。图5-71 给出 $SrCo_{0.4}Fe_{0.6-x}Zr_xO_{3-\delta}$ 试样的晶胞参数随 Zr 掺杂量的变化关系。晶胞参数先是随 Zr 掺杂量的增加而增加，在 $x = 0.1$ 附近出现一转折。这说明 Zr 的固溶限约在 10%（摩尔分数）左右。

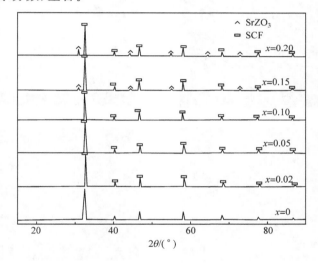

图 5-70　$SrCo_{0.4}Fe_{0.6-x}Zr_xO_{3-\delta}(0 \leqslant x \leqslant 0.2)$试样的 XRD 结果

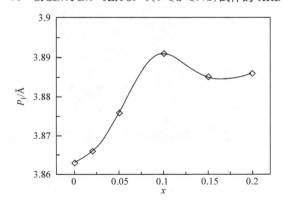

图 5-71　$SrCo_{0.4}Fe_{0.6-x}Zr_xO_{3-\delta}$试样晶胞参数随 Zr 掺杂量变化关系

　　图 5-72 是 $SrCo_{0.4}Fe_{0.6-x}Zr_xO_{3-\delta}$ $(0 \leqslant x \leqslant 0.2)$ 膜片的表面背反射电子扫描照片。图中灰色区域为主晶相 $Sr(Co,Fe,Zr)O_{3-\delta}$。对于所有组成的膜都存在一黑色区域，EDX 分析表明此区域含 Co 和 O 元素，这是高温焙烧后，Co 氧化物的微量偏析所致[2]。但 XRD 并没有检测到该相的存在，说明它的含量很小，在 XRD 的检测限范围之外。另外，对于 $x > 0.1$ 的膜片，SEM-EDX 表明另一杂相 $SrZrO_3$（白色区域）的存在，这与 XRD 的检测结果一致。而对 $x = 0.1$ 的膜，虽然 XRD 未检测到 $SrZrO_3$ 相，但 SEM-EDX 分析表明仍有此相的存在。因此，结合 XRD 及 SEM-EDX 分析，可得 Zr 的固溶限介于 5～10%（摩尔分数）之间。

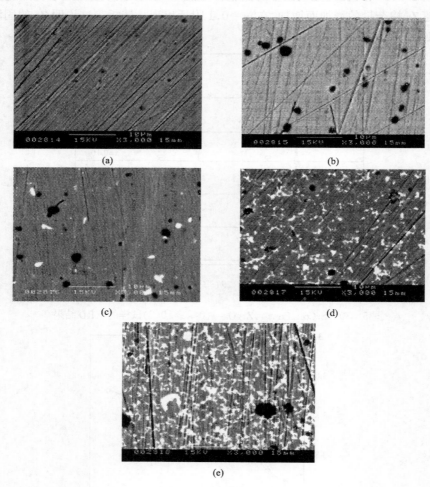

图 5-72　$SrCo_{0.4}Fe_{0.5}Zr_{0.1}O_{3-\delta}$ 系列膜片的表面背反射电子衍射图

(a) $x = 0.02$；(b) $x = 0.05$；(c) $x = 0.10$；(d) $x = 0.15$；(e) $x = 0.2$

（2）结构稳定性

为了研究材料在低氧分压下的稳定性，将 $SrCo_{0.4}Fe_{0.5}Zr_{0.1}O_{3-\delta}(0 \leqslant x \leqslant 0.2)$ 在氮气气氛 1123 K 处理 3h 后进行 XRD 分析，结果见图 5-73。所有 Zr 掺杂试样经氮气气氛 1123K 处理后均能保持稳定的晶型结构。为进一步研究 Zr 含量对材料稳定性的影响，将试样在氮气气氛 1173K 处理 3h 后进行 XRD 分析，结果如图

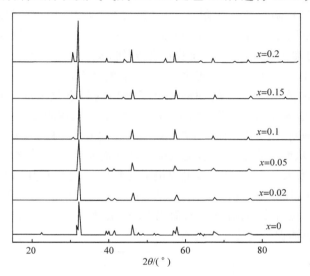

图 5-73　$SrCo_{0.4}Fe_{0.5}Zr_{0.1}O_{3-\delta}$ 粉料氮气气氛 1123K 处理 3h 后的 XRD 结果

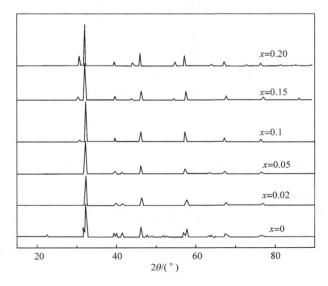

图 5-74　$SrCo_{0.4}Fe_{0.5}Zr_{0.1}O_{3-\delta}$ 粉料氮气气氛 1173 K 处理 3h 后的 XRD 结果

5-74所示。与图 5-70 原始粉料的 XRD 结果相比，经氮气气氛处理后，$x=0$，$x=0.02$ 的试样发生钙钛矿到正交 Brownmillerite 相的转变，随着 Zr 掺杂量的增大，结构稳定性逐渐增大，当 Zr 含量达到 $x=0.05$ 时，试样即可在低氧分压气氛下维持稳定的晶型结构。

对于 $SrCo_{0.4}Fe_{0.5}Zr_{0.1}O_{3-\delta}$ 试样，在升温过程中都有两种脱附氧（图 5-75），一种是在 $523 \sim 873K$ 附近的 α 脱附氧，另一种是在 $1093 \sim 1223K$ 附近的 β 脱附氧。根据脱附峰的面积可以估算出氧脱附量的大小。可以看出，α 氧及 β 氧脱附量都随 Zr 掺杂量的增大而减小。前面我们曾提到，α 氧为氧空位处吸附的氧，其与 $Co^{4+} \to Co^{3+}$ 和 $Fe^{4+} \to Fe^{3+}$ 价态变化相关，而 β 氧是 Co^{3+} 或 Fe^{3+} 高温还原为 Co^{2+} 或 Fe^{2+} 时放出的晶格氧。Zr 的固溶降低了材料的氧空位浓度，因而 α 氧脱附量随 Zr 固溶量的增大而减小。同时由图 5-75 所示 β 氧脱附随 Zr 含量的增大而减小的趋势可以推断，Zr 的固溶减小了 Co^{3+}/Fe^{3+} 向 Co^{2+}/Fe^{2+} 的还原趋势，抑制了高温氧的脱附，从而阻止了由于氧空穴浓度增加而发生的有序化，因而材料稳定性随 Zr 的固溶而增大。Miura[175] 等也曾报道材料的结构相转变与高温氧的脱附有关。将 O_2-TPD 后的粉料进行 XRD 分析，对于 $x=0$ 及 $x=0.02$ 的试样，发生立方钙钛矿到氧空位有序结构的转变，而当 Zr 掺杂量 $\geqslant 0.05$ 时，材料经高温低氧分压气氛处理后仍能保持稳定的晶型结构。

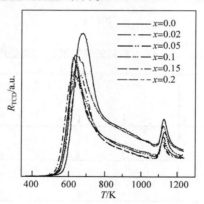

图 5-75　$SrCo_{0.4}Fe_{0.5}Zr_{0.1}O_{3-\delta}(0.0 \leqslant x \leqslant 0.2)$ 粉料的 O_2-TPD 结果

（3）膜的氧渗透性能

图 5-76 是不同 Zr 掺杂量试样透氧量随温度的变化关系。从图中可以看出，透氧量随温度的升高而增大，在所考察的温度范围内（$973 \sim 1223K$），试样表现出了较高的透氧性能。如厚度为 1.78mm 的 $SrCo_{0.4}Fe_{0.55}Zr_{0.05}O_{3-\delta}$ 膜，其在 1223K 下透氧量达到 $9.4 \times 10^{-7} mol \cdot cm^{-2} \cdot s^{-1}$。$SrCo_{0.4}Fe_{0.5}Zr_{0.1}O_{3-\delta}$ 体系的透氧量随着 Zr 掺杂量的增大而减小。Zr 部分取代 B 位 Co(Fe) 后，增加了 M—O 键的结合

能、降低了氧空位的浓度（O_2-TPD 结果），从而降低了氧渗透通量。尽管 Zr 的固溶限<0.1，但当 $x>0.1$ 时，氧通量仍有下降趋势，这可能是由于材料中弱离子传导相 $SrZrO_3$ 存在的缘故。

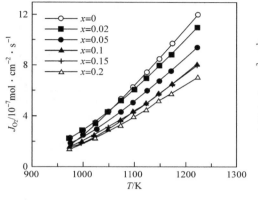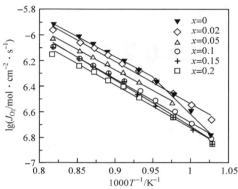

图 5-76　$SrCo_{0.4}Fe_{0.5}Zr_{0.1}O_{3-\delta}$
（$0 \leqslant x \leqslant 0.2$）膜的透氧量与温度的关系

图 5-77　$\lg J_{O_2}$-$1/T$ 关系图

透氧活化能是表征材料氧渗透性能的另一个重要指标。图 5-77 为不同 Zr 掺杂量试样透氧量对数值与温度的倒数关系。由图可见，对未掺杂 Zr 的试样（$x=0$），在测定的温度范围内，透氧过程显示两个表观活化能，分别为 60.5 kJ·mol^{-1}（1053～1223K）和 108.3kJ·mol^{-1}（973～1053K）。而对掺杂 Zr 的试样，在研究的温度范围内，透氧过程为单一活化能，其活化能值在 64～69kJ·mol^{-1} 范围。

作为一种理想的透氧膜材料，不仅要求其具有高的透氧能力，高的透氧稳定性也是其能否在实际中得以应用的关键。虽然用 XRD 等表征手段可以给出材料透氧稳定性的某些间接信息，对膜的透氧稳定性进行直接研究是最为直接可靠的检测膜性能的方法。某些材料，如 $La_{0.6}Sr_{0.4}CoO_{3-\delta}$[5] 和 $Ba_{0.5}Sr_{0.5}Co_{0.8}Fe_{0.2}O_{3-\delta}$[46] 以及已经考查的 $SrCo_{0.4}Fe_{0.6}O_{3-\delta}$，虽然开始时它们也具有较大的氧渗透能力，但其透氧量随着操作时间的延长而不断下降，从而限制了它们在实际中的应用。透氧量下降的原因在于膜材料在操作过程中发生氧空穴的有序化与相变过程以及元素偏析等。图 5-78 是 $SrCo_{0.4}Fe_{0.6-x}Zr_xO_{3-\delta}$（$x=0.05,0.1,0.2$）膜在 1073K 下透氧稳定性的考察结果。在 180 多小时的运行过程中，膜材料保持了稳定的氧渗透行为，这与 XRD（图 5-74）所示的粉料在低氧分压下具有稳定相结构的结果相一致，进一步说明 Zr 的固溶增加了材料的透氧稳定性。

在对掺杂 ZrO_2 的 SCF 体系研究发现，掺入 3%（质量分数）的 ZrO_2 可使材料既保持高的氧渗透通量又能在低氧分压气氛下维持稳定的晶型结构。但是由于 Zr 进入 SCF 晶格中，使 SCF 偏离化学计量导致富钴相的偏析。富钴相的存在会

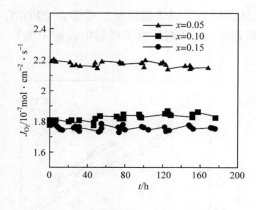

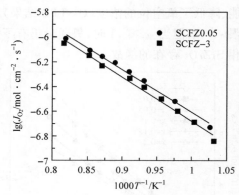

图 5-78　SrCo₀.₄Fe₀.₆₋ₓZrₓO₃₋δ
（x=0.05,0.1,0.2)膜透氧稳定性考察

图 5-79　SCFZ-0.05 与 SCFZ-3 膜
的透氧量比较

对膜材料的透氧性能有不利影响。图 5-79 给出掺杂 3％（质量分数）ZrO₂ 的 SCF
（SCFZ-3）与 SrCo₀.₄Fe₀.₅₅Zr₀.₀₅O₃₋δ（SCFZ0.05）膜透氧量的比较结果。两种膜材
料均能在低氧分压气氛下维持稳定的晶型结构。虽然 SrCo₀.₄Fe₀.₅₅Zr₀.₀₅O₃₋δ 中
Zr 的加入量还略大于 SCFZ-3 中的 Zr 含量，但是从图中可以看出，SCFZ0.05 的透
氧性能要优于 SCFZ-3。这说明直接制备 B 位含 Zr 的 SCFZ 材料其性能优于在
SCF 中掺入 ZrO₂ 的方法。

5.3.4.3　SrCo₀.₉₅₋ₓFeₓZr₀.₀₅O₃₋δ（0≤x≤0.95)体系

根据上述研究可以发现，B 位掺杂一定量高价态的 Zr⁴⁺ 离子可以有效地提
高材料在低氧分压下的稳定性，而不显著影响材料的氧渗透性能。我们以文献
中普遍认为具有高氧渗透通量但低稳定性的钙钛矿型材料 SrCo₀.₈Fe₀.₂O₃₋δ 为研
究体系[6,41,42,177]，考察 B 位掺 Zr 是否能使其在低氧分压气氛下的相结构稳定。
图5-80 是 SrCo₀.₈Fe₀.₂O₃₋δ 及 SrCo₀.₈Fe₀.₁₅Zr₀.₀₅O₃₋δ 粉料在氮气气氛 1123K 处
理 3h 后的 XRD 结果。SrCo₀.₈Fe₀.₂O₃₋δ 试样经氮气气氛处理后，发生立方钙钛
矿到氧空位有序 Brownmillerite 相的转变；而掺杂 5％（摩尔分数）Zr 的材料在低
氧分压下保持了稳定的晶型结构。这说明，只需在 B 位掺杂 5％（摩尔分数）
Zr(SrCo₀.₈Fe₀.₁₅Zr₀.₀₅O₃₋δ）即可显著提高其在低氧分压下的稳定性。图 5-81
给出 SrCo₀.₈Fe₀.₂O₃₋δ 及 SrCo₀.₈Fe₀.₁₅Zr₀.₀₅O₃₋δ 粉料在氮气气氛下升温及降温过
程的 TG-DSC 曲线。从图中可以看出，在升温过程中，SrCo₀.₈Fe₀.₂O₃₋δ 试样在
1047K 附近有一吸热峰，伴随着 TG 曲线的质量损失；降温过程中此试样在 989K
附近有一放热峰。这种热量及质量的变化是由于材料发生钙钛矿到氧空位有序正
交 Brownmillerite 相的转变而引起的[40,41,100]。Kruidhof[40] 和 Liu[41] 等分别报道

$SrCo_{0.8}Fe_{0.2}O_{3-\delta}$的相转变温度在 1063K 及 1043K,我们研究的相转变温度与其相近。而对于 $SrCo_{0.8}Fe_{0.15}Zr_{0.05}O_{3-\delta}$试样,在整个升温及降温过程中没有发生热量的变化,说明此材料在低氧分压下并没有发生相结构的变化,显示了良好的结构稳定性。

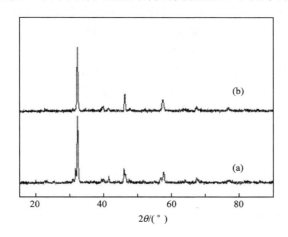

图 5-80 氮气气氛 1123K 处理 3h 后(a) $SrCo_{0.8}Fe_{0.2}O_{3-\delta}$及
(b) $SrCo_{0.8}Fe_{0.15}Zr_{0.05}O_{3-\delta}$粉料的 XRD

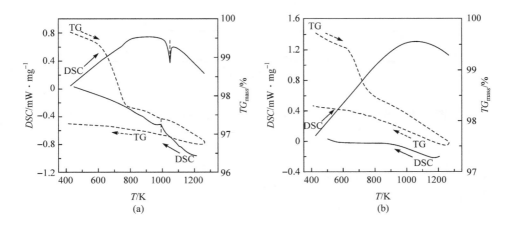

图 5-81 (a) $SrCo_{0.8}Fe_{0.2}O_{3-\delta}$和(b) $SrCo_{0.8}Fe_{0.15}Zr_{0.05}O_{3-\delta}$
粉料在氮气气氛下的 TG-DSC 曲线

研究认为 B 位 Co 取代 Fe 可以提高材料的氧渗透性能,但其稳定性却有所下降,因为 Fe 离子以+3 价稳定,而 Co 离子常以+2 价稳定[103]。为此,我们采用固相反应法合成 $SrCo_{0.95-x}Fe_xZr_{0.05}O_{3-\delta}$(0≤$x$≤0.95)系列材料,并考察了材料结构、氧渗透性能及其在低氧分压下的稳定性随 Co 含量的变化,为材料的进一步优化设计提供依据[104]。

（1）晶体结构

图 5 - 82 是合成的 $SrCo_{0.95-x}Fe_xZr_{0.05}O_{3-\delta}$（$0\leqslant x\leqslant0.95$）系列材料粉料的 XRD 图谱。对于 $SrCo_{0.95}Zr_{0.05}O_{3-\delta}$ 氧化物为六角钙钛矿型结构；对于 $x\geqslant0.1$ 的试样，材料都形成单一立方钙钛矿结构。我们选择 $0.1\leqslant x\leqslant0.8$ 为例，进行了详细研究。图 5 - 83 是 $SrCo_{0.95-x}Fe_xZr_{0.05}O_{3-\delta}$（$0.1\leqslant x\leqslant0.8$）体系材料的晶胞参数随 Co 掺杂量的变化关系。可以看出，晶胞参数 a 随 Co 含量的增大而减小。这是由于 Co^{3+} 的离子半径小于 Fe^{3+} 离子半径的缘故[167]。

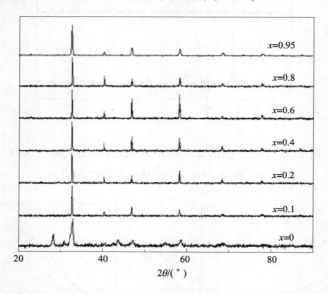

图 5 - 82　$SrCo_{0.95-x}Fe_xZr_{0.05}O_{3-\delta}$（$0.1\leqslant x\leqslant0.95$）系列粉料的 XRD 结果

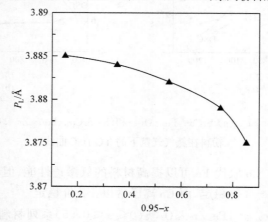

图 5 - 83　$SrCo_{0.95-x}Fe_xZr_{0.05}O_{3-\delta}$（$0.1\leqslant x\leqslant0.8$）体系晶胞参数 a 随 Co 含量的变化关系

（2）结构稳定性

图 5-84 是 $SrCo_{0.95-x}Fe_xZr_{0.05}O_{3-\delta}$（$0.1 \leqslant x \leqslant 0.8$）粉料在氢气气氛 1173K 处理 3h 后的 XRD 结果。可以看出，对所有试样，经低氧分压气氛处理后仍能维持稳定的立方钙钛矿结构。通常在富钴体系中，由于材料中大量氧空穴的存在，大大削弱了 B 位离子与氧的结合能力，使得 BO_6 八面体的稳定性下降，从而导致了钙钛矿结构在较低温度下发生相分离。图 5-83 的结果说明了 Zr 固溶对 $Sr(Co,Fe,Zr)O_{3-\delta}$ 体系结构稳定性的作用大于高 Co 含量对材料稳定性的不利影响。

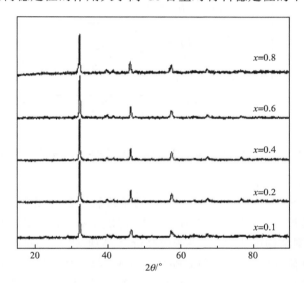

图 5-84　$SrCo_{0.95-x}Fe_xZr_{0.05}O_{3-\delta}$ 粉料氢气气氛 1173 K 处理 3h 后的 XRD 结果

图 5-85 给是 $SrCo_{0.95-x}Fe_xZr_{0.05}O_{3-\delta}$（$0.1 \leqslant x \leqslant 0.8$）粉料的 O_2-TPD 结果。可以看出，与 $SrCo_{0.4}Fe_{0.5}Zr_{0.1}O_{3-\delta}$（$0.0 \leqslant x \leqslant 0.2$）体系材料的氧脱附峰相类似，$SrCo_{0.95-x}Fe_xZr_{0.05}O_{3-\delta}$（$0.1 \leqslant x \leqslant 0.8$）体系材料在升温过程中有两种脱附氧：一种是在 523～873K 附近的 α 脱附氧，其最大氧脱附温度随 Co 含量的增加而稍向低温区位移偏移，氧脱附量随 Co 含量的增加而增大，这与 Zhang 等[146] 在研究 $La_{1-x}Sr_xCo_{1-y}Fe_yO_3$ 氧脱附随 Co 含量的变化结果相一致；另一种是在 1093～1223K 附近的 β 脱附氧。β 氧脱附量亦随 Co 含量的增加而增大。因为 Fe 离子以 +3 价稳定，而 Co 离子常以 +2 价稳定，因而材料中 Co^{3+} 在高温下易还原为 Co^{2+}，同时放出 β 氧，这就解释了 β 氧脱附量随 Co 含量的增加而增大的现象。从图 5-16 可以看出，当 Co 含量减小到 15%（摩尔分数）时，试样中几乎没有 β 氧的脱附，这说明 β 氧脱附主要是由于试样中 Co^{3+} 还原为 Co^{2+} 而放出的氧，另一方面也说明随着 Fe 含量的增加，高价离子在钙钛矿型结构中趋向于稳定化。

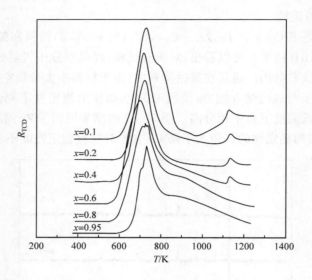

图 5-85　SrCo$_{0.95-x}$Fe$_x$Zr$_{0.05}$O$_{3-\delta}$(0.1≤x≤0.8)粉料的 O$_2$-TPD 结果

（3）膜的氧渗透性能

图 5-86 是 SrCo$_{0.95-x}$Fe$_x$Zr$_{0.05}$O$_{3-\delta}$试样的氧渗透通量随温度的变化关系。很明显氧渗透通量随 Co 含量的增加而增大，即随 Fe 含量的增加而减小。这是由于 Fe 在钙钛矿型结构中比 Co 容易变成高价（+4）形式[178]，使得 A 位低价离子的掺杂所引起的电荷补偿方式主要以 Fe 的升价来实现，从而导致材料的氧离子电导率较低。在 B 位掺杂一些不容易升价的 Co 离子，使得电荷补偿方式主要以氧空

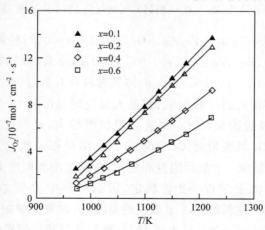

图 5-86　SrCo$_{0.95-x}$Fe$_x$Zr$_{0.05}$O$_{3-\delta}$(0.1≤x≤0.8)膜的透氧量随温度的变化关系

位的形成来实现,因而 Co 的引入提高了氧渗透通量。这与图 5-85 中所示的 α 氧脱附量随 Co 含量增加而增大的现象相一致。

5.4　担载混合导体透氧膜的制备

对于混合导体透氧膜,其透氧膜的氧透量大小与缺陷的类型、缺陷浓度、缺陷的有序和无序情况、温度、膜两侧的氧分压和膜厚等密切相关。降低膜层厚度一方面可以提高氧通量,另一方面,在低氧压侧从膜失去的氧可迅速被来自高氧压侧的氧所填补,可避免由于膜两侧氧晶格的差异而产生应力导致膜的断裂。但是,随着膜厚的降低,膜的机械强度随之降低,膜的工业应用也成为困难。普遍认为如果膜的厚度小于 $150\mu m$,膜就需要支撑,以保证其足够的机械强度。因此,制备担载钙钛矿致密透氧膜以提高膜氧渗透通量及膜的稳定性引起各国膜科研人员的关注,一直是致密透氧膜领域研究的热点[42,57,179~185]。

图 5-87 给出了在多孔支撑体上涂覆薄膜(担载膜)的结构示意图。各国研究者已提出了众多的有支撑成膜工艺,如浸渍法、溅射法、喷涂法、溶胶-凝胶法、化学气相沉积(CVD)等,试图制备出致密无缺陷的担载透氧膜。日本科学家 Teraoka 等首先报道采用溅射和喷涂技术在多孔 $La_{0.6}Sr_{0.4}CoO_{3-\delta}$ 支撑体上制备 $La_{0.6}Sr_{0.4}CoO_{3-\delta}$ 薄膜(非对称膜)[179],但研究发现:采用溅射法制得的膜经烧结后膜表面产生裂纹;采用喷涂技术可以获得厚度为 $15\mu m$ 的几乎致密的膜(不完全致密),其氧渗透通量比同种材料的对称膜(厚度 1.5mm)高 2 倍左右。但是氧通量值比期望值低 4 倍,他们认为这是由于高温烧结时,膜表面的化学组成发生变化引起氧吸附和脱附的降解从而导致了氧通量的下降。美国学者 Schwartz 等[181]采用喷涂、离心浇铸及前驱物热解法在管状 MgO 撑体上涂敷 $SrFeCo_{0.5}O_x$ 膜层,但是由于膜材料与撑体材料收缩率的不同导致膜产生缺陷,难以达到致密。Xia 等[180]采用 CVD 在 Al_2O_3 支撑体上制备了 $SrCo_yFe_{1-y}O_{3-\delta}$ 致密薄膜,当它用于氧分离器及膜反应器时(973~1173K),膜层与 Al_2O_3 支撑体将会发生固相反应,从而导致膜表面化学组分的变化,而不具实际应用前景。最近,立陶宛学者 Abrutis 等[184]采用常压喷涂-高温分解技术在多层复合多孔陶瓷支撑体(Al_2O_3-YSZ、Al_2O_3-过渡层-TiO_2)上制备钙钛矿型[$La_{1-x}Sr_xMnO_3$、$La_{1-x}Sr_xFe_{1-y}(Co,Ni)_yO_3$、$La_{1-x}Sr_xGa_{1-y}(Co,Ni,Fe)_yO_3$、$La_{1-x}Sr_xCoO_3$]及类钙钛矿型($La_2NiO_4$)薄膜,但制备的膜重复性较差。瑞士学者 Middleton 等[183]采用共同浇铸及烧结技术在多孔 MgO 支撑体上制备 5~10μm 厚的 $La_{0.6}Sr_{0.4}Fe_{0.8}Co_{0.2}O_{3-\delta}$ 担载膜,但仍存在一些针孔、裂纹等缺陷,并发现 MgO 支撑体的致密化程度对 $La_{0.6}Sr_{0.4}Fe_{0.8}Co_{0.2}O_{3-\delta}$ 膜层致密有很大的影响。

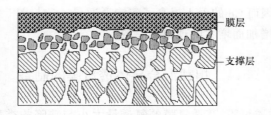

图 5-87　担载膜结构示意图

因此,要成功制备担载钙钛矿致密透氧膜需解决下列关键问题:①高温时膜材料和支撑体材料之间的热膨胀系数的匹配;②高温时膜材料和支撑体材料之间的固相化学反应;③膜层与支撑体之间的界面结合;④担载透氧膜必须是致密无缺陷。而这些难题涉及多门学科,如材料科学、膜科学、化学工程等学科,这使得制备担载钙钛矿致密膜有较大的技术难度。

为此我们在深入分析制约担载膜制备因素的基础上,提出"协同收缩"的概念,开发了担载膜制备的一种新方法,即膜和支撑体使用同种材料,在支撑体材料中加入添加剂(其在烧结过程中形成多孔),直接在未烧结的支撑体生坯上涂覆膜层,从而确保膜和支撑体在烧结过程中具有相同的热膨胀系数和收缩率,并避免了化学相容性问题[89]。

5.4.1　$La_{0.6}Sr_{0.4}Co_{0.2}Fe_{0.8}O_{3-\delta}$非对称膜的制备[89]

5.4.1.1　膜的制备

我们采用固相反应法合成了 $La_{0.6}Sr_{0.4}Co_{0.2}Fe_{0.8}O_{3-\delta}$(LSCF-6428)氧化物粉料,在粉料加入适量的添加剂后,压制支撑体坯体。将水和分散剂与 LSCF-6428 粉料混合,经球磨 2h 后制成涂膜悬浮液。将悬浮液直接涂覆在支撑体坯体表面,经干燥、烧结(1573K,3h),制得 LSCF-6428 非对称膜,同时为了比较,将支撑体在相同的烧结制度下烧结。

5.4.1.2　膜的结构与性能

图 5-88 为所制备的 LSCF-6428 的粉体及非对称膜的 XRD 衍射图。由图可知,膜的晶型与粉体相一致,均为立方钙钛矿型。与文献报道相比[179],我们采用制备技术避免了膜的化学组成的变化,为膜具有好的氧渗透性能提供了保证。

图 5-89 和图 5-90 是烧结的支撑体的氮气渗透性能及 SEM 表面形貌。可以发现,支撑体多孔的,其平均孔径根据氮气的渗透曲线估算约为 0.5μm。

图 5-91 为膜表面及断面 SEM 照片。由图可知,所制备的 LSCF-6428 非对称膜致密且无缺陷,膜的厚度约 200μm。同时常温下 N_2 的气密性检测(压力高达

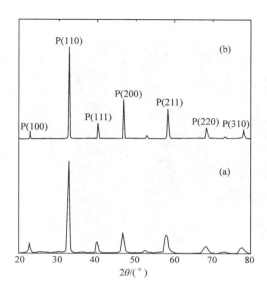

图 5－88 $La_{0.6}Sr_{0.4}Co_{0.2}Fe_{0.8}O_{3-\delta}$粉体(a)和膜(b)的 XRD 衍射图

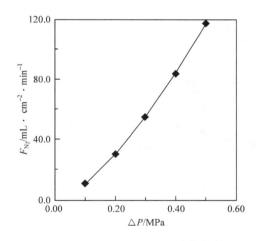

图 5－89 室温下支撑体的氮气渗透性

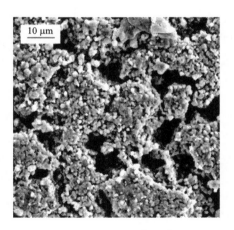

图 5－90 支撑体表面形貌

10atm)进一步证实了顶层膜的致密性与完整性。

我们在自建的高温氧渗透评价装置(见 5.2 部分)上,对 LSCF-6428 非对称膜氧渗透性能进行评价。图 5－92 为 LSCF-6428 非对称膜和对称膜的氧渗透通量比较。在 823～1073K 温度范围内,顶层膜厚度为 200μm 的非对称膜的氧渗透通量比同种材料的对称致密膜(厚度 2 mm)高 3～4 倍,非对称膜的氧渗透活化能为 18.09kJ•mol^{-1},比对称膜的氧渗透活化能(约为 160 kJ•mol^{-1})低得多,说明非对称膜比对称膜具有高的氧渗透性能。

图 5-91　$La_{0.6}Sr_{0.4}Co_{0.2}Fe_{0.8}O_{3-\delta}$ 非对称膜非对称膜的表面(a)与断面(b)的 SEM 照片

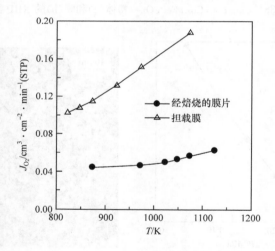

图 5-92　$La_{0.6}Sr_{0.4}Co_{0.2}Fe_{0.8}O_{3-\delta}$ 非对称膜和对称膜的氧渗透通量比较

5.4.2　$La_{0.2}Sr_{0.8}Co_{0.8}Fe_{0.2}O_{3-\delta}/SiO_2/Al_2O_3$ 复合膜的制备

众所周知,多孔 Al_2O_3 支撑体是一种较经济的商业化产品,如何在其表面制备钙钛矿型氧化物薄膜,一直是许多科研人员的追求目标。然而,Al_2O_3 在温度 1073K 左右极易与钙钛矿型氧化物,如 $La_{1-x}Sr_xCo_{1-y}Fe_yO_{3-\delta}$,发生固相反应。

我们认为可先在多孔 Al_2O_3 支撑体上制备中孔(mesoporous)的 $La_{1-x}Sr_xCo_{1-y}Fe_yO_{3-\delta}$ 过渡层,然后采用其他方法[如化学气相沉积法(CVD)]制备

$La_{1-x}Sr_xCo_{1-y}Fe_yO_{3-\delta}$ 致密膜。为此,我们采用聚合溶液法在多孔 Al_2O_3 支撑体上制备钙钛矿 $La_{0.2}Sr_{0.8}Co_{0.8}Fe_{0.2}O_{3-\delta}$(LSCF-2882)中孔薄膜,并研究了成膜的影响因素[125]。

5.4.2.1　膜的制备

为了避免 LSCF-2882 与 Al_2O_3 支撑体反应,实验采用表面修饰技术,在多孔 Al_2O_3 支撑体上引入 SiO_2 惰性层,然后进一步采用 Sol-Gel 技术制备中孔 $La_{0.2}Sr_{0.8}Co_{0.8}Fe_{0.2}O_{3-\delta}$(LSCF-2882)复合膜。

实验以正硅酸乙酯(TEOS)为前驱体,用溶胶凝胶法(Sol-Gel)合成 SiO_2 溶胶,采用 Dip-Coating 法将 SiO_2 溶胶涂覆在 Al_2O_3 支撑体上,经干燥、焙烧,获得 SiO_2 修饰的 Al_2O_3 支撑体。液体排除法测定出其平均孔径为 $0.13\mu m$。

实验采用 Pechini 法合成出 LSCF-2882 聚合溶液,黏度控制在 $40\sim50cP$ 可获得表面均匀光滑的 LSCF-2882 薄膜。将此聚合溶胶用 Dip-Coating 法涂覆在 SiO_2 修饰的 Al_2O_3 支撑体表面上,经干燥、焙烧(1073K 或 1173K,1h),获得 LSCF-2882 薄膜。

5.4.2.2　膜的结构与性能

图 5-93 为 LSCF-2882 凝胶在 1073K 焙烧 1h 后经 XRD 测定的衍射峰图。由图可知,在 XRD 图中钙钛矿晶型为主峰,有少量的未知的小峰。我们考察了涂膜次数对 LSCF 膜孔径的影响,图 5-6 和图 5-7 分别为涂膜次数对膜形貌及孔径的影响的 SEM 照片及孔径分布图,其膜的烧制温度为 1073K。由图 5-94 和图 5-95 可知,膜的厚度随涂膜次数的增加而增加,经一次、二次、三次涂覆的膜的厚

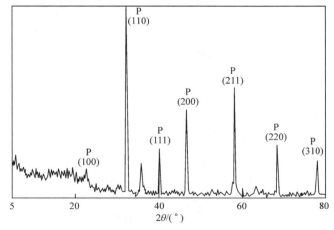

图 5-93　LSCF 氧化物的 XRD 衍射峰图

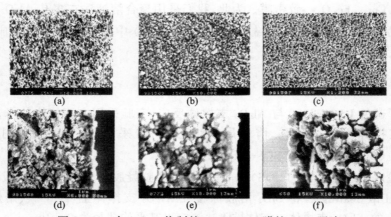

图 5-94　在 1073K 烧制的 LSCF-2882 膜的 SEM 照片

(a)~(c) 表面；(d)~(f) 断面；(a)~(d) 涂膜一次；(b)~(e) 涂膜二次；(c)~(f) 涂膜三次

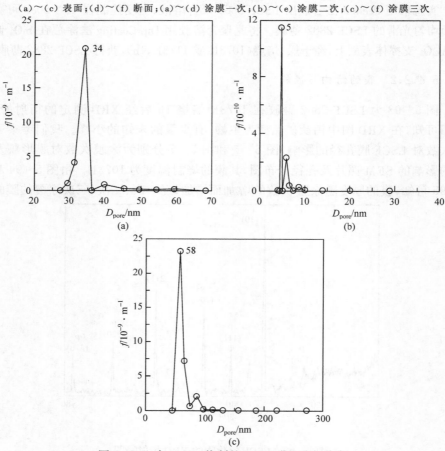

图 5-95　在 1073K 烧制的 LSCF 膜的孔径分布

(a) 涂膜一次；(b)涂膜二次；(c)涂膜三次

度分别为 0.3、0.7、1.0μm；但膜的孔径并非随涂膜次数的增加而减少，经连续两次涂膜烧结得到的 $La_{0.2}Sr_{0.8}Co_{0.8}Fe_{0.2}O_{3-\delta}$ 薄膜孔径最小，其孔径为 5nm［如图 5-95(b)所示］。这是由于一方面，多次涂膜、干燥、烧制，使膜需经历多次的热循环，LSCF 氧化物会不稳定；另一方面，由于膜层与支撑层之间的热膨胀系数不匹配，多次涂膜后，膜的孔径易变大或产生缺陷。

　　我们进一步研究烧制温度对膜孔径的影响。图 5-96 为 1173K 烧制的涂覆两次 LSCF 膜的孔径分布。与图 5-95(b)对比可知，随着烧结温度的提高，膜孔径变大。因此，制备 LSCF-2882 中孔薄膜烧制温度应控制在 1173K 以下。

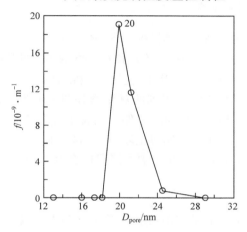

图 5-96　在 1173K 烧制的 LSCF 膜的孔径分布图

5.5　掺杂离子对混合导体透氧膜材料氧渗透性能的影响

　　对于速率控制步骤为表面交换的透氧膜而言，减小膜厚无法有效地提高膜的氧渗透速率。即使对于速率控制步骤为体扩散的膜来说，当膜厚度减小到其临界厚度以下时，必须要考虑表面交换对膜透氧性能的影响。通过表面修饰可以有效地改善膜表面 O_2 和 O^- 之间的交换，提高氧渗透速率[94]，因而表面修饰被认为是提高膜透氧性能的一种重要方法。然而，表面修饰的过程比较复杂，并且膜主体与修饰层收缩率的不同很容易导致膜在烧结过程中产生缺陷，在工业应用中有一定的难度。因此，我们在研究透氧膜材料性能及材料制备技术基础上，提出用简单且易于控制的材料掺杂方法代替传统的膜表面修饰的研究思路。研究了材料掺杂对膜表面交换性能的影响以及掺杂离子大小对透氧膜氧渗透性能及稳定性的影响。

5.5.1　Ag 的掺杂对 $SrCo_{0.8}Fe_{0.2}O_{3-\delta}$ 透氧膜表面交换过程的影响[95]

Qiu 等[43]和 Bouwmeester 等[91]的研究表明,$SrCo_{0.8}Fe_{0.2}O_{3-\delta}$ 膜的氧渗透速率控制步骤是表面交换。因此,我们选择 $SrCo_{0.8}Fe_{0.2}O_{3-\delta}$ 这一具备高透氧率的材料作为膜主体。Ag 是非常活泼的金属之一,在 Kharton 等[94]的研究中,用金属 Ag 表面修饰后的 $La_{0.3}Sr_{0.7}CoO_{3-\delta}$ 膜的透氧率得到了一定的提高,因此我们选用 Ag^+ 为掺杂离子。

5.5.1.1　膜材料的制备

我们采用固相反应法制备了膜材料。将 $SrCO_3$、Co_2O_3 和 Fe_2O_3 按化学计量比混合,再加入一定比例的 Ag_2CO_3,在去离子水中球磨 24 h。得到的浆料在 373 K 干燥后于 1223 K 灼烧得到粉料。掺杂物中 Ag^+ 与 $SrCo_{0.8}Fe_{0.2}O_{3-\delta}$(SCF)的摩尔比控制为 2.5 %、5 %、7.5 % 和 10 %,得到的氧化物分别表示为 SCF-Ag-2.5、SCF-Ag-5、SCF-Ag-7.5 和 SCF-Ag-10。在相同的条件下制备了没有掺杂的 SCF 粉料。将灼烧后的粉料在 400 MPa 压力下成型制得生坯,并在 1473 K 烧结得到膜片。粉料灼烧和膜片烧结过程中的保温时间为 5 h,升温和降温速度为 $2\ K\cdot min^{-1}$。

5.5.1.2　晶型结构

从掺杂 Ag 的 SCF 粉料的 XRD 图谱(图 5-97)中可以发现,在衍射峰为 38°的地方存在一个新相,经过分析该相为 Ag_2O。衍射峰的高度对应相应的晶相在整个体系中的含量,即 Ag_2O 相的峰高度随着 Ag 掺杂量的增加而增加。但所有粉料的 XRD 图中钙钛矿相主峰的衍射角度和高度基本相同,因此掺杂 Ag 对 SCF 钙钛矿相没有明显的影响。

掺杂 Ag 的 SCF 的晶胞参数比没有掺杂的 SCF 的晶胞参数要小,并且随着 Ag 含量的增加而减小(表 5-12)。文献报道 Ag^+ 可以部分取代钙钛矿结构中的 A 位离子[186~189],尽管在我们的研究中 Ag 是在钙钛矿组成的化学计量比之外进行掺杂,但不排除这种可能性。由于 Ag^+ 的半径(1.26Å)比 Sr^{2+} 的半径(1.12Å)大,当 Ag^+ 部分取代 SCF 中 A 位的 Sr 时,晶胞参数应该增大。而外掺杂 Ag 减小了 SCF 的晶胞参数,因此应该存在另外一种减小 SCF 晶胞参数的影响,我们认为这一影

表 5-12　不同氧化物的晶胞参数

氧化物	晶胞参数/Å
SCF	3.8630
SCF-Ag-2.5	3.8615
SCF-Ag-5	3.8611
SCF-Ag-7.5	3.8607
SCF-Ag-10	3.8599

响是 Ag_2O 相对 SCF 相的挤压作用。带有正电荷的 Ag^+ 与 SCF 中的阳离子之间有着排斥作用,这种静电作用使得 SCF 中的阳离子倾向于向晶胞的中心偏移,从而其晶胞参数变小。Ag^+ 在 SCF 结构 A 位的取代使得晶胞参数增大,而 Ag_2O 相的存在使得 SCF 的晶胞参数减小,随着 Ag 掺杂量的增加,这两种影响的程度都会增大,但后者的影响占了主导地位,因此总的作用表现为晶胞参数的减小,从而可以解释表 5-12 中的结果。Ag^+ 对 Sr^{2+} 的取代会导致 SrO 的出现,如上面提到我们无法排除这一取代的存在,因此即使 SrO 确实存在,但因为其含量特别小而超出了 XRD 的灵敏度范围,从而在图 5-97 中看不到 SrO 相的存在。

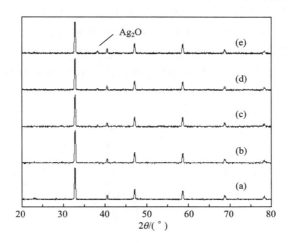

图 5-97　1223K 灼烧 5h 后粉料的 XRD 图谱
(a) SCF;(b) SCF-Ag-2.5;(c) SCF-Ag-5;(d) SCF-Ag-7.5;(e) SCF-Ag-10

图 5-98 给出了干燥后粉料的 TG 曲线图。由于 SCF-Ag-2.5、SCF-Ag-5 和 SCF-Ag-7.5 的 TG 曲线非常接近,因此图 5-98 中没有标出这三种粉料。从图中可以看出,所有的粉料在大约 1000 K 时重量急剧下降,到约 1300 K 时趋于平缓。图 5-99 是干燥后粉料的 DSC 谱图。SCF 的 DSC 曲线有两个吸热峰,而 Ag 掺杂的 SCF 有三个吸热峰,第一个吸热峰的起始温度约为 1050 K,最后一个吸热峰的终止温度约为 1300 K,这与图 5-98 中重量急剧下降的起始温度基本一致。

图 5-100 是粉料在不同温度焙烧后的 XRD 图谱。由于图 5-98 中 SCF-Ag-2.5、SCF-Ag-5 和 SCF-Ag-7.5 的 TG 曲线基本重合,因此只表征了这三种粉料中 SCF-Ag-5 在不同温度焙烧后的晶型结构。SCF 在约 1000 K 以前没有明显的重量变化(图 5-98),在 1000 K 前没有吸热峰或放热峰的存在(图 5-99),两者都表明在此温度前 SCF 没有明显的晶型转变;图 5-100 (a)中在 373 K 和 973 K 灼烧后

的 SCF 基本相同的晶型结构也证实了这一点。而从图 5 - 100(b)和(c)可以看出，对于 SCF-Ag-5 和 SCF-10，在 373 K 和 973 K 焙烧后的晶型结构有了较明显的变化，主要表现为衍射角约 26°处衍射峰的分叉和衍射角约 33°处衍射峰强度的增加。相对应的在图 5 - 97 中，所有 Ag 掺杂的 SCF 在 1000 K 之前都有较明显的重量损失。Ag_2CO_3 在温度高于 473 K 时会分解为 Ag_2O 和 CO_2，Ag_2O 在温度高于 573 K 时会分解为 Ag 和 O_2，因此这一晶型结构的变化是由 $Ag_2CO_3 \rightarrow Ag_2O \rightarrow Ag$ 的转变过程而引起的。SCF-Ag-10 在 1123 K 焙烧后具有了完整的钙钛矿晶型，SCF-Ag-5 在 1123 K 灼烧后仍然在衍射角约为 30°和 44°处存在杂峰，而 SCF 在 1223 K 灼烧后才具有钙钛矿晶型，因此可以得出掺杂 Ag 促进了 SCF 钙钛矿结构的形成。图 5 - 99 中掺杂 Ag 的 SCF 的第一个吸热峰的温度比没有掺杂的 SCF 第一个吸热峰的温度要低，同样也验证了这一结论。对于没有掺杂的 SCF 第二个吸热峰和掺杂 Ag 的 SCF 的第三个吸热峰，我们认为其原因是材料的晶粒在高温下的融合。

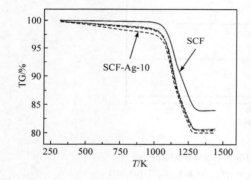 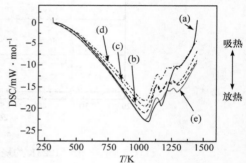

图 5 - 98　在 373 K 干燥后粉料的 TG 图　　　图 5 - 99　在 373 K 干燥后粉料的 DSC 图
SCF-Ag-2.5、SCF-Ag-5 和 SCF-Ag-7.5　　　(a) SCF；(b) SCF-Ag-2.5；(c) SCF-Ag-5；
未在图中标出　　　　　　　　　　　　(d) SCF-Ag-7.5；(e) SCF-Ag-10

从图 5 - 100(b)和(c)中可以看出，在 1273 K 焙烧后 SCF-Ag-5 和 SCF-Ag-10 中 Ag_2O 相消失了，如果 Ag_2O 相的消失完全是由于在高温下 SCF 中 A 位的 Sr^{2+} 被 Ag^+ 取代，在这两种粉料的 XRD 图中应该可以看到 SrO 相的存在，因为同样含量的 Ag_2O 相可以被 XRD 鉴定出。对于组分含有不同氧化物的材料，固溶体是一种普遍存在的形式，因此我们认为 Ag_2O 的消失是 Ag_2O 相固溶到 SCF 主体中的结果。因此，图 5 - 99 中掺杂 Ag 的 SCF 第二个吸热峰应该是这一固溶过程的结果，并且图 5 - 100(b)和(c)还表明焙烧温度的升高可以促进这一固溶。

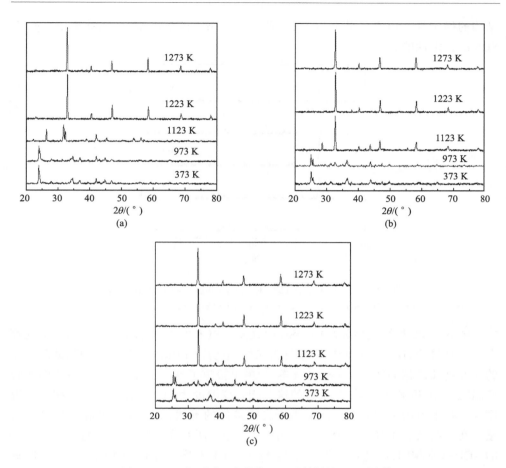

图 5-100　在不同温度焙烧 5 h 后粉料的 XRD 图谱
（a）SCF；（b）SCF-Ag-5；（c）SCF-Ag-10

5.5.1.3　材料结构稳定性

图 5-101 是粉料在 He 中活化后的 XRD 图谱。所有氧化物在衍射角约为 $32°$ 和 $58°$ 处的衍射峰都出现了分叉，并且分叉的程度基本相同。如果钙钛矿相的主衍射峰能够保持不变，材料的结构是稳定的，并且通常认为衍射峰的分叉程度反映了材料的稳定性。因此可以认为掺杂 Ag 对 SCF 的稳定性没有明显的影响。前面提到，一部分 Sr^{2+} 可能被 Ag^+ 取代，而这种取代会导致 B 位 Co^{2+} 的升价。通常认为钙钛矿结构的稳定性主要取决于由 B 位阳离子和氧离子构成的 BO_6 八面体的稳定性，文献报道钙钛矿氧化物中的 Co^{3+} 在高温和还原性气氛下倾向于转变为 Co^{2+}[103]，这种 Co^{3+} 到 Co^{2+} 的转变使得 BO_6 八面体发生畸变并进而影响钙钛矿

结构的稳定性。由上面的分析，Ag^+部分取代Sr^{2+}的程度很小，因此掺杂Ag^+对SCF 的稳定性的影响很小。

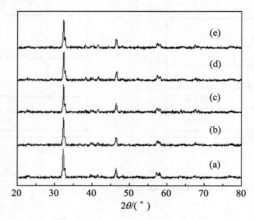

图 5-101　在氮气中 1123 K 活化 5 h 后粉料的 XRD 图谱

(a) SCF；(b) SCF-Ag-2.5；(c) SCF-Ag-5；(d) SCF-Ag-7.5；(e) SCF-Ag-10

　　图 5-102 是焙烧后粉料的 DSC 曲线图。SCF 的 DSC 曲线在约 1050 K 处存在一个吸热峰，这一吸热峰对应于材料从缺陷有序的 Brownmillerite 相到缺陷无序的立方钙钛矿相的转变。Kruidhof 等[40]最早报道了这一相变过程，其报道的相转变温度为 1063 K，Qiu 等[43]报道的这一相转变温度为 1043 K，实验中的相转变温度与文献报道的不同温度可能是由于表征条件的不同，如升温速度和惰性气体流量。在掺杂 Ag 的 SCF 的 DSC 曲线中，这一相变所对应的吸热峰的温度与未掺杂的 SCF 基本相同，因此可以得出掺杂 Ag 对 SCF 有序无序这一相变过程没有明显的影响。对于结果较为准确的测量，不同氧化物 DSC 曲线吸热峰的高度大小顺序

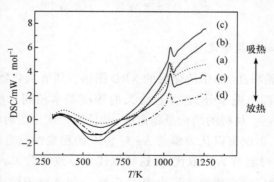

图 5-102　在 1223 K 焙烧 5 h 后粉料的 DSC 曲线

(a) SCF；(b) SCF-Ag-2.5；(c) SCF-Ag-5；(d) SCF-Ag-7.5；(e) SCF-Ag-10

为 SCF-Ag-2.5≈SCF-Ag-5≈SCF-Ag-7.5＜SCF≈SCF-Ag-10,并且与其他氧化物相比,SCF 和 SCF-Ag-10 的 DSC 曲线的吸热峰仅仅高一点,这一吸热峰高度与上述相变的程度相对应,因此从图 5-101 得出的氧化物基本相同的稳定性在图 5-102 中得到了验证。

5.5.1.4　膜的氧渗透性能

图 5-103 是在不同温度下膜片的透氧率 j_{O_2}。空气侧和渗透侧的氧分压分别控制在 0.21 atm 和 $1×10^{-3}$ atm。由图 5-100 可知,在 1273 K 焙烧后的粉料的晶型结构基本相同,因此在更高的温度 1473 K 烧结得到的膜片的晶型结构应该也相同(膜片的 XRD 表征证实了这一点),因此材料的晶型结构对膜氧渗透速率的影响可以忽略。Ag$^+$ 对 SCF 中 A 位 Sr^{2+} 的部分取代会导致体系中出现更多的 Co^{3+},进一步使得伴随着 Co^{3+} 到 Co^{2+} 转变过程的晶格氧的损失增多,然而由于其程度很小,因此 Ag$^+$ 对 Sr^{2+} 部分取代对透氧率的影响也同样可以忽略。对图 5-100 分析可知,当膜在 1473 K 烧结后,Ag$_2$O 固溶到 SCF 主体内部,意味着 Ag$^+$ 进入了 SCF 的晶格。由于 Ag$^+$ 具有正价,SCF 晶格中氧缺陷的浓度应该减少以维持体系的电中性,而氧缺陷浓度的减小意味着透氧率的降低。然而图 5-103 中 SCF-Ag-2.5 和 SCF-Ag-5 膜的透氧率比 SCF 要高,文献报道 SCF 氧渗透速率控制步骤受表面交换速率控制[43,91],因此可以认为这是由于掺杂 Ag 提高了 SCF 的表面交换速率,并且表面交换速率的增大对 SCF 透氧率的提高作用超过了氧缺陷浓度的减小对膜透氧率的降低效果。而对于 SCF-Ag-10,由于 Ag 的含量增加,Ag$_2$O 固溶到 SCF 晶格内部引起的氧缺陷浓度的减小效应更加突出,因此 SCF-Ag-10 的透氧率比 SCF 要低。

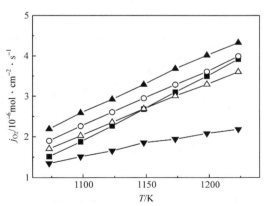

图 5-103　膜的氧渗透速率与温度的关系

（■）SCF;（○）SCF-Ag-2.5;（▲）SCF-Ag-5;（△）SCF-Ag-7.5;（▼）SCF-Ag-10

　　从图 5 - 103 中还可以看出，当温度高于 1150 K 时，SCF-Ag-7.5 的透氧率比 SCF 低，而当温度小于 1150 K 时则相反。Wang 等[190]报道在 $La_{0.6}Sr_{0.4}MnO_3$ 中掺杂 Ag_2O 可以产生大量的可以在较低温度下解吸的氧物种，Choudhary 等[189]的研究也表明，Ag 对 La 的部分取代可以提高 $LaFeO_3$ 和 $LaFe_{0.5}Co_{0.5}O_3$ 在低温下的催化活性，在我们的研究中，尽管 Ag^+ 的存在形式与上述文献报道的不同，但我们认为存在同样的趋势。

　　从图 5 - 103 中还可以发现在每一个测定温度点，随着 Ag 掺杂量的增加，透氧率首先增大，当 Ag 掺杂量为 5％时透氧率达到最大值，然后透氧率随着 Ag 掺杂量的增加而减小，膜的透氧率与 Ag 掺杂量之间的关系是非单调的。与 SCF-Ag-2.5 膜相比，SCF-Ag-5 膜的氧缺陷浓度的减少程度和表面交换速率的增加程度都要大，其综合的效果是透氧率得到提高。而当过多的 Ag 被掺杂到 SCF 中时，如 SCF-Ag-7.5 或 SCF-Ag-10，综合的效果是透氧率减小。氧缺陷浓度的减少对膜透氧率的影响和表面交换速率的增大对膜透氧率的影响是相互关联的。因此，Ag 的最佳掺杂量应为 5％。

　　为了更清楚地分析温度对掺杂 Ag 的 SCF 膜表面交换的影响，实验考察了不同温度下的相对透氧率。相对氧渗透速率可按式(5 - 59)计算：

$$R_j = (j - j_0)/j_0 \times 100\% \tag{5-59}$$

式中，R_j 为相对透氧率，％；j 为 Ag 掺杂 SCF 膜的氧渗透速率，$10^{-6}\ mol \cdot cm^{-2} \cdot s^{-1}$；$j_0$ 为 SCF 膜的氧渗透速率，$10^{-6}\ mol \cdot cm^{-2} \cdot s^{-1}$。

　　图 5 - 104 给出了不同温度下的 R_j。从图中可以看出，R_j 随着温度的升高而降低。对于 SCF-Ag-5 透氧膜，当温度从 1073 K 升高到 1223 K 时，R_j 从 44.6％下降到 10.4％，意味着由 Ag 的掺杂引起的表面交换的改善对 SCF 膜透氧率的影响在低温下更加显著。

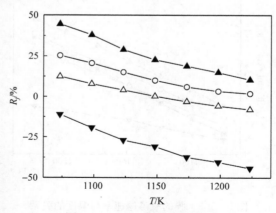

图 5 - 104　R_j 与温度的关系

（○）SCF-Ag-2.5；（▲）SCF-Ag-5；（△）SCF-Ag-7.5；（▼）SCF-Ag-10

5.5.2　掺杂离子的大小对 $SrCo_{0.8}Fe_{0.2}O_{3-\delta}$ 氧渗透性能的影响

在研究 Ag^+ 的掺杂对 $SrCo_{0.8}Fe_{0.2}O_{3-\delta}$ 透氧膜表面交换过程的影响时,我们发现当 Ag^+ 的掺杂量在一定的范围时,$SrCo_{0.8}Fe_{0.2}O_{3-\delta}$ 膜的氧渗透速率得到了提高,但其稳定性并没有得到明显的改善。因此,我们进一步开展了对 $SrCo_{0.8}Fe_{0.2}O_{3-\delta}$(SCF)氧化物掺杂不同离子,从离子大小的角度阐明掺杂离子对膜氧渗透性能的影响。

5.5.2.1　材料的制备

我们选择掺杂离子为碱土金属离子 Mg^{2+}、Ca^{2+}、Sr^{2+}、Ba^{2+}、Ti^{4+} 和 Zr^{4+}。采用固相反应法制备 $SrCo_{0.8}Fe_{0.2}O_{3-\delta}$ 及掺杂 $MgCO_3$、$CaCO_3$、$SrCO_3$、$BaCO_3$、TiO_2 和 ZrO_2 的 $SrCo_{0.8}Fe_{0.2}O_{3-\delta}$ 粉料,得到的物质分别表示为 SCF、SCF-Mg、SCF-Ca、SCF-Sr、SCF-Ba、SCF-Ti 和 SCF-Zr[191]。将化学计量比的 $SrCO_3$、Co_2O_3 和 Fe_2O_3 混合球磨 24 h,得到的浆料在 373 K 干燥后于 1223 K 焙烧 5 h,得到 SCF 粉料。然后将掺杂物加入 SCF 中,控制掺杂金属离子与 SCF 的摩尔比为 7.5:100。得到的混合物再次球磨、干燥和焙烧,其条件与制备 SCF 粉料的条件一样。将焙烧后的粉料在 400 MPa 压力下成型制得生坯,并在 1473 K 烧结 5 h 得到膜片。粉料焙烧和膜片烧结过程中的升温和降温速度控制为 2 K·min^{-1}。

5.5.2.2　晶型结构

图 5-105 是 SCF、SCF-Mg、SCF-Ca、SCF-Sr 和 SCF-Ba 粉料在焙烧后的 XRD 图谱。从掺杂后 SCF 的 XRD 图中可以看到,基本上没有杂峰存在,与未掺杂的 SCF 相比,钙钛矿主峰的衍射角位置几乎一样。

图 5-106 是 SCF-Ti 和 SCF-Zr 粉料在焙烧后的 XRD 图谱,为了便于比较,图中给出了 SCF 的 XRD 图。可以看出,SCF-Ti 和 SCF 的 XRD 图几乎一样,而在 SCF-Zr 中存在新相 $SrZrO_3$、$SrZrO_3$ 相在 2θ 为 31°的地方有一个衍射峰。

为什么会有 SCF 掺杂离子后其结构的不同变化?我们从离子大小的角度分析了这一变化原因。图 5-107 为理想钙钛矿结构示意图和掺杂离子在 SCF 晶胞中的位置示意图。图 5-107(a)给出了立方堆积的理想钙钛矿结构,A 位离子位于立方体的顶角,B 位离子位于每个面的中心,氧离子位于立方体的中心。晶胞中的所有离子都假设为圆球形。如果一个掺杂离子进入 SCF 晶胞,也就意味着离子的中心位于 SCF 晶胞立方体的内部,可能的位置有以下 3 种:(位置 1)掺杂离子位于 Sr1-O1-O2-O3 四面体内部[图 5-107(b)];(位置 2)掺杂离子在 B-O1-O2-O3 四面体内部[图 5-107(c)];(位置 3)掺杂离子位于 Sr1-Sr2-O1-O3 四面体内部[图 5-107(d)]。由空间几何可以计算出对于位置 1、位置 2 和位置 3,掺杂离子允许的最

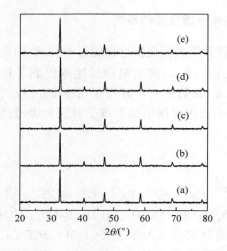 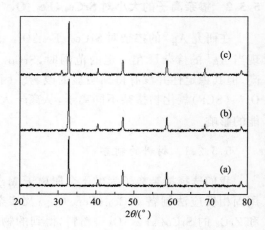

图 5-105　SCF 和掺杂 Mg、Ca、Sr、Ba 的 SCF
粉料在 1223 K 焙烧 5h 后的 XRD 图谱
(a) SCF；(b) SCF-Mg；(c) SCF-Ca；(d) SCF-Sr；
(e) SCF-Ba

图 5-106　SCF 和掺杂 Ti、Zr 的 SCF 粉料
在 1223 K 焙烧 5 h 后的 XRD 图谱
(a) SCF；(b) SCF-Ti；(c) SCF-Zr

大半径分别为 0.366Å、0.268Å 和 0.612Å。因此，在不改变 SCF 晶胞几何结构的
情况下，能够进入 SCF 晶胞内部的离子的最大半径 r_{max} 为 0.612Å。

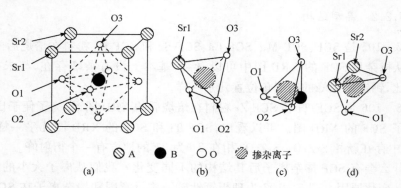

图 5-107　理想钙钛矿结构示意图及掺杂离子在 SCF 晶胞中的位置示意图
(a) 理想钙钛矿结构；(b) 位置 1；(c) 位置 2；(d) 位置 3

　　从图 5-105 中可以看出，除了钙钛矿相的衍射峰，没有其他氧化物所对应的
相存在，这就意味着掺杂离子完全固溶到 SCF 主体内部。表 5-13 和表 5-14 分
别列出了掺杂离子的半径和不同氧化物中 SCF 的晶胞参数。从表 5-13 中可以
看到，所有掺杂离子的半径都比 r_{max} 大，因此，掺杂这些离子将会引起 SCF 晶胞的
膨胀，这一膨胀在表 5-14 中得到了验证。从表 5-14 中还可以看出掺杂后的

SCF 的晶胞参数随着掺杂离子半径的增大而增大。这很容易被解释,SCF 晶胞必须膨胀得更多以容纳较大的掺杂离子。然而,对于掺杂后的 SCF 而言,尽管晶胞发生了膨胀,但并没有引起晶胞的畸变,从而其钙钛矿晶型结构能够得以保持。

表 5-13　掺杂离子的半径	
掺杂离子	$r/\text{Å}$
Mg^{2+}	0.78
Ca^{2+}	1.06
Sr^{2+}	1.27
Ba^{2+}	1.43
Ti^{4+}	0.64
Zr^{4+}	0.87

表 5-14　不同氧化物的晶胞参数	
氧化物	晶胞参数/Å
SCF	3.8630
SCF-Mg	3.8636
SCF-Ca	3.8646
SCF-Sr	3.8672
SCF-Ba	3.8784
SCF-Ti	3.8672
SCF-Zr	3.8681

我们推测在 SCF-Zr 中,Zr^{4+} 有两种存在形式:一种是 Zr^{4+} 部分取代 SCF 的 B 位离子,从而生成图 5-106(c) 中所示的 $SrZrO_3$ 相;另一种存在形式是 Zr^{4+} 进入 SCF 晶胞内部,对相含量的测定得到了 $SrZrO_3$ 在 SCF-Zr 中占 6.6%(摩尔分数),即有 0.43%(摩尔分数)的 Zr 固溶到了 SCF 主体中。同样由于 Zr^{4+} 的离子半径比 r_{max} 大,SCF 晶胞也要膨胀,因此 SCF-Zr 的晶胞参数比没有掺杂的 SCF 的晶胞参数要大。考虑到在 SCF-Zr 中存在 $SrZrO_3$,并且 Ti^{4+} 和 Zr^{4+} 有着相同的离子价态,我们很自然地会想到在 SCF-Ti 中应该有 $SrTiO_3$。然而,由于 $SrTiO_3$ 和 SCF 主衍射峰几乎处于同一位置,因此从图 5-106(b) 中我们无法确定 $SrTiO_3$ 相是否存在。即使这样,我们也可以认为 $SrTiO_3$ 存在(后面将对这一假设的合理性进行讨论)。晶胞参数是根据衍射峰的 d 值进行计算的,因此,SCF-Ti 的晶胞参数应该是两部分的共同结果:一是 $SrTiO_3$ 的晶胞;另一是 Ti^{4+} 进入 SCF 晶胞后引起的晶胞变化。Ti^{4+} 进入后会引起 SCF 晶胞的膨胀,$SrTiO_3$ 的晶胞参数比 SCF 大,因此最终 SCF-Ti 的晶胞参数比未掺杂的 SCF 的晶胞参数大。尽管 SCF-Zr 的晶胞参数比 SCF-Ti 大,并且 Zr^{4+} 比 Ti^{4+} 大,但对这两种氧化物而言,不能认为晶胞参数随着掺杂离子半径的增大而增大,因为计算这两者晶胞参数的基准不同。

掺杂离子大小同样影响在还原性气氛下处理过的粉料的晶型结构。图 5-108 是在氢气中活化后 SCF、SCF-Ti 和 SCF-Zr 粉料的晶型结构图。从图 5-108(a) 中可以看出,与焙烧后粉料的 XRD 图相比,在 2θ 为 32° 和 58° 处的两个衍射峰出现了分叉。通常认为如果钙钛矿主峰能够很好的保持,则材料的结构是稳定的。因此,从分叉的强弱程度可以得出掺杂后的 SCF 比未掺杂的 SCF 具有更高的结构稳定性。文献报道在高温还原气氛中,钙钛矿氧化物中的 Co^{3+} 易于转变为 $Co^{2+[103]}$,而 Zr^{4+} 的引入能够限制这一转变[192]。钙钛矿结构的稳定性主要取决于由 B 位离子和氧离子组成的 BO_6 八面体的稳定性。Co^{3+} 到 Co^{2+} 的转变会引起 BO_6 八面体的畸变,从而影响钙钛矿结构的稳定性。因此,SCF-Zr 的稳定性比 SCF 高,SCF-Ti 比 SCF 更高的结构稳定性同样可以被解释。

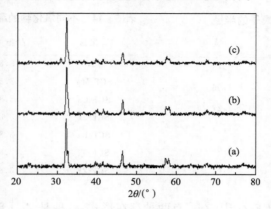

图 5 - 108 SCF 和掺杂 Ti、Zr 的 SCF 粉料在 1123 K 活化 5 h 后的 XRD 图谱
(a) SCF;(b) SCF-Ti;(c) SCF-Zr

图 5 - 109 是在氦气中活化后 SCF、SCF-Mg、SCF-Ca、SCF-Sr 和 SCF-Ba 粉料的晶型结构图。对 SCF-Mg、SCF-Ca 和 SCF-Sr 而言,上面提到的衍射峰的分叉程

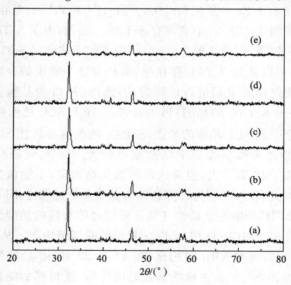

图 5 - 109 SCF 和掺杂 Mg、Ca、Sr、Ba 的 SCF 粉料在 1123 K 活化 5 h 后的 XRD 图谱
(a) SCF;(b) SCF-Mg;(c) SCF-Ca;(d) SCF-Sr;(e) SCF-Ba

度基本相同,但都比 SCF 要小。而从图 5-109(e)中可以看出,SCF-Ba 经氢气活化后这两个衍射峰基本没有分叉。因此,碱土金属离子掺杂的 SCF 的稳定性比未掺杂的 SCF 的稳定性要高。上面提到,Zr^{4+} 和 Ti^{4+} 可以固溶到 SCF 的 B 位,而对于碱土金属离子掺杂的 SCF 而言,发生了不同的情况。在钙钛矿氧化物中,碱土金属离子通常作为 A 位离子,因此,当这些离子掺杂到 SCF 中时,很可能进入 SCF 的 A 位,而对 B 位离子没有明显的影响。当具有正离子价的碱土金属离子掺杂到 SCF 中时,氧缺陷的浓度将会降低以保持体系的电中性。氧缺陷浓度的降低会使得晶格氧的释放减小,也就是说晶型结构的变化程度更小,因此,SCF-Mg、SCF-Ca、SCF-Sr 和 SCF-Ba 的稳定性比 SCF 高。

掺杂离子越大,晶胞中的自由体积越小,从而阻碍了氧离子的迁移。因此,掺杂离子越大,氧释放量越小。尽管 SCF-Mg、SCF-Ca 和 SCF-Sr 在 2θ 为 $32°$ 和 $58°$ 处的衍射峰的分叉程度很相近,但经过相对精确的测量后,顺序是 SCF-Mg>SCF-Ca>SCF-Sr。结合 SCF-Ba 最高的稳定性,可以得出 SCF 的结构稳定性随着掺杂离子的增大而增加,在同一主族元素离子掺杂的 SCF 中,SCF-Ba 和 SCF-Zr 分别保持了最好的钙钛矿结构,因此可以认为对那些趋向于进入 SCF 的 A 位或 B 位的掺杂离子而言,掺杂离子比 A 位或 B 位离子大时,其尺寸效应对结构稳定性的影响更加显著。

5.5.2.3 膜的氧渗透性能

图 5-110 和图 5-111 分别给出了 SCF、SCF-Mg、SCF-Ca、SCF-Sr、SCF-Ba 和 SCF、SCF-Ti、SCF-Zr 粉料的 DSC 曲线。从两个图中可以看出,除了 SCF-Ba 其他氧化物的 DSC 曲线中都存在一个吸热峰。这一吸热峰对应于从有序的 Brownmillerite 到无序的钙钛矿的相转变过程[40]。在我们实验中,SCF 发生相转变的温度为

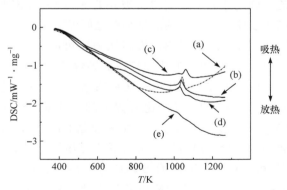

图 5-110 SCF 和掺杂 Mg、Ca、Sr、Ba 的 SCF 粉料在 1223 K 焙烧 5 h 后的 DSC 图
(a) SCF;(b) SCF-Mg;(c) SCF-Ca;(d) SCF-Sr;(e) SCF-Ba

1040 K,与 Qiu 等[43]报道的 1043 K 比较接近,而与 Kruidhof 等[40]报道的 1063 K 相差较大,这可能是由于表征条件的不同,如升温速度和惰性气体流量不同。SCF-Ba 的 DSC 曲线没有这一吸热峰,意味着其具有良好的稳定性,这与图 5‑109 的分析相吻合。从图 5‑110 和图 5‑111 中还可以看出,吸热峰的高度顺序为 SCF＞SCF-Mg≈SCF-Ca≈SCF-Sr,SCF＞SCF-Ti＞SCF-Zr。吸热峰的高度同样被认为与氧化物在氧还原气氛下的相转变程度相对应。因此,DSC 结果验证了从图 5‑108 和图 5‑109 得出的氧化物稳定性的顺序。

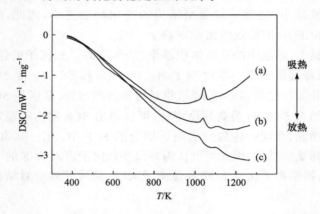

图 5‑111　SCF 和掺杂 Ti、Zr 的 SCF 粉料在 1223 K 焙烧 5 h 后的 DSC 图
(a) SCF;(b) SCF-Ti;(c) SCF-Zr

　　由于在透氧实验前,膜片要进行抛光处理。我们发现 SCF、SCF-Mg、SCF-Ca、SCF-Ti 和 SCF-Zr 膜具有良好的机械性能。SCF-Sr 在抛光后表面有金属光泽,但是用力打磨时会粉碎,而即使很轻微的打磨,SCF-Ba 膜也会粉料,因此没有测定这两种材料制备的透氧膜的透氧率。实验将破碎的 SCF-Sr 和 SCF-Ba 膜研磨,并进行了 XRD 表征,结果表明膜与粉料的晶型结构之间没有明显的差别。这一结果体现了掺杂离子对膜的机械性能的影响,我们认为这可能是由半径较大的 Sr^{2+} 和 Ba^{2+} 与 SCF 中 A 位离子之间更强的排斥作用而导致的。

　　图 5‑112 为 SCF、SCF-Mg、SCF-Ca、SCF-Ti 和 SCF-Zr 膜透氧速率的 Arrhenius 图。从图中可以看出掺杂后 SCF 比未掺杂的 SCF 的透氧率要低。如图 5‑109 的讨论,掺杂 Mg^{2+} 和 Ca^{2+} 降低了体系中氧缺陷的浓度,从而导致了膜透氧率的降低。碱土金属的钛酸盐和锆酸盐通常被看作是质子导体,它们的氧离子传导率很低[192~197]。因此,由于 $SrTiO_3$ 或 $SrZrO_3$ 相的生成,在 SCF 中掺杂 Ti^{4+} 或 Zr^{4+} 将会降低膜的透氧率。另一个会降低透氧率的因素是 Ti^{4+} 或 Zr^{4+} 对 Co^{3+} 至 Co^{2+} 相转变的限制。

　　从图 5‑112 中还可以看出在每个测定温度,SCF-Mg 和 SCF-Ca 具有相近的氧渗透速率。文献报道当 A 位离子为不同的碱土金属离子时,钙钛矿膜的氧渗透性能不同[37,87]。然而在我们的研究中,Mg^{2+} 和 Ca^{2+} 以填隙离子的形式存在,而不是存在于 A 位。填隙离子对膜透氧性能的影响与 A 位离子对膜透氧性能的影响不同,因而实验结果与文献报道的并不矛盾。可以认为 SCF-Mg 和 SCF-Ca 膜的透氧性能主要取决于 SCF 主体,并且掺杂离子的含量不是很高,从而可以解释 SCF-Mg 和 SCF-Ca 相近的氧渗透速率。因为 $SrTiO_3$ 和 $SrZrO_3$ 的氧离子传导率很低,所以它们对膜透氧性能的影响可以忽略。考虑到掺杂的 Ti^{4+} 和 Zr^{4+} 的含量较低,因此 SCF-Ti 和 SCF-Zr 的透氧率也基本相同。可以得出,掺杂离子的大小对膜的透氧性能没有明显的影响。

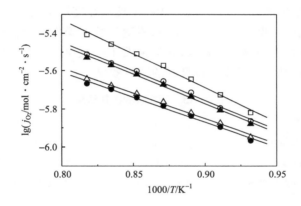

图 5-112　SCF 和掺杂 Mg、Ca、Ti、Zr 的 SCF 膜透氧速率的 Arrhenius 图
（□）SCF；（●）SCF-Mg；（△）SCF-Ca；（○）SCF-Ti；（▲）SCF-Zr

从图 5-112 可以计算出 SCF、SCF-Mg、SCF-Ca、SCF-Ti 和 SCF-Zr 膜的透氧活化能分别为 68.9、50.1、50.8、59.2 和 59.0 $kJ \cdot mol^{-1}$。掺杂 Mg^{2+}、Ca^{2+}、Ti^{4+} 和 Zr^{4+} 显著地降低了 SCF 的透氧活化能。结合 SCF-Ti 和 SCF-Zr 相似的透氧速率和透氧活化能,可以认为 SCF-Ti 和 SCF-Zr 具有相同的组成。由于 $SrZrO_3$ 存在于 SCF-Zr 中,因此,我们认为前面作出的 $SrTiO_3$ 存在于 SCF-Ti 中的假设是合理的。从 SCF-Mg 和 SCF-Ca(或 SCF-Ti 和 SCF-Zr)相似的透氧活化能,还可以得出对于掺杂同一主族元素离子的 SCF 而言,掺杂离子的大小对透氧活化能没有明显的影响。

5.6　管式混合导体透氧膜制备及氧渗透性能

混合导体透氧膜在工业上的大规模的应用,除了要具有较高的氧渗透速率之外,膜组件还必须具有较高的氧通量。在目前氧渗透速率无法大幅度提高的情况下,增加膜的使用面积是一种有效的途径。与片状膜相比,管式膜的有效使用面积较大,且易于安装到膜组件中,因此管式膜具有明显的优越性。

为此,我们在片状膜的研究基础上,开展了管式钙钛矿型透氧膜的制备及性能研究,解决了管式膜的高温密封的技术问题,比较了不同的成型方法对膜微观结构及氧渗透性能的影响,并对管式膜的氧渗透机理首次建立了数学模型。

5.6.1　高温密封材料

要研究管式透氧的高温氧渗透性能,首先必须解决膜的高温(>750℃)密封的关键问题。为此,我们研制了新型陶瓷黏结剂[198]。实验对三种密封剂的密封效果进行了考察,结果如表 5-15 所示。Pyrex 玻璃在高温下发生了扩散,其与膜材料之间的反应减小了膜的有效渗透面积,不适于长期操作。我们研制的陶瓷黏结剂与膜材料具有相近的热膨胀系数,并且未发生扩散现象。后续的氧渗透评价实验表明,使用陶瓷黏结剂可以获得良好的密封效果。

表 5-15　管式膜的密封结果

密封剂	条件	结果
Cu(OH)$_2$ 黏结剂	室温	温度高于 550℃时发生漏气
Pyrex 玻璃环	930℃,0.5 h	高温下扩散,不利于长期操作
陶瓷黏结剂(本课题组研制)	950℃,0.5 h	密封效果良好,适合长期操作

5.6.2　管式钙钛矿型透氧膜的制备

我们对 La$_{0.6}$Sr$_{0.4}$Co$_{0.2}$Fe$_{0.8}$O$_{3-\delta}$(LSCF-6428)和掺杂 9 ‰ ZrO$_2$ 的 SrCo$_{0.4}$Fe$_{0.6}$O$_{3-\delta}$(SCFZ)两种材料进行了管式膜的塑性挤压制备工艺的研究。用固相反应法制备了粉料,在制得的粉料中加入一定量的添加剂,通过练泥使得各组分混合均匀,用塑性挤出法制得膜管生坯。干燥时在膜管表面盖上塑料薄膜,并置于阴暗处,膜管以不小于 30°的角度倾斜放置,在室温下干燥 2 天。干燥初期,在膜管两端覆盖潮湿的纱布,以免干燥过程中膜管两端失水较快而引起膜管两端弯曲。干燥后期,去掉塑料薄膜和纱布,在空气中直接干燥。之后将膜管放入烘箱,同样倾斜放置,角度不小于 30°。以 1 K·min^{-1} 的速度升温至 323 K,保温 1 h,然后每升温 20 K 保温 1 h,最终在 423 K 保温 10 h。烧结时以 5 K·h^{-1} 的速度升温至 673 K,保温 1 h,然后以 1 K·min^{-1} 的速度升温至烧结温度,LSCF-6428 为 1523 K,SCF-Zr 为 1373 K,保温 10 h,再以 1 K·min^{-1} 的速度降温至 973 K,之后自然冷却。烧结初期升温速度很慢,尽可能让有机添加剂在低温阶段完全烧尽,并且避免由于升温速度过大而引起膜管收缩太快,从而导致膜管断裂。

表 5-16 给出了 LSCF-6428 和 SCFZ 膜管的收缩率。从表中可以看出两种材料膜管的收缩率都很大,同时由于膜管与支撑材料之间存在较大的摩擦力,因此在烧结过程中膜管很容易断裂。经过制备工艺的优化,烧结得到了长度分别为66 cm和 77 cm 的 LSCF-6428 和 SCFZ 膜管(实物照片见附图 2)。

表 5-16　LSCF-6428 与 SCFZ 膜管的收缩率

膜管	收缩率/%
LSCF-6428	31
SCFZ	23

5.6.3　膜管的致密度及微观结构

表 5-17 是用不同方法制备的膜管的密度。可以看出,用等静压法制得的膜管的密度比用塑性挤出法制得的膜管的密度大,这是由于等静压法在成型时压力较大,并且所需要的有机添加剂较少,膜管生坯更加致密,因而烧结后膜管更加致密。

表 5-17　用不同方法制备的 LSCF-6428 与 SCFZ 膜管的密度

膜管	密度/$g \cdot cm^{-3}$	
	等静压法	塑性挤出法
LSCF	6.05	5.78
SCF-Zr	5.51	5.14

图 5-113是采用等静压法和塑性挤出法制备的 $La_{0.2}Sr_{0.8}Co_{0.2}Fe_{0.8}O_{3-\delta}$

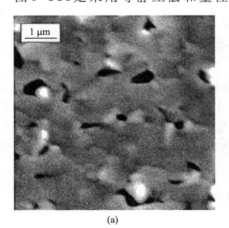

(a)　　　　　　　　　　　　　(b)

图 5-113　不同成型方法制备的 LSCF-2828 膜管的 SEM 照片

(a) 等静压法;(b) 塑性挤出法

（LSCF-2828）管式膜断面 SEM 照片，可以看出用等静压法制备的膜管的微观结构较致密。图 5-114 给是采用塑性挤出法制备的 LSCF-6428 和 SCFZ 膜管的断面 SEM 照片。从图中可以看出两种膜管的晶粒基本都烧结在一起，表明制得的膜管是致密的。LSCF 的晶粒较大且结构较致密，一种原因是 LSCF-6428 在更高的温度下烧结，烧结温度越高则晶粒越大；另一个可能的原因是两种材料本身不同的烧结性能。

图 5-114　LSCF 和 SCFZ 膜管断面的 SEM 照片
(a) LSCF-6428；(b) SCFZ

5.6.4　抗折强度

膜管的抗折强度按式(5-60)计算：

$$R_f = \frac{8L}{\pi} \times \frac{P_f(d+2s)}{(d+2s)^4 - d^4} \tag{5-60}$$

式中，R_f 为抗折强度，$N \cdot cm^{-2}$；P_f 为破坏载荷，N；L 为支距，cm；d 为管段实际内径，cm；s 折断处管壁厚度，cm。

表 5-18 给出了 LSCF-6428 和 SCF-Zr 膜管的抗折强度。两种膜管的强度基本上能够满足使用时所需要的机械强度。LSCF-6428 膜管的抗折强度比 SCFZ 要大，一个可能的原因是材料本身的物理性质，另一种可能是微观结构的不同。陶瓷材料的微观结构越致密则强度越高，从图 5-114 可以看出 LSCF-6428 膜的微观结构更致密，因此其抗折强度较高。

表 5-18　LSCF-6428 与 SCFZ 膜管的抗折强度

膜管	R_f/MPa
LSCF	42
SCF-Zr	22

5.6.5　成型方法对管式膜氧渗透性能的影响

为了评价管式膜的氧渗透性能,我们组建了管式透氧膜的氧渗透器组件,如图 5-115 所示,评价装置与片状膜评价装置相似。

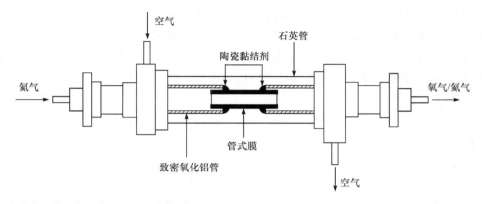

图 5-115　管式膜氧渗透器示意图

图 5-116 是采用等静压法和塑性挤出法制备的 LSCF-6428 管式膜在不同温度下的氧渗透速率。可以发现,在测定的温度范围内,用等静压法制备的膜始终具有较高的透氧速率。这是由于用塑性挤出法制备的管式膜的微观结构较疏松,使得氧离子和电子的迁移路径更加曲折,从而导致了透氧速率的减小。

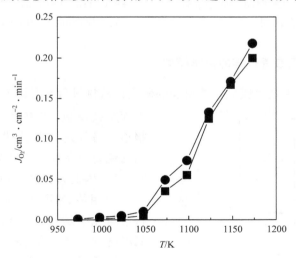

图 5-116　不同温度下管式膜的透氧速率

(●)等静压法;(■)塑性挤出法

　　从 LSCF-6428 管式膜的长期稳定性能来看,连续操作 110h 后透氧速率略有下降(图 5-117)。通过对膜表面的 XRD 和 EDS 分析发现,进料空气和吹扫 He 中痕量的 SO₂ 与膜材料的反应造成了 SrSO₄、CoSO₄、SrO、Co₂O₃ 和 La₂O₃ 的析出[142],其中 S 元素的出现是因为空气和氦气中少量的 SO₂ 在膜表面的积累,而 Co₂O₃ 和 La₂O₃ 的出现是由于膜表面元素的分解。膜表面的积硫和分解影响了膜的表面交换和主体扩散,导致透氧速率下降,实验中将进口气体净化后,在表面元素中未发现 S,且透氧速率保持恒定,如图 5-118 所示。因此利用钙钛矿型致密膜实现氧气分离过程中必须对进口气体进行净化。

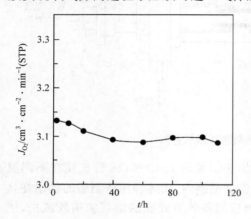

图 5-117　LSCF-6428 管式膜透氧
速率随时间的变化

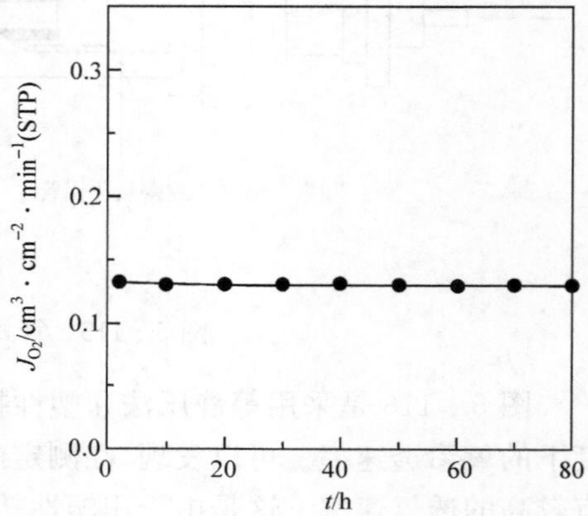

图 5-118　LSCF-6428 管式膜透氧速率
随时间的变化(SO₂ 已脱除)

5.6.6　管式膜氧渗透过程的数学模型

　　文献中对致密透氧膜氧渗透机理的研究仅从材料角度考虑单独的主体扩散或

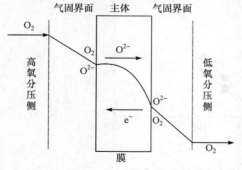

图 5-119　稳定氧渗透时氧在
各区的传递过程

表面交换反应,未有将二者综合考虑的报道。另外对于管式膜,由于流体在管内的流动与在片状膜两侧流动的流体力学不同,因此,对于管式膜不可忽视过程中气固相传递阻力。为此,我们将材料科学与化学工程理论相结合,综合考虑了氧渗透的主体扩散、表面交换反应和气固相传递阻力(如图 5-119 所示),建立了透氧膜氧渗透传质模型[198],模拟结果与实验结果相吻合。通过模型,预测了管式膜长度、膜厚度、空气侧气固相传质系数、渗透侧气固相传质系数对氧渗透通量的影响，为工程应用提供了理论基础。

5.6.6.1　模型建立

图 5 - 120 是管式膜的截面示意图，其中 d_1、d_2 和 d_3 分别为 0.5、0.8 和 1.5 cm。

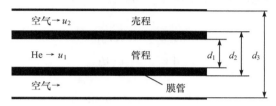

图 5 - 120　膜截面示意图

考虑到膜的主体扩散，透氧速率可由式（5 - 61）给出：

$$J_{O_2} = \frac{D_v}{2L}(C'_{v,b} - C_{v,b})\tag{5 - 61}$$

式中，J_{O_2} 为透氧速率；D_v 为氧空位扩散系数；$C'_{v,b}$ 和 $C_{v,b}$ 分别为某一温度时膜主体渗透侧和进料侧的氧空位浓度。

考虑到膜的表面反应，透氧速率可表示为式（5 - 62）和式（5 - 63）。

管程：

$$J_{O_2} = k_d(C'_{v,s} - C'_{v,b})\tag{5 - 62}$$

壳程：

$$J_{O_2} = k_a(C_{v,b} - C_{v,s})\tag{5 - 63}$$

式中，k_d 和 k_a 分别为脱附和吸附速率常数；$C'_{v,s}$ 和 $C_{v,s}$ 分别为渗透侧和进料侧膜表面的氧空位浓度。

假设 C_v 正比于 $P_{O_2}^{-m}$，结合式（5 - 61）～（5 - 63）可得到：

$$J_{O_2} = \frac{A(P'^{-m}_{O_2,s} - P'^{-m}_{O_2,s})}{\dfrac{1}{k_a} + \dfrac{2L}{D_v} + \dfrac{1}{k_d}}\tag{5 - 64}$$

式中，A 和 m 为常数。

考虑固-气界面传递阻力，透氧速率可表示为式（5 - 65）和式（5 - 66）。

壳程：

$$J_{O_2} = k'_g\left[\frac{P'_{O_2}}{RT} - \frac{P'_{O_2,s}}{RT}\right]\tag{5 - 65}$$

管程：

$$J_{O_2} = k''_g \left[\frac{P''_{O_2,s}}{RT} - \frac{P''_{O_2}}{RT} \right] \tag{5-66}$$

式中，k'_g 和 k''_g 分别为壳程和管程的氧传递系数。

由质量守恒可得式(5-67)和式(5-68)。

管程：

$$\frac{\mathrm{d}P''_{O_2}}{\mathrm{d}x} = \frac{4RTJ_{O_2}}{u_1 d_1} \tag{5-67}$$

壳程：

$$\frac{\mathrm{d}P'_{O_2}}{\mathrm{d}x} = \frac{4RTJ_{O_2} d_2}{u_2(d_3^2 - d_2^2)} \tag{5-68}$$

边界条件为

$$x = 0 \text{ 时} \qquad P''_{O_2} = 0 \tag{5-69}$$

$$x = 0 \text{ 时} \qquad P'_{O_2} = 0.21 \tag{5-70}$$

通过微软程序库的 IMSL 求解方程(5-64)～(5-68)。表 5-19 列出了计算所用到的参数。

表 5-19　氧渗透模型参数

参数	值	参数	值
$u_1 / \mathrm{cm \cdot s^{-1}}$	3.70	$k'' / \mathrm{cm \cdot s^{-1}}$	57.6
$u_2 / \mathrm{cm \cdot s^{-1}}$	2.64	$D_v / \mathrm{cm^2 \cdot s^{-1}}$	3.36×10^{-6}
P / atm	1	$k_a / \mathrm{cm \cdot s^{-1}}$	1.38×10^{-4}
T / K	1123	$k_d / \mathrm{mol \cdot s^{-1}}$	8.89×10^{-5}
$R / \mathrm{atm \cdot cm^3 \cdot mol^{-1} \cdot K^{-1}}$	82.06	$A / \mathrm{mol \cdot cm^{-3} \cdot atm^{0.02}}$	0.11
$k' / \mathrm{cm \cdot s^{-1}}$	7.47	m	-0.02

氧渗透速率按式(5-71)进行计算：

$$J_{O_2} = Q_{air}(C'_{O_2,In} - C'_{O_2,Out}) \tag{5-71}$$

式中，Q_{air} 为空气流量；$C'_{O_2,In}$ 和 $C'_{O_2,Out}$ 分别为进料口和出料口的氧气浓度。

5.6.6.2　模型的实验验证

我们以 LSCF-6428 钙钛矿型氧化物为研究体系，采用固体反应法合成了该粉体，用等静压法制备该管式膜[198]。图 5-121 是不同氧分压下 LSCF-6428 管式膜的氧渗透速率，随着管程氧分压的增加，膜的氧渗透速率降低，从图中可以看出模拟结果与实验结果基本吻合。

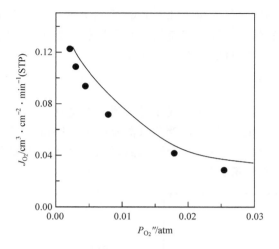

图 5-121　不同氧分压下 LSCF-6428 管式膜的透氧速率

（●）实验结果；（一）模拟结果

图 5-122 是不同 He 流量下 LSCF 管式膜的氧渗透速率。当 He 流量从 7.25 增加到 43.5 mL•min^{-1} 时,渗透侧氧分压从 3.6×10^{-2} 减小到 2.9×10^{-3} atm,从而导致透氧速率迅速增大;当 He 流量从 43.5 增加到 72.5 mL•min^{-1} 时,渗透侧氧分压从 2.9×10^{-3} 减小到 1.5×10^{-3} atm,因此透氧速率的增加不是很明显。模拟的结果显示了同样的趋势。

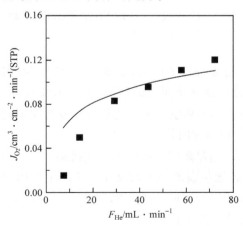

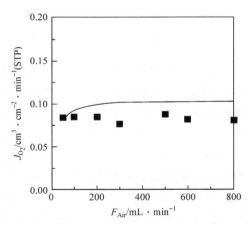

图 5-122　不同 He 流量下 LSCF-6428
管式膜的透氧速率

（■）实验结果；（一）模拟结果

图 5-123　不同空气流量下 LSCF-6428
管式膜的透氧速率

（■）实验结果；（一）模拟结果

图 5 - 123 是不同空气流量下 LSCF-6428 管式膜的氧渗透速率。与 He 流量的影响不同,膜的透氧速率随空气流量的增大基本不变,这是由于增大空气流量对渗透侧的氧分压没有明显的影响。

5.6.6.3　模型的预测

模型预测了在 1123K 时低空气流量下膜氧渗透通量,如图 5 - 124 所示。与高空气流量(图 5 - 123)条件比较,当空气流量由 $10mL \cdot min^{-1}$ 升高至 $40mL \cdot min^{-1}$ 时,由模型预测的氧渗透通量有一个剧烈的增长。这表明需要有足够的空气流量才能使膜有稳定的氧渗透通量。

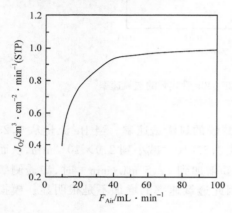

图 5 - 124　空气流量对 $La_{0.6}Sr_{0.4}Co_{0.2}$ $Fe_{0.8}O_{3-\delta}$ 管式膜氧通量的影响(1123K)

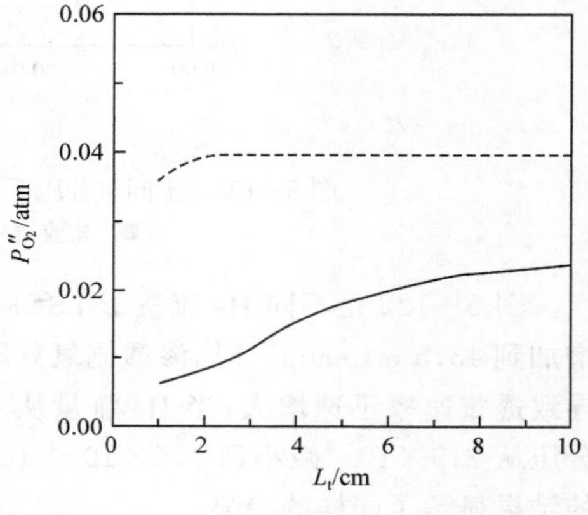

图 5 - 125　膜管长度对下游侧氧分压的影响
(——) $m=0.02$;(- - - - -) $m=0.2$

模型对下游氧分压随膜管长度的变化趋势进行了预测,如图 5 - 125 所示(温度 1123K)。对膜内部的氧空位浓度随氧分压变化不明显的情况($m=0.02$), P''_{O_2} 随膜管长度的增加有明显的增长。而对膜内部的氧空位浓度随氧分压变化明显的情况($m=0.2$), P''_{O_2} 随膜管长度的增加,在轴向方向几乎保持不变。

图 5 - 126 是模型预测在 1123K 时氧渗透通量随膜管厚度的变化结果。当膜的厚度大于膜的特征膜厚度(L_c)时,氧渗透通量与膜的厚度成反比。从图中可以得到,当氧空位扩散系数(D_v)分别为 3.36×10^{-7}、3.36×10^{-6}、$3.36 \times 10^{-5} cm^2 \cdot s^{-1}$ 时,对应膜的特征膜厚度(L_c)分别是 0.02、0.2、2mm。

在 1123K 时氧渗透通量与上游侧固气界面传递系数的关系,如图 5 - 127 所示。可以看出,如果上游侧固气界面传递系数下降幅度很大,氧渗透通量也会急剧下降,特别对于膜内部氧空位浓度随氧分压变化明显的情况更是如此。同时,模型也预测了在 1123K 时氧渗透通量随下游固气界面传递系数的变化情况(如

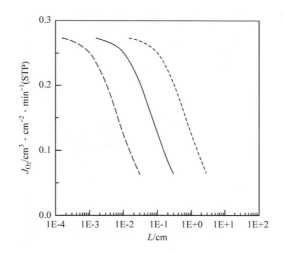

图 5-126　膜厚度对氧通量的影响

（----）$D_v = 3.36 \times 10^{-5} \mathrm{cm^2 \cdot s^{-1}}$；（—）$D_v = 3.36 \times 10^{-6} \mathrm{cm^2 \cdot s^{-1}}$；（-----）$D_v = 3.36 \times 10^{-7} \mathrm{cm^2 \cdot s^{-1}}$

图 5-128 所示）。当膜内部氧空位浓度随氧分压变化不明显时,氧渗透通量几乎保持不变。而对于相反的情况,氧渗透通量随下游侧固气界面传递系数的变化（$10^{-1} \sim 10^{-2} \mathrm{cm \cdot s^{-1}}$）有明显的下降。

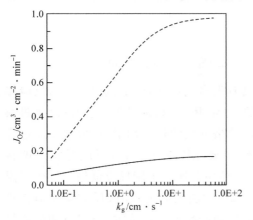

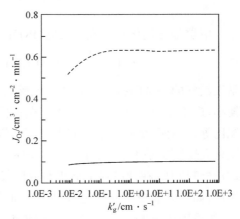

图 5-127　上游侧固气界面传递系数
　　　　　对氧通量的影响

（—）$m = 0.02$；（-----）$m = 0.2$

图 5-128　下游侧固气界面传递系数
　　　　　对氧通量的影响

（—）$m = 0.02$；（-----）$m = 0.2$

　　模型还预测了膜管长度与膜氧渗透速率的关系（$m = 0.02$）,如图 5-129 所示。对于氧空位浓度随氧分压变化不大的膜而言,渗透侧氧分压随膜管长度单调增加,从而导致透氧速率随膜管长度的增加而减小。从图中还可以看出提高空气流量可以补偿由于渗透侧氧分降低而导致的透氧速率的下降。

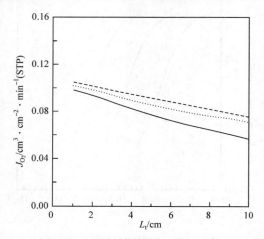

图 5-129　膜管长度对透氧速率的影响

（—）$Q_{air}=200\ mL\cdot min^{-1}$；（·····）$Q_{air}=300\ mL\cdot min^{-1}$；（- - - -）$Q_{air}=400\ mL\cdot min^{-1}$

5.7　混合导体致密透氧膜反应器

甲烷部分氧化制合成气反应（POM）：

$$CH_4+\frac{1}{2}O_2\rightarrow CO+2H_2 \qquad \Delta H_{298}^0=-36kJ/mol$$

是天然气的一种间接转化方式。该反应具有很多优点：转化率、选择性高，反应能耗小，产物组成 $H_2:CO$ 接近 $2:1$，满足下游产品（甲醇、高碳烃等）生产的理想进料配比等。然而，尽管目前已有大量高活性、价格低廉的催化剂报道，但该反应过程距离大规模工业化应用还存在一定距离，主要原因在于：①该反应适宜温度在 $1073\sim1173K$，在此高温下催化剂活性很强，使用普通固定床反应器极易发生飞温失控，如何有效控制反应过程是其工业化需要解决的问题；②该反应需要消耗氧气，如采用传统的氧分离工厂制备纯氧，将增加产品的生产成本，与以石油为原料的生产工艺相比技术经济优势不明显。因此，如何降低甲烷部分氧化制合成气反应过程的投资及操作费用是该过程工业化所面临的一个关键问题。

近年来，采用混合导体致密透氧膜反应器进行甲烷部分氧化制合成气受到人们广泛关注[55,58,199~202]。该类膜反应器的工作原理图如图 5-130 所示，进料甲烷从膜管管程入口引入，而进料空气从反应器壳程入口引入，反应所需要的氧气由透氧膜管分离空气来提供。该反应器操作有望解决常规固定床反应器所面临的一些问题,主要体现在如下几个方面:①反应原料甲烷和氧气没有经过预混合,有利于提高产物的选择性和反应过程的安全性;②反应需要的氧气由膜分离获得,该分离方式无须外部提供电能,节约了大量的操作费用;③反应过程中产生的热量用于加热氧分离膜,构成了自热反应系统;利用膜管壁控制反应进料量,能够有效控制反应进度,同时通过膜表面缓和供应氧气,避免放热反应可能带来的飞温失控。

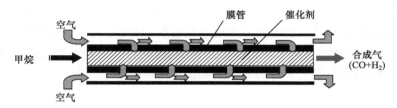

图 5-130　甲烷部分氧化制合成气膜反应器原理图

但由于该反应体系存在大量的强还原性气体(H_2、CO 以及 CH_4),提高混合导体膜反应器在还原性气氛下的机械稳定性是该领域研究的焦点问题。通常,混合导体膜反应器在还原性气氛下的机械稳定性受两方面因素的影响:①膜材料在还原性气氛下的化学分解;②膜材料由于失去晶格氧而产生晶格膨胀,引起膜内部应力的变化。因此,开发性能优越的膜材料对该类反应器稳定性的提高至关重要。理想的透氧膜材料应具有高氧渗透性能、良好的热化学稳定性、在存在氧分压梯度时能够保持稳定的晶格结构。目前,欧美、日本等发达国家在面向 21 世纪的能源战略中,都设立了相应的研究计划以加强该技术的研究开发,国内外几个研究小组都在致力于高性能的透氧膜材料的开发。Balachandran 等[199]开发出类钙钛矿 $SrFeCo_{0.5}O_x$ 膜材料,用于甲烷部分氧化制合成气反应操作 1000h 以上。Ma 等[58]对 $SrFeCo_{0.5}O_x$ 的相结构进行了系统的调查,发现该材料为层状类钙钛矿结构,在 $1 \leqslant P_{O_2} \leqslant 10^{-18}$ atm 氧分压范围内都能够保持良好的结构稳定性和可逆的相转变能力,但在湿的还原性气氛下膜材料的稳定性较差。一些研究者在膜材料表面进行修饰改性以提高材料在还原性气氛下的稳定性,Eltron 公司[200]开发出具有灰针镍矿结构的类钙钛矿材料,并在膜两侧表面分别修饰还原催化剂和甲烷部分氧化制合成气催化剂,用于膜反应器连续操作 1 年以上。最近,Shao 等[202]开发出了 $Ba_{0.5}Sr_{0.5}Co_{0.8}Fe_{0.2}O_{3-\delta}$,其在还原气氛下的氧渗透通量可以达到 11.5$cm^3 \cdot cm^{-2} \cdot min^{-1}$,并可连续操作 500h。Tong 等[123]对 $Ba_{0.5}Co_{0.4}Fe_{0.4}Zr_{0.2}O_{3-\delta}$ 混合导体透氧膜进行甲烷部分氧化制合成气反应,可以稳定操作 2200h。

我们在混合导体透氧膜氧渗透性能研究的基础上,开展甲烷部分氧化制合成气的膜反应研究,重点研究了反应器的工艺过程、膜在反应气氛下的微结构演变规律、稳定性和使用寿命,建立了膜反应器的反应数学模型,开发了新的膜反应过程,为甲烷部分氧化膜反应的工业化应用奠定了基础。

5.7.1　甲烷部分氧化制合成气膜反应

我们分别采用 $La_{0.6}Sr_{0.4}Co_{0.2}Fe_{0.8}O_{3-\delta}$(LSCF)[55]和自主开发的 ZrO_2 掺杂的 $SrCo_{0.4}Fe_{0.6}O_{3-x}$(SFCZ)[201,205]两种膜材料对 POM 的膜反应过程进行了基础研究,在片状和管状膜反应器装置上考察了膜材料、反应过程的操作参数(如反应温度、甲烷的浓度、吹扫气速率等)、催化剂装填量、进料方式等对膜反应过程及膜微观结构的影响(所制备的膜片和管状膜实物见本章附图 2)。

5.7.1.1　片状透氧膜反应器

(1) 膜反应器组件与装置

我们首先设计和组件了片状膜反应器和反应装置,如图 5-131 和图 5-132 (实物装置图见本章附图 1),该装置与氧渗透装置相类似。

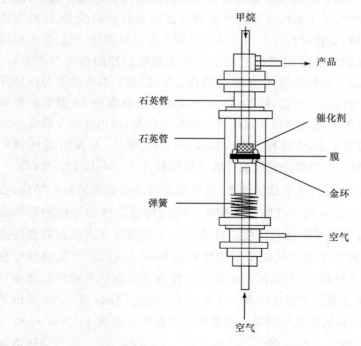

图 5-131　片式膜反应器结构示意图

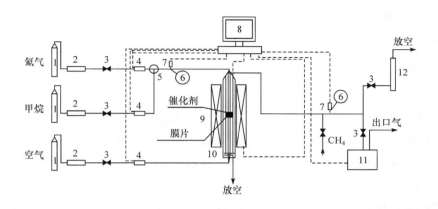

图 5-132　膜催化反应装置流程

1. 气体钢瓶；2. 干燥器；3. 阀门；4. 质量流量控制器；5. 混合器；6. 压力表；7. 压力传感器；
8. 计算机；9. 电炉；10. 膜反应器；11. 色谱；12. 皂沫流量计

片状膜反应器中膜片由两根断面经抛光处理后的石英管（内径 6mm，外径 12mm）固定，膜与石英管之间采用金环密封，膜的有效透氧膜面积大约为 0.283cm^2，膜表面填充一定量的 4.7%（质量分数）NiO/Al$_2$O$_3$ 催化剂。稀释的甲烷气体由一根细的石英内管（内径 2.3mm，外径 4.3mm）引入膜的一侧，空气由不锈钢管引入膜的另一侧，石英内管管口和不锈钢管口与膜表面之间的间隙大约为 2~3mm。实验开始前，先将体系温度升高至 1313K 并保持 4h 使金环软化，再降至实验操作温度，膜与石英管之间的密封效果通过检测出口气体的 N$_2$ 浓度来判断。进料气氦气、甲烷和空气的流量通过质量流量控制器控制，并由皂膜流量计标定；程序温控仪控制操作温度；实验操作体系维持在常压水平，压力由压力传感器监测。两台气相色谱在线分析出口气体组成，色谱最大灵敏度在 7000mV·cm^3·mg^{-1}（苯）左右，取样量约为 1cm^3。色谱柱分别采用 2m 的 5A 分子筛柱（分离 H$_2$、O$_2$、N$_2$、CH$_4$ 和 CO）和 1m 的 TDX-01 柱（分离 CO$_2$ 和烃类）。氧渗透测量实验采用氦气吹扫，在渗透侧出口注入一股恒定流量的甲烷气体用于内标膜的氧渗透量。反应器出口气体组成包括 H$_2$、O$_2$、N$_2$、CH$_4$、CO、CO$_2$ 和 H$_2$O 等，反应甲烷转化率和 CO 选择性分别定义为

$$X_{CH_4} = \frac{F_{CH_4,inlet} - F_{CH_4,outlet}}{F_{CH_4,inlet}} \tag{5-72}$$

$$S_{CO} = \frac{F_{CO}}{F_{CH_4,inlet} - F_{CH_4,outlet}} \tag{5-73}$$

膜反应器中膜的氧渗透通量基于出口产物 CO、H_2、CH_4、CO_2、O_2 和 H_2O 的组成含量，由质量守恒计算获得

$$F_{O_2,\text{inlet}} = F_{O_2,\text{outlet}} + \frac{1}{2}F_{CO} + F_{CO_2} + F_{CH_4,\text{inlet}} - F_{CH_4,\text{outlet}} - \frac{1}{2}F_{H_2}$$

$$(5-74)$$

其中，F_i 为 i 组分的进出口流量，mol/s。所有氧渗透实验和膜反应实验的空气进料流量均固定为 $200cm^3(STP)min^{-1}$。膜反应器实验所采用的膜片厚度均为 1.8mm。

(2) ZrO_2 掺杂的 $SrCo_{0.4}Fe_{0.6}O_{3-\delta}$(SCFZ)膜反应器

我们采用自主开发的 ZrO_2 掺杂的 $SrCo_{0.4}Fe_{0.6}O_{3-\delta}$[9%（质量分数）$ZrO_2$]（SCFZ）为膜材料，使用自制的 4.7%（质量分数）NiO/Al_2O_3 作为膜反应器填充催化剂[201]。

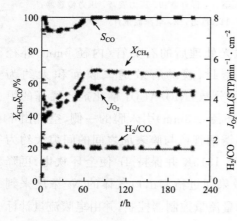

图 5-133　SCFZ 膜反应器长时间
稳定性考察

图 5-133 为装填 0.1g NiO/Al_2O_3 催化剂的 SCFZ 片式膜反应器在 1123K 下的反应结果。膜反应器的进料条件为：CH_4 2.9cm^3（STP）min^{-1}，He 17.9cm^3（STP）min^{-1}。由图可以看出，CH_4 转化率和 CO 选择性在反应初期稍有下降后逐渐增加，当反应进行至 60h 左右，CH_4 转化率达到最高，随后缓缓下降并趋于稳定，稳定后的 CH_4 转化率在 64%左右，CO 选择性接近 100%。此时，膜的透氧通量大约为 4.5cm^3（STP）$min^{-1} \cdot cm^{-2}$，是氧渗透测定条件（Air/He 气氛）下膜的 10 倍左右。该结果表明由于甲烷部分氧化反应的存在，SCFZ 膜的氧渗透通量得到了显著的提高。膜反应器在前 60h 甲烷转化率和 CO 选择性的变化可能与反应过程中 NiO/Al_2O_3 催化剂的还原和膜透氧量的变化有关。当反应时间超过 60h，膜的氧渗透通量发生轻微的下降，这可能是由于膜材料在强还原性气氛中产生相当高的氧空位浓度，导致部分氧空位有序化。在膜反应过程稳定后，考察了五种不同进料对膜透氧量的影响，如图 5-134 所示。可以看出甲烷进料浓度提高，SCFZ 膜的透氧量明显增加，表明甲烷进料浓度是影响膜透氧量的关键因素之一，同时反映出膜的氧渗透速率也受表面反应速率的影响。

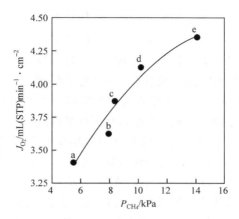

图 5-134　膜反应器甲烷进料分压对 SCFZ 膜的氧渗透通量的影响

a. $Q_{CH_4}=2.9$ cm³(STP) min⁻¹, $Q_{He}=50.4$ cm³(STP) min⁻¹; b. $Q_{CH_4}=1.5$ cm³(STP) min⁻¹, $Q_{He}=17.9$ cm³(STP) min⁻¹; c. $Q_{CH_4}=2.9$ cm³(STP) min⁻¹, $Q_{He}=32.2$ cm³(STP) min⁻¹; d. $Q_{CH_4}=2.0$ cm³(STP) min⁻¹, $Q_{He}=17.9$ cm³(STP) min⁻¹; e. $Q_{CH_4}=2.9$ cm³(STP) min⁻¹, $Q_{He}=17.9$ cm³(STP) min⁻¹

　　为了进一步了解反应气氛对 SCFZ 膜氧渗透性能的影响,实验研究了在相同膜厚度(1.8mm)下,SCFZ 膜的氧渗透实验、空白膜反应和填充催化剂膜反应三种实验过程中 He 流量的变化对膜的氧渗透通量的影响,提出了 SCFZ 膜氧渗透机理。表5-20是氧渗透实验、空白反应实验和膜反应实验三种操作条件下氧的渗透通量。膜反应实验和空白反应实验中甲烷进料量固定为 2.9cm³(STP)min⁻¹,实验操作温度为1123K。表中数据均采用平均值,对于氧渗透实验和空白膜反应实验,出口氧分压误差在 5%以内;对于填充催化剂的膜反应实验,出口氧分压误差在 10%以内。从表5-20可以看出,当 He 流量增加时,氧渗透实验过程的出口氧分压下降,透氧量增加。这是因为膜两侧的氧分压梯度提高,促进了膜的氧渗透。在空白膜反应器中,随着 He 流量的提高,出口氧分压提高,透氧量下降;而对于膜反应实验体系,随着 He 流量的提高,出口氧分压下降,同时透氧量也下降。这三种迥然不同的实验现象可以通过膜的表面反应交换机理来解释:SCFZ 空白膜反应器的产物不同于填充 SCFZ 颗粒的固定床反应产物,空白膜反应器中存在表面反应,而且膜表面晶格氧物种有利于甲烷的深度氧化。对于填充 NiO/Al_2O_3 催化剂的膜反应器,膜表面同样存在甲烷的深度氧化反应,由于反应体系中同时存在大量的 CO 和 H_2,在膜表面还将出现 CO 和 H_2 的氧化反应。基于以上分析,暴露在甲烷部分氧化制合成气气氛下的膜表面晶格氧离子将通过四种途径进入气相中,采用 Kröger-Vink 符号表示为

$$CH_4 + 4O_O^x + 8h^· \longrightarrow CO_2 + 2H_2O + 4V_O^{··} \tag{5-75}$$

$$CO + O_O^x + 2h^· \longrightarrow CO_2 + V_O^{··} \tag{5-76}$$

$$H_2 + O_O^X + 2h^· \longrightarrow H_2O + V_O^{··} \tag{5-77}$$

$$2O_O^X + 4h^· \longrightarrow O_2 + 2V_O^{··} \tag{5-78}$$

在空白膜反应器中,膜表面存在反应(5-75)和反应(5-78),与只存在反应(5-78)的氧渗透实验相比,由于反应(5-75)的存在,膜的氧渗透推动力得到了加强,从而氧渗透通量相应提高。当甲烷流量恒定时,空白反应器中氦流量的提高将导致甲烷进料分压的下降,从反应动力学的观点来讲,反应(5-75)的速率将下降,从而导致氧渗透通量的下降。对于填充 NiO/Al_2O_3 催化剂的膜反应器,在膜的反应侧存在大量的 CO、H_2 和 CH_4 还原性气体,因而,反应(5-75)～(5-78)将同时存在膜表面;由于 H_2 和 CO 强烈的还原性能,反应(5-76)和(5-77)的反应速率必然高于反应(5-75),从而填充催化剂的膜反应器氧渗透速率明显高于不填充催化剂的膜反应器。此外,填充催化剂的膜反应器中氦流量增加,反应(5-75)、(5-76)和(5-77)反应速率也将下降,导致膜的氧渗透通量降低。在空白膜反应器和填充催化剂的膜反应器中,当氦气流量变化时,存在两种相互竞争的现象:①提高氦流量倾向于在反应侧维持低的氧分压环境;②提高氦流量也降低了甲烷分压,导致膜表面的氧化反应速率和催化剂床层中甲烷部分氧化反应速率下降,从而减少了膜反应侧分子氧的消耗。两种相互竞争的现象,导致反应侧的氧分压可能提高,也可能下降。由表5-20可以看出,在空白膜反应器中,氧分压的变化主要由反应速率的改变引起的[过程(b)];而在填充催化剂的膜反应器中,氧分压的变化主要与氦气的稀释有关[过程(a)]。

表5-20　SCFZ膜在三种实验过程中的氧渗透通量和出口氧分压

氦流量/ cm³(STP)min⁻¹	氧渗透实验		空白反应实验		膜反应实验	
	氧通量/cm³(STP) min⁻¹·cm⁻²	氧分压/ Pa	氧通量/cm³(STP) min⁻¹·cm⁻²	氧分压/ Pa	氧通量/cm³(STP) min⁻¹·cm⁻²	氧分压/ Pa
17.9	0.39	9.2×10^2	0.77	1.5×10^1	4.35	6.9
32.2	0.43	5.4×10^2	0.69	2.9×10^1	3.87	4.8
50.4	0.45	3.4×10^2	0.60	6.1×10^1	3.44	1.9

我们采用 SEM 对反应前后的 SCFZ 膜进行了表面形貌分析(图5-135所示),以便了解膜材料在还原性气氛下的微结构变化。图5-135(a)和(b)显示,新鲜膜的断面层存在明显的晶界,经抛光处理后的膜表面光滑无缺陷。对于空白膜反应器,暴露于反应侧的膜表面发生了轻度蚀刻[图5-135(c)]。对于填充催化剂的膜反应器,经过长时间操作后的反应侧膜表面形成了一层异常疏松的多孔层[图5-135(e)]。该多孔层可能是由于强烈的还原性气氛的作用使得膜表面的 SCFZ 氧化物发生了化学分解,导致大晶粒破碎成许多细小的颗粒体。这种疏松的多孔层提高了膜的表面积,将有利于膜的氧渗透通量的提高。Tsai 等[58]采

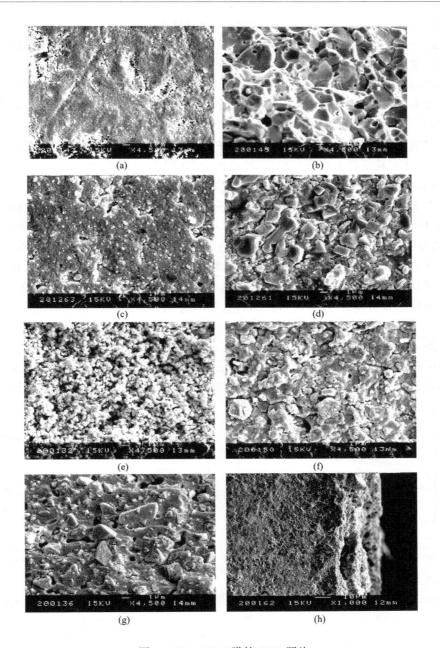

图 5-135　SCFZ 膜的 SEM 照片

（a）抛光后膜片表面；（b）膜片横截面；（c）空白反应器中反应侧膜片表面；（d）空白反应器中空气侧膜片
表面；（e）膜反应器中反应侧膜片表面；（f）t 膜反应器中空气侧膜片表面；（g）膜反应器中膜片中部横截
面；（h）膜反应器中靠近反应侧膜片横截面

用 $La_{0.2}Ba_{0.8}Fe_{0.8}Co_{0.2}O_{3-\delta}$ 膜进行甲烷部分氧化制合成气以及 Thomson 等[56]采用 $La_{0.6}Sr_{0.4}Co_{0.2}Fe_{0.8}O_{3-\delta}$ 膜进行甲烷氧化偶联反应时,都观察到膜表面结构的蚀刻现象,这表明该类膜材料在强还原性气氛下易于发生化学分解。然而,由图 5-135(h)可以看出,尽管暴露在还原性气氛下的膜表面形成了多孔层,但该多孔层厚度非常微薄(大约为 $10\mu m$),在膜体的中间部分仍然是完整的致密体[如图 5-135(g)],这是因为透氧膜体内存在氧离子定向传输补偿膜表面晶格氧的消耗,抑制了膜表面材料的进一步化学分解。SCFZ 膜在还原性气氛下能够保持良好的稳定性,该片式膜反应器可稳定操作 200h 以上(如图 5-133 所示)。

(3) $SrCo_{0.4}Fe_{0.5}Zr_{0.1}O_{3-\delta}$ 片式膜反应器

在 POM 透氧膜反应器研究中,目前还无文献报道膜反应器中催化剂的装填量对 POM 反应的影响。我们在研究中发现,催化剂的装填量影响到膜的表面反应速率,从而影响到 POM 过程。我们在原有的工作基础之上,选取 $SrCo_{0.4}Fe_{0.5}Zr_{0.1}O_{3-\delta}$ 混合导体透氧膜进行 POM 反应,着重考察了 4.7%(质量分数) NiO/ γ-Al_2O_3 催化剂装填量的不同对于甲烷转化率、一氧化碳选择性以及氧渗透通量的影响。膜片表面催化剂装填量分别为 0.11g、0.09g、0.06g。甲烷、氦气和空气的进料流速分别为 $2.9mL\cdot min^{-1}$、$17.9mL\cdot min^{-1}$ 和 $200mL\cdot min^{-1}$。

图 5-136 所示为温度对于氧渗透通量的影响。可以发现,在反应条件下氧渗透速率高于其在 Air/He 梯度下的值,并且都随着温度的升高而增加,这是由于通过膜片的氧扩散速率和表面反应速率的提高。例如,在 1223K 时,氧渗透通量在

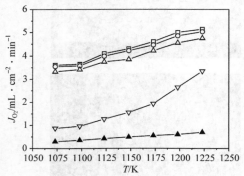

图 5-136　温度对于氧渗透通量的影响
(□) 0.11g 催化剂时 J_{O_2};(○) 0.09g 催化剂时 J_{O_2};(△) 0.06g 催化剂时 J_{O_2};(▽) 空白膜反应时 J_{O_2};(▲) 氧渗透实验时 J_{O_2}

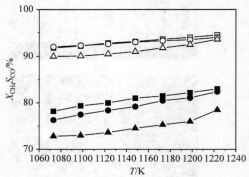

图 5-137　温度对于甲烷转化率以及一氧化碳选择性的影响
(■) 0.11g 催化剂时 X_{CH_4};(●) 0.09g 催化剂时 X_{CH_4};(▲) 0.06g 催化剂时 X_{CH_4};(□) 0.11g 催化剂时 S_{CO};(○) 0.09g 催化剂时 S_{CO};(△) 0.06g 催化剂时 S_{CO}

Air/He 梯度（0.21atm/10^{-3}atm）时达到 0.699mL·cm^{-2}·min^{-1}，而在 POM 反应时可以达到 5.1mL·cm^{-2}·min^{-1}。此外，在三组 POM 反应实验时，在相同温度下氧渗透通量随着催化剂装填量的增加而增加，这是因为在还原气氛下表面反应速率是氧传递的速率控制步骤。

图 5-137 所示为温度对于甲烷转化率以及一氧化碳选择性的影响。研究表明甲烷转化率以及一氧化碳选择性随着催化剂装填量的增加而提高。这表明增加催化剂装填量可以提高甲烷转化率、一氧化碳选择性以及氧渗透通量，并且氧渗透通量与甲烷转化率之间会相互影响。

图 5-138 是进料空速与甲烷转化率以及一氧化碳选择性之间的关系。从图中可以看出甲烷转化率随着进料空速的增加而降低，而一氧化碳选择性变化不大。进料空速的增加导致 CH_4/O_2 比例的增加，这反过来就会影响甲烷转化率以及一氧化碳选择性。当甲烷进料流速一定时，甲烷转化率下降是由于渗透过膜片的氧不足。这表明 POM 反应要在低空速下操作。

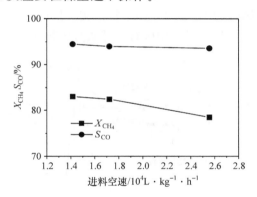

图 5-138　进料空速对甲烷转化率以及一氧化碳选择性之间的影响

5.7.1.2　管式混合导体透氧膜反应器

片式膜反应器由于只能提供很少的透氧膜面积，很难用于大规模的工业生产，因而，采用管式膜反应器更具有工业应用前景。然而，目前有关成功进行管式膜反应器长时间操作的研究报道非常有限，仅美国 Argonne 实验室在管式致密透氧膜反应器用昂贵的 Rh/Al_2O_3 催化剂上进行了 POM 的实验研究[199]。

我们在管式透氧膜反应器内采用了价廉的 NiO/Al_2O_3 催化剂进行 POM 了实验及理论研究，并建立了镍基催化剂的膜反应一维等温数学模型（模型内容在下节介绍）。实验分别采用 $La_{0.6}Sr_{0.4}Co_{0.2}Fe_{0.8}O_{3-\delta}$（LSCF）和自主开发的 SFCZ 采用两种膜材料对 POM 进行了研究，对 LSCF 膜反应器膜反应过程主要考察了操作参数(反应温度及甲烷的浓度)对 POM 的影响,以及膜材料在还原气氛下材料结构的演变规律,对 SFCZ 膜反应器膜反应过器主要考察了反应过程随时间的变化特性,并研究了进料模式对膜及膜反应性能的影响。

(1)管式膜反应器组件与装置

我们设计并组建了管式膜膜反应器和反应装置,其结构与流程如图 5-139 和图 5-140 所示[55,141,142](实物装置图见本章附图 1),反应装置与片状膜反应装置相类似。

在图 5-139 和图 5-140 中膜管与致密氧化铝管之间采用自制陶瓷黏结剂密封;致密氧化铝的内径为 7.8mm,外径为 10mm;膜反应器膜管内装填 NiO/Al_2O_3 催化剂,两端采用石英棉固定,催化剂与膜管之间采用多孔金箔隔离,以防止两者之间发生固相反应。管程通甲烷和氦气的混合气体,壳程通空气。氦气、甲烷和空气的流量采用质量流量计控制,采用程序温控仪控制温度,计算机采集数据。反应出口气体包括 H_2、O_2、N_2、CH_4、CO、CO_2 和 H_2O,由两台气相色谱在线分析,分别装有 2m 的 5A 分子筛柱和 1m 的 TDX-01 柱。实验报道的膜管的氧渗透通量数据都基于膜的内表面,其中反应过程中膜管的透氧量由物料守恒计算获得。

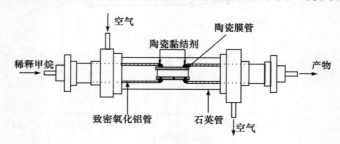

图 5-139　管式膜反应器结构示意图

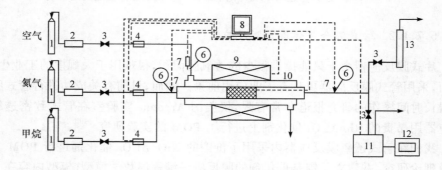

图 5-140　膜反应实验装置流程图

1. 气体钢瓶;2. 气体干燥器;3. 阀门;4. 气体质量流量控制器;5. 气体混合器;6. 压力表;7. 压力传感器;8. 计算机;9. 高温电炉;10. 渗透器或膜反应器;11. 气相色谱仪;12. 记录仪;13. 皂膜流量计

（2）$La_{0.6}Sr_{0.4}Co_{0.2}Fe_{0.8}O_{3-\delta}$（LSCF）管式膜反应器

图 5-141 为甲烷进料浓度对甲烷转换率、CO 选择性及 H_2/CO 比例的影响（反应温度 1158K，He 的流量 $58mL \cdot min^{-1}$）。从图 5-141(a)可知，当甲烷的进料浓度增加时，甲烷的转化率随之降低，而 CO 的选择性基本不变，均大于 90%。从图 5-141(b)可知，当甲烷进料浓度高于 6% 时，H_2/CO 的摩尔比大于 2。这是由于在高甲烷进料浓度（>6%）时，反应物 CH_4/O_2 摩尔比大于 2，从而导致催化剂表面积炭，使得 H_2/CO 的摩尔比高于 2。膜反应后的催化剂经 EDS 分析证实了催化剂表面有积炭现象。由此可见，提高甲烷进料浓度，一方面会降低甲烷的转化率，另一方面会引起催化剂表面积碳而降低催化剂活性。因此，POM 宜在低甲烷进料浓度下操作。这与前面在研究片式膜反应器的结果相一致。

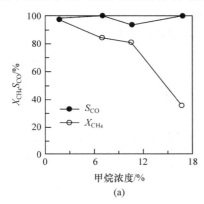
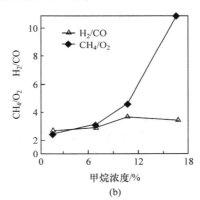

图 5-141　甲烷进料浓度对膜反应性能的影响

我们还考察了温度对膜反应性能的影响，其结果如表 5-21 所示。

表 5-21　温度对膜反应性能的影响

温度/℃	氦气流量/mL·min⁻¹	甲烷流量/mL·min⁻¹	甲烷转化率/%	一氧化碳选择性/%
825	58	2.8	97.3	97.3
850	58	2.8	100	100
885	58	2.8	96.7	98.1

从表 5-21 可知，反应温度在 1123~1158K，温度对 CH_4 的转换率及 CO 的选择性影响不大，甲烷的转化率和 CO 的选择性分别大于 96% 和 97%，H_2/CO 摩尔比接近 2。这一结果与后期的数学模型模拟相一致。

但在实验时，我们发现 LSCF 管式膜反应器进行 3~7h 后，膜管即发生断裂，而相同的 LSCF 管式膜在氧渗透实验时，可连续操作 110h 以上。为此，我们采用扫描电子显微镜（SEM）、X 射线衍射（XRD）和能谱（EDS）等手段，对反应前后

LSCF-6428 膜管的形貌、晶型和元素进行了表征,分析了膜材料微结构的变化,结果如图 5-142、图 5-143 和表 5-22 所示。

图 5-142　$La_{0.6}Sr_{0.4}Co_{0.2}Fe_{0.8}O_{3-\delta}$ 膜管经反应后的 SEM 照片

(a) 暴露于空气侧;(b) 膜断面;(c) 暴露于反应侧

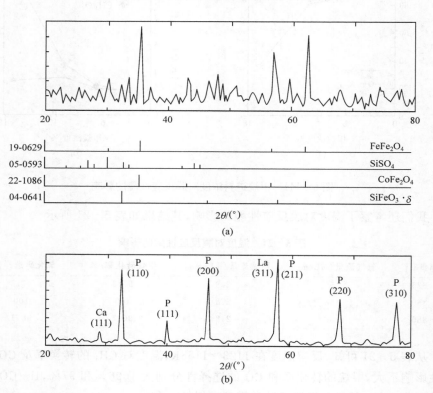

图 5-143　$La_{0.6}Sr_{0.4}Co_{0.2}Fe_{0.8}O_{3-\delta}$ 膜管经反应后的 XRD 衍射图

(a) 暴露于空气侧;(b) 暴露于反应侧;(P:钙钛矿;La:金属镧)

表 5 - 22　La$_{0.6}$Sr$_{0.4}$Co$_{0.2}$Fe$_{0.8}$O$_{3-\delta}$膜管经反应后的 EDS 分析

膜片	部分	元素/%					
		O	Fe	Co	Sr	La	其他
新鲜	1—3	45.49	23.06	5.46	10.01	15.97	
使用后	1	47.47	29.77	13.46	3.26	3.18	2.86(S)
	2	39.41	26.61	6.47	9.04	18.47	
	3	48.92	22.64	3.71	9.73	15.00	

　　SEM、XRD 和 EDS 结果显示,膜管经历反应后,位于空气侧的膜表面颗粒晶界变得模糊,位于甲烷侧的膜表面发生了蚀刻,而膜壁中央颗粒晶界依然保持完整。在膜反应过程中,膜两侧的表面元素发生了偏析,且位于甲烷侧的膜表面,由于有还原气体(如 CH$_4$、H$_2$ 和 CO)存在,膜表面氧化物被还原,生成少量金属(如 Sr 或 La),在高温下金属蒸发,使得膜表面发生蚀刻。表面元素的偏析及金属离子的还原,使得金属离子沿膜径向方向重新分布,膜两侧的应力发生变化,从而导致膜管断裂。这一研究表明,膜的微观结构及宏观结构的变化与膜两侧气氛密切相关,即适合于氧分离的膜材料并不一定适合于膜反应。

　　(3) YSZ-SrCo$_{0.4}$Fe$_{0.6}$O$_{3-\delta}$(SFCZ)管式膜反应器

　　因为前期研究发现 SCFZ 片式膜反应器进行甲烷部分氧化制合成气反应时能连续操作 200h 以上,且膜材料表现出良好的热化学稳定性。在此基础上进一步采用该膜材料制备出管式膜用于 POM 膜反应器的研究,并研究了该反应器的进料模式对膜反应器稳定性的影响。

　　图 5 - 144 为 SCFZ 膜反应器两种进料方式[205]:一种为常规的进料方式,管程通甲烷和氦气的混合气体,壳程通空气[进料方式Ⅰ,见图 5 - 144(a)];另一种为改进的进料方式,在稀释的甲烷气体中加入少量的氧气后引入管程,壳程通空气[进料方式Ⅱ,见图 5 - 144(b)]。

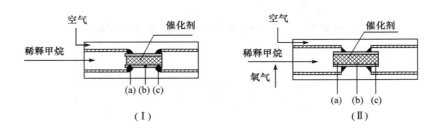

图 5 - 144　管式膜反应器两种进料方式

(a) 膜管进口位置;(b) 膜管中间位置;(c) 膜管出口位置

　　我们首先考察了采用进料方式 I 时膜反应器的操作性能,典型的操作条件为温度 1123K、甲烷流量 $5cm^3(STP)min^{-1}$、氦气流量 $25cm^3(STP)min^{-1}$、空气流量 $100cm^3(STP)min^{-1}$。然而,遗憾的是多次重复实验发现反应在进行 4～7h 后膜管即发生破裂,每次膜管的断裂位置均出现在进口端,并且进口端位置膜材料转变成了疏松的粉末体。

　　为了揭示该膜管的断裂原因,我们采用 XRD 方法对反应后的膜管的进口端,中间部分和出口端三个位置[见图 5－144 中(a)(b)和(c)]进行相组成分析(如图 5－145)。可以发现,新鲜膜材料为多相混合体,主要包含钙钛矿相和少量的 $SrZrO_3$ 相;反应操作 6h 后的膜管中间位置的膜材料保持了稳定的相结构,但钙钛矿相的布拉格角有所左移,这是由于膜材料在还原性气氛下失去了部分晶格氧导致材料的晶格发生了轻度的膨胀;在膜管的出口端位置,膜材料也未出现明显的相转变;但在膜管的进口端,却发生严重的相分解,分析结果揭示该位置的膜材料相包含 Fe、$SrZrO_3$、$CoCo_2O_4$、$SrO_{1.95}$、ZrO_2、$Sr_3Fe_2O_4$ 等多种物质。因此管式 SCFZ 膜反应器失败的原因是由于膜管进口端的膜材料发生了严重相分解,这种相分解与膜材料的晶格氧损失有关。

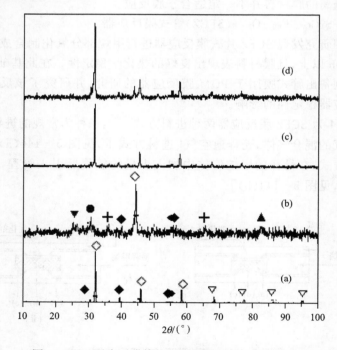

图 5－145　反应后膜管的 XRD 分析图谱(进料方式 I)

(a)新鲜膜;(b)反应后膜的进口位置;(c)反应后膜的中间位置;(d)反应后膜的出口位置
(◇)钙钛矿;(◆)$SrZrO_3$;(＋)Fe;(▲)$SrO_{1.95}$;(▼)$CoCo_2O_4$;(▽)ZrO_2;(●)$Sr_3Fe_2O_4$

为了提高反应器使用寿命,有必要采取适当的措施抑制该位置膜材料的相分解。为此,我们提出了在管程进口气(稀释的甲烷气体)中加入少量氧气以补偿膜管进口端膜材料的晶格氧消耗的方法,即进料模式 II。

表 5-23 给出了一个具体实验过程的操作参数,在该操作方式下,膜反应器成功操作了 70h 以上,表明少量氧气加入明显提高了膜反应器的稳定性。XRD 分析(膜主体的相组成如图 5-146 所示)表明,管程中所加入的少量氧气补偿了膜管进口处的氧消耗,明显提高了该位置膜材料的结构稳定性。

表 5-23　进料模式 II 时操作参数

膜管长度		1.8cm
催化剂的量		0.196g
操作温度		1123K
	管程中	
	CH_4	9.5
气体流量/ $cm^3(STP)min^{-1}$	He	37.4
	空气	3.1
	壳程中	
	空气	100

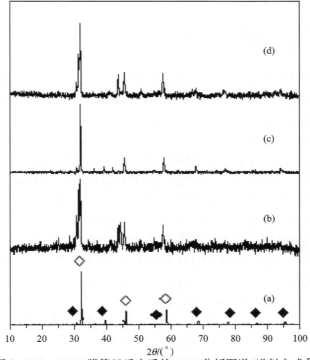

图 5-146　SFCZ 膜管经反应后的 XRD 分析图谱(进料方式 II)
(a) 新鲜膜;(b) 反应后膜的进口位置;(c) 反应后膜的中间位置;(d) 反应后膜的出口位置
◇ 钙钛矿; ◆ $SrZrO_3$

　　图 5-147 和图 5-148 分别为膜反应器中催化反应结果和氧渗透通量随时间的变化关系。在整个反应过程中,甲烷的转化率几乎达 100%;CO 的选择性在前 35h 内从 62% 逐渐升高到 82%,而在 46~60h 之间,出现了明显的下降趋势,在反应进行到 70h 左右,CO 选择性趋于稳定。图 5-148 显示,膜反应器管程入口所加的氧与膜管渗透氧的比例不超过 10%,表明膜反应过程氧消耗量主要来自于膜管的氧渗透,因而反应产物 CO 选择性大小主要依赖于膜管的氧渗透量。

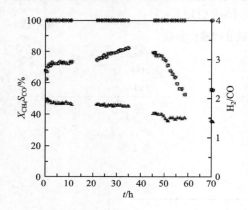
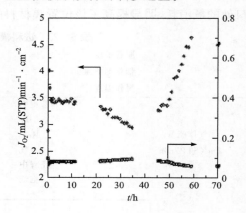

图 5-147　膜反应结果随时间的变化　　　　图 5-148　膜反应器的氧渗透通量随
　　　　关系(进料方式 II)　　　　　　　　　　时间的变化关系(进料方式 II)

　　尽管从工业应用角度来说,操作时间仍然很短,但该操作方式为解决该类膜反应器操作失败问题提供了一条新的思路,并有可能由此启发出其他好的操作方式或新的膜反应器设计以提高操作稳定性。

　　(4) POM 反应数学模型

　　利用数学模型对膜反应器进行模拟,对膜反应实验和工程放大具有重要意义。由于无机催化膜反应器的实验操作较复杂,利用数学模型对膜反应器进行模拟,深入了解膜反应器内的传质和反应的机理及过程,能够从理论上对实验进行指导并为工程放大提供必要的参考数据。文献中已有选择性透氧膜反应器的模型用于 POM 过程和甲烷氧化偶联过程[206~210],其中只有 Tsai[210] 提出了二维非等温致密膜反应器模型用于评价甲烷氧化制合成气反应的操作参数。但该模型是以管式钙钛矿型担载膜为模型基础,然而目前还没有关于利用致密钙钛矿型担载膜进行 POM 实验报道,其模型的实验还有待进行。

　　我们在 $La_{0.6}Sr_{0.4}Co_{0.2}Fe_{0.8}O_{3-\delta}$(LSCF)管式膜氧渗透及膜反应实验研究的基础上[55,142],开展了 POM 管式膜反应器的模型研究,建立了一维等温数学模型,对膜反应过程的操作参数进行了模拟预测[59]。

　　甲烷部分氧化制合成气反应过程是一个复杂反应,可采用四种反应对反应过程进行描述。

甲烷氧化燃烧反应

$$CH_4 + 2O_2 \longrightarrow CO_2 + 2H_2O \tag{5-79}$$

水蒸气重整反应

$$CH_4 + H_2O \rightleftharpoons CO + 3H_2 \tag{5-80}$$

CO_2 重整反应

$$CH_4 + CO_2 \rightleftharpoons 2CO + 2H_2 \tag{5-81}$$

水汽变换反应

$$CO + H_2O \rightleftharpoons CO_2 + H_2 \tag{5-82}$$

上述反应独立反应数为 3，进行模拟时选用(5-79)～(5-81)反应，其反应动力学速率表达式依次为

$$R_1 = A_1 P_{CH_4} P_{O_2} \exp(-E_1/RT) \tag{5-83}$$

$$R_2 = A_2 P_{CH_4} P_{H_2O} \exp(-E_2/RT)\left[1 - \frac{P_{CO} P_{H_2}^3}{K_2 P_{CH_4} P_{H_2O}}\right] \tag{5-84}$$

$$R_3 = A_3 P_{CH_4} P_{CO_2} \exp(-E_3/RT)\left[1 - \frac{P_{CO}^2 P_{H_2}^2}{K_3 P_{CH_4} P_{CO_2}}\right] \tag{5-85}$$

其中，以上三式的动力学参数结合文献报道，通过固定床实验数据优化拟合获得，结果表 5-24 所示。

表 5-24　甲烷部分氧化制合成气动力学参数

反应	活化能 $E_i/J \cdot mol^{-1}$	指前因子 $A_i/mol \cdot g^{-1} \cdot s^{-1} \cdot atm^{-2}$
$CH_4 + 1/2O_2 \longrightarrow CO + 2H_2$	166×10^3	1.22×10^{10}
$2CH_4 + H_2O \longrightarrow CO + 3H_2$	29×10^3	43.1
$3CH_4 + CO_2 \longrightarrow 2CO + 2H_2$	23.7×10^3	24.8

对主体扩散的透氧材料根据透氧机理推导出如下经验公式：

$$J_{O_2} = kT(P_L^{-m} - P_H^{-m} + c) \tag{5-86}$$

其中，J_{O_2} 氧扩散通量，$mL \cdot cm^{-2} \cdot min^{-1}$）；$k$、$m$、$c$ 为常数；T 操作温度，K；P_L 低氧侧氧分压，atm；P_H 高氧侧分压氧分压，atm。

通过 Stastics 软件对所制备的 $La_{0.6}Sr_{0.4}Co_{0.2}Fe_{0.8}O_{3-\delta}$ 管式膜在 1123K 和 1173K 下的两组透氧实验数据进行拟合，结果如下：

$$J_{O_2} = 1.51 \times 10^{-3} T(P_L^{-0.020} - P_H^{-0.020} - 0.028) \quad (1123K)$$

$$J_{O_2} = 1.55 \times 10^{-3} T(P_L^{-0.021} - P_H^{-0.021} - 0.029) \quad (1173K)$$

不同温度下的透氧通量式,采用对两种温度下的 k、m、c 的线性插值

$$J_{O_2} = (8.20 \times 10^{-7} T + 5.86 \times 10^{-4}) \times T \times [P_L^{-(2.26 \times 10^{-3} + 1.62 \times 10^{-5} T)}$$

$$- P_H^{-(2.26 \times 10^{-3} + 1.62 \times 10^{-5} T)} - 4.09 \times 10^{-5} T + 0.0180]$$

$$(5-87)$$

公式适用范围:1093~1173K。

　　为了建立膜反应器数学模型,对该反应过程作如下简化:反应在拟均相体系中等压稳态进行,忽略床层积碳反应、气体的扩散传递以及催化剂颗粒的内外扩散阻力,各气体组分假设为理想气体;绝热情况下,忽略轴向、径向热扩散影响,床层温度的变化完全由反应热和气体流动造成。

　　膜反应器结构如图 5-149 所示,其尺寸和操作参数列于表 5-25。数学模型包括物料守恒方程、热量恒算方程,具体如下。

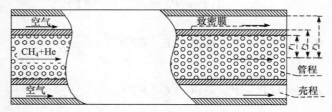

图 5-149　致密膜反应器简图

表 5-25　膜反应器尺寸及操作参数

管壳程压力/atm	1
催化剂床层密度/g·cm⁻³	0.726
反应器长度/cm	1.73
膜管外径/cm	0.8
膜管内径/cm	0.5
空气流量/mL·min⁻¹	100
氦气流量/mL·min⁻¹	58

　　膜反应器管程、壳程和钙钛矿型透氧膜层物料守恒式分别为

$$0 < r < r_1 \qquad \frac{\mathrm{d}F_j}{\mathrm{d}l} + 2\pi r_1 J_j\Big|_{r=r_1} - \pi r_1^2 \rho_B \sum_{i=1}^{n} \nu_{ji} R_i = 0 \quad (5-88)$$

$$r_2 < r < r_3 \qquad \frac{\mathrm{d}Q_k}{\mathrm{d}l} - 2\pi r_2 J_k\Big|_{r=r_2} = 0 \qquad\qquad (5-89)$$

　　在致密钙钛矿型透氧膜壁内无氧损失,则有

$$r_1 \leqslant r \leqslant r_2 \qquad J_{O_2} = \frac{r_1}{r} J_{O_2}\Big|_{r=r_1}, J_{j,j \neq O_2} = 0, J_{k,k \neq O_2} = 0 \quad (5-90)$$

式(5-5)、(5-6)和(5-7)初始条件($l=0$)为

$$F_{CH_4} = F_{CH_4}^0, \quad F_{j,j\neq CH_4} = 0, \quad Q_{O_2} = Q_{O_2}^0, \quad Q_{N_2} = Q_{N_2}^0 \tag{5-91}$$

热量恒算方程：

$$uc_{p,mix}\frac{dT}{dl} - \rho_B \sum_{i=1}^n R_i(-\Delta H_i) + \Delta H'_{O_2} = 0 \tag{5-92}$$

式中， $c_{p,mix} = \sum_{j=1}^m y_j c_{p,j}$ ，温度初值

$$T = T^0 \tag{5-93}$$

进行等温反应计算时，将式(5-88)～(5-91)联立，采用变步长龙格库塔法求解。若钙钛矿型透氧膜管热阻充分大时，认为膜管内反应体系处于绝热状态，对于绝热反应计算，联立式(5-88)～(5-92)求解，其中膜管氧渗透通量以内外壁温度的平均值 $\left[\tilde{T} = \dfrac{T_{in}+T_{out}}{2}\right]$ 计算。

图 5-150 为在 885℃膜反应器模拟结果和实验结果的比较。模拟结果基本上反映了实验的变化趋势，即随着甲烷量的增加，反应转化率下降，选择性提高。但在高甲烷流量下，有所偏离，这是由于模型未考虑气体径向扩散影响所致。

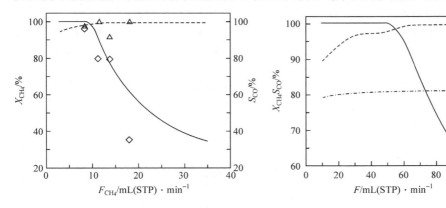

图 5-150　膜反应器模拟结果和
实验结果的比较
实验值：◇甲烷转化率；△一氧化碳选择性；计
算值：—甲烷转化率；- - - - -一氧化碳选择性

图 5-151　1123K 下模拟计算
模拟值：—甲烷转化率；
- - - - -一氧化碳选择性；-·-·- H₂/CO

为了寻求最佳的反应条件和深入了解膜反应特点，我们用模型对一些操作参数进行了预测。模型预测了在 1123K 管程进料总量对反应的转化率和选择性的影响，如图 5-151 所示。预测表明，在总流量为 60mL·min⁻¹(STP)，CH₄∶He＝1∶20 反应具有高的转化率和选择性，这与实验结果甲烷转化率和选择性都接近 100%

（色谱未检测到甲烷和二氧化碳）相一致。

　　用该模型对绝热情况固定床和膜反应轴向温度分布进行比较（如图 5-152 所示），发现膜反应器沿轴向位置床层温度逐渐升高，而固定床反应在进料口处就产生了飞温，这与文献报道一致，表明采用膜反应器可避免反应器的飞温。

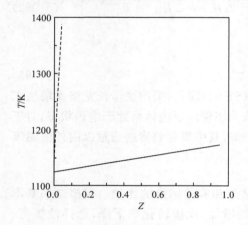

图 5-152　固定床反应器温度分布和
膜反应器温度分布比较
- - - - -固定床反应器；——膜反应器

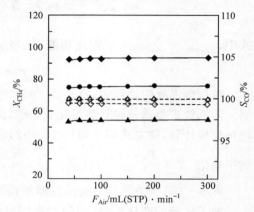

图 5-153　空气流量对甲烷转化率及
选择性的影响
—CH_4 转化率；- - - - -CO 选择性；◆◇ He：CH_4 20：1；
●○ He：CH_4 15：1；▲△ He：CH_4 10：1

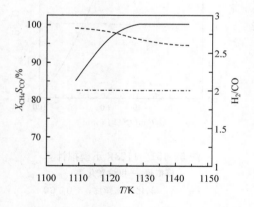

图 5-154　反应温度对合成气生产的影响
——甲烷转化率；- - - - -氧化碳选择性；
-·-H_2/CO）
管程气体总流量 110 mL(STP)·min^{-1}；
CH_4：He=1：10；空气流量 200 mL(STP)·min^{-1}

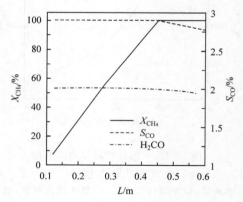

图 5-155　膜管长度对合成气生产的影响
管程气体总流量 110 mL(STP)·min^{-1}；CH_4：He=
1：10；空气流量 200 mL(STP)·min^{-1}；反应温度
1123K；膜管长度 0.07m

　　模型对膜反应器壳程空气流量变化对甲烷的转化率和选择性的影响进行了预测(如图 5 - 153),发现当空气流量小于某一流量时,改变空气流量反应转化率和选择性变化较为明显,而当空气流量继续增大时,甲烷转化率和选择性基本保持恒定,此时增加空气流量已经没有意义。

　　模型模拟了在不同温度下甲烷转化率和选择性的变化,如图 5 - 154,发现甲烷转化率随温度的升高而增加,而产物的选择性下降,说明对于某一进料状态,选择合适的温度对同时取得较好的转化率和选择性很重要。模拟表明 1123K 是甲烷部分氧化制合成气膜反应的最佳操作温度,此温度下,甲烷转化率及一氧化碳选择性均达到最高。

　　模型考察了膜管长度对膜反应的影响,结果见图 5 - 155。对于确定的进料量,选择合适的管长,对反应转化率和选择性提高也很重要。与固定床反应器不同,致密膜反应器中氧气沿反应器轴向方向均匀分布。对于一定的反应物进料量,若致密膜反应器过长,易导致反应产物深度氧化,即存在一最佳反应器长度(即存在一最佳空速)。从另一个角度来讲,达到同一甲烷转化率和选择性指标,膜管越长,处理的甲烷量越高。

5.7.2　二氧化碳热分解膜反应

　　空气中含有二氧化碳,而且在过去很长一段时期中,含量基本上保持恒定。这是由于大气中的二氧化碳始终处于"边增长、边消耗"的动态平衡状态。但是近几十年来,由于人口急剧增加,工业迅猛发展,呼吸产生的二氧化碳及煤炭、石油、天然气燃烧产生的二氧化碳,远远超过了过去的水平。而另一方面,森林覆盖率减少,大量农田建成城市和工厂,破坏了植被,减少了将二氧化碳转化为有机物的条件。再加上地表水域逐渐缩小,降水量大大降低,减少了吸收溶解二氧化碳的条件,破坏了二氧化碳生成与转化的动态平衡,就使大气中的二氧化碳含量逐年增加。空气中二氧化碳含量的增长,就使地球气温发生了改变。1896 年,瑞典著名化学家 Svante Arrhenius 提出了"温室效应"这个名词,并预言燃烧矿物燃料会提高大气的二氧化碳含量,导致全球气温上升。表 5 - 26 列出了主要温室气体来源,可以看出二氧化碳是最主要的温室气体,并且随着石油能源日趋紧张,人们对 CO_2 化学的研究进入了新的阶段,抑制 CO_2 向大气排放并实现其回收,将成为 21 世纪最重要的能源和环境问题之一。

　　近几年来,许多研究人员都致力于二氧化碳的转化与固定。CO_2 分解可以产生纯氧,此项技术在空间科学的研究上已取得了一定的进。NASA 的工程师们利用一片饼干大小的氧化锆,以白金电极加热到 750℃,当二氧化碳进入反应室内,氧化锆能将二氧化碳分解为一氧化碳与氧(摘自 www.tas.idv.tw)。但把 CO_2 作为能源生产技术还面临着重大的挑战。众所周知,CO_2 在高温下的分解反应为:

$2CO_2 \longrightarrow 2CO + O_2$，$\Delta H_{298}^0 = 552kJ \cdot mol^{-1}$。该反应由于受到化学反应平衡的限制，不但 CO_2 转化率低，而且要在高温下才能实现。所以该反应在传统的固定床反应器中难以实现。

　　近几年以来，随着混合导体透氧膜在膜分离及催化领域的发展，把混合导体透氧膜用于 CO_2 高温分解反应为其提供新的研究思路。该技术把膜分离与化学反应耦合起来，可以打破 CO_2 高温反应热力学平衡的限制，提高 CO_2 的转化率。已有文献报道利用膜反应器进行 CO_2 高温分解反应研究[211~213]。表 5-26 汇总以前研究进展。不难看出，该研究是一个全新的研究领域，目前只有为数不多的三个研究小组进行此课题的研究。从他们的研究结果来看，他们的研究成果还有较大的不足之处。Nigara 等得到的 CO_2 转化率是最高的 20%，但其操作温度也是最高的 1687℃，同时他们采用 CO 作为吹扫气，在吹扫侧 CO 与透过来的氧又再次生成了 CO_2。Fan 等得到的转化率在 940℃时虽只有 10%，但他们已把操作温度降到了 1000℃以下。从降低操作成本和工业应用的角度考虑，这无疑是重要的进展。值得注意的是，在 Fan 等研究中采用 CH_4 作吹扫气，吹扫侧甲烷与氧会发生燃烧反应而产生 CO_2。因此，如何有效地治理和利用二氧化碳，已成为当今的一个主要课题。

表 5-26　主要温室气体（摘自 www.wwf.org.hk）

气体种类	CO_2	CH_4	N_2O	CFC-11	CFC-12	HCFC-22
主要来源	矿物原料 砍伐森林	稻田、矿物原料 燃烧生物质	耕作肥料 燃烧生物质	冷冻剂、压缩气体 溶剂、发泡塑料、包装物料		
17 世纪中叶工业发展前的空气中浓度	279ppm	790ppb	285ppb	0	0	0
1990 年空气中浓度	354ppm	1720ppb	310ppb	280ppt	484ppt	115ppt
近年的年增长率(1981~2000)	1.5ppm	10~15ppb	0.7ppb	11ppt	18ppt	6ppt

表 5-27　膜反应器用于 CO_2 高温分解反应研究进展

研究小组	膜材料	吹扫气	操作温度/℃	CO_2 转化率/%	报道时间
Nigara et al.[211]	ZrO_2-CaO	CO	1687	20.0	1986
Itoh et al.[212]	YSZ	Ar	1509	0.6	1993
Fan et al.[213]	$SrFeCo_{0.5}O_{3-\delta}$	CH_4	940	10.0	2002

　　针对这一研究领域，结合我们前期在 POM 膜反应研究的基础上，我们提出了将二氧化碳高温分解与甲烷部分氧化制合成气耦合在一个反应器中的新膜反应过程[214]。即二氧化碳分解的氧作为甲烷部分氧化的氧源，二氧化碳分解在膜的一侧，另一侧甲烷在催化剂作用下与来自二氧化碳分解的氧发生部分氧化反应得到合成气，反应机理如图 5-156 所示。二氧化碳在高温下在致密透氧膜表面发生分

解反应,生成一氧化碳和氧气:

$$2CO_2 \rightleftharpoons 2CO + O_2$$

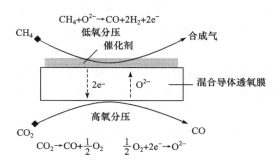

图 5-156　CO_2 分解与甲烷部分氧化耦合过程的反应机理

氧气通过透氧膜以氧离子的形式传导到透氧膜的另一侧: $\frac{1}{2}O_2 + 2e^- \longrightarrow O^{2-}$,在膜的透过侧,氧与甲烷在催化剂存在下进行甲烷部分氧化反应,产生氢气和一氧化碳: $CH_4 + O^{2-} \longrightarrow CO + 2H_2 + 2e^-$。由于该侧的甲烷与氧发生反应使透过的氧不断被移走,从而打破了二氧化碳分解反应的平衡,促使二氧化碳不断向一氧化碳转化。

　　我们采用 $SrCo_{0.4}Fe_{0.5}Zr_{0.1}O_{3-\delta}$ 混合导体透氧膜(其性能在 5.3 中已详细介绍)用于 CO_2 高温分解反应的研究,$SrCo_{0.4}Fe_{0.5}Zr_{0.1}O_{3-\delta}$ 膜片的有效透氧面积为 $0.283cm^2$,并且在通入 CH_4 侧的膜片表面装填 0.09g4.77%(质量分数) NiO/γ-Al_2O_3 催化剂用于 POM 反应(如图 5-157)。

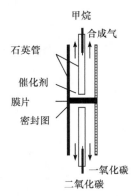

图 5-157　膜反应器内部结构示意图

　　我们首先在 850～950℃ 范围内考察了膜反应器的操作性能,其中在反应器下部 CO_2 和 He 一起通入反应器[CO_2 流量为 6 cm^3(STP)min^{-1}, He 流量为 24 cm^3 (STP)min^{-1}],CH_4 和 Ar 的混合气一起进入反应器的上部[CH_4 流量为 $3cm^3$(STP)min^{-1}, Ar 流量为 $17cm^3$ (STP)min^{-1}]。从图 5-158 可以看出,CO_2 和 CH_4 的转化率都随着温度的增加而增加,这是由 SCFZ 混合导体透氧膜本身的透氧性能所致。总的来说,混合导体透氧膜的氧渗透速率受两方面因素的控制:主体扩散速率和表面氧交换速率。在一方面,根据 Wagner 方程氧通过膜片主体的渗透速率随温度的上升而增加;在另一方面,由于本反应体系中同时存在着 CO_2 分解反应和甲烷部分氧化反应,那么在膜片两侧表面氧的交换速率或膜片两侧氧分压梯度都会增强。因此,如图 5 - 158 所示,在还原气氛下 SFCZ 膜总体氧渗透速率随着温度的上升而增加。从热力学平衡的观点来看,氧渗透速率的增加会对 CO_2 转化率以及 POM 反应效果产生正面的影响。因此,从 850℃到 950℃,CO_2 转化率从 2.3% 上升到 14.9%,这比先前文献报道的值要高[231]。与此同时,甲烷转化率从 4.2% 上升到 30%,一氧化碳选择性增加到 86% 以上,H_2/CO 保持在 1.82 左右(如图 5 - 159)。在反应器上部的产物气体中,包含有 H_2、CO、未反应的 CH_4 以及少量的 H_2O 和 CO_2。例如在 900℃时,甲烷转化率为 14.6%,一氧化碳转化率为 87.3%,产物气体中 CO 占 9.8%,H_2 占 18.3%,CO_2 占 1.5%,H_2O 占 4.4% 和未反应的 CH_4 占 66%(不包含氩气)。

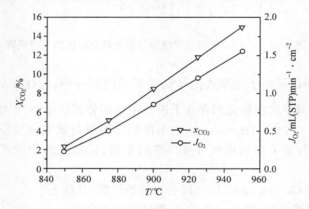

图 5 - 158　反应温度对于 CO_2 转化率和氧渗透通量的影响

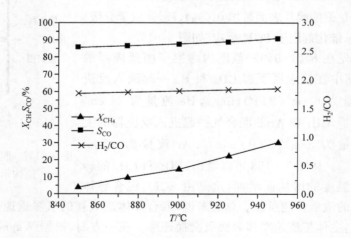

图 5 - 159　反应温度对于 CH_4 转化率和 CO 选择性的影响

在 900℃时考察了 CO_2 进料流量对于反应性能的影响(如图 5 - 160)。在反应器的下部 CO_2 进料流量从 $6cm^3(STP)min^{-1}$ 增加到 $15cm^3(STP)min^{-1}$[CO_2 和 He总流量保持在 $30\ cm^3(STP)min^{-1}$]，而在反应器上部甲烷进料流量不变。从图 5 - 160 可以看出，随着 CO_2 进料流量的增大，CO_2 转化率下降，而甲烷转化率先下降后保持恒定，大约为 16%。对于混合导体透氧膜而言，如果操作温度和吹扫气流量都保持恒定，那么氧渗透通量是有限的。从图中还可以看出，氧渗透通量随着 CO_2 进料流量的增大[$6\sim12\ cm^3(STP)min^{-1}$]而增加，但 CO_2 进料流量继续增加，氧渗透通量则接近一个恒定值 $0.92cm^3(STP)cm^{-2}min^{-1}$。虽然随着 CO_2 进料流量的增大，CO_2 分解可以产生更多的氧，但不是所以生成的氧都能渗透过膜片进入反应器的上部，这是由于受到了膜片氧渗透能力和反应器上部甲烷进料流量的双重限制所致，因此，多余的氧又会于生成的 CO 继续反应重新生成 CO_2。这就表明为了获得较高的 CO_2 转化率，膜反应器要在较低的 CO_2 进料流量下操作。从反应动力学的观点来看，在一定的操作条件下，CO_2 分解产生氧气的速率、膜片的氧渗透速率和甲烷与氧的反应速率三者必须相互匹配。否则，其中任何一个较低都会影响整个膜反应器的操作效果。

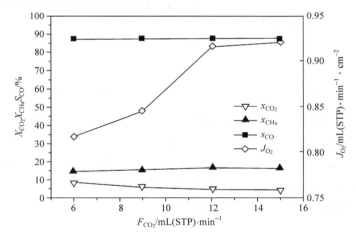

图 5 - 160 　 CO_2 进料流量对于反应性能的影响

对于工业应用而言，在高温和高氧分压梯度下膜材料必须具有良好的热稳定性。图 5 - 161 所示为 SCFZ 膜反应器在 900℃下的长期稳定性。在初始的 6h 里甲烷转化率、一氧化碳选择性、氧渗透通量以及 CO_2 转化率都迅速上升。这是由于在初始阶段 NiO/Al_2O_3 中的 NiO 被还原为 Ni^0，这更有利于 POM 反应。在 $6\sim$ 15h 里，甲烷转化率、一氧化碳选择性、氧渗透通量以及 CO_2 转化率都趋于稳定。在 15h 以后到 21h 里膜片出现破裂，CO_2 进料侧色谱检测到 Ar 峰的出现。对于膜反应器来说,其良好的稳定性不仅取决于温度和氧分压梯度,还取决于膜片两侧所处的气氛。膜材料在还原性气氛下会被还原,或者在氧分压梯度下出现相分解。由于在膜的两侧同时存在着 CO_2 分解反应和 POM 反应,也就是说膜片的一侧暴露在有 CO 的气氛中,另一侧处于有 CO 和 H_2 的气氛中,此外在膜片的两侧还存在很大的氧分压梯度。所以当 SCFZ 膜在还原气氛中操作了 15h 以后,膜材料出现分解,最终产生裂纹。因此,进一步开发高氧通量、高稳定性的膜材料是下一步的研究重点内容。

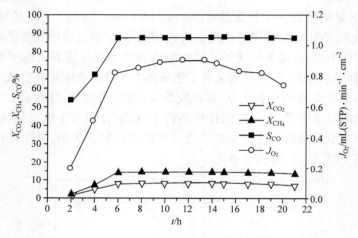

图 5‐161　SCFZ 膜反应器在 900℃下的长期稳定性

我们初步的研究表明,把 CO_2 高温分解反应与甲烷部分氧化制合成气反应耦合的一个膜反应器中的工艺路线是可行的。从环境保护和节约能源的角度来看,上述过程有如下的几点优势:①把 CO_2 作为氧源可以减少大气中的 CO_2 量;②此过程可以避免从空气中脱除氮气,从而消除了 NO_x 的产生。这样一种过程耦合的概念还可以应用到其他碳氢化合物的生产中。

5.8　小结与展望

离子电子混合导体致密透氧膜是一类同时具有氧离子导电和电子导电性能的新型陶瓷膜材料。此类材料不仅具有催化活性,而且在高温下(大于 973K)100%选择性透氧,在纯氧制备、化学反应器以及燃料电池等方面具有广阔的应用前景。由于混合导体致密透氧膜技术相对于传统技术在经济与环保等方面的优势,近年来越来越受到广泛的重视。

作为透氧膜材料,高的氧渗透速率和在低氧分压或还原气氛下的良好稳定性是其满足工业应用的基本前提。我们以天然气转化利用为背景,针对混合导体透氧膜技术的关键科学技术问题,提出了面向甲烷部分氧化制合成气过程的陶瓷致密透氧膜及膜反应器的研究思路,在混合导体透氧膜材料性能、氧渗透机理、新材料开发、膜材料及膜制备技术、膜反应理论与技术等基础方面开展了富有创造性的研究工作,取得了系列的重要成果,为混合导体透氧膜的工业应用奠定了初步的理论与技术基础。具体体现在以下几个方面:①深入详细地研究了混合导体透氧膜材料及膜的性能(如 A 位替代的 $La_{0.2}A_{0.8}Co_{0.2}Fe_{0.8}O_{3-\delta}$(A=Sr,Ba,Ca)的钙钛矿膜的氧渗透性能与稳定性的研究),发现单相透氧膜材料在高温及低氧分压下不稳定性的规律,提出以钙钛矿型透氧膜材料为基掺杂另一种混合导电型氧化物合成新的多相混合导体透氧膜材料,以提高膜材料稳定性的研究思路,研制发明了稳定性好的 ZrO_2 掺杂的 $SrCo_{0.4}Fe_{0.6}O_{3-\delta}$(SCFZ)混合导体透氧膜材料;系统地研究不同尺度和浓度的 ZrO_2 掺杂对 SCF 性能的影响,阐明了掺杂 ZrO_2 稳定 SCF 结构的原因所在,提出了 ZrO_2 掺杂的最佳条件,并以此为依据进一步开发出性能良好的 $Sr(Co,Fe,Zr)O_{3-\delta}$ 新型透氧膜材料。②开展了担载透氧膜的制备研究,提出协同收缩(即多孔支撑体与致密膜层在烧结过程中同时收缩)的思想,制备出致密无缺陷的担载型 $La_{0.6}Sr_{0.4}Fe_{0.2}Co_{0.8}O_{3-\delta}$ 透氧膜,其氧渗透速率与同种材料的对称膜相比提高了 3～4 倍。③对于透氧膜的氧渗透速率受表面交换速率控制的情形,提出了用简单且易于控制的材料掺杂方法代替传统的膜表面修饰的研究思路。通过 Ag^+ 的掺杂提高了 $SrCo_{0.8}Fe_{0.2}O_{3-\delta}$(SCF)膜的表面交换速率,且对 SCF 膜表面交换速率的改善在较低的温度更加显著。④在研究片状透氧膜氧渗透性能的基础上,系统地开展了管式混合导体透氧膜制备及氧渗透性能研究,采用等静压法和塑性挤出法制备了 $La_{0.6}Sr_{0.4}Fe_{0.8}Co_{0.2}O_{3-\delta}$ 和 SCFZ 两种管式膜。针对目前研究致密透氧膜氧渗透机理时仅从材料角度考虑单独的主体扩散或表面交换反应,而忽视过程中气固相传递阻力的现状,将材料科学与化学工程理论相结合,综合考虑这三个因素,建立了与实验现象相吻合的透氧膜氧渗透传质模型。⑤在混合导体透氧膜氧渗透性能研究的基础上,开展甲烷部分氧化制合成气的膜反应研究,重点研究了反应器的工艺过程、膜在反应气氛下的微结构演变规律、稳定性和使用寿命;针对国外研究甲烷部分氧化制合成气(POM)管式膜反应器采用贵金属为催化剂的状况,在管式致密透氧膜反应器内采用了价廉的镍基催化剂,并建立了 POM 的膜反应数学模型。

尽管目前国内外在混合导体透氧膜领域的研究已取得了显著进展,但就目前研究现状来看,要使透氧膜技术实现工业化应用,还需不懈努力。美国能源部计划在 2010 年将该技术推向市场。目前的研究工作主要集中在具有良好的氧渗透通量和稳定性的新型膜材料的开发,以及对更有效的膜制备技术的研究。因此,在这个领域里,今后的研究工作应着重在以几个方面:①更好地了解混合导体透氧膜材料性能、开发新的膜材料以及对现有材料的电导性能加以改进。对于材料电导性能的改进将有助于透氧膜体系的操作温度降低,进而使透氧膜能够应用于更多反应体系之中。②提高和改进致密膜的制备技术,将促进担载致密透氧膜的成功制备。加强膜表面催化修饰的研究,将会提高透氧膜在反应条件下的氧渗透通量。③要深入了解膜表面过程、颗粒边界对于膜材料电导的影响以及晶体结构有序与无序的转变。重点寻求提高膜材料稳定性的新方法与技术,这将是膜材料是否具有商业应用前景的必要条件。④更好地研究膜反应器的设计(如最近 Chen 等[215]采用两段式膜反应器模式提高了膜反应器的寿命)、反应动力学、高效催化剂制备及膜反应器的高温密封技术,提高膜反应器的操作稳定性。此外,混合导体透氧膜技术的应用研究目前主要集中在甲烷部分氧化制合成气方面,还有一些重要的应用领域有待于进一步的开发,如二氧化碳高温分解反应、甲烷氧化偶联、直接转化甲烷为甲醇或甲醛以及乙烷或丙烷氧化脱氢等过程。

附　图

附图 1　膜催化反应装置

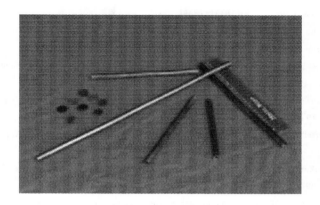

附图 2　钙钛矿型混合导体透氧膜膜片及膜管

参 考 文 献

[1] Michaels A S. New separation technique for the CPI. Chem. Eng. Progr., 1968, 64：31

[2] Raymont M E D. Make hydrogen from hydrogen sulfide. Hydrocarbon Process, 1975, 54：139～142

[3] Thursfield A, Metcalfe I S. The use of dense mixed ionic and electronic conducting membranes for chemical production. J. Mater. Chem., 2004, 14：2475～2485

[4] Bouwmeester H J M. Dense ceramic membranes for methane conversion. Catalysis Today, 2003, 82：141～150

[5] Wilhelm D J, Simbeck D R, Karp A D, et al. Syngas Production for Gas-to-Liquids Applications：Technologies Issues and Outlook. Fuel Proc. Tech., 2001, 71：130～148

[6] Teraoka Y, Zhang H M, Furukawa S, et al. Oxygen Permeation through Perovskite-type Oxides. Chem. Lett., 1985, 1743～1746

[7] Bredesen R, Sogge J, in：Paper Presented at The United Nations Economic Commission for Europe Seminar on Ecological Applications of Innovative Membrane Technology in Chemical Industry, Chem/Sem. 21/R.12, Cetaro, Calabria Italy, 1－4 May 1996

[8] Steele B C H. Oxygen Ion Conductors and Their Technological Applications. Mater. Sci. Eng.,1992, B13：79

[9] Zaman J, Chakma A. Inorganic Membrane Reactors. J. Membr. Sci., 1994, 92：1～28

[10] 姜乃雄. 氧化锆氧泵在气体净化中的应用. 化学通报, 1988, (3)：49～50

[11] 马忠龙, 陈洪钫, 许根慧. 氧泵型反应器及在甲烷氧化偶联反应中的应用. 化工进展, 1998, (5)：36～39

[12] Naumovich E N, Kharton V V, Samokhval V V, et al. Oxygen Separation Using Bi_2O_3-based Solid Electrolytes. Solid State Ionics, 1996, 93：95～103

[13] Subbarao E C, Maiti H S. Solid Electrolytes with Oxygen Ion Conduction. Solid State Ionics, 1984, 11：317～338

[14] Dou S, Masson C R, Pacey P D. Mechanism of Oxygen Permeation through Lime-Stabilized Zirconia. J.

Electrochem. Soc., 1985, 132: 1843~1849

[15] Bouwmeester H J M, Kruidhof H, Burggraaf A J, et al. Oxygen Semipermeability of Erbia-Stabilized Bismuth Oxide. Solid State Ionics, 1992, 53—56: 460~468

[16] Caës B, Baumard J F. Mixed Conduction and Defect Structure of ZrO_2-CeO_2-Y_2O_3 Solid Solutions. J. Electrochem. Soc., 1984, 131: 2407~2413

[17] Nigara Y, Mizusaki J, Ishigame M. Measurement of Oxygen Permeability in CeO_2 Doped CSZ. Solid State Ionics, 1995, 79: 208~211

[18] Liou S S, Worrell W L. Electrical Properties of Novel Mixed-Conducting Oxides. Appl. Phys. A., 1989, 49: 25~31

[19] Vinke I C, Boukamp B A, de Vries K J, et al. Mixed Conductivity in Terbia-Stabilized Bismuth Oxide. Solid State Ionics, 1992, 57: 91~98

[20] Pan H, Worrell W L. Mixed (oxygen ion and p-type) Conductivity in Yttria-Stabilized Zirconia Containing Terbia. J. Electrochem. Soc., 1995, 142: 4235~4246

[21] Liu M, Joshi A V, Shen Y, et al. Mixed Ionic Electronic Conductor for Oxygen Separation and Electrocatalysis, U. S. Patent 5,273,628, 1993

[22] Acres G J K. Recent advances in fuel cell technology and its applications. J. Power Sources, 2001, 100 (1—2): 60~66

[23] Mogensen M, Jensen K V, Jorgensen M J, et al. Progress in understanding SOFC electrodes. Solid State Ionics, 2002, 150 (1—2): 123~129

[24] Brosha E L, Chung B W, Brown D R, et al. Amperometric oxygen sensors based on dense Tb-Y-Zr-O electrodes. Solid State Ionics, 1998, 109 (1—2): 73~80

[25] Maskell W C. Progress in the development of zirconia gas sensors. Solid State Ionics, 2000, 134 (1—2): 43~50

[26] Singhal S C. Advances in solid oxide fuel cell technology. Solid State Ionics, 2000, 135 (1—4): 305~313

[27] Wen T L, Wang D, Chen M, et al. Materials research for planar SOFC stack. Solid State Ionics, 2002, 148 (3—4): 513~519

[28] Mazanec T J, Cable T L, Frye J G. Electrocatalytic Cells for Chemical Reaction. Solid State Ionics, 1992, 53—56: 111~118

[29] Chen C S. Fine Grained Zirconia-Metal Dual Phase Composites: Oxygen Permeation and Electrical Properties. PhD Thesis, 1994

[30] Shen Y S, Joshi A, Liu M, et al. Structure, Microstructure and Transport Properties of Mixed Ionic-Electronic Conductors Based on Bismuth Oxide. Part I. Bi-Y-Cu-O system. Solid State Ionics, 1994, 72: 209~217

[31] ten Elshof J E, Nguyen N Q, den Otter M W, et al. Oxygen Permeation Properties of Dense $Bi_{1.5}Er_{0.5}O_3$-Ag Cermet Membranes. J. Electrochem. Soc., 1997, 144: 4361~4366

[32] Wu Z L, Liu M L. Modeling of Ambipolar Transport Properties of Composite Mixed Ionic-Electronic Conductors. Solid State Ionics, 1997, 93 (1—2): 65~84

[33] Teraoka Y, Nobunaga T, Yamazoe N. Effect of Cation Substitution on the Oxygen Semipermeability of Perovskite-type Oxides. Chem. Lett., 1988, 195(3): 503~506

[34] Itoh N, Kato T, Uchida K, et al. Preparation of Pore-free Disk of $La_{1-x}Sr_xCoO_3$ Mixed Conductor and its Oxygen Permeability. J. Membr. Sci., 1994, 92: 239~246

[35] Chen C H, Bouwmeester H J M, van Doorn R H E, et al. Oxygen Permeation of $La_{0.3}Sr_{0.7}CoO_{3-\delta}$. Solid State Ionic, 1997, 98: 7~13

[36] ten Elshof J E, Bouwmeester H J M., Verweij H. Oxygen Transport through $La_{1-x}Sr_xFeO_{3-\delta}$ Membranes, I, Permeation in air/He gradients. Solid State Ionics, 1995, 81: 97~109

[37] Tsai C Y, Dixon A G, Ma Y H, et al. Dense Perovskite, $La_{1-x}A'_xFe_{1-y}Co_yO_{3-\delta}$(A'=Ba, Sr, Ca), Membrane Synthesis, Applications, and Characterization. J. Am. Ceram. Soc., 1998, 81(6): 1437~1444

[38] Stevenson J W, Armstrong T R, Carneim R D, et al. Electrochemical Properties of Mixed Conducting Perovskites $La_{1-x}M_xCo_{1-y}Fe_yO_{3-\delta}$(M=Sr, B, Ca). J. Electrochem. Soc., 1996, 143: 2722~2729

[39] Zeng Y, Lin Y S, Swartz S L. Perovskite-type Ceramic Membrane: Synthesis, Oxygen Permeation and Membrane Reactor Performance for Oxidative Coupling of Methane. J. Membr. Sci., 1998, 150: 87~98

[40] Kruidhof H, Bouwmeester H J M, van Doorn R H E, et al. Influence of Order-Disorder Transition on Oxygen Permeability through Selected Nonstoichiometric Perovskite-type Oxides. Solid State Ionics, 1993, 63—65(1): 816~822

[41] Liu L M, Lee T H, Qiu L, et al. A Thermogravimetric Study of the Phase Diagram of Strontium Cobalt Iron Oxide, $SrCo_{0.8}Fe_{0.2}O_{3-\delta}$. Mater. Res. Bull., 1996, 31(1): 29~35

[42] Pei S, Kleefisch M S, Kobylinski T P, et al. Failure Mechanisms of Ceramic Membrane Reactors in Partial Oxidation of Membrane to Synthesis Gas. Catal. Lett., 1995, 30: 201~212

[43] Qiu L, Lee T H, Lie L M, et al. Oxygen Permeation Studies of $SrCo_{0.8}Fe_{0.2}O_{3-\delta}$. Solid State Ionics, 1995, 76(3—4): 321~329

[44] Kharton V V, Naumovich E N, Nikolaev A V, et al. Materials of High-Temperature Electrochemical Oxygen Membranes. J. Membr., Sci., 1996, 111: 149~157

[45] Shao Z P, Xiong G X, Cong Y, et al. Synthesis and Oxygen Permeation Study of Novel Perovskite-type $BaBi_xCo_{0.2}Fe_{0.8-x}O_{3-\delta}$ Ceramic Membranes. J. Membr. Sci., 2000, 164: 167~176

[46] Shao Z P, Yang W S, Cong Y, et al. Investigation of the Permeation Behavior and Stability of a $Ba_{0.5}Sr_{0.5}Co_{0.8}Fe_{0.2}O_{3-\delta}$ Oxygen Membrane. J. Membr. Sci., 2000, 172: 177~188

[47] Kharton V V, Kovalevsky A V, Tikhonovich V N, et al. Mixed Electronic and Ionic Conductivity of LaCo(M)O_3(M = Ga, Cr, Fe or Ni) Ⅱ. Oxygen Permeation through Cr-and Ni-Substituted $LaCoO_3$. Solid State Ionics, 1998, 110: 53~60

[48] Yaremchenko A A, Kharton V V, Viskup A P, et al. Mixed Electronic and Ionic Conductivity of LaCo(M)O_3(M = Ga, Cr, Fe or Ni) V. Oxygen Permeation of Mg-doped La(GaCo)O_3 Perovskite. Solid State Ionics, 1999, 110: 65~74

[49] Ishihara T, Matsuda H, Takita Y. Effects of Rare-earth Cations Doped La Site on the Oxide. Solid State Ionics, 1995, 79: 147~151

[50] Huang P, Petric A. Superior Oxygen Ion Conductivity of Lanthanum Gallate Doped with Strontium and Magnesium. J. Electrochem. Soc., 1996, 143: 1644~1648

[51] Stevenson J W, Armstrong T R, McCready D E, et al. Processing and Electrical Properties of Alkaline Earth-Doped Lanthanum Gallate. J. Electrochem. Soc., 1997, 144 (10): 3613~3620

[52] Bouwmeester H J M, Burggraaf A J. Fundamentals of Inorganic Membrane Science and Technology. Amsterdam: Elsevier, 1996. 435~515

[53] Balachandran U, Ma B, Maiya? P S, et al. Development of Mixed-Conducting Oxides for Gas Separation.

Solid State Ionics, 1998, 108: 363~370

[54] Yasumoto K, Inagaki Y, Shiono M, et al. An (La, Sr)(Co, Cu)$O_{3-\delta}$cathode for reduced temperature SOECs. Solid State Ionics, 2002, 148: 545~549

[55] Jin W, Li S, Huang P, et al. Tubular Lanthanum Cobaltite Perovsktie-Type Membrane Reactors for Partial Oxidation of Methane to Syngas. J. Membr. Sci., 2000, 166 (1): 13~22

[56] Xu S J, Thomson W J. Perovskite-type Oxide Membranes for the Oxidative Coupling of Methane. AIChE J., 1997, 43: 2731~2740

[57] Balachandran U, Dusek J T, Sweeney S M, et al. Dense Ceramic Membranes for Partial Oxidation of Methane to Syngas. Appl. Catal. A: General, 1995, 133: 19~29

[58] Tsai C Y, Dixon A G, Moser W R, et al. Dense Perovskite Membrane Reactors for the Partial Oxidation of Methane to Syngas. AIChE J., 1997, 43: 2741~2750

[59] Jin W, Gu X, Li S, et al. Experimental and Simulation Study on a Catalyst Packed Tubular Dense Membrane Reactor for Partial Oxidation of Methane to Syngas. Chem. Eng. Sci., 2000, 55 (14): 2617~2625

[60] Ma B, Balachandran U. Oxygen Nonstoichiometry in Mixed-Conducting $SrFeCo_{0.5}O_x$. Solid State Ionics, 1997, 100: 53~62

[61] Ma B, Balachandran U, Park J H, et al. Determination of Chemical Diffusion Coefficient of $SrFeCo_{0.5}O_x$by the Conductivity Relaxation Method. Solid State Ionics, 1996, 83: 65~71

[62] Ma B, Balachandran U, Park J H. Electrical Transport Properties and Defect Structure of $SrFeCo_{0.5}O_x$. J. Electrochem. Soc., 1996, 144: 1736~1744

[63] Ma B, Park J H, Balachandran U. Analysis of Oxygen Transport and Stoichiometry in Mixed-Conducting $SrFeCo_{0.5}O_x$by Conductivity and Thermogravimetric Analysis. J. Electrochem. Soc., 1997, 144: 2816~2823

[64] Ma B, Balachandran U. Phase Stability of $SrFeCo_{0.5}O_x$in Reducing Environments. Mater. Res. Bull., 1998, 33: 223~236

[65] Ma B, Hodges J P, Jorgensen J D, et al. Structure and Property Relationships in Mixed-Conducting $Sr_4(Fe_xCo_{1-x})_6O_{13\pm\delta}$Materials. J. Solid State Chem., 1998, 141: 576~586

[66] Guggilla S, Manthiram A. Crystal Chemical Characterization of the Mixed Conductor $Sr(Fe, Co)_{1.5}O_y$Exhibiting Unusually High Oxygen Permeability. J. Electrochem. Soc., 1997, 144 (5): L120~L122

[67] Fjellvag H, Hauback B C, Bredesen R. Crystal structure of the mixed conductor $Sr_4Fe_4Co_2O_{13}$. J. Mater. Chem., 1997, 7 (12): 2415~2419

[68] Armstrong T, Prado F, Xia Y, et al. Role of Perovskite Phase on the Oxygen Permeation Properties of the $Sr_4Fe_{6-x}Co_xO_{13+\delta}$. J. Electrochem. Soc., 2000, 147 (2): 435~438

[69] Xia Y, Armstrong T, Prado F, et al. Sol-gel Synthesis, Phase Relationships, and Oxygen Permeation Properties of $Sr_4Fe_{6-x}Co_xO_{13+\delta}(0\leqslant x\leqslant3)$. Solid State Ionics, 2000, 130: 81~90

[70] Armstrong T, Prado F, Manthiram A. Synthesis, Crystal Chemistry, and Oxygen Permeation Properties of $LaSr_3Fe_{3-x}Co_xO_{10}(0\leqslant x\leqslant1.5)$. Solid State Ionics, 2001, 140: 89~96

[71] Prado F, Armstrong T, Caneiro A, et al. Structural Stability and Oxygen Permeation Properties of $Sr_{3-x}La_xFe_{2-y}Co_yO_{7-\delta}$. J. Electrochem. Soc., 2001, 148 (4): J7~J14

[72] 张华. 一种新型的混合导电性透氧膜材料—$La_2NiO_{4+\delta}$.[博士论文]. 南京: 南京化工大学, 1999

[73] Chen C S, Liu W, Xie S, et al. A Novel Intermediate-Temperature Oxygen-Permeable Membrane Based on the High-Tc Superconductor $Bi_2Sr_2CaCu_2O_8$. Adv. Mater., 2000, 12 (5): 1132~1134

[74] Li S G, Jin W Q, Huang P, et al. Perovskite-related ZrO_2-doped $SrCo_{0.4}Fe_{0.6}O_{3-\delta}$ membrane for oxygen permeation. AICHE J., 1999, 45(2): 276~284

[75] Yang L, Tan L, Gu X H, et al. Effect of the size and amount of ZrO_2 addition on properties of $SrCo_{0.4}Fe_{0.6}O_{3-\delta}$. AICHE J., 2003, 49(9): 2374~2382

[76] Yang L, Gu X H, Qi H, et al. Oxygen transport properties and stability of mixed-conducting ZrO_2-promoted $SrCo_{0.4}Fe_{0.6}O_{3-\delta}$ oxides. Ind. Eng. Chem. Res., 2002, 41(17): 4273~4280

[77] Shao Z, Xiong G, Tong J, et al. Ba effect in doped $Sr(Co_{0.8}Fe_{0.2})O_{3-\delta}$ on the phase structure and oxygen permeation properties of the dense ceramic membranes. Sep. Purif. Tech., 2001, 25 (1—3): 419~429

[78] Attfield J P. Structure-property relations in doped perovskite oxides. Int. J. Inorg. Mater., 2001, 3 (8): 1147~1152

[79] Adachi G Y, Imanaka N, Tamura S. Ionic Conducting Lanthanide Oxides. Chem. Rev., 2002, 102: 2405~2429

[80] Raymond E S, Thomas E M. Perovskites by Desing: A Toolbox of Solid-State Reactions. Chem. Mater., 2002, 14: 1455~1471

[81] Tejuca L G, Fierro J L G, Tascon J M D. Structure and reactivity of perovskite-type oxides. Adv. Catal., 1989, 36: 273

[82] Pena M A, Fierro J L G. Chemical Structures and Performance of Perovskite Oxides. Chem. Rev., 2001, 101: 1981

[83] Kröger F A. The Chemistry of Imperfect Crystals. North-Holland, Amsterdam, 1964

[84] Cook R L, Sammells A F. On the Systematic Selection of Perovskite Solid Electrolytes for Intermediate Temperature Fuel Cells. Solid State Ionics, 1991, 45: 311~321

[85] Mizusaki J, Mima Y, Yamauchi S. Nonstoichiometry of the Perovskite-Type Oxides $La_{1-x}Sr_xCoO_{3-\delta}$. J. Solid State Chem., 1989: 102~111

[86] Mizusaki J. Nonstoichiometry, Diffusion, and Electrical Properties of Perovskite-Type Oxide Electrode Materials. Solid State Ionics, 1992, 52: 79~91

[87] Li S G, Jin W Q, Huang P, et al. Comparison of Oxygen Permeability and Stability of Perovskite Type $La_{0.2}A_{0.8}Co_{0.8}Fe_{0.2}O_{3-\delta}$ (A=Sr, Ba, Ca) Membranes. Ind. Eng. Chem. Res., 1999, 38: 2963~2972

[88] Wagner C. Equations for transport in solid oxides and sulfides of transition metals. Prog. Solid State Chem., 1975, 10 (1): 3~16

[89] Jin W Q, Li S G, Huang P, et al. Preparation of an asymmetric perovskite-type membrane and its oxygen permeability. Journal of Membrane Science, 2001, 185: 237~243

[90] Cater S, Seluk A, Chater R J, et al. Oxygen-Transport in Selected Nostoichiometeric Perovsktie-Structure Oxides. Solid State Ionics, 1992, 53: 597~605

[91] Bouwmeester H J M, Kruidhof H, Burggraaf A J. Importance of the Surface Exchange Kinetics as Rate Limiting Step in Oxygen Permeation Through Mixed-Conducting Oxides. Solid State Ionics, 1994, 72(2): 185~194

[92] van Doorn R H E, Kruidhof H, Nijmeijer A, et al. Preparation of $La_{0.3}Sr_{0.7}CoO_{3-\delta}$ perovskite by thermal decomposition of metal-EDTA complexes. J. Mater. Chem., 1998, 8: 2109~2112

[93] Lee T H, Yang Y L, Jacobson A J, et al. Oxygen Permeation in $SrCo_{0.8}Fe_{0.2}O_{3-\delta}$ Membranes with Porous Electrodes. Solid State Ionics, 1997, 100: 87~94

[94] Kharton V V, Kovalevsky A V, Yaremchenko A A, et al. Surface Modification of $La_{0.3}Sr_{0.7}CoO_{3-\delta}$ Ceramic Membranes. J. Membr. Sci., 2002, 195(2): 277~287

[95] Tan L, Yang L, Gu X H, et al. Structure and Oxygen Permeability of Ag-Doped $SrCo_{0.8}Fe_{0.2}O_{3-\delta}$ Oxides. AICHE J., 2004, 50(3): 701～707

[96] Kilner K A, Brook J. A Study of Oxygen Ion Conductivity in Doped Non-Stoichiometric Oxides. Solid State Ionics, 1982, 6: 237～252

[97] Pouchard M, Hagenmuller P. In Solid Electrolytes, Hagenmuller P., and Vangool, eds., Academic Press, New York, 1978, 191～200

[98] Sammells A F, Cook R L, White J H. Rational Selection of Advanced Solid Electrolytes for Intermediate Temperature Fuel Cells. Solid State Ionics, 1992, 52: 111～123

[99] Cherry M, Islam M S, Catlow C R A. Oxygen Ion Migration in Perovskite-Type Oxides. J. Solid State Chem., 1995, 118: 125～132

[100] Kim S, Yang Y L, Christoffersen R, et al. Oxygen Permeation, Electrical Conductivity and Stability of the Perovskite Oxide $La_{0.2}Sr_{0.8}Cu_{0.4}Co_{0.6}O_{3-x}$. Solid State Ionics, 1997, 104: 57～65

[101] Arakawa T, Ohara N, Shiokawa J. Reduction of Perovskite Oxide $LnCoO_3$(Ln＝La-Eu) in a Hydrogen Atmosphere. J. Mater. Sci., 1986, 21: 1824～1827

[102] Ma F, Chen Y, Lou H. Study of the Catalytic Properties of Perovskite Oxides-$ReCoO_3$. React. Kinet. Catal. Lett., 1986, 31: 47～54

[103] Nakamura T, Petzow G, Gauckler L J. Stability of the Perovskite Phase $LaBO_3$(B ＝ V, Cr, Mn, Fe, Co, Ni) in Reducing Atmosphere. I . Experimental results. Mater. Res. Bull., 1979, 14: 649～659

[104] Yang L, Tan L, Gu X H, et al. A new series of $Sr(Co, Fe, Zr)O_{3-\delta}$ perovskite-type membrane materials for oxygen permeation. Ind. Eng. Chem. Res., 2003, 42(11): 2299～2305

[105] Kharton V V, Naumovich E N, Kovalevsky A V, et al. Mixed electronic and ionic conductivity of LaCo $(M)O_3$(M＝Ga, Cr, Fe or Ni). IV. Effect of preparation method on oxygen transport in $LaCoO_{3-\delta}$. Solid State Ionics, 2000, 138 (1－2): 135～148

[106] Hui S, Petric A. Conductivity and stability of $SrVO_3$ and mixed perovskite at low oxygen partial pressures. Solid State Ionics, 2001, 143 (3－4): 275～283

[107] Figueiredo F M, Marques F M B, Frade J R. Electrochemical permeability of $La_{1-x}Sr_xCoO_{3-\delta}$ materials. Solid State Ionics, 1998, 111(3－4): 273－281

[108] Gorelove V P, Bronin D I, Sokolova J V, et al. The effect of doping and processing conditions on properties of $La_{1-x}Sr_xGa_{1-y}Mg_yO_{3-\alpha}$. J. Eur. Ceram. Soc., 2001, 21 (13): 2311～2317

[109] Luyten J, Buekenhoudt A, Adriansens W, et al. Preparation of $LaSrCoFeO_{3-x}$ membranes. Solid State Ionics, 2000, 135 (1－4): 637～642

[110] Gautam C R, Dwivedi R K, Kumar D, et al. Synthesis and electrical conduction behaviour of strontium yttrium titanium cobalt oxide $(Sr_{1-x}Y_xTi_{1-x}Co_xO_3, 0.01 \leqslant x \leqslant 0.10)$. Mater. Lett., 2001, 50 (4): 254～258

[111] Bell R J, Millar G J, Drennan J. Influence of synthesis route on the catalytic properties of $La_{1-x}Sr_xMnO_3$. Solid State Ionics, 2000, 131(3－4): 211～220

[112] Akther Hossain A K M, Cohen L F, Damay F, et al. Influence of grain size on magnetoresistance properties of bulk $La_{0.67}Ca_{0.33}MnO_{3-\delta}$. J. Magn. Mater., 1999, 192 (2): 263～270

[113] Jin Z, Zhang J, Tang W, et al. New synthesis of polycrystalline $La_{0.7}(Sr_xCa_{1-x})_{0.3}MnO_3$ by mechanical alloying. Solid State Commun., 1998, 108 (11): 867～871

[114] Su W F A. Effects of additives on perovskite formation in sol-gel derived lead magnesium niobate. Mater. Chem. Phys., 2000, 62 (1): 18～22

[115] Gu H, Dong C, Chen P, et al. Growth of layered perovskite $Bi_4Ti_3O_{12}$ thin films by sol-gel process. J. Cryst. Growth, 1998, 186 (3): 403~408

[116] Cheng J G, Tang J, Meng X J, et al. Fabrication and characterization of pyroelectric $Ba_{0.8}Sr_{0.2}TiO_3$ thin films by a sol-gel process. J. Am. Ceram. Soc., 2001, 84 (7): 1421~1424

[117] Kwon Y T, Lee I M, Lee W I, et al. Effect of sol-gel precursors on the grain structure of PZT thin films. Mater. Res. Bull., 1999, 34 (5): 749~760

[118] Jin W Q, Abothu I R, Wang R, et al. Sol-Gel Synthesis and Characterization of $SrFeCo_{0.5}O_{3.25-\delta}$ Powder. Ind. Eng. Chem. Res., 2002, 41: 5432~5435

[119] Kim S, Yang Y L, Jacobson A J, et al. Diffusion and surface exchange coefficients in mixed ionic electronic conducting oxides from the pressure dependence of oxygen permeation. Solid State Ionics, 1998, 106 (3—4): 189~195

[120] Li S, Jin W, Xu N, et al. Synthesis and oxygen permeation properties of $La_{0.2}Sr_{0.8}Co_{0.2}Fe_{0.8}O_{3-\delta}$ membranes. Solid State Ionics, 1999, 124 (1—2): 161~170

[121] Li S, Xu N. Synthesis of dense oxygen-selective perovskite membranes on porous stainless steel tubes. J. Mater. Sci. Lett., 2002, 21 (3): 245~246

[122] van der Haar L M, den Otter M W, Morskate M, et al. Chemical diffusion and oxygen surface transfer of $La_{1-x}Sr_xCoO_{3-\delta}$ studied with electrical conductivity relaxation. J. Electrochem. Soc., 2002, 149 (3): J41~J46

[123] Tong J, Yang W, Cai R, et al. Novel and ideal zirconium-based dense membrane reactors for partial oxidation of methane to syngas. Catal. Lett., 2002, 78 (1—4): 129~137

[124] Tichy R S, Goodenough J B. Oxygen permeation in cubic $SrMnO_{3-\delta}$. Solid State Sci., 2002, 4 (5): 661~664

[125] Jin W, Li S, Huang P, et al. Fabrication of $La_{0.2}Sr_{0.8}Co_{0.8}Fe_{0.2}O_{3-\delta}$ mesoporous membranes on porous supports from polymeric precursors. J. Membr. Sci., 2000, 170 (1): 9~17

[126] Mukasyan A S, Costello C, Sherlock K P, et al. Perovskite membranes by aqueous combustion synthesis: synthesis and properties. Sep. Purif. Technol., 2001, 25 (1—3): 117~126

[127] Yang Y J, Wen T L, Tu H Y, et al. Characteristic of lanthanum strontium chromite prepared by glycine nitrate process. Solid State Ionics, 2000, 135 (1—4): 475~479

[128] Hackenberger M, Stephan K, Kießling D, et al. Influence of the preparation conditions on the properties of perovskite-type oxide catalysts. Solid State Ionics, 1997, 101—103 (Part 2): 1195~1200

[129] Mori M, Sammes N M, Tompsett G A. Fabrication processing condition for dense sintered $La_{0.6}AE_{0.4}MnO_3$ perovskite synthesized by the coprecipitation method (AE = Ca and Sr). J. Power Sources, 2000, 86 (1—2): 395~400

[130] Qi X, Lin Y S, Swartz S L. Electric transport and oxygen properties of lanthanum cobaltite membranes synthesized by different methods. Ind. Eng. Chem. Res., 2000, 39 (3): 646~653

[131] Philip J, Kutty T R N. Preparation of manganite perovskites by a wet-chemical method involving a redox reaction and their characterization. Mater. Chem. Phys., 2000, 63 (3): 218~225

[132] Wang S, Verma A, Yang Y L, et al. The effect of the magnitude of the oxygen partial pressure change in electrical conductivity relaxation measurements: oxygen transport kinetics in $La_{0.5}Sr_{0.5}CoO_{3-\delta}$. Solid State Ionics, 2001, 140 (1—2): 125~133

[133] Shlyakhtin O A, Oh Y J, Tretyakov Yu D. Preparation of dense $La_{0.7}Ga_{0.3}MnO_3$ ceramics from freeze-dried precursors. J. Eur. Ceram. Soc., 2000, 20 (12): 2047~2054

[134] Cui X, Liu Y. New methods to prepare ultrafine particles of some perovskite-type oxides. Chem. Eng. J., 2000, 78 (2—3): 205~209

[135] Dias A, Buono V T L, Ciminelli V S T, et al. Hydrothermal synthesis and sintering of electroceramics. J. Eur. Ceram. Soc., 1999, 19 (6—7): 1027~1031

[136] Urek S, Drofenik M. The hydrothermal synthesis of $BaTiO_3$ fine particles from hydroxide-alkoxide precursors. J. Eur. Ceram. Soc., 1998, 18 (4): 279~286

[137] Fumo D A, Jurado J R, Segadães A M, et al. Combustion synthesis of iron-substituted strontium titanate perovskites. Mater. Res. Bull., 1997, 32 (10): 1459~1470

[138] Poth J, Haberkorn R, Beck H P. Combustion-synthesis of $SrTiO_3$. Part II. Sintering behaviour and surface characterization. J. Eur. Ceram. Soc., 2000, 20 (6): 715~723

[139] Huo D, Zhang J, Xu Z, et al. Synthesis of mixed conducting ceramic oxides $SrFeCo_{0.5}O_y$ powders by hybrid microwave heating. J. Am. Ceram. Soc., 2002, 85 (2): 510~512

[140] Schaak R E, Mallouk T E. Topochemical synthesis of three-dimensional perovskite from lamellar precursors. J. Am. Chem. Soc., 2000, 122: 2798~2803

[141] Li S, Qi H, Xu N, et al. Tubular dense perovskite type membranes. Preparation, sealing, and oxygen permeation properties. Ind. Eng. Chem. Res., 1999, 38(12): 5028~5033

[142] Li S, Jin W, Huang P, et al. Tubular lanthanum cobaltite perovskite type membrane for oxygen permeation. J. Membr. Sci., 2000, 166 (1): 51~61

[143] Kleveland K, Einarsrud M A, Grande T. Sintering behavior, microstructure, and phase composition of Sr $(Fe,Co)O_{3-\delta}$ ceramics. J. Am. Ceram. Soc., 2000, 83(12): 3158~3164

[144] Orlovskaya N, Kleveland K, Grande T, et al. Mechanical properties of $LaCoO_3$ based ceramics. J. Eur. Ceram. Soc., 2000, 20 (1): 51~56

[145] Chou Y S, Stevenson J W, Armstrong T R, et al. Mechanical properties of $La_{1-x}Sr_xCo_{0.2}Fe_{0.8}O_3$ mixed-conducting perovskite made by the combustion synthesis technique. J. Am. Ceram. Soc., 2000, 83 (6): 1457~1464

[146] Zhang K, Yang Y L, Ponnusamy D, et al K. Effect of microstructure on oxygen permeation in $SrCo_{0.8}Fe_{0.2}O_{3-\delta}$. J. Mater. Sci., 1999, 34 (6): 1367~1372

[147] Tan L, Gu X H, Yang L, et al. Influence of powder synthesis methods on microstructure and oxygen permeation performance of $Ba_{0.5}Sr_{0.5}Co_{0.8}Fe_{0.2}O_{3-\delta}$ perovskite-type membranes. J. Membr. Sci., 2003, 212: 157~165

[148] Tan L, Gu X H, Yang L, et al. Influence of sintering condition on crystal structure microstructure, and oxygen permeability of perovskite-related type $Ba_{0.8}Sr_{0.2}Co_{0.8}Fe_{0.2}O_{3-\delta}$ membranes. Sep. Purif. Technol., 2003, 32: 307~312

[149] Lee T H, Yang Y L, Jacobson A J, et al. Oxygen Permeation in Dense $SrCo_{0.8}Fe_{0.2}O_{3-\delta}$ Membranes: Surface Exchange Kinetics Versus Bulk Diffusion. Solid State Ionics, 1997, 100: 77~85

[150] Carslaw H S, Jaeger J C. in Conduction of heat in solid, Chap 3.3, Clarendon Press Oxford, 1986

[151] Zeng Y, Lin Y S. A Transient TGA Study on Oxygen Permeation Properties of Perovskite Type Ceramic membrane. Solid State Ionics, 1998, 110: 209

[152] Tai L W, Nasrallan M M, Anderson H U. Thermochemical stability, electrical conductivity, and seebeck coefficient of Sr-Doped $LaCo_{0.2}Fe_{0.8}O_{3-\delta}$. J. Solid State Chem., 1995, 118: 117

[153] Kingery W D, Bowen H K, Uhlmann D R. Introduction to Ceramics. 2nd ed. New York: John Wiley &

Sons, 1976

[154] Suresh K, Panchapagesan T S, Patil K C. Synthesis and properties of $La_{1-x}Sr_xFeO_3$. Solid State Ionics, 1999, 126 (3-4): 299~305

[155] Wang H T, Liu X Q, Zheng W J, et al. Gelcasting of $La_{0.6}Sr_{0.4}Co_{0.8}Fe_{0.2}O_{3-\delta}$ from oxide and carbonate powders. Ceram. Int., 1999, 25 (2): 177~181

[156] 徐南平, 李世光, 金万勤等. 一种混合导电型致密透氧膜材料. 2002, ZL98111285.4

[157] Nersesyan M D, Wagner A, et al. Combustion Synthesis and Characterization of Sr and Ga Doped $LaFeO_3$. Solid State Ionics, 1999, 122: 113~121

[158] ten Elshof J E, Lankhorst M H R, Boumeester H J M. Chemical Diffusion and Oxygen Exchange of $La_{0.6}Sr_{0.4}Co_{0.6}Fe_{0.4}O_{3-\delta}$. Solid State Ionics, 1997, 99: 15~22

[159] Nisancioglu K, Gur Turgut M. Potentiostatic step technique to study ionic transport in mixed conductors. Solid State Ionics, 1994, 72: 199~203

[160] Bredesen R, Mertins F, Norby T. Measurements of Surface Exchange Kinetics and Chemical Diffusion in Dense Oxygen Selective Membranes. Catal. Today, 2000, 56: 315~324

[161] Yasuda I, Hishinuma M. Electrical Conductivity and Chemical Diffusion Coefficient of Strontium-doped Lanthanum Manganites. J. Solid State Chem., 1996, 123: 382~390

[162] Crank J. The mathematics of Diffusion. 2nd ed. New York: Oxford University Press, 1975

[163] Kanai H, Hashimoto T, Tagawa H, et al. Diffusion Coefficient of Oxygen in $La_{1.7}Sr_{0.3}CuO_{4-\delta}$. Solid State Ionics, 1997, 99: 193~199

[164] Yasuda I, Hishinuma M. Electrical Conductivity and Chemical Diffusion Coefficient of Sr-doped Lanthanum Chromites. Solid State Ionics, 1995, 80: 141~150

[165] Liu M L, Wang D S. Preparation of $La_{1-x}Sr_xCo_{1-y}Fe_yO_{3-x}$ thin films, membranes, and coatings on dense and porous substrates. J. Mater. Res., 1995, 10 (12): 3210~3222

[166] Takeda Y, Kanno R, Takada O, et al. Phase Relation and Oxygen-Non-Stoichiometry of Perovskite-like Compound $SrCoO_x$ ($2.29 \leqslant x \leqslant 2.80$). Z. Anorg. Allg. Chem., 1986, 9-10: 259~270

[167] Shannon R D, Prewitt C T. Effective Ionic Radii in Oxides and Fluorides. Acta Cryst., 1969, B25: 925~946

[168] Wiik K, Schmidt C R, Faaland S, et al. Reaction Between Strontium-Substituted Lanthanum Manganite and Yttria-Stabilized Zirconia: I, Powder Samples. J. Am. Cream. Soc., 1999, 82 (3): 721~728

[169] 陶顺衍. 混合导电性致密透氧膜的制备、表征及透氧机理研究. [博士论文]. 南京: 南京化工大学, 1998

[170] He H P, Huang X J, Chen L Q. The Effects of Dopant Valence on the Structure and Electrical Conductivity of $LaInO_3$. Electrochimica Acta, 2001, 46: 2871~2877

[171] Poulsen F W, van der Puil N. Phase Relations and Conductivity of Sr-Zirconates and La-Zirconates. Solid State Ionics, 1992, 53: 777~783

[172] Teraoka Y, Yoshimatsu M, Yamazoe N, et al. Oxygen-Sorptive Properties and Structure of Perovskite-Type Oxides. Chem. Lett., 1984, 893~896

[173] Zhang H M, Yamazoe N, Teraoka Y. Effects of B Site Partial Substitutions of Perovskite-Type $La_{0.6}Sr_{0.4}CoO_3$ on Oxygen Desorption. J. Mater. Sci. Lett., 1989, 8: 995~996

[174] Zhang H M, Shimizu Y, Teraoka Y, et al. Oxygen Sorption and Catalytic Properties of $La_{1-x}Sr_xCo_{1-y}Fe_yO_3$ Perovskite-Type Oxides. J. Catal., 1990, 121: 432~440

[175] Miura N, Murae H, Kusaba H, et al. Oxygen Permeability and Phase Transformation of $Sr_{0.9}Ca_{0.1}$

$CoO_{3-\delta}$. J Electrochem. Soc., 1999, 146：2581～2586

[176] Tong J H, Yang W S, Zhu B C, et al. Investigation of Ideal Zirconium-Doped Perovskite-type Ceramic Membrane Materials for Oxygen Separation. J. Membr. Sci., 2002, 203：175～189

[177] Balachandran U, Dusek J T, Sweeney S M. Methane to Synthesis Gas via Ceramic Membranes. Am. Ceram. Soc. Bull., 1995, 74：71～75

[178] 张华民，陈永英. 钴系钙钛矿型复合氧化物 A、B 位的部分置换对缺陷结构与催化活性的影响. 催化学报,1992, 13 (6)：432～436

[179] Teraoka Y, Fukuda T, Miura N, et al. Development of oxygen semipermeable membrane using mixed conductive perovskite-type oxides (Part 2). J. Ceram. Soc. Jpn. Int. Ed., 1989, 97：523～529

[180] Xia C, Ward T L, Atanasov P, et al. Metal-organic chemical vapor deposition of Sr-Co-Fe-O films on porous substrates. J. Mater. Res., 1998, 13：173

[181] Ng M F, Reichert T L, Schwartz R W, et al. Fabrication of $SrCo_{0.5}FeO_x$ Oxygen Separation Membranes on Porous Supports. Proceedings of 4th Int. Conf. Inorg. Membranes, Gatlinburg, TN：July, 1996

[182] Li C, Yu G, Yu N R. Supported dense oxygen permeating membrane of mixed conductor $La_2Ni_{0.8}Fe_{0.2}O_{4+\delta}$ prepared by sol-gel method. Sep. Purif. Technol., 2003, 32：335～339

[183] Middleton H, Diethelm S, Ihringer R, et al. Co-casting and co-sintering of porous MgO support plates with thin dense perovskite layers of $LaSrFeCoO_3$. J. Europ. Ceram. Soc., 2004, 24：1083～1086

[184] Abrutis A, Teiserskis A, Garcia G, et al. Preparation of dense, ultra-thin MIEC ceramic membranes by atmospheric spray-pyrolysis technique. J. Membr. Sci., 2004, 240：113～122

[185] Abrutis A., Bartasyte A., Garcia G, et al. Metal-organic chemical vapour deposition of mixed-conducting perovskite oxide layers on monocrystalline and porous ceramic substrates. Thin Solid films, 2004, 449：94～99

[186] Kania A, Miga S. Preparation and dielectric properties of $Ag_{1-x}Li_xNbO_3$(ALN) solid solutions ceramics. Mater. Sci. Eng. B, 2001, 86 (2)：128～133

[187] Tang T, Gu K M, Cao Q Q, et al. Magnetocaloric properties of Ag-substituted perovskite-type manganites. J. Magn. Mater., 2000, 222 (1—2)：110～114

[188] Song K S, Cui H X, Kim S D, et al. Catalytic combustion of CH_4 and CO on $La_{1-x}M_xMnO_3$ perovskites. Catal. Today, 1999, 47 (1—4)：155～160

[189] Choudhary V R, Uphade B S, Pataskar S G. Low temperature complete combustion of methane over Ag-doped $LaFeO_3$ and $LaFe_{0.5}Co_{0.5}O_3$ perovskite oxide catalysts. Fuel, 1999, 78 (8)：919～921

[190] Wang W, Zhang H B, Lin G D, et al. Study of $Ag/La_{0.6}Sr_{0.4}MnO_3$ catalysts for complete oxidation of methanol and ethanol at low concentrations. App. Catal. B：Environ., 2000, 24 (3—4)：219～232

[191] Tan L, Yang L, Gu X H, et al. Influence of the size of doping ion on phase stability and oxygen permeability of $SrCo_{0.8}Fe_{0.2}O_{3-\delta}$ oxide. J. Membr. Sci., 2004, 230(1—2)：21～27

[192] Matsushita E, Tanase A. Theoretical approach for protonic conduction in perovskite-oxide ceramics. Solid State Ionics, 1997, 97 (1—4)：45～50

[193] Münch W, Kreuer K D, Seifertli G, et al. A quantum molecular dynamics study of proton diffusion in $SrTiO_3$ and $CaTiO_3$. Solid State Ionics, 1999, 125 (1—4)：39～45

[194] Shimojo F, Hoshino K. Microscopic mechanism of proton conduction in perovskite oxides from ab initio molecular dynamics simulations. Solid State Ionics, 2001, 145 (1—4)：421～427

[195] Iwahara H. Proton conducting ceramics and their applications. Solid State Ionics, 1996, 86—88 (Part 1)：9

[196] Matsunami N, Shimura T, Iwahara H. Anomalous penetration of implanted deuterium in proton conductive perovskite oxides. Solid State Ionics, 1998, 106 (1—2): 155~163

[197] Davies R A, Islam M S, Gale J D. Dopant and proton incorporation in perovskite-type zirconates. Solid State Ionics, 1999, 126 (3—4): 323~335

[198] Xu N P, Li S G, Jin W Q, et al. Experimental and Modeling Study on Tubular Dense Membranes for Oxygen Permeation. 1999, 45(12)?: 2519~2526

[199] Balachandran U, Dusek J T, Sweeney S M, et al. Dense ceramic membranes for partial oxidation of methane to syngas. Appl. Catal. A: General, 1995, 133: 19~29

[200] Sammells A F, Schwartz M, Mackay R A, et al. Catalytic membrane reactors for spontaneous synthesis gas production. Catal. Today, 2000, 56: 325~328

[201] Gu X H, Jin W Q, Chen C L, et al. YSZ-SrCo$_{0.4}$Fe$_{0.6}$O$_{3-\delta}$membranes for the partial oxidation of methane to syngas. AIChE J., 2002, 48: 2051~2060

[202] Shao Z P, Xiong G X, Dong H, et al. Synthesis, oxygen permeation study and membrane performance of a Ba$_{0.5}$Sr$_{0.5}$Co$_{0.8}$Fe$_{0.2}$O$_{3-\delta}$ oxygen-permeable dense ceramic reactor for partial oxidation of methane to syngas. Sep. Purif. Technol., 2001, 25: 97~116

[203] Li S G, Jin W Q, Xu N P, et al. Mechanical strength, and oxygen and electronic transport properties of Sr-Co$_{0.4}$Fe$_{0.6}$O$_{3-\delta}$-YSZ membranes. J. Membr. Sci., 2001, 186 : 195~204

[204] Yang L, Gu X H, Tan L, et al. Role of ZrO$_2$addition on oxygen transport and stability of ZrO$_2$-promoted SrCo$_{0.4}$Fe$_{0.6}$O$_{3-\delta}$. Sep. Purif. Technol., 2003, 32: 301~306

[205] Gu X H, Yang L, Tan L, et al. Modified operating mode for improving the lifetime of mixed-conducting ceramic membrane reactors in the POM environment. Ind. Eng. Chem. Res., 2003, 42: 795~801

[206] Dixon A G, Moser W R, Ma Y H. Waster reductuion and recovery using O$_2$permeable membrane reactors. Ind. Eng. Chem. Res., 1994, 33: 3015~3024

[207] Wang W, Lin Y S. Analysis of oxidative coupling of methane in dense membrane reactors. J. Membr. Sci., 1995, 103: 219~233

[208] Nozaki T, Fujimoto K. Oxide ion transport selective oxidative coupling of methane with new membrane reactor. AIChE J., 1994, 40: 870~881

[209] Kao Y K, Lei L, Lin Y S. A comparative simulation study on the oxidative coupling of methane in fixe-bed and membrane reactors. Ind. Eng. Chem. Res., 1997, 36: 3583~3593

[210] Tsai C Y. Perovskite dense membrane reactors for the partial oxidation of methane to synthesis gas: [Ph. D. dissertation], Worcester Polytechnic Institute, Worcester, MA, USA

[211] Nigara Y, Cales B. Production of CO by direct thermal splitting of CO$_2$at high temperature. Bull. Chem. Soc. Jpn., 1986, 59: 1997~2002

[212] Itoh N, Sanchez M A C, Xu W C, et al. Application of membrane reactor system to thermal decomposition of CO$_2$. J. Membr. Sci., 1993, 77: 245~253

[213] Fan Y Q, Ren J Y, Onstot W, et al. Reactor and technical feasibility aspects of a CO$_2$decomposition-based power generation cycle, utilizing a high-temperature membrane reactor. Ind. Eng. Chem. Res., 2003, 42: 2618~2626

[214] 徐南平，金万勤，范益群等. 以二氧化碳为氧源制合成气的方法及其反应装置. 中国: 200410065196.9

[215] Chen C S, Feng S, Ran S, et al. Conversion of methane to syngas by a membrane-base oxidation-refroming process. Angew.Chem. Int.Ed., 2003, 42: 5196~5198

第6章 透氢钯复合膜

　　氢气广泛应用于化学工业、金属冶炼、电子工业等各个领域,而且很多工艺过程需要高纯度的氢气。随着人们对能源和环保问题的日益关注,一个"氢经济"的时代即将来临。钯膜作为优良的氢气分离和纯化器,正成为世界各国研究的热点。本章对钯膜的研究现状进行了综述,并介绍了光催化沉积(photocatalytic deposition,简称 PCD)技术,用于制备超薄钯复合膜。

6.1 氢能源及透氢材料

6.1.1 氢能源及氢气分离

　　我国面临着能源资源短缺、利用效率低、过分依赖煤炭等问题。据新华社报道,2003 年,我国能源消费总量为 16.8 亿吨标准煤,占世界的 11%,其中煤炭占 67.1%,原油占 22.7%,天然气占 2.8%,可再生能源仅占 7.3%。我国人均煤炭、石油、天然气资源量仅为世界平均水平的 60%、10% 和 5%,我国每吨标准煤的产出效率仅相当于日本的 10.3%、欧盟的 16.8%。全国 90% 的二氧化硫排放、大气中 70% 的烟尘是燃煤造成的,严重的环境污染问题制约了我国经济的发展。因此,开发洁净新能源,提高能量利用效率,是国家能源战略的需求。

　　众所周知,氢有许多优点,如氢热值高、燃烧性能好、点燃快,而且燃点高、燃烧速度快。氢本身无毒,和大气中的氧燃烧或反应后,只生成水,与其他燃料相比氢燃烧时最清洁。氢能具有可储可输的特点,几乎能与现在所有的能源系统匹配和兼容。氢能通过燃料电池可以方便地转化成电能,具有较高的能源效率。它还是一种理想的车用能源,国际上公认氢燃料汽车将是未来解决城市大气污染的最重要途径之一。与矿物能源不同,氢能是可再生的,它无疑是人类的未来能源。

　　目前,世界上大约 95% 的氢气是通过碳氢化合物的蒸汽转化制得的,不但投资高,工艺复杂,而且能耗大;另一方面,由于没有合适的回收方法,在炼油和石化生产过程中,往往有大量的氢气被排放或烧掉[1,2]。自从出现了膜法、PSA、深冷法等行之有效的氢气分离技术后,各国都非常重视氢气的回收[3,4]。其中膜分离技术具有投资省、占地少、能耗低、维护量小、操作方便等特点(见表 6-1)[5],所以膜分离技术的开发和利用已成为各国在高技术领域中竞争的热点。其中,钯及其合金膜由于透氢性好和耐高温,它们既可用作氢气分离和纯化器,又可以用作脱氢、制氢反应器;一方面实现了反应和分离的一体化;另一方面,膜反应器及时地把产物氢气分离出去,可以打破反应平衡限制,提高转化率。

表 6-1 氢气回收方法比较

	膜分离	变压吸附	深冷分离
工业化起始年代	20 世纪 70 年代末	20 世纪 60 年代初	20 世纪 60 年代初
过程机理	依据膜对组分的渗透性不同	依据组分在分子筛上的吸附、解吸力不同	依据组分沸点不同换热制冷分离
预处理要求	较少	少	较多
原料氢含量(体积分数)	75 %~90 %	75 %~90 %	30 %~75 %
原料处理量	少	少	多
操作压力/MPa	10~12	1.3~4	4~6
操作灵活性	高	高	低
弹性	30%~100%	30%~100%	30%~50%
可靠性	可靠	可靠	较不可靠
简洁性	简洁	较简洁	复杂
产品纯度(原料气>70%)	92%~99%	99.99%	90%~98%
产品回收率(原料气>70%)	90%~96%	85%~90%	85%~90%
装置扩建容易程度	容易	容易	较容易
副产品回收	较容易	困难	容易

6.1.2 氢气分离膜[6]

气体分离膜按膜材料可分为有机膜和无机膜两种[7];而按膜形态的不同,又可分为多孔(porous)膜和致密(dense)膜。其中多孔膜可分为对称(symmetric)膜和不对称(asymmetric)膜。气体分离膜用途广泛,如空气富氧、有机蒸汽的净化及回收、气体脱湿、天然气脱 H_2S、油田 CO_2 的回收利用等。研究发现,大多数高分子膜(如聚砜等)都存在渗透性和选择性相反的关系(但聚酰亚胺膜是一种比较理想的材料[8]),而且需要在低温、低压较缓和的条件下进行分离。无机膜包括陶瓷膜、微孔玻璃膜、金属膜、分子筛膜等,其化学和热稳定性较好,能够在高温、强酸的环境中工作。可用于氢气分离的有机膜包括聚酰胺、聚砜、醋酸纤维、聚酰亚胺等;无机膜有金属钯及其合金膜、质子电子混合导体膜、分子筛膜、纳米孔碳膜、超微孔无定形氧化硅膜等。

陶瓷透氢膜的研究热点之一是质子电子混合导体膜[9~13]。在 20 世纪 80 年代末和 90 年代,日本和美国相继开展了该透氢膜的研究。其典型的膜材料是

SrCeO₃ 类的钙钛矿型氧化物，透氢温度一般在 850℃左右。目前研究较为广泛的分子筛膜是碳分子筛膜及近年来取得较大进展的沸石分子筛膜。与有机聚合物膜相比，碳分子筛膜热稳定性好，耐化学腐蚀，机械强度高，使用寿命长；但一次制备无缺陷膜的成功率较低，通常需要多次重复制备，对制备技术的要求较高，膜孔孔径不能得到准确的控制[14,15]。与沸石分子筛膜相比，碳分子筛膜的抗氧化性差。在碳分子筛膜中添加别的物质可以提高它的抗氧化能力，而硅作为碳的同族相邻元素，很自然地成为一种选择[16,17]。此外，采用二氧化硅膜或二氧化硅-氧化锆微孔复合膜来分离氢也有报道[18,19]，主要用于对氢浓度要求不高的场合。有关微孔和致密无机膜可参看近期文献综述[20]。

　　金属钯及其合金膜是最早研究用于氢气分离的无机膜[21]，也可能是目前用于气体分离的惟一商业化的无机膜[22]。膜的透氢率一般与膜厚成反比，降低膜的厚度还可以节约贵金属钯，大大降低成本，但其机械强度也随之降低。因此负载型的钯复合膜已成为目前研究的主流。不含钯的其他致密金属透氢膜也有一些报道[23]，如铂膜[24,25]、钒膜[26]、钒镍合金膜[27,28]、铌膜[29]、钽膜[30,31]等等，但这些金属膜不是透氢率低，就是稳定性差。图 6-1 比较了钯与其他几种金属的透氢性。

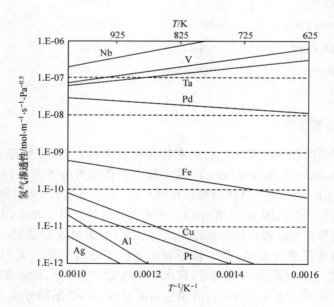

图 6-1　各种金属的透氢性比较[79,98]

6.2　金属钯膜研究现状

6.2.1　概述

早在 1866 年，Graham[32]就发现了钯膜的优良透氢性，并利用钯膜提纯氢气。前苏联学者 Gryaznov 等在致密钯膜及钯合金膜方面做了大量的工作[33~36]。最早商品化的钯膜是 20 世纪 60 年代初期 Johnson Matthey 公司开发的 Pd-Ag［Pd 77 ％（原子百分比），Ag 23 ％］合金膜管[37]。此装置在 80 年代末期还用于一些小试和中试工厂中，成为高纯氢气生产的独立单元，最高产量达 $56m^3/h$，其中杂质含量小于 $0.1ppm$[38]。但是，由于它们均是不含载体的自支持膜，为维持机械强度，膜厚一般必须大于 $150\mu m$，导致钯膜的渗透率较低。

为解决这些问题，研究者把目光投向了负载型钯复合膜。膜的厚度可减少至 $10\mu m$ 甚至更薄，透氢量更是提高了一个数量级。Langley 等[39]较早地开展了钯/多孔陶瓷复合膜透氢的研究。1988 年，Uemiya 等[40]用化学镀的方法把钯沉积到多孔玻璃上。次年，他们利用这种复合膜进行了水煤气转化反应，发现反应的转化率超过了平衡转化率[41]。此后，Uemiya 等在钯及钯合金膜方面做了很多研究工作[42~45]。钯复合膜研究在我国起步较晚，直到 1990 年后才有少量报道。目前，钯复合膜的关键问题有：选择合适载体，提高膜的稳定性，降低成本。

6.2.2　金属钯膜（包括其合金膜）的透氢机理

氢气可以很容易地透过致密钯膜，而其他气体均不可透过。正是这一特性，使钯膜成为优良的氢气分离器和纯化器，可以得到超纯氢气。当然，如果钯膜有缺陷或膜的密封不良，氢气的纯度将下降。钯膜选择性通常用同温同压下氢气与氮气渗透率的比值（H_2/N_2）来表示，完全致密钯膜的选择性为无穷大。

通常认为，氢气透过钯膜的过程包含以下五个步骤[46]，如图 6-2 所示。

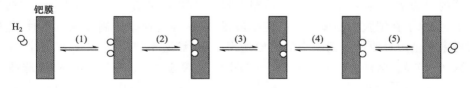

图 6-2　氢透过钯膜的溶解扩散机理示意图

（1）氢分子在钯膜表面化学吸附，并解离。

（2）表面氢原子溶解于钯膜。

（3）氢原子在钯膜中从一侧扩散到另一侧。

（4）氢原子从钯膜析出，呈化学吸附态。

（5）表面氢原子化合成氢分子并脱附。

除以上的五个步骤外，Ward 和 Dao[47]还补充了另两个过程：第一步，氢分子穿过膜的表面气层运动到膜表面；最后一步，氢分子从钯膜脱附后，穿过膜表面气层离开钯膜。与以上广为接受的"溶解-扩散"模式不同，也曾有人提出一种"质子-电子"的钯膜透氢模式[48]，但笔者认为这种透氢模式不可能发生在钯膜，因为氢不是以质子的形式溶解于钯，而是以原子的形式充填于钯金属的晶格中。

氢在钯膜中的渗透率通常可用下式表述：

$$J = F(P_r^n - P_p^n) \tag{6-1}$$

式中，J 表示氢气通量或渗透率（flux）；F 表示渗透系数（permeance）；P_r 和 P_p 分别是膜滞留（retentate）侧和渗透（permeate）侧的氢气压力；n 是压力指数。需注意的是，当膜的两侧不是纯氢时，P_r 和 P_p 均是指氢的分压。由于氢气渗透的驱动力在于膜两侧氢的压力差，压力差越大，渗透率越高。要提高透氢率，一方面，可以增大滞留侧（或进气侧）的压力以提高 P_r；另一方面，可以通过真空泵降低渗透侧（或出气侧）压力以降低 P_p[49,50]，或者在渗透侧用其他气体吹扫。吹扫气（sweeping gas）可以是惰性气体，如氮气、氩气等，亦可以是水蒸气，后者不会造成分离困难[51]。如果在膜的渗透侧通入空气吹扫，可以燃烧氢气获得热量，并使渗透侧氢气的压力 P_p 降到接近于 0，从而提高了膜的透氢率[52]。

式（6-1）中渗透系数 F 又可表示为

$$F = \frac{Q}{l} \tag{6-2}$$

式中，Q 表示渗透性（permeability）；l 表示膜厚度。很明显，减小膜厚度不仅可以节约贵金属钯，而且是提高氢渗透率的有效手段。但是，膜越薄，在高温下越易产生膜缺陷[53]。关于膜的透氢动力学的更详细介绍，读者可参看文献[46]、[47]。

如图 6-2 所示，氢在膜表面的吸附、脱附等和氢在膜体相中的扩散都可能影响氢的渗透率，究竟哪个才是速率控制步骤，要根据膜的具体情况而定。大多数情况下，氢原子在钯膜中的体相扩散速率最慢，被认为是速率控制步骤。此时，氢的渗透率完全由氢原子在钯膜中的扩散速率决定，渗透率将遵循 Sievert 定律，压力指数 $n=0.5$。这样，式（6-1）和（6-2）中的氢渗透率 J、渗透系数 F、渗透性 Q（如图 6-1）可分别表示为 $mol \cdot m^{-2} \cdot s^{-1}$、$mol \cdot m^{-2} \cdot s^{-1} \cdot Pa^{-0.5}$、$mol \cdot m^{-1} \cdot s^{-1} \cdot Pa^{-0.5}$。当钯膜足够薄时，由于体相扩散速率相对提高，氢在膜表面的吸附、脱附、溶解、析出过程开始同时影响其渗透率，n 将介于 0.5～1 之间；当氢的渗透率完全由表面过程控制时，$n \approx 1$。绝大多数情况下，人们把 n 值是否大于 0.5 作为判断表面过程是否开始影响钯膜透氢率的依据。

问题是，究竟钯膜要薄到什么程度，氢在膜表面的吸附、脱附等因素才开始影响氢的渗透率？这个标准很难确定，特别是膜表面受到污染时，情况就更复杂[54~58]。Dittmeyer 等[59]比较了不同厚度钯复合膜的大量文献结果，认为当膜厚度在 4~5μm 以下时，n 接近于 1。Uemiya 等[60]认为体相扩散作为速率控制步骤可持续到钯膜厚度低于 10μm。Ward 和 Dao[47]通过模型计算，认为在膜厚度低于 10μm，特别是当氢分压较低或有载体存在时，实验测得的透氢率往往比理论值低，其中一个重要因素是外部气体传质的阻力，包括氢分子穿过膜的表面气层运动到膜表面的阻力，以及透过钯膜后的氢脱附后再穿过膜表面气层的阻力；而洁净的钯膜在 300℃以上而且没有外部传质阻力时，即使钯膜薄到 1μm，体相扩散仍是透氢的速率控制步骤。Hurlbert 和 Konecny[49]曾测试了 10~150μm 厚的钯膜透氢率（350~500℃），测得的的压力指数 $n = 0.68$；Morreale 等[61]测定了厚度高达 1000μm 的钯膜在 350~900℃及 0.1~2.76MPa 的透氢率，测得的压力指数 $n = 0.62$，Morreale 等的这一结果有些出人意外，但也由此可见钯膜透氢动力学的复杂性。

温度也是影响氢气渗透率的主要因素，高温有利于氢的渗透。但是，过高的温度显然会降低膜的稳定性。假设膜的压力指数不随温度变化，那么温度 T 与氢对钯膜的渗透性 Q 的关系符合 Arrhenius 定律：

$$Q = Q_0 e^{\frac{E_A}{RT}} \tag{6-3}$$

式中，Q_0 代表指前因子（pre-exponential factor）；E_A 代表渗透活化能；R 代表摩尔气体常量（8.31 J·mol^{-1}·K^{-1}）；T 代表热力学温度。钯及其合金膜的透氢活化能在许多文献中都有报道，尽管膜的制备方法、组成、厚度、测定的温度压力范围有如此大的区别，但大多数情况下 E_A 都在 10~20 kJ·mol^{-1}，以下列出了一些文献中报道的 E_A 值（kJ·mol^{-1}）：15.67[62]，15.5[63]，18.56[64]，13.90[65]，11.92[49]，12.81[66]，20.5[50]，13.81（13.41）[61]，10[63]，11~12[67]，12.3[68]，10.7[60]，23[69]，6.6[70]。Elkina 等[71]报道了氢气压力对透氢活化能的影响。

6.2.3　氢脆（hydrogen embrittlement）

众所周知，氢与钯接触时，会形成氢化钯。氢原子在钯膜中溶解后可以形成氢化钯的固态溶液，而氢在该固态溶液中具有很高的流动性，导致氢在钯膜中的扩散。二元氢化物按其结构大致可分成三种类型：

（1）离子型氢化物（又称盐型氢化物）。碱金属及碱土金属钙、锶、钡能跟氢气在高温下直接反应生成如 NaH、CaH$_2$ 等。在反应过程中氢夺取金属原子的价电子形成带 1 个单位负电荷的离子 H$^-$。这类氢化物都是离子晶体，具有较高的熔点，在熔融状态下能够导电。

（2）共价型氢化物（又称分子型氢化物），如 HCl、H$_2$S、NH$_3$、CH$_4$ 等，熔点、沸点较低。

（3）金属型氢化物（因体积很小的氢原子只占据金属晶格中的空隙位置，又称间充型氢化物），这类氢化物的组成不符合正常化合价规律，如，$LaH_{2.76}$、$CeH_{2.69}$、TiH_2、$LaNi_5H_6$ 等。晶格中金属原子的排列基本上保持不变，只是相邻原子间距离稍有增加，具有类似合金的结构，无固定组成，所以也称合金型氢化物。

氢化钯正是典型的金属型氢化物，氢是以原子状态溶于钯中。氢化钯在不同的温度和氢气压力下会有 α、β 两种不同的晶相。当温度低于 298℃（一说 313℃[3]），并且氢气压力低于 2MPa 时，氢溶解于钯后首先会形成 α 相氢化钯，随钯金属中氢浓度的提高，β 相氢化钯从 α 相氢化钯中析出，引起 H/Pd 之比出现骤然升高，并导致晶格急剧膨胀，例如 20℃时，β 相的析出可使 H/Pd 之比从约 0.03 骤然升高到约 0.57，FCC 晶格常数则从 3.894nm 升高到 4.018nm[72]，因而造成严重的晶格畸变。当 α 相氢化钯完全转化为 β 相时，这种不连续的、急剧的晶格膨胀才消失。同理，当氢气压力下降时，α 相氢化钯也会从 β 相中析出，引起 H/Pd 之比会出现骤然降低，并导致钯晶格收缩[73]。反复的 $\alpha \Longleftrightarrow \beta$ 相转变将使钯膜脆裂，这就是氢脆现象。当然，298℃以下时，温度越高，α、β 相氢化钯共存的 H/Pd 范围越窄，氢脆强度越弱。

钯-氢体系的相图示意图如图 6-3 所示[74]，图中虚线所围成的区域即是 α、β 相氢化钯的共存区域。要注意的是，文献中有很多版本的钯-氢相图，多数只是示意图，而且相差甚大。若有需要，读者应该参考更精确的相图。钯-氢体系的相图还可参看文献[3]、[37]。

为避免氢脆现象的发生，一种方法是完全避免 β 相氢化钯的产生，使钯膜只在能形成 α 相氢化钯的条件下使用。例如，钯膜与氢气的接触如果始终在 298℃以上操作，就不会有 β 相氢化钯产生。在 β 相氢化钯的温度和氢气压力范围进行的透氢研究相对很少[71]。避免钯膜氢脆的另一种重要方法是在金属钯中引入其他金属形成钯合金，这样会使 β 相析出的临界温度大大降低。例如，钯-银合金膜可在室温下避免氢脆现象[37,75]。

6.2.4　钯合金膜

用钯合金膜代替钯膜，不仅可以解决氢脆问题、降低成本，而且有些合金膜的透氢率接近甚至超过纯钯膜，已商业化的钯银膜就是最成功的例子。钯与其他几种金属形成的双组分合金膜的透氢性如图 6-4 所示。钯钇合金膜的透氢性远远高于其他的钯合金膜，其中钇的最高含量为 12 ％（原子百分比），超过此范围将无法形成均相合金。由于钇也是贵金属，膜成本并未降低。钯铈膜[Ce：8 ％（原子百分比）]的透氢率也显著高于钯膜。此外，钯钇、钯铈合金还有着更高的硬度。在最近几年，钯铜膜的研究也多了起来。当铜的质量分数为 40％时，合金膜的透氢

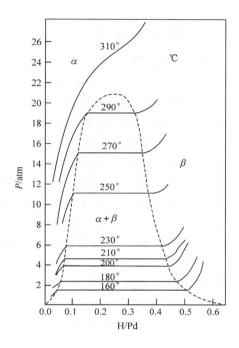

图 6-3　Pd-H₂ 体系相图[37]

率达到最高,接近于纯钯膜。由于铜的含量可以如此高,膜的成本得以大大降低。钯铜膜的另一个优点是具有强的抗 H₂S 毒性。需要注意的是,钯铜膜的透氢性对铜的含量很敏感。例如,当铜的含量由 40% 变为 30% 或 45% 时,其透氢性将急剧损失约 90%。关于钯合金复合透氢膜还可以参看近期的综述[76]~[78]。

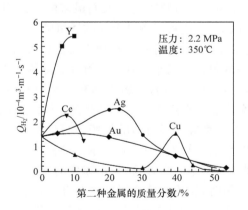

图 6-4　双组分钯合金膜的透氢率[46]

6.2.5　钯复合膜(composite membrane)的载体

目前钯膜的研究工作大都集中在钯复合膜[51]。可用于钯膜的载体很多,主要有:多孔陶瓷(如 Al_2O_3、TiO_2、ZrO_2 等)[80],多孔玻璃[40,41,52,81,82],不锈钢烧结材料[63,83~86],分子筛[87],致密金属(如钽、铌、钒、合金等)[88~90]。已报道的钯复合膜研究中,陶瓷载体是使用最多的,这显然归功于其优异的稳定性和广泛的市场来源等。它的缺点是易碎、不易密封、不易与其他部件连接等,而且陶瓷载体与钯膜的热膨胀系数(thermal expansion coefficient)相差较大,当温度变化过快时易造成膜破裂[91,92]。针对这些缺点,不锈钢烧结金属载体受到了重视,但是,它大大逊色的耐氢脆、耐高温、耐腐蚀性也造成了新的问题,特别是在积炭性气氛中可能会发生粉尘化腐蚀(metal dusting),况且不锈钢烧结材料由于是多孔的,其腐蚀速度远快于相应的无孔不锈钢[93~96]。另外,钯膜和金属载体在高温下长时间直接接触会造成金属间的相互扩散(intermetal diffusion),而且温度越高,金属间的相互扩散越明显。载体元素进入钯膜往往会降低膜的透氢率,钯膜向载体扩散则会造成膜的破裂。所以,在烧结金属载体和钯膜之间,仍然必须有一层多孔陶瓷层[97],如图6-5所示,这显然重新面临热膨胀系数的匹配问题。

图6-5　负载在多孔金属载体的钯复合膜示意图

尽管钯及其合金作为透氢材料吸引了人们最多的注意力,但钯的透氢能力却不是金属中最强的。图6-1比较了各种金属的透氢能力,一些金属如 Zr、Nb、Ta、V 都有比钯更高的透氢率,它们还有一个有别于其他金属的有趣现象:透氢率随温度的升高而下降,这一现象目前尚未有合理的解释。除透氢率远高于钯膜之外,它们的机械强度也更好。但是,它们的金属膜都有一个显著的缺点,就是表面易氧化,所形成的氧化层会阻止氢在膜表面的化学吸附,从而使其透氢率迅速下降。如果在这些金属的两个表面都镀一层极薄的钯膜就可以解决这个问题,这样就形成了夹层型或"三明治"型复合膜,如图6-6所示。即使最外层的钯膜有缺陷,也不会造成其他气体的漏过。不幸的是,这种夹层型复合膜是钯膜直接与其他金属接触,在高温下长时间使用时,显然难免金属间的相互扩散,正如多孔金属载体型的钯复合膜一样。Ozaki 等[89]对 Pd/V-15Ni 夹层型复合膜在 300℃下测定了两个星期,发现其透氢率没有显著变化。这也许是因为测试时间短、温度低的缘故。而

Buxbaum 等[98]推测,当钯膜涂层达 1μm 厚时,这种夹层型复合膜可在 550℃ 以下工作三年。这一推测并未有实验结果印证。Edlund 等[99]研究了 Pd/V 夹层型复合膜,发现伴随着金属间扩散的快速发生,其在 700℃ 的透氢率也快速下降;金属间的相互扩散在氢气气氛中速度更快。

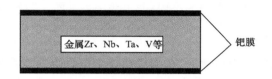

图 6-6 夹层型钯复合膜示意图

6.2.6 钯复合膜的制备

文献报道的方法很多,有化学镀法(electroless plating)、化学气相沉积法(chemical vapor deposition,CVD)[100~103]、物理气相沉积法(physical vapor deposition,PVD)[53,54,84,104~107]、电镀法(electroplating)[108,109]、喷雾热解法(spray pyrolysis)[101~103]、磁控溅射法(magnetron sputtering)[110]、堵孔法[111]等。这些方法具有各自的优缺点。

6.2.6.1 化学镀

化学镀能够在形状复杂的表面形成厚度均匀的钯膜,而且操作简单,在钯复合膜制备中应用最为广泛,被公认为制备致密钯膜最成功的方法之一。化学镀法亦称无电镀,是在无外加电流的情形下,利用自催化反应还原金属盐成膜。有关化学镀的文献浩如烟海,在此笔者不一一列出。值得一提的是 Mallory 和 Hajdu 编著的"Electroless Plating:Fundamentals and Applications"一书[112]。下面以制备纯钯复合膜为例简要介绍最典型的化学镀工艺。

(1)载体清洗,除去表面的油污及灰尘。

(2)将载体浸入 $SnCl_2/HCl$ 溶液进行敏化,然后冲洗。载体上的 $SnCl_2$ 会水解成复杂组成的胶体,如 $Sn(OH)_{1.5}Cl_{0.5}$,这些胶体将有利于钯膜的附着力。

(3)将载体浸入 $PdCl_2/HCl$ 溶液进行活化。此时,载体表面胶体的 Sn^{2+} 会还原 Pd^{2+},使载体表面产生钯粒: $Sn^{2+} + Pd^{2+} \rightarrow Sn^{4+} + Pd$。冲洗。

(4)重复(2)、(3)操作,以得到更多钯粒。

(5)将活化后的载体浸入镀液,并保持一定的温度,加入还原剂后,化学镀钯开始。镀钯液一般含有 $Pd(NH_3)_4^{2+}$、EDTA、高浓度氨水,pH 在 10 以上。还原剂则是肼(又称联氨)N_2H_4。化学镀钯的反应式为

$$2Pd^{2+} + N_2H_4 + 4OH^- \rightarrow 2Pd + N_2\uparrow + 4H_2O$$

(6)根据镀膜厚度,必要时更换镀液。最后将所得到的复合膜反复清洗,干燥。在不破坏钯膜情况下,膜的厚度可以根据镀膜前后载体的增重来计算;但是,由于钯可能沉积在载体孔内或镀膜后载体清洗不彻底,造成钯膜的厚度被过高估计。当然,将膜破坏,并用金相显微镜、电子显微镜等测定则更为精确。

6.2.6.2　电镀

电镀法是用直流电电解镀液,在阴极载体上沉积金属或金属合金。该方法设备简单,膜厚度可通过电镀时间和电流强度加以控制,制备的钯膜具有良好延展性。但在制备合金膜时,往往会出现组分分布不均的问题。Kikuchi[108]曾以多孔玻璃为载体,电镀法制备 Pd-Cu 合金膜。传统电镀法所制备的钯膜主要沉积在基体表面,而没有渗入孔内。Nam 等[109]在制膜装置中加入真空系统,改进后有部分钯沉积在载体孔内,钯膜致密程度高,厚度不足 1μm。制备的 Pd-Ni 合金在 550℃时的透氢率为 8.46×10^{-8} mol•m^{-2}•s^{-1}•Pa^{-1},选择性达到 4700。

6.2.6.3　化学气相沉积

化学气相沉积(CVD)过程是分子水平上的气-固相反应。在一定反应温度下,气相中的金属化合物分解,并在载体上成核、生长而形成薄膜。CVD 法制备的钯膜厚度容易控制,一般为 2～6μm,但 CVD 法操作复杂,反应条件苛刻。Morooka 等[75]首次利用乙酸钯在 α-Al$_2$O$_3$ 载体上制备了 2～5μm 厚钯膜。近些年用 CVD 法制备钯及其合金膜的工作越来越多,涉及的反应体系也很广。Yan 等[113]在 α-Al$_2$O$_3$ 载体上制得 3μm 厚钯膜,其透氢率在 300℃为 1×10^{-6} mol•m^{-2}•s^{-1}•Pa^{-1},选择性超过 1000。Lin 等[103]以中孔 γ-Al$_2$O$_3$ 为载体(孔径为 4～6nm)分别在孔内和表面制备了钯膜,发现透氢率随钯晶粒的增大而增大,沉积在表面的钯膜比沉积在孔内的钯膜对氢具有更高的选择性,可能是由于孔内沉积的钯粒结晶度不够,或高温时孔内残留有机物导致了膜缺陷。

6.2.6.4　物理气相沉积

物理气相沉积(PVD)是制备金属及其合金膜的常用方法,即在高真空下蒸发金属,冷凝在低温载体表面形成薄膜。这种方法过程简单,沉积速度快,膜厚易于控制。但是 PVD 法制备的钯膜致密性往往较差。Baker 等[114]在聚合物载体上制备了超薄钯膜。Jayaraman 等[104]在多孔陶瓷载体上制备了厚度低于 0.5μm 的超薄钯膜,发现制膜的关键在于基体粗糙度及沉积温度。

6.2.6.5　喷雾热解

喷雾热解是指钯盐溶液被高温气流分解,被喷入载体表面成膜,但与 PVD 法一样,膜的选择性往往不高[107]。但它的制备过程相对较为简单,可用于对氢纯度要求不高的场合。

6.3　钯复合膜的表征

钯及其合金膜的表征手段通常有扫描电子显微镜(SEM)、原子力显微镜(AFM)、金相显微镜(metallography)、X 射线衍射(XRD)、电子能谱(XPS 或AES)、X 射线能量色散谱(EDS)、电子探针 X 射线微分析(EPMA)等等。

XRD 可用于表征钯及其合金膜的晶相,特别是判断合金膜中合金是否形成、是否均相的有力手段。根据 Scherr 公式,它还可以被用于测量金属晶粒的直径[115,116]。SEM 几乎是用来表征钯膜使用最多的手段之一,可以获得膜表面的形貌、晶粒、表面洁净度、膜缺陷等丰富的信息,分析膜的断面时可以得到膜的厚度、膜层孔隙(气泡)、膜层的均匀度、膜与载体的结合情况等。EDS 和 EPMA 配合SEM 更可以给出定量分析结果,得出元素的分布信息,例如金属间相互扩散情况。XPS 和 AES 可以给出膜表面的成分、元素价态信息。在研究合金膜时,它们是分析膜表面偏析的重要手段。需注意的是[117],XPS 和 AES 在金属中的探测深度分别为 $2\sim4$ nm 和 $1\sim3$ nm,所得到的仅仅是金属表面的信息。金相显微镜可以得到许多类似于 SEM 的信息,但它价廉,简单,易于操作,只要钯膜的厚度不低于10μm,市面上一般的金相显微镜都可以用来分析。

钯膜在载体上的附着力是影响钯复合膜稳定性和寿命的一个重要因素。特别是钯复合膜用作膜反应器时,催化剂如果直接与膜接触往往会增大膜破损的机会。如果催化剂装在载体与膜相反的一侧,则反应压力对膜的机械强度将是一个考验,况且,为了达到更好的透氢效果,反应压力越高越有利。除镀膜工艺之外,载体表面的形貌对膜的附着力也有重大影响。例如 Collins 等[18]用化学镀法在管状陶瓷载体上制备钯膜时,发现大的载体孔径会对钯膜产生更强的附着力。测定钯膜附着力的常见测试方法有:拉伸法、划痕法、剪切法等[118]。

6.4　光催化沉积(PCD)法制备钯复合膜

6.4.1　光催化还原的机理

根据能带理论,半导体具有由价带和导带所构成的带隙,价带由一系列填充电子的轨道构成,导带则由未填充电子的轨道构成。当半导体表面受光辐射时,价带电子可能会跃迁到导带。因此,可以通过光激发在半导体中产生电子-空穴对,而激发的电子可以将半导体表面的金属离子还原[119]。理论上,任何一种金属离子,只要其还原电位比半导体的导带边缘电位更高,就可能从导带上获得电子而发生还原。以钯离子在 TiO_2 表面的光催化还原为例,反应过程可表示如下。

(1) TiO_2 表面吸收紫外线产生电子-空穴对。

$$TiO_2 + h\nu \rightarrow TiO_2(e^- + h^+)$$

(2) TiO_2 表面的空穴具有极强的氧化性,在没有其他还原剂时,可以分解水并放出氧气。

$$4TiO_2(e^- + h^+) + 2H_2O \rightarrow 4TiO_2(e^-) + 4H^+ + O_2\uparrow$$

(3) 钯离子捕获电子而被还原。

$$2TiO_2(e^-) + Pd^{2+} \rightarrow 2TiO_2 + Pd$$

总的反应式可表示为

$$Pd^{2+} + 2H_2O \xrightarrow[TiO_2]{h\nu} Pd + O_2\uparrow + 4H^+$$

从受激发的半导体表面上捕获电子是金属离子还原的必要条件。其化学推动力就是离子还原电位与导带电位之间的差值,差值越大,还原就越容易进行。但各种离子在其相应体系中的还原行为各不相同。这除了与离子本身的电化学性质有关外,还与离子在体系中的状态、晶粒生长过程等多种因素有关。这也就使得各种离子的还原具有其自身的独特性。

6.4.2　金属离子光催化还原的研究

对于金属离子光催化还原的研究,可按其目的分为三个方面:① 消除有毒金属离子(如 Cr^{4+}、Hg^{2+}、Pb^{2+});② 回收贵金属(如 Ag、Au)[120];③ 光催化沉积担载金属(如 Pt、Pd)以提高催化剂活性。

文献中,Cr 离子的光催化还原报道得较多。Iwata 等[121]研究了 10ppm 的 $K_2Cr_2O_7$ 水溶液在 TiO_2 膜上的光催化还原。他们用 350W 的 Hg-Xe 灯照射 7 天后,Cr^{4+} 浓度降到 0.03ppm,而 Cr^{3+} 浓度增加到 9ppm。Young[122]报道了 pH、TiO_2 量、光强度、溶解氧和其他因素对 Cr^{4+} 光催化还原的影响。Scott 等[123]发现 Cu^{2+} 可加速 Cr^{4+} 的还原,同时 Cr^{4+} 也加速 Cu^{2+} 的还原,并在 TiO_2 颗粒表面形成 Cu-Cr 金属间化合物。彭绍琴[124]研究了银在二氧化钛表面的光催化沉积。Li 等[125]研究了 $HAuCl_4$ 在 TiO_2 纳米纤维上的光催化还原,得到了粒状、片状和线状的纳米级金,其形状取决于溶液中有机物的形式和浓度。除 Au 以外,Ag、Pt 和 Pd 也可以用类似的反应得到。Wang 等[126]对 TiO_2 悬浮液中 Hg^{2+} 进行光催化还原,研究了溶液 pH、空穴清除剂、氯化物浓度、催化剂量和光强度的影响。Khalil 等[127]研究了类似反应,发现体系在无氧、有甲醇存在时还原更有效,硝酸汞比氯化汞还原更彻底。Timothy 等[128]报道了甲酸存在时,硒酸盐在 TiO_2 上的光催化还原。Skubal 等[129]与 Yang 等[130]也对光催化还原 Cd^{2+} 进行了较详细的研究。

6.4.3　金属离子光催化还原的影响因素

金属离子的光催化还原主要受以下几个方面的影响:催化剂、体系气氛、酸度及电子给体(即空穴消除剂)等因素影响。

6.4.3.1　光催化剂

目前常用的光催化剂有:SnO_2、CdS、TiO_2 等,光催化活性主要取决于其结构、晶型、比表面积、颗粒大小、孔隙度及表面羟基浓度。SnO_2 表面产生的空穴可以氧化晶格氧、O^-、O_2^-、CO、CO_2 等,而 Pt、Pd、Ag 等可被还原。CdS 可以光催化还原镍离子。TiO_2 是一种优良的半导体催化剂,其光催化活性高、稳定性好,是当前光催化研究的热点。TiO_2 有三种晶型:金红石型(rutile)、锐钛矿型(anatase)和板钛矿型(brookite)。金红石型最稳定,锐钛矿型次之,板钛矿型和锐钛矿型在高温下可转化为金红石型。锐钛矿型 TiO_2 的光催化活性比金红石型高,而且超细粉 TiO_2 的活性更高。目前文献报道的 TiO_2 大都是以悬浮粒子的状态催化光化学反应的,但它存在着催化剂易中毒、难回收等缺点,限制了该体系的实用化。因此 TiO_2 膜的光催化性能越来越受到人们的重视。此外,在 TiO_2 表面担载 Pt、Pd、Au、Ag、Rh 等,可以提高反应效率[131]。

6.4.3.2　反应气氛

氧的存在一般对反应不利。O_2 是较强的电子受体,它可能与金属离子竞争导带上的电子,从而降低金属离子的还原效率。可用高纯氮或其他气体隔绝空气中的氧或逐出反应过程中生成的氧,以保证金属离子对电子的有效捕获。但对 Pb^{2+}、Bi^{3+} 光催化还原过程中,氧的存在有利于还原反应。在 Au 离子的还原回收中,氧的影响极微[132]。

6.4.3.3　酸度

体系的酸度是影响光催化反应的一个重要因素。pH 的变化直接影响半导体的带边电位移动。受 pH 的影响,溶液中金属离子的存在方式以及相应的还原电位会有所不同,因此,金属离子的还原能力随之变化。由于水溶液体系中 TiO_2 活性位是表面羟基,pH 对金属离子的吸附也有显著影响。

6.4.3.4　空穴消除剂

空穴消除剂(有机物电子给予体)可以被直接或间接氧化,加速催化剂表面的电子-空穴分离,提高金属离子对电子的捕获效率。Prairie 等提出了还原与氧化之间的协同作用,认为有机物直接捕获空穴被氧化要比通过羟基间接氧化会更有效地降低空穴浓度,促进还原反应进行。由于甲醇电极电位($\varphi^0 = -0.232V$)比水的电极电位($\varphi^0 = -1.229V$)低,水溶液中甲醇易被氧化,在 Pd 光催化还原过程中,可为 Pd^{2+} 提供较大的得电子机会[133]。

6.4.3.5　其他因素的影响

除上述影响因素外,光催化还原还受到体系的温度,共存离子以及光源的波长、光强等影响。温度影响着反应速率、电极电位及催化剂表面金属离子的吸附能力。光源的选择对光催化反应是极其重要的。虽然 TiO_2、SnO_2 等具有较高的活性,但较大的禁带宽度使其只能在紫外线条件下被激发,与日光匹配性差。禁带窄的半导体催化剂如 CdS 等存在严重的光腐蚀,应用非常困难[134]。

6.4.4　光催化制备钯复合膜

光催化剂的研究一般仅限于悬浮体系,较少涉及固定床催化剂,而利用光催化技术合成金属复合膜的研究则更少。在此背景下,我们首创了光催化制钯膜的方法,简称 PCD(photocatalytic deposition)[135]。

6.4.4.1　实验过程

镀膜所用的载体为 Al_2O_3 多孔膜片,其直径为 30mm,外层为 $35\mu m$ 厚的微孔层。TiO_2 层采用浸渍涂层法(dip-coating)制备,并在 450℃ 焙烧 3h。TiO_2/Al_2O_3 载体的断面 SEM 照片如图 6-7 所示。TiO_2 层的厚度为 $1.5\sim2\mu m$,这也是紫外线能够照射 TiO_2 的深度[136]。TiO_2/Al_2O_3 载体的物理参数列于表 6-2。

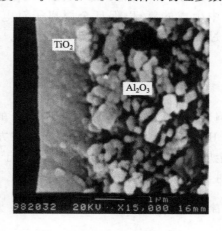

图 6-7　TiO_2/Al_2O_3 载体断面的 SEM 图

表 6-2 TiO₂/Al₂O₃ 载体的物理参数

层	孔径/nm	孔隙率/%	厚度/μm
α-Al₂O₃	80~100	30	35
TiO₂	2~3	47	1.5~2

PCD 法制备钯膜的反应器示意图见图 6-8。反应器材料为 Pyrex 耐热玻璃，反应器的上盖为能滤过紫外线的石英玻璃，光源为 150W 的镓灯，紫外线由上而下垂直照射。将 TiO₂/Al₂O₃ 载体置于反应器中间的网状玻璃挡板上，浸于反应液中。反应液由二次蒸馏水、PdCl₂、甲醇和 HCl 配制。在 PCD 开始前 15 min 和整个反应过程中始终导入氮气。反应温度为 35℃，通过恒温水浴来控制，反应在电磁搅拌器的快速搅拌下进行。反应完成后取出膜片，用二次蒸馏水冲洗。镀液中的 Pd^{2+} 浓度用原子吸收法分析。载体上钯膜的形成过程如图 6-9 所示。首先是 TiO₂ 表面在紫外灯的照射下，产生电子-空穴对[图 6-9（a）]，甲醇被空穴氧化，Pd^{2+} 被电子还原[图 6-9（b）]，被还原的金属 Pd 不断沉积在 TiO₂ 表面[图 6-9（c）]，最终形成钯膜[图 6-9（d）]。

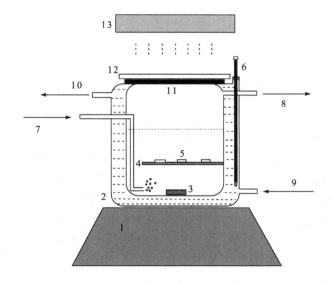

图 6-8 PCD 法制备钯膜反应器示意图

1. 电磁搅拌器；2. 恒温玻璃反应器；3. 搅拌子；4. 网状玻璃挡板；

5. 二氧化钛载体；6. 温度计；7. N₂ 入口；8. 出气口；9. 恒温水浴入口；

10. 恒温水浴出口；11. 橡胶密封圈；12. 石英玻璃；13. 150W 镓灯

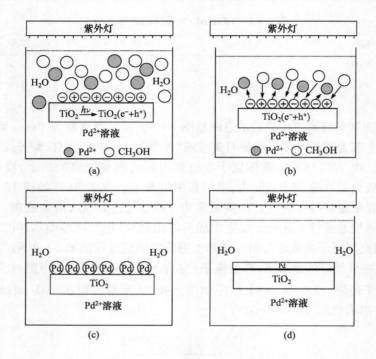

图 6-9　PCD 法镀钯膜的过程示意图

6.4.4.2　制备条件优化

（1）pH

Borgarello 等[132]于 1986 年首次报道了悬浮 TiO_2 粒子光催化还原 Pd^{2+} 的反应,认为溶液的 pH 应控制在 7 以内,尤其是在 3～5 范围内效果最好。实验中,我们主要考察 pH≤7 的反应过程。表 6-3 给出了不同 pH 条件下,光照 30 min 后,PCD 反应液和膜片的变化,包括:①溶液中 Pd^{2+} 离子浓度;②TiO_2 载体表面的 Pd/Ti 摩尔比(EDS 结果);③膜片的 Ar 渗透率。由表 6-3 可知,当反应溶液 pH 为 3 和 3.5 时,光催化反应效率最高,膜片的室温 Ar 渗透率最低,载体表面的 Pd/Ti 摩尔比也最高,说明钯膜的形成与溶液中 Pd^{2+} 浓度的降低相一致,此 pH 更利于 Pd 在载体表面的沉积。以上结果表明:PCD 法光催化沉积制备钯膜的溶液合适 pH 为 3～3.5。

（2）光照时间

如图 6-10 所示,随光照时间的增加,反应液中的 Pd^{2+} 浓度呈减少趋势。尽管在 pH=3.0 时反应溶液中 Pd^{2+} 的浓度变化比在 pH=3.5 时快,但 18 min 后二者 Pd^{2+} 的浓度都不再有明显变化。因此,对本实验来说 PCD 法制备 Pd 膜的光照时间只需 18min。

　　为进一步证实镀液中 Pd^{2+} 浓度降低的真正原因,实验中以 $pH=3.0$ 时的情形为例对 PCD 过程中的 Pd 进行物料衡算。表 6 - 4 给出了随光照时间的延长,溶液中 Pd 的减少量与载体表面 Pd 的增加量之间的物料衡算。从表 6 - 4 中可知二者基本上是一致的,也就是说 TiO_2 载体表面钯金属的增加及其 Ar 渗透率的降低确实是由于 PCD 的结果。

表 6 - 3　溶液 pH 对溶液中 Pd^{2+} 浓度、膜表面 Pd/Ti 摩尔比、室温 Ar 渗透率的影响

pH	镀液中 Pd^{2+} 的浓度 /$mmol \cdot L^{-1}$	EDS 测得的载体表面 Pd/Ti 摩尔比	Ar 渗透率 /$10^{-6} mol \cdot m^{-2} \cdot s^{-1} \cdot Pa^{-1}$
1.6	2.48	0.033	2.5
3.0	0.57	1.44	0.08
3.5	1.5	0.81	0.18
4.3	2.27	0.17	1.20
5.5	2.33	0.14	1.65
6.2	—	0.1	2.41
7.1	—	0.03	2.48

注:Pd^{2+} 的初始浓度 $=2.5\ mmol \cdot L^{-1}$。

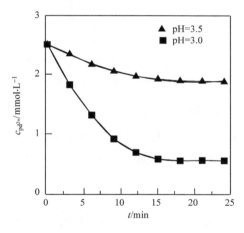

图 6 - 10　典型 pH 下 PCD 反应液中 Pd^{2+} 浓度与光照时间的关系

表 6 - 4　不同光照时间下 Pd 沉积量的物料衡算($pH=3.0$)

	6min	12min	18min	21min
镀液中 Pd^{2+} 的浓度/$mmol \cdot L^{-1}$	1.310	0.680	0.540	0.545
镀液中 Pd^{2+} 的减少量/mmol	0.613	0.937	1.009	1.007
载体的增重/g	0.066	0.100	0.107	0.107
载体上的钯量/mmol	0.620	0.940	1.006	1.006

（3）反应温度

图 6-11 考察了反应温度分别对所制备钯膜的厚度 d 和 Ar 渗透率 J_{Ar} 的影响。膜厚采用增重法计算而得。如图所示，光照 18 min 后，膜厚度基本上均保持在 $0.13\mu m$，并不受反应温度的影响。不同反应温度下，钯膜的 Ar 渗透率 J_{Ar} 约为 $1\times10^{-7}\,mol\cdot m^{-2}\cdot s^{-1}\cdot Pa^{-1}$，低于 TiO_2 载体的 $2.5\times10^{-6}\,mol\cdot m^{-2}\cdot s^{-1}\cdot Pa^{-1}$。

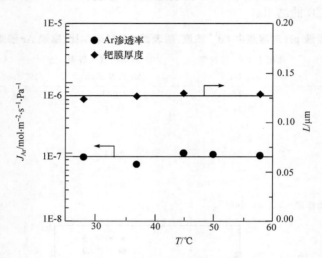

图 6-11　反应温度对钯膜厚度和 Ar 渗透率的影响

$pH=3.0$；Pd^{2+} 的初始浓度 $=2.5mmol\cdot L^{-1}$

（4）反应液中 Pd^{2+} 的初始浓度 c_0

图 6-12 给出了 Pd^{2+} 初始浓度 c_0 对 Pd 沉积量的影响。光照 18 min 后，Pd 的沉积量基本不受 c_0 的影响。因此可选择一个相对较低的 Pd^{2+} 初始浓度（$2.5mmol\cdot L^{-1}$）。

（5）添加剂

选择甲醇作为光催化反应的添加剂，主要基于两点原因：首先，甲醇比水更容易氧化[133]，甲醇拥有"空穴清道夫"的美名，能为 Pd 还原反应提供更多的电子。但是，由于甲醇的毒性，实验操作应格外小心。其反应式为

$$2TiO_2(e^-+h^+)+CH_3OH \longrightarrow 2TiO_2(e^-)+2H^++HCHO$$

其次，反应体系中的甲醇还可能消除形成的氧气，促进钯的沉积[136]。可能的反应式为[137]

$$CH_3OH+O_2 \xrightarrow{h\nu} HCHO+H_2O_2$$

$$2CH_3OH+O_2 \xrightarrow{h\nu} 2HCHO+2H_2O$$

图 6-13 给出了光照 18 min 后,膜表面的 Pd/Ti 摩尔比与甲醇初始浓度的关系。Pd 的沉积量随甲醇初始浓度的增加而增大,但是当甲醇初始浓度高于 40%(体积分数)时,钯沉积量的增加趋缓。因此,镀液中的甲醇初始浓度为 40%时已足够完成金属 Pd 的沉积。

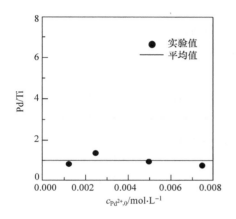

图 6-12 镀液中 Pd^{2+} 初始浓度
对 Pd 沉积量的影响

pH=3.0；t=18 min

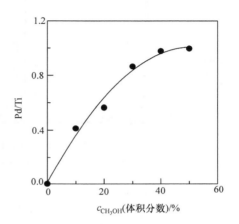

图 6-13 镀液中甲醇的初始浓度
对 Pd 沉积量的影响

Pd^{2+} 的初始浓度=2.5mmol $\cdot L^{-1}$；

pH=3.0；t=18 min

6.4.4.3 钯复合膜的表征

EDS 结果(图 6-14)表明 TiO_2 载体表面出现了大量的钯。所制备钯膜的 XRD 谱如图 6-15 所示,显示了典型的钯金属晶体结构。图 6-16 是膜断面的 SEM 照片,可见膜厚约为 0.1μm,略低于增重法计算出的 0.13μm,表明有些钯被沉积在载体内部。在室温下用氩气测得的渗透率为 1×10^{-7} mol $\cdot m^{-2} \cdot s^{-1} \cdot Pa^{-1}$,而相应 TiO_2 载体的 Ar 渗透率为 2.5×10^{-6} mol $\cdot m^{-2} \cdot s^{-1} \cdot Pa^{-1}$,可见,光催化沉积钯后,虽然没有形成致密的钯膜,但使载体的透气性降低了约 95%。

6.4.4.4 钯复合膜的透氢性能

图 6-17 为南京工业大学膜科学技术研究所设计的钯膜透氢测试装置。将钯膜置于不锈钢反应器中,以石墨为密封材料,钢瓶气为气源,H_2 和 N_2 的混合气体(1:1)导入钯膜滞留侧(即载体镀钯膜的那一侧),Ar 作为吹扫气,导入钯膜的渗透侧。气体流量分别由质量流量控制器(MFC)控制。实验过程中,膜的两侧压力均保持一个大气压。钯膜用管式电炉加热,温度采用程序温控仪控制。渗透侧的混合气体由气相色谱在线分析。为避免钯膜氢脆,实验开始时先不通氢气,当膜加热

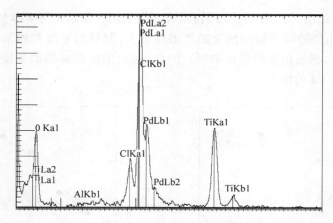

图 6-14　PCD 法制备 Pd/TiO₂ 复合膜的 EDS 结果

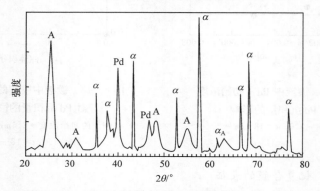

图 6-15　PCD 法制备 Pd/TiO₂ 复合膜的 XRD 结果

A：锐钛矿型 TiO₂；α：α-氧化铝；Pd：钯

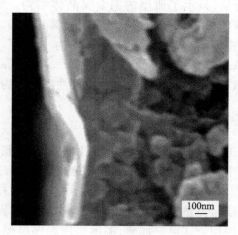

图 6-16　Pd/TiO₂ 复合膜的断面照片

至所需要的温度(＞300℃)后,才通氢气进行测试;试验结束时,也先断氢气再降温。

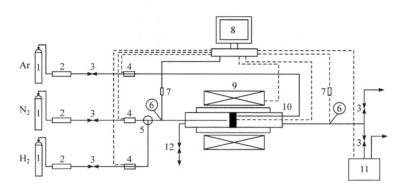

图 6-17　PCD 法制备 Pd/TiO₂ 膜的高温透氢测试装置

1. 气瓶;2. 净化器;3. 流量控制阀;4. 质量流量控制器;5. 混合器;6. 压力表;

7. 压力传感器;8. 计算机;9. 管式炉;10. 不锈钢反应器;11. GC-TCD;12. 备压阀

表 6-3 和图 6-11 中的 Ar 渗透性说明了 PCD 法制备的 Pd/TiO₂ 复合膜并未致密。因此,该复合膜的透氢率 J_{H_2} 由两部分组成:一是 Knudsen 扩散占主导的膜缺陷透氢 J'_{H_2};二是遵循 Sievert 定律的膜致密部分透氢 J''_{H_2},即

$$J_{H_2} = J'_{H_2} + J''_{H_2} \tag{6-4}$$

膜缺陷的透氢率可表述为

$$J'_{H_2} = F'_{H_2}(P_{r,H_2} - P_{p,H_2}) \tag{6-5}$$

式中,F'_{H_2} 表示渗透系数;P_{r,H_2} 和 P_{p,H_2} 分别是膜滞留侧(retentate side)和渗透侧(permeate side)的氢气分压。膜缺陷对 N₂ 的透氢率可表示为

$$J_{N_2} = F_{N_2}(P_{r,N_2} - P_{p,N_2}) \tag{6-6}$$

式中,F_{N_2} 表示 N₂ 渗透系数;P_{r,H_2} 和 P_{p,H_2} 分别是膜滞留侧和渗透侧的 N₂ 分压。图 6-18 是高温下 Pd/TiO₂ 复合膜的 N₂ 渗透率与其分压差之间的关系曲线,由曲线斜率得到 F_{N_2} 值。

图 6-19 给出了总透氢率与膜两侧氢分压差的关系。我们事先用未镀钯膜的载体测定了纯氮气和纯氢气在不同温度下的渗透率,实验表明,在 350～450℃ 范围内,$F'_{H_2}/F_{N_2} \approx 3.5$。那么,式(6-5)可变为

$$J'_{H_2} = 3.5 F_{N_2}(P_{r,H_2} - P_{p,H_2}) \tag{6-7}$$

膜缺陷在高温下对透氢率的贡献 J'_{H_2} 就可以根据式(6-7)算出,进而由式(6-4)算出膜的致密部分的透氢率 J''_{H_2}。图 6-20 是 J''_{H_2} 与氢分压差之间的关系,可以

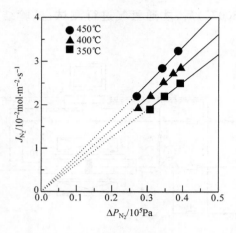

图 6-18　PCD 钯膜的 N_2 渗透率与膜两侧 N_2 分压差之间的关系

发现,致密钯膜的透氢率正比于膜两侧氢分压差,在 6.2.2 一节已经谈到,致密钯膜的透氢率可表述为

$$J''_{H_2} = F''_{H_2}(P^n_{r,H_2} - P^n_{p,H_2}) \qquad (6-8)$$

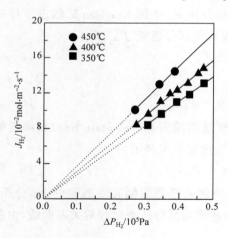

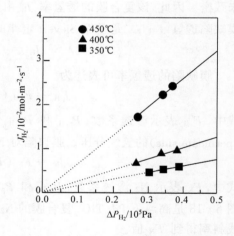

图 6-19　PCD 钯膜总的透氢率与膜两侧氢分压差的关系

图 6-20　PCD 钯膜致密部分的透氢率与膜两侧氢分压差之间的关系

式中,F''_{H_2} 表示渗透系数;n 是压力指数。显然这里 $n \approx 1$。说明氢气透过膜的致密部分的渗透率主要是受表面过程控制。比较图 6-19 和图 6-20 的结果可知,PCD 钯膜的致密部分对透氢率的贡献只占总透氢率的一小部分,膜的选择性需要改进。

钯膜选择性 S 通常用同温同压下氢与氮渗透率的比值（H_2/N_2）来表示，即

$$S = \frac{J_{H_2}}{J_{N_2}} \tag{6-9}$$

结合式（6-4）、（6-6）、（6-7）和（6-8）可得

$$S = 3.5 + \frac{F''_{H_2}}{F_{N_2}} \tag{6-10}$$

膜选择性的结果见图 6-21，可见 PCD 钯膜的选择性随温度的提高几乎没有变化。前文 6.2.2 一节已介绍，致密钯膜的透氢率会随温度的提高而明显增大，即 F''_{H_2} 随温度的升高而增大，这也被图 6-20 的结果所证明。但是，图 6-18 已经表明，F_{N_2} 随温度的升高也明显增大。于是，F''_{H_2} 和 F_{N_2} 对 S 造成的效果相抵消。不幸的是，F_{N_2} 在理论上应该随温度的升高而下降，因为氮气透过膜缺陷是 Knudsen 扩散，$F_{N_2} \propto T^{-0.5}$。产生图 6-18 结果的一个可能性是，沉积在载体表面的钯膜很不稳定，温度的升高减少了膜

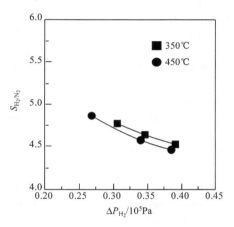

图 6-21　PCD 钯膜选择性与氢分压压差的关系

的致密部分，导致了新的膜缺陷。这是由于 PCD 法制备的钯膜为超薄膜（$0.1\mu m$，为文献中报道的最薄钯膜）之一。

6.5　小　结

本章综述了钯复合膜的基本原理及研究进展，重点介绍了光催化沉积（PCD）这一新的镀膜技术，得到了超薄的钯复合膜。锐钛矿型 TiO_2 由于其出色的光催化活性，被选作膜的载体。钯在 TiO_2 表面的沉积是通过 Pd^{2+} 的光催化还原实现的。反应条件以镀液 pH 在 3～3.5、甲醇浓度在 40 %（体积分数）为宜，反应过程只需 18 min。该法所镀钯膜仅厚约 $0.1\mu m$，在反应时间充分的条件下，膜厚与反应温度无关。钯膜的透氢是由膜的微孔和膜的致密部分共同提供的，总透氢率和膜致密部分的透氢率均与氢在膜两侧的分压差成正比。PCD 似乎是制备金属/陶瓷复合膜的一个有希望的方法，但 PCD 法镀钯膜还只是一个有益的尝试，需要改进和完善。

参 考 文 献

[1] 董子丰. 气体膜分离技术. 低温与特气, 1993, 4: 57~60

[2] 董子丰. 氢气膜分离技术的现状、特点和应用. 工厂动力, 2000, 1: 25~35

[3] 陈少华, 邢丕峰, 陈文梅. 稀贵金属在氢气纯化中的应用. 稀有金属, 2003, 27(1): 8~17

[4] David R P, Jorgensen B, Dye R C. Thermal optimization of polybenzimidazole meniscus membranes for the separation of hydrogen, methane, and carbon dioxide. J. Membr. Sci., 2003, 218: 11~18

[5] 王宝珠. 关于催化干气膜法分离氢气. 石油与天然气化工, 1997, 26(1): 22~30

[6] Cheng Y S, Peña M A, Fierro J L, et al. Performance of alumina, zeolite, palladium, Pd-Ag alloy membranes for hydrogen separation from towngas mixture. J. Membr. Sci., 2002, 204(1~2): 329~340

[7] 施得志. 气体膜分离技术的应用及发展前景. 河南化工, 2001, 3: 4~6

[8] Chung T S. The effect of shear rates on gas separation performance of 6FDA-durene polyimide hollow fibers. J. Membr. Sci., 2000, 167(1): 55~66

[9] Norby T. Solid-state protonic conductors: principles, properties, progress and prospects. Solid State Ionics 1999, 125(1~4): 1~11

[10] Guan J, Dorris S E, Balachandran U, et al. Transport properties of $SrCe_{0.98}Y_{0.05}O_{3-d}$ and its application for hydrogen separation. Solid state Ionics., 1998, 110(3~4): 303~310

[11] Dionysiou D D, Qi X, Lin Y S, Meng G, Peng P D. Preparation and characterization of proton conducting terbium doped strontium cerate membranes. J. Membr. Sci., 1999, 154: 143~153

[12] Qi X, Lin, Y S. Electrical conduction and hydrogen permeation through mixed proton-electron conducting strontium cerate membranes. Solid State Ionics., 2000, 130(1~2): 149~156

[13] Li L, Iglesia E. Modeling and analysis of hydrogen permeation in mixed proton-electronic conductors. Chem. Eng. Sci., 2003, 58(10): 1977~1988

[14] 徐海全, 刘家琪, 姜中义. 碳分子筛膜的研究进展. 化工进展, 2000, 4: 17~20

[15] Lagorsse S, Magalhães F D, Mendes A. Carbon molecular sieve membranes: Sorption, kinetic and structural characterization. J. Membr. Sci., 2004, 241(2): 275~287

[16] Luen L L, Shyang T D. Synthesis and Permeation Properties of Silicon-carbon-Based Inorganic Membrane for Gas separation. Ind. Eng. Chem. Res., 2001, 40(2): 612~616

[17] Devos R M, Maier W F. Hydrophobic silica membranes for gas separation. J. Membr. Sci. 1999, 158(1~2): 277~288

[18] Suzuki T, Yoshinio Y, Nair B N, et al. Membranes for hydrogen production by reforming: evaluation of hydrothermal corrosion. 204th meeting of the Electrochemical Society, 2003

[19] 蒋柏泉. 陶瓷载体-γ氧化铝-二氧化硅无机复合膜的制备及其分离氢气的研究. 南昌大学学报, 1996, 18(4): 37~41

[20] Lin Y S. Microporous and dense inorganic membranes: current status and prospective. Sep. Pur. Tech., 2001, 25: 39~55

[21] Hsieh H P. Inorganic membrane reactors. Catal. Rev. Sci. Eng., 1991, 33: 1~70

[22] Nunes S P, Peinemann K V. Membrane Technology. Wiley—VCH, Weinheim, 2001, 39

[23] Armor J N. Membrane catalysis: where is it now, what needs to be done? Catal. Today, 1995, 25(3~4): 199~207

[24]　Kajiwara M, Uemiya S, Kojima T, et al. Hydrogen permeation properties through composite membranes of platinum supported on porous alumina. Catal. Today, 2000, 56(1～3): 65～73

[25]　Kajiwara, Uemiya S, Kojima T. Stability and hydrogen permeation behavior of supported platinum membranes in presence of hydrogen sulfide. Int. J. Hydrogen Energy, 1999, 24(9): 839～844

[26]　Hatano Y, Nanjo Y, Hayakawa R, et al. Permeation of hydrogen through vanadium under helium ion irradiation. J. Nuclear Mater., 2000, 283～287: 868～871

[27]　Nishimura C, Komaki M, Hwang S, et al. V-Ni alloy membranes for hydrogen purification. J. Alloys Comp., 2002, 330～332: 902～906

[28]　Ozaki T, Zhang Y, Komaki M, et al. Hydrogen permeation characteristics of V-Ni-Al alloys. Int. J. Hydrogen Energy, 2003, 28(11): 1229～1235

[29]　Notkin M E, Livshits A I, Bruneteau A M, et al. Effect of ion bombardment on plasma-driven superpermeation of hydrogen isotopes through a niobium membrane. Nuclear Instr. Methods Phys. Res. B., 2001, 179(3): 373～382

[30]　Pisarev A, Miyasaka K, Tanabe T. Permeation of hydrogen through tantalum: influence of surface effects. J. Nucl. Mater., 2003, 317(2～3): 195～203

[31]　Rothenberger K S, Howard B H, Killmeyer R P, et al. Evaluation of tantalum-based materials for hydrogen separation at elevated temperatures and pressures. J. Membr. Sci., 2003, 218(1～2): 19～37

[32]　Graham T. Adsorption and separation of gases by colloid septa. Philos. Trans. R. Soc., 1866, 156(399): 426

[33]　Boreskov G K, Gryaznov V M. New tendencies in the development of the science of catalysis. Kinet. Catal., 1973, 14: 711～713

[34]　Karavanov A N, Gryaznov V M. Hydrogenation of acetylenic and etylenic alcohols in the liquid phase on membrane catalysis consisting of binary alloys of palladium with nickel and ruthenium. Kinet. Catal., 1984, 25: 56～60

[35]　Gryaznov V M, Smirnov V S. Selective hydrogenation on membrane catalysis. Kinet. Catal., 1977, 18: 485～489

[36]　Gryaznov V M. Hydrogen permeable palladium membrane catalysts. An aid to the efficient production of ultra pure chemical and phamarceuticals, Plat. Met. Rev.,1986, 30: 68～72

[37]　Shu J, Neste A V, Kaliaguine S. Catalytic palladium-based membrane reactors: a review. Can. J. Chem. Eng., 1991, 69(5): 1036～1060

[38]　Grashoff G J, Pilkington C E, Corti C W. The purification of hydrogen-a review of the technology emphasing the current status of palladium membrane diffusion. Plat. Met. Rev., 1983, 23: 157～168

[39]　Langley R C, Myers M, Myers H. Method for producing hydrogen diffusion cells. US Patent 3,428,476, (1969)

[40]　Uemiya S, Kude Y, Sugino K, et al. A palladium/porous glass composite membrane for hydrogen separation. Chem. Lett., 1988, 10: 1687～1690

[41]　Kikuchi E, Uemiya, Sato N, et al. Membrane reactor using microporous glass-supported thin film of palladium. Application to the water-gas shift reaction. Chem. Lett., 1989, 3: 489～492

[42]　Uemiya S, Sato N, Ando H, et al. The water-gas shift reaction assisted by a palladium membrane reactor. Ind. Eng. Chem. Res., 1991, 30: 585～589

[43]　Uemiya S, Kato W, Uyama A, et al. Separation of hydrogen from gas mixtures using supported platinum-

group metal membranes, Sep. Purif. Tech., 2001, 22～23：309～317

[44] Uemiya S, Sato N, Ando H, et al. Steam reforming of methane in a hydrogen-permeable membrane reactor. Appl. Catal. A., 1991, 67：223～230

[45] Kikuchim E, emoto Y, Kajiwara M, et al. Steam reforming of methane in membrane reacrors：comporison of electroless-plating and CVD membranes and catalyst packing modes. Catal. Today., 2000, 56：75～81

[46] Barrer R M. Diffusion in and through solids. Cambridge Univ. Press, London, 1951

[47] Ward T L, Dao T. Model of hydrogen permeation behavior in palladium membranes. J. Membr. Sci., 1999, 153(2)：211～231

[48] 施力, 张星, 李承烈等. 无机膜的应用与展望. 功能材料, 1994, 5：475～480

[49] Hurlbert R C, Konecny J O. Diffusion of hydrogen through palladium. J. Chem. Phys., 1961, 34(2)：655～658

[50] Katsuta H, Farraro R J, McLellan R B. The diffusion of hydrogen in palladium. ACTA Metallurgica 1979, 27：1111～1114

[51] Hughes R. Composite palladium membranes for catalytic membrane reactors. Membr. Tech., 2001, 131：9～13

[52] Gobina E, Hou K, Hughes R. Ethane dehydrogenation in a catalytic membrane reactor coupled with a reactive sweep gas. Chem. Eng. Sci., 1995, 50(14)：2311～2319

[53] Paglieri S N, Foo K Y, Way J D. A new preparation technique for Pd/alumina membranes with enhanced high-temperature stability. Ind. Eng. Chem. Res., 1999, 38：1925～1936

[54] Collins J P, Way J D. Preparation and characterization of a composite palladium-ceramic membrane. Ind. Eng. Chem. Res., 1993, 32(12)：3006～3013

[55] Yamakawa K, Ege M, Ludescher B, et al. Surface adsorbed atoms suppressing hydrogen permeation of Pd membranes. 2003, 352：57～59

[56] Wang D, Flanagan T B, Shanahan K L. Permeation of hydrogen through pre—oxidized Pd membranes in the presence and absence of CO. J. Alloys Comp., 2004, 372：158～164

[57] Jung S H, Kusakabe K, Morooka S, et al. Effects of co—existing hydrocarbons on hydrogen permeation through palladium membrane. J. Membr. Sci., 2000, 170：53～60

[58] Nam S E, Lee S H, Lee K H. Preparation of a palladium alloy composite membrane supported in a porous stainless steel by vacuum electrodeposition. J. Membr. Sci., 1999, 153(2)：163～173

[59] Dittmeyer R, Höllein V, Daub K. Membrane reactors for hydrogenation and dehydrogenation processes based on supported palladium. J. Mol. Catal. A., 2001, 173：135～184

[60] Uemiya S, Sato N, Ando H, et al. Separation of hydrogen through palladium hin film supported on a porous glass tube. J. Membr. Sci., 1991, 56：303～313

[61] Morreale B D, Ciocco M V, Enick R M, et al. The permeability of hydrogen in bulk palladium at elevated temperatures and pressures. J. Membr. Sci., 2003, 212 (1～2)：87～97

[62] Koffler S A, Hudson J B., Ansell G S. Hydrogen permeation through alpha palladium, Trans. AIME, 1969, 245：1735～1740

[63] Balovnev Y A. Diffusion of hydrogen in palladium. Russ. J. Phys. Chem., 1974, 48：409～410

[64] Davis W D. Diffusion of gases through metals. I. Diffusion of gases through palladium. US Atomic Energy Commusion Report No. KAPL-1227, Oct. 1, 1954

[65] Yamakawa K, Ege M, Ludescher B, et al. Hydrogen permeability measurement through Pd, Ni and Fe

membranes. J. Alloys Comp., 2001, 321(1): 17～23

[66]　Holleck G L. Diffusion and solubility of hydrogen in palladium and palladium-silver alloys. J. Phys. Chem., 1970, 74(3): 503～511

[67]　Weyten H, Luyten J, Keizer K, et al. Membrane performance: the key issues for dehydrogenation reactions in a catalytic membrane reactor. Catal. Today, 2000, 56(1～3): 3～11

[68]　Li A, Liang W, Hughes R. The effect of carbon monoxide and steam on the hydrogen permeability of a Pd/stainless steel membrane. J. Membr. Sci., 2000, 165(1): 135～141

[69]　Jayaraman V, Lin Y S. Synthesis and hydrogen permeation properties of ultrathin palladium－silver alloy membranes. J. Membr. Sci., 1995, 104(3): 251～262

[70]　Ackerman F J, Koskinas G J. Permeation of hydrogen and deuterium through palladium silver alloys. J. Chem. Eng. Data., 1972, 7(1): 51～55

[71]　Elkina I B, Meldon J H. Hydrogen transport in palladium membranes. Desalination, 2002, 147: 445～448

[72]　Muetterties E L. Transition metal hydrides. Marcel Dekker, New York, 1971, 21

[73]　杨瑞鹏, 蔡旬, 陈秋龙. 钯和钯合金及其在电子元器件方面的应用. 电子元件与材料, 2000, 2(1): 30～31

[74]　Lewis F A. Hydrogen in palladium and palladium alloys. Int. J. Hydrogen Energy, 1996, 21(6): 461～464

[75]　Yan S, Maeda H, Kusakabe K, Morooka S. Thin Palladium Membrane Formed in Support Pores by Metal-Organic Chemical-Vapor-Deposition Method and Application to Hydrogen Separation. Ind. Eng. Chem. Res., 1994, 33: 616～622

[76]　Knapton A G. Palladium alloys for hydrogen diffusion membranes—A review of high permeability materials. Plat. Met. Rev., 1977, 21: 44～50

[77]　Ma Y H, Mardilovich I P, Engwall E. Thin composite palladium and palladium/alloy membranes for hydrogen separation. Ann. N.Y. Acad. Sci., 2003, 984: 346～360

[78]　Paglieri S N, Way J D. Innovations in palladium membrane research. Sep. Pur. Methods, 2002, 31(1): 1～169

[79]　Steward S A. Review of hydrogen isotope permeability through metals, Lawrence Livermore National Laboratory, UCRL-53441, 1983

[80]　徐南平, 邢卫红, 赵宜江. 无机分离膜技术与应用. 北京:化学工业出版社, 2003, 1～9

[81]　Yeung K L, Sebastian J M, Varma A. Novel preparation of Pd/Vycor composite membranes. Catal. Today, 1995, 25(3～4): 231～236

[82]　Schramm O, Seidel-Morgenstern A. Comparing porous and dense membranes for the application in membrane reactors. Chem. Eng. Sci., 1999, 54(10): 1447～1453

[83]　Wang D, Tong J, Xu H, et al. Preparation of palladium membrane over porous stainless steel tube modified with zirconium oxide. Catal. Today, 2004, 93～95: 689～693

[84]　Li A, Liang W, Hughes R. Characterisation and permeation of palladium/stainless steel composite membranes. J. Membr. Sci.,1998, 149(2): 259～268

[85]　Lee D W, Lee Y G, Nam S E, et al. Study on the variation of morphology and separation behavior of the stainless steel supported membranes at high temperature. J. Membr. Sci., 2003, 220(1～2): 137～153

[86]　Shu J. Grandjean B P A. Kaliaguine, et al. Asymmetric Pd-Ag/stainless steel catalytic membranes for

methane steam reforming. Catal. Today, 1995, 25(3~4): 327~332

[87] Moon F, Pina M P, Urriolabeitia E, et al. Preparation and characterization of Pd-zeolite composite membranes for hydrogen separation. Desalination, 2002, 147(1~3): 425~431

[88] Peachey N M, Snow R C, Dye R C. Composite Pd/Ta metal membranes for hydrogen separation. J. Membr. Sci., 1996, 111(1): 123~133

[89] Ozaki T, Zhang Y, Komaki M, et al. Preparation of palladium—coated V and V—15Ni membranes for hydrogen purification by electroless plating technique. Int. J. Hydrogen Energy, 2002, 28(3): 297~302

[90] Zhang Y, Ozaki T, Komaki M, et al. Hydrogen permeation characteristics of V-15Ni membrane with Pd/Ag overlayer by sputtering. J. Alloys Comp., 2003, 356~357: 553~556

[91] Ma Y H, Mardilovich P P, She Y. Hydrogen gas—extraction module and method of fabrication. US Patent 6,152,987, (2000)

[92] 赵宏宾, 熊国兴, Brunner H, Stroh N. 应用等离子体溅射方法制备钯—银合金复合膜及其膜表征. 中国科学 B 辑, 1999, 29(2): 174~180

[93] Szakalos P, Pettersson R, Hertzman S. An active corrosion mechanism for metal dusting on 304L stainless steel. Corrosion Sci., 2002, 44(10): 2253~2270

[94] Lin C Y, Tsai W T. Nano-sized carbon filament formation during metal dusting of stainless steel. Mater. Chem. Phys., 2003, 82(3): 929~936

[95] Stevens K J, Levi T, Minchington I, et al. Transmission electron microscopy of high pressure metal dusted 316 stainless steel. Mater. Sci. Eng. A, 2004, 385(1~2): 292~299

[96] Hänsel M, Boddington C A, Young D J. Internal oxidation and carburisation of heat-resistant alloys. Corrosion Sci., 2003, 45(5): 967~981

[97] Huang Y, Dittmeyer R. Development of Pd membrane reactor supported on sinter metal substrates, 6[th]International Conference on Catalysis in Membrane Reactors, Lahnstein, Germany, July 7~9, 2004

[98] Buxbaum R E, Marker T L. Hydrogen transport through non—porous membranes of palladium-coated niobium, tantalum and vanadium. J. Membr. Sci., 1993, 85: 29~38

[99] Edlund D J, McCarthy J. The relationship between intermetallic diffusion and flux decline in composite-metal membranes: implications for achieving long membrane lifetime. J. Membr. Sci., 1995, 107: 147~153

[100] Jun C S, Lee K H. Palladium and palladium alloy composite membranes prepared by metal—organic chemical vapor deposition method (cold—wall). J. Membr. Sci., 2000, 176(1): 121~130

[101] Yan S, Maeda H, Kusakabe K. Thin palladium membrane formed in support pores by metal—organic chemical vapor deposition method and application to hydrogen. Ind. Eng. Chem. Res., 1994, 33: 616~622

[102] Xomeritakis G, Lin Y S. Fabrication of a thin palladium membrane supported in a porous ceramic substrate by chemical vapor deposition. J. Membr. Sci., 1996, 120: 261~272

[103] Xomeritakis G, Lin Y S. CVD synthesis and gas permeation properties of thin palladium/alumina membranes. AIChE J., 1998, 44(1): 174~182

[104] Jayaraman V, Lin Y S, Pakala M. Fabrication of ultrathin metallic membranes on ceramic supports by sputter deposition. J. Membr. Sci., 1995, 99: 89~100

[105] Mccool B, Collins J P, Way J D. Sputter deposition synthesis and properties of ultrathin metallic membranes. In: Nakao S.I. (Ed). Proc. 5[th]Int. Conf. Inorg. Membr., Nagoya, Japan, 1998: 678

[106]　Yeung K L, Arvind V. Novel preparation techniques for thin metal-ceramic composite membranes. AIChE J., 1995, 41(9): 2131~2139

[107]　Li A, Liang W Q, Hughes R. Fabrication of dense palladium composite membranes for hydrogen separation. Catal. Today, 2000, 56: 45~51

[108]　Itoh N, Tomura N, Tsuji T, Hongo M. Deposition of palladium inside straight mesopores of anodic alumina tube and its hydrogen permeability. Micropor. Mesopor. Mater., 2000, 39(1~2): 103~111

[109]　Nam S E, Lee S H, Lee K H. Preparation of a palladium alloy composite membrane supported in a porous stainless steel by vacuum electrodeposition. J. Membr. Sci., 1999, 153: 163~173

[110]　Ying J Y, Bryden K J. Nanostructured palladium membrane synthesis by magnetron sputtering. Mat. Sci. Eng. A., 1995, 204(1~2): 140~145

[111]　Jun C S, Lee K L. Preparation of palladium membranes from the reaction of $Pd(C_3H_3)(C_5H_5)$ with H_2: wet—impregnated deposition. J. Membr. Sci., 1999, 157: 107~115

[112]　Mallory G O, Hajdu JB. (Eds). Electroless plating: Fundamentals and applications. AESF Press, Olando, FL, 1990

[113]　Yan S, Maeda H, Kusakabe K. Thin palladium membrane formed in support pores by metal—organic chemical vapor deposition method and application to hydrogen. Ind. Eng. Chem. Res., 1994, 33: 616~622

[114]　Baker G N, Gallagher M J, Wear T J. Ultrathin metal composite membranes for gas separation. US Patent 4,857,080 (1989)

[115]　Schwank J. Bulk metals and alloys. In: Wachs I.E., Fitzpatrick L.E., Characterization of catalytic materials. Manning Publications Co., London, 1992: 27~28

[116]　韦世强,李忠瑞,张新夷等. 超细 Ni—B 非晶态合金的退火晶化及其催化性能. 科学通报, 2000, 45(18): 1491~1493

[117]　Schwank J., Bulk metals and alloys. In: Wachs I.E., Fitzpatrick L.E., Characterization of catalytic materials. Manning Publications Co., London, 1992, 10

[118]　Ohring M. The material science of thin films. Acadamic Press, London, 1992, 442~446

[119]　高濂,郑珊,张青红. 纳米氧化钛光催化材料及应用. 北京: 化学工业出版社, 2002

[120]　彭绍琴, 徐玉欣, 周军明等. 玻璃丝负载 TiO_2 光催化剂回收金属银和铜. 江西化工, 2003, (3): 79~81

[121]　Iwata T, Ishikawa M, Ichino R, et al. Photocatalytic reduction of Cr (VI) on TiO_2 film formed by anodizing. Surf. Coatings Tech., 2003, 169 ~170: 703~706

[122]　Young K. Photocatalytic reduction of Cr (VI) in aqueous solutions by UV irradiation with the presence of titanium dioxide. Wat. Res., 2001, 35(1): 135~142

[123]　Scott C R. Chenthamarakshan, Krishnan Rajeshwar, Synergistic photocatalysis mediated by TiO_2: mutual rate enhancement in the photoreduction of Cr (Ⅵ) and Cu (Ⅱ) in aqueous media. Electrochem. Commun., 2001, 3: 290~292

[124]　彭绍琴. 二氧化钛光催化回收金属银离子. 南昌大学学报(理科版), 2003, 27(2): 156~157

[125]　Li D, McCann J T, Gratt M, Xia Y. Photocatalytic deposition of gold nanoparticles on electrospun nanofibers of titania. Chem. Phys. Lett., 2004, 394(4~6): 387~391

[126]　Wang X, Pehkonen S O, Ajay K. Photocatalytic reduction of Hg(Ⅱ) on two commercial TiO_2 catalysts. Ray. Electrochimica Acta, 2004, 49: 1435~1444

[127]　Khalil L B, Rophael M W, W EMourad. The removal of the toxic Hg(Ⅱ) salts from water by photo-catalysis. Appl. Catal. B, Environmental. 2002, 36：125～130

[128]　Timothy T Y. Photocatalytic reduction of Se(Ⅵ) in aqueous solutions, in UV/TiO₂system：importance of optimum ratio of reactants on TiO₂surface. J. Mol. Catal. A：Chemical, 2003, 202：73～85

[129]　Skubal L R, Meshkov N K, Rajh T, et al. Cadmium removal from water using thiolactic acid－modified titanium dioxide nanoparticles. J. Photochem. Photobio. A：Chemistry, 2002, 148：393～397

[130]　Yang H, Lin W Y, Rajeshwar K. Homogeneous and heterogeneous photocatalytic reactions involving As (Ⅲ) and As(V) species in aqueous media. J. Photochem. Photobio. A：Chemistry, 1999, 123：137～143

[131]　韩兆慧, 赵化侨. 半导体多相光催化应用研究进展. 化学进展, 1999, 11(1)：1～9

[132]　Borgarello E, Serpone N, Harris R. Light-induced reduction of rhodium (Ⅲ) and palladium 2＋ on titania dioxide dispersions and the selective photochemical separation and recovery of gold (Ⅲ) platinum (Ⅳ) and rhodium (Ⅲ) in chloride media. Inorg. Chem., 1986, (25)：4499～4503

[133]　Angelidis T N, Koutlemanj M, Pouliso I. Kinetic study of the photocatalytic recovery of Pt from aqueous solution by TiO₂in a closed－loop reactor. Appl. Catal., 1998, (16)：347～357

[134]　吴立群. TiO₂超滤膜和超薄 Pd/TiO₂复合膜的研究[博士论文]. 南京：南京化工大学, 1999

[135]　徐南平, 吴立群. 中国专利. 光催化沉积制备担载钯膜的方法. 中国发明专利. 专利号 ZL 99 1 14034.6

[136]　White J R, Osullivan E J M. The kinetics of palladium reduction at particulate TiO₂ photocatalysts. J. Electrochem. Soc., 1987, 134(5)：1133～1137

[137]　Miyake M, Yoneyama H, Tamura H. An electrochemical study of the photocatalytic oxidation of methanol on rutile. J. Catal., 1979, 58：22

第7章　陶瓷膜在化工和石化过程中的应用

分离过程在化工与石油化工行业中占有重要的地位,作为新型的膜分离技术被认为是新一代节能型技术,其在化工与石油化工领域的应用研究受到很大的关注。目前成功应用的主要有合成氨生产的氢分离、化工生产的废水处理、取代蒸发与离心分离过程的固液分离等,以及正在开发的醇水等共沸体系的渗透蒸发过程和反应与分离耦合过程。尽管膜技术被一致认为在化工与石油化工领域有着广阔的应用前景,并且其应用将会带来该领域的技术进步,但经过半个世纪的努力,成功应用的例子还不多,其原因主要有以下几点:其一是长期以来应用最多的是有机膜,由于材料的特性,在化工与石油化工的极端环境下的应用受到很大的限制;其二是化工与石油化工一般均为连续运转的大生产,而膜过程的典型操作特征是间歇性的,膜的渗透性能随时间不断下降,膜过程的这种间歇特征与化工、石油化工连续大生产的不一致也限制了膜技术在化工与石油化工领域的应用;其三是化工与石油化工生产的流程一般比较长,过程也十分复杂,膜过程与其他分离过程以及反应过程的匹配问题十分突出。

随着以陶瓷膜为代表的无机膜技术的出现,膜材料的问题得到了很好的解决,为膜技术在化工与石油化工领域的应用奠定了良好的基础,同时,随着膜应用技术研究的不断深入和膜成套装备技术水平的提高,膜技术在化工与石油化工领域的应用必将成为膜应用技术研究的重要发展方向,膜技术也必将作为重要的新型分离技术而替代传统的蒸发、离心、精馏等化工过程,推动化工与石油化工领域的技术进步。

本章以化工与石油化工领域涉及面最广,也是无机膜技术应用比较成熟的悬浮液固液分离为背景,在膜材料设计的基础上(见第2章),对膜过程的工艺设计和膜过程与其他分离过程、反应过程耦合进行探索性研究,以推进陶瓷膜技术在化工与石油化工领域中的技术进步和装备水平的提高。具体应用对象将涉及钛白粉生产废水中钛白粉颗粒的回收、精细化工产品对氨基苯酚生产中骨架镍催化剂的循环利用、石油化工产品环己酮肟生产的膜反应成套装备和陶瓷膜法超细粉体生产新工艺等。

7.1　钛白粉生产过程中的粉体回收

钛白粉是重要的化工产品,其重要性及其生产中存在的问题如第2章所述。

膜微结构设计与过滤工艺条件的优化对膜过滤性能有重要的影响,前文已对膜微结构影响进行了研究,本节主要对陶瓷膜回收钛白粉水洗液中钛白粉的过滤工艺条件进行优化,并在此基础上介绍150t/d废水处理量的陶瓷膜回收钛白粉示范装置的建设与运行,为陶瓷膜过滤技术在钛白粉生产过程中回收钛白粉的应用与推广提供必要的理论和技术。

7.1.1 陶瓷膜回收钛白粉水洗液中钛白粉的实验研究

在小试装置上,采用陶瓷微滤膜分离回收钛白粉颗粒,着重考察操作参数、强化传质以及反冲对膜过滤性能的影响,为膜的工艺设计提供有益的指导。

7.1.1.1 实验装置及方法

实验装置见图7-1。膜元件为我们研制的氧化铝管式微滤膜,膜管有效长度为20cm,内径为8mm,外径为12mm,平均孔径为0.8μm。实验所用原料液是由某厂提供的钛白粉水洗液,其中含有的 TiO_2 悬浮粒子的平均粒径为0.896μm(英国Mastersizer 2000型激光粒度分析仪测定)。

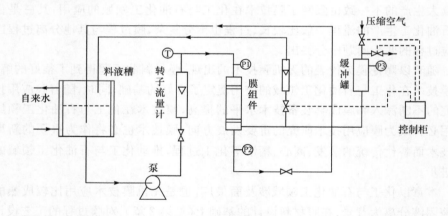

图7-1 膜过滤实验装置图

7.1.1.2 操作参数对膜过滤性能的影响

(1)操作压力的影响

微滤是以压力为推动力的过滤过程,因此操作压力是影响膜通量的重要因素之一。在膜面流速 $0.6m \cdot s^{-1}$、温度 $25℃$ 的条件下,考察操作压力对膜通量的影响,结果见图7-2。可以看出,随着操作压力的升高,膜通量开始上升较快,当压力超过 $0.16MPa$ 后,膜通量随压力的升高反而下降。这表明随压力的升高导致通量升高的同时,膜污染也不断加重。对于本实验体系,适宜的操作压力为

0.16MPa 左右。

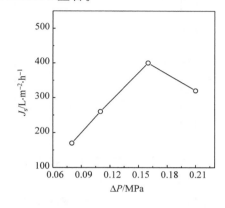

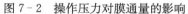

图 7-2　操作压力对膜通量的影响

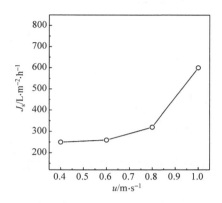

图 7-3　膜面流速对膜通量的影响

（2）膜面流速的影响

膜面流速是影响膜通量的重要因素之一。在操作压力 0.11MPa、温度 25℃ 的条件下,考察膜面流速对膜通量的影响,结果见图 7-3。可以看出,随着膜面流速的增加,膜通量也相应增加,这主要是因为高的剪切力会减薄膜面沉积层的厚度,降低了过滤阻力。因此,对于本实验体系,可以适当提高膜面流速来提高渗透通量。

（3）温度的影响

温度对膜通量有明显影响,若过滤的阻力是膜阻力或滤饼阻力,温度对膜通量的影响主要是由于温度对料液黏度和悬浮固体溶解度的影响;若过滤由浓差极化控制,温度对膜通量的影响主要是由于温度对液相传质系数和料液黏度的影响。对于本实验体系,膜污染主要是膜表面颗粒的沉积,所以温度对过滤通量的影响应主要是由于温度对料液黏度的影响。在操作压力 0.11MPa、膜面流速 $0.6 \text{m} \cdot \text{s}^{-1}$ 的条件下,考察温度对膜通量的影响,结果见图 7-4。可以看出,在实验范围内,膜通量与温度基本呈直线上升关系。因而对本实验体系,可通过适当提高温度来提高膜通量。

（4）料液浓度的影响

在操作压力 0.11MPa、膜面流速 $0.6 \text{m} \cdot \text{s}^{-1}$、温度 25℃ 的条件下,考察原料液浓度为 0.1、10、50 和 $100 \text{g} \cdot \text{L}^{-1}$ 的膜过滤性能,结果见图 7-5。可以看出,0.1 $\text{g} \cdot \text{L}^{-1}$ 对应的膜通量高于另外三种高浓度通量,后三者的膜通量相差不明显。在实际钛白粉生产中,如果低浓度已能满足生产要求,应尽量避免高浓度的操作。由于浓度越高,粒子越易沉积在膜的表面,会造成晶析,堵塞膜孔,造成膜清洗不易;同时在过滤过程中,很多溶质粒子附着在管道内壁,增加了管道清洗的难度。

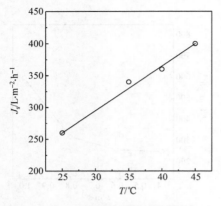

图 7-4　温度对膜通量的影响

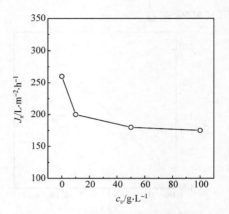

图 7-5　料液浓度对膜通量的影响

7.1.1.3　陶瓷膜过滤过程的强化研究

湍流促进器是一种结构简单、湍流效果明显、能耗较低的强化方法。使用三种结构的湍流促进器(见图 7-6)进行强化膜过滤实验,实验结果见图 7-7。实验条件为:操作压力 0.11MPa、膜面流速 0.6m·s^{-1}、温度 25℃。引入单位体积渗透液的能耗进行各种条件的能耗比较,结果如表 7-1 所示。可见,附加湍流促进器都不同程度地提高了渗透通量,其中缠绕式和螺旋式湍流促进器比圆柱式湍流促进器强化效果好,而且能耗也较低。此外,附加湍流促进器会增加轴向压降,但在比较低的流速下(0.6m·s^{-1}),轴向压降增加的比较小(0.004MPa)。因此采用湍流促进器强化微滤过程是可行的。从渗透通量和能耗角度来看,缠绕式和螺旋式湍流促进器是两种比较合理、强化效果较好的结构形式。对于钛白粉回收体系,缠绕式湍流促进器具有更好的强化效果,使过滤通量提高了 4 倍,平均能耗降低了 60% 以上。

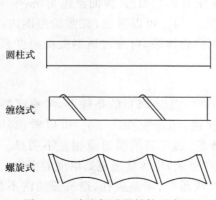

图 7-6　湍流促进器结构示意图

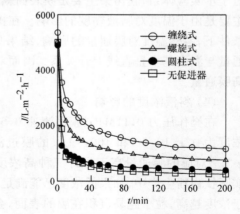

图 7-7　不同结构形式湍流促进器强化效果

表 7-1　不同结构形式湍流促进器能耗比较[①]

湍流促进器	缠绕式	螺旋式	圆柱式	空管
平均通量[②]/L·m^{-2}·h^{-1}	1647.0	1131.0	611.9	485.2
渗透通量[③]/L·m^{-2}·h^{-1}	1156.9	762.4	395.4	259.1
轴向压降/MPa	0.042	0.042	0.042	0.038
膜过滤面积/m^2	0.005	0.005	0.005	0.005
能耗/10^{6}J·m^{-3}	0.82	1.24	2.39	3.30
平均能耗/10^{6}J·m^{-3}	0.57	0.84	1.54	1.76

①操作条件：操作压力 0.11MPa，膜面流速 0.6m·s^{-1}，温度 25℃。

②平均通量是指整个过滤过程（0~200min）的平均渗透通量。

③渗透通量为过滤时间 200min 时的数值。

　　为了分析不同结构形式的湍流促进器对膜过滤过程强化效果的不同,对膜表面沉积层的颗粒进行了粒径分析,结果如表 7-2、图 7-8 所示。可见,加入湍流促进器没有改变沉积层颗粒的粒径分布。因而认为湍流促进器改变了沉积层的厚度,从而影响了渗透通量,强化了过滤过程。

表 7-2　膜表面沉积层颗粒粒径分布

粒径范围/μm	湍流促进器结构形式			
	缠绕式	螺旋式	圆柱式	空管
0~0.1	0.21	0.10	0.20	0.37
0.1~0.5	74.62	73.77	72.79	74.24
0.5~1.0	8.79	14.87	15.86	12.77
1.0~2.0	13.04	7.77	5.93	6.87
2.0~5.0	0.87	0.43	0.72	0.71
5.0~10.0	0.61	0.60	0.60	0.99
10.0~	1.86	2.46	3.90	4.06

7.1.1.4　反冲对膜过滤性能的影响

　　高压瞬时反冲可以延迟膜的污染,提高膜的运行周期。实验考察了在有湍流促进器存在条件下反冲条件对反冲效果的影响。基本实验条件为：操作压力 0.11MPa,膜面流速 0.6m·s^{-1},温度 33℃。

　　（1）反冲时间对反冲效果的影响

　　图 7-9 显示了不同反冲时间下膜渗透通量随时间的变化。可以看出,反冲时间对通量恢复及其随时间的衰减影响都不大。可以认为在足够的反冲压力下,反

冲时间延长对于增加通量恢复率基本无效果,而且会使渗透液过多渗回体系,降低累积产量。因而反冲时间为 1s 较为合适。

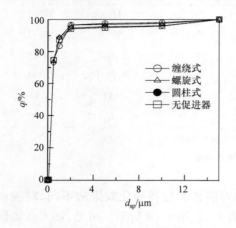

图 7-8 膜表面沉积层颗粒的
累积粒径分布

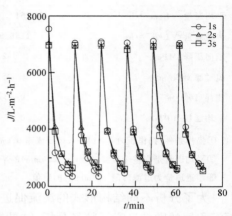

图 7-9 不同反冲时间下渗透通量
随时间的变化

(2) 反冲压力对反冲效果的影响

图 7-10 和图 7-11 显示了反冲压力对渗透通量恢复的影响。当反冲压力升高,最高恢复通量也增大,但增加速度渐缓,而达到 0.5MPa 以后,反冲压力升高,渗透通量不再增大。因此在高于一定的反冲压力后,过分增高反冲压力以希望获得更高的恢复通量是不可取的,不仅最高恢复通量的增高不显著,而且对设备的耐压要求也增高,投资加大。另外从图 7-10 可见,不同反冲压力下的通量衰减情况不同,特别是 0.2MPa 的反冲压力下,经过 5 个周期的过滤,最高恢复通量的衰减很明显;而高反冲压力下最高恢复通量衰减较慢,0.5MPa 下,最高恢复通量基本没有变化。因此,对于本体系,反冲压力在 0.5MPa 左右为宜。

(3) 反冲周期对反冲效果的影响

图 7-12 和图 7-13 显示了反冲周期对渗透通量恢复的影响。随着反冲周期的延长,反冲后最高恢复通量会逐步下降,而且较长反冲周期下的通量比较短反冲周期下的通量衰减得更低,这是因为反冲周期长,每个周期内膜污染较为严重,所以在相同的反冲压力下,反冲周期长的反冲效果会变差,最高恢复通量会下降。从理论上讲,反冲周期越短,反冲效果会越好;但在实际生产过程中,过于频繁的反冲,对反冲装置的要求增大,而且如果是人工操作系统,则会导致工人劳动强度增大,因而适当延长反冲周期(如 1h),虽然会导致最高恢复通量的下降,但却有助于降低设备设计要求及工人工作强度,有利于提高工人生产积极性。

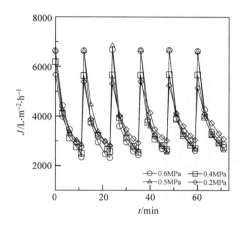

图 7-10 不同反冲压力下渗透通量
随时间的变化

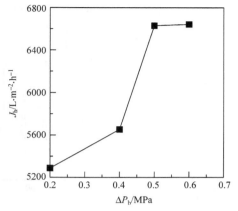

图 7-11 反冲压力对最高恢复
通量的影响

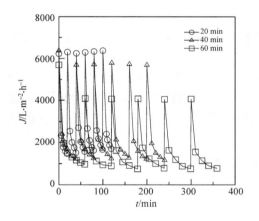

图 7-12 不同反冲周期下渗透通量
随时间的变化

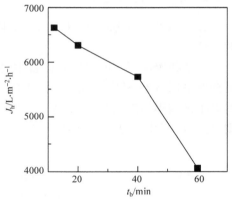

图 7-13 反冲周期对最高恢复
通量的影响

（4）反冲稳定性考察

通过上述对反冲条件的研究已获得合适的反冲操作参数,但这些实验操作时间较短,为了进一步确定反冲对膜污染的控制和膜通量的恢复是否具有长期效果,进行了反冲连续实验来考察反冲效果的重复性。反冲条件为:反冲压力 0.5MPa,反冲周期 60min,反冲时间 1s。结果见图 7-14。可见,采用反冲可以显著提高通量,而且在较长的时间内能保持稳定的反冲效果。

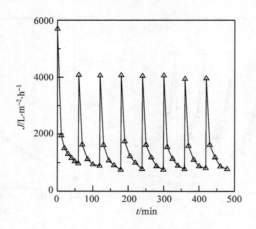

图 7-14 反冲条件下的渗透通量随时间的变化

7.1.2 示范装置工艺设计

在前面的研究基础上,对 150 t/d 陶瓷膜回收钛白粉的成套示范装置进行工艺设计。

示范装置中所用的材料和设备主要包括:管道、阀门、泵、储槽、压力表等。管道全部采用 ABS 材质,储槽采用 PVC 材质,泵采用陶瓷砂浆泵。管道和设备的选型以小试获得的工艺参数(见表 7-3)为基础,依据普通的化工工艺设计计算的原则,进行示范装置的设计选型。

表 7-3 主要工艺操作参数

序号	指标名称	控制范围
1	操作压力	$0.1 \sim 0.20$ MPa
2	反冲压力	0.5 MPa
3	反冲时间	$1 \sim 2$ s
4	反冲周期	12 min
5	膜面流速	$1 \sim 2 \mathrm{m \cdot s^{-1}}$
6	操作温度	常温
7	浓缩比	$3 \sim 5$ 倍
8	清洗液	$0.5 \mathrm{mol \cdot L^{-1}}$ 草酸溶液
9	清洗脉冲间隔	10min/次
10	漂洗水质	去离子水

7.1.2.1　设计计算

（1）膜面积的计算

按每天处理 150t 钛白粉水洗废液，装置一天运行 20h，膜平均通量 0.6 $m^3 \cdot m^{-2} \cdot h^{-1}$，操作压力 0.15MPa 计算，则所需膜面积为 8.33m^2。若采用 1m 长 19 通道 ϕ4 的陶瓷微滤膜，每根膜面积为 0.22m^2，则共需 40 根膜管。每个组件装 7 根膜管，其膜面积为 1.5m^2，圆整后需要 6 根组件。

（2）泵的选择

确定膜面流速为 2$m \cdot s^{-1}$，操作压差为 0.2MPa，由实验室结果得到每根膜管的阻力损失为 0.015MPa，则膜管总损失约为 0.09MPa；管路的损失为 0.045MPa，则泵的扬程选择为 40m。泵的流量选择为 25$m^3 \cdot h^{-1}$。

（3）管路选择

主循环管路：液体在管道中流速一般为 1～3$m \cdot s^{-1}$，选定主循环管路为 DN65，共需 15m；渗透侧管路：DN50，共需 20m。

7.1.2.2　设计选型

示范装置的主要设备、仪表及技术特性见表 7-4。

表 7-4　示范装置的主要设备、仪表及技术特性

序号	名称	型号规格	主要介质	温度/℃	压力/MPa	主要材料	数量
1	离心泵	$Q_f>25$ $m^3 \cdot h^{-1}$ $H>35m$	水洗悬浮液	<50	<0.4	耐酸、碱	1
2	清洗槽	0.3m^3	酸性清洗液	<50	常压	PVC	1
3	储槽	厂方已有	钛白粉废水	<50	常压	PVC	2
4	液体缓冲罐	0.3m^3	渗透液		>1.2MPa	不锈钢	1
5	储气罐	0.5m^3	压缩空气	常温	>1.2MPa	不锈钢	1
6	净化器		压缩空气	常温	>1.2MPa		1
7	空气压缩机		空气	常温			1
8	电磁阀	DN50	空气	常温	>1.0MPa	不锈钢	3

7.1.2.3　膜组件的设计、加工

示范装置中陶瓷膜的使用面积为 9m^2，需 6 个膜组件，每个组件的膜面积为 1.5m^2，可安装 7 根多通道膜管。

（1）密封圈的研制

多通道膜的两端需满足对所有的组分都不通过，以防止渗透液与截留液的反混及截留液通过分离层上的缺陷或膜两端支撑体上的大孔漏入渗透侧。在该设计中其关键技术是脆性材料的陶瓷管与刚性材料的不锈钢之间的密封。膜管与组件壳体的密封材料选用与应用条件有密切的关系。在密封材料的选择中，需要考虑的几个因素为：热稳定性，化学相容性及密封材料与膜材料之间热膨胀系数的差别，避免在使用过程中挤碎。对于液相过滤，用作密封的聚合物材料有硅橡胶、环氧、聚酯等。如何选择适合于连接陶瓷膜与不锈钢或塑料制成的组件的壳体或封头的密封件是较为关键的。

硅橡胶作为密封材料具有耐高温、化学稳定性好等优点，尤其是选用食品级的硅橡胶作密封材料，则可一次性解决密封材料的定型问题。对密封形式考察了点密封、线密封、面密封的密封效果后，确定了以线密封和面密封相结合的方式，设计了专用多通道陶瓷膜的密封圈。该密封圈的材质为耐腐蚀性较强的硅橡胶，挤压成型后需二次硫化，由硫化温度可知，该密封圈耐温达 230℃，将密封圈置于 200℃下 24h 无变形，确定其使用温度在 200℃以下可行。密封圈强度采用罗氏强度表示，确定强度为 60，此时密封圈的挤压变形量为 0.5mm，这样可允许陶瓷膜管的圆度有±1mm 的误差。密封圈经 24h 的酸碱腐蚀性实验，其质量损失率小于 0.1%。

（2）组件中膜管的排列

组件中膜管采用等边三角形的排列方式，中间 1 根膜管，周边 6 根膜管；采用花板机械挤压密封圈的形式进行膜管与刚性材料的密封。

7.1.3　运行结果

为考察示范装置的运行情况，测定了其中 1d 的累积膜过滤通量，操作条件为：操作压力 0.15MPa，膜面流速 2m·s^{-1}，操作温度为常温；反冲条件为：反冲时间 1s，反冲压力 0.45～0.5MPa，反冲周期 30min。结果发现，在有反冲的情况下，累积过滤通量随时间基本成线性增长关系，这意味着在过滤时单位面积的膜通量基本不变；22h 的累积过滤通量为 160t，达到了设计要求。现场测定表明，进料中钛白粉的含量为 10g·L^{-1}，渗透液中钛白粉含量低于滴定法测定仪器的低限（0.1g·L^{-1}），故钛白粉的回收率大于 99%。因此，将陶瓷膜过滤技术在全国钛白粉行业中加以推广应用，其经济和社会效益将十分可观。

7.2　对氨基苯酚生产过程中骨架镍催化剂的分离和回收

对氨基苯酚是一种用途十分广泛的有机化工中间体，主要用于橡胶工业、医药工业、染料工业以及感光材料工业等领域。在医药工业中，对氨基苯酚主要用于合成医药扑热息痛;在橡胶工业中可合成对苯二胺类防老剂;在染料工业中是生产分散染料、酸性染料等的中间体;对氨基苯酚还可用于生产照相显影液,也可以直接用作抗氧剂和石油制品添加剂。随着应用领域的开拓和发展,对氨基苯酚的世界需求量会逐年递增,这将刺激对氨基苯酚生产工艺的开发与研究。

对氨基苯酚的合成方法很多,主要包括:硝基苯催化加氢法、硝基苯电解还原法、对硝基苯酚催化加氢法和对硝基苯酚铁粉还原法等[3~5]。强酸环境下硝基苯催化加氢合成对氨基苯酚是一条重要的合成路线,但其有两个主要的缺陷:有大量的副产物苯胺生成;使用高腐蚀性的无机酸,增加了对设备的要求和操作难度[6~10]。目前,我国还主要采用对硝基苯酚铁粉还原法生产对氨基苯酚。虽然该工艺比较稳定、容易掌握,但是该法制得的对氨基苯酚产品质量不稳定,环境污染严重,从长远利益着想,此法将会被淘汰。而以对硝基苯酚催化加氢法制备对氨基苯酚具有无污染、工艺简单等优点,目前对该方法已有一定的研究与探讨。

对硝基苯酚催化加氢还原法,是从 20 世纪 60 年代兴起的催化加氢技术,为提高产品质量及收率,减少三废污染提供了新途径。以钯炭作催化剂,在液相、常压、弱酸性条件下进行对硝基苯酚加氢还原的方法因催化剂钯的价格高而使对氨基苯酚合成的成本比较高。而以骨架镍为催化剂,在液相、常压或稍有压力的条件下进行对硝基苯酚加氢还原的成本比较低,此法在国内已实现规模化生产,装置年生产能力达 10 000t。用该法生产对氨基苯酚污染小,产品纯度可达 98.5%,色泽好,适用于作医药中间体。但骨架镍催化剂经过较长时间的使用后颗粒变小,在过滤工序中采用的孔径为 5μm 的金属过滤器无法过滤净料液中的细小催化剂,造成产品中催化剂镍的含量高达 2 g·L^{-1},影响产品质量和工厂的经济效益。采用无机膜过滤技术可以有效地从对氨基苯酚产品中分离出骨架镍催化剂,从而能减少催化剂的成本和确保产品的纯度。

本节首先进行了陶瓷膜微滤骨架镍催化剂颗粒的实验研究,然后在此基础上介绍某厂 5000t/a 对氨基苯酚生产过程中分离骨架镍催化剂的陶瓷膜成套装置的建设与运行情况。

7.2.1　陶瓷膜微滤骨架镍催化剂微粒的实验研究

在小试装置上,采用陶瓷微滤膜脱除细小的骨架镍催化剂,考察操作参数对膜过滤性能的影响,并探讨膜的污染机理和清洗方法。

7.2.1.1　实验装置及方法

实验装置参见图 7-1。膜元件为我们研制的氧化锆 19 通道微滤膜,膜管有效长度为 1m,内径为 4mm,平均孔径为 0.2μm。废骨架镍催化剂由某厂提供,激光粒度分析仪(Mastersizer 2000)的分析结果表明,骨架镍的平均粒径为 0.46μm。

称量一定量的废催化剂置于纯水中,然后进行搅拌配制成实验料液。

7.2.1.2　操作参数对膜过滤性能的影响

(1) 操作压力的影响

在温度 58℃、膜面流速 4.6m•s^{-1} 的条件下,考察操作压力对膜通量的影响,结果见图 7 - 15。在操作压力小于 0.25MPa 范围内,随着操作压力的增大膜通量随之增大;在大于 0.25MPa 的操作压力下,随着操作压力的增大膜通量的变化趋于平缓。这是由于在较低压差下膜过滤过程属压力控制区,随着过滤压差的增大,膜通量显著增加;随着操作压力的进一步增大,传质阻力增加,膜通量受压差的影响不再显著,其时膜过滤过程属传质控制区。因而,对于本实验体系,适宜的过滤压力为 0.25MPa 左右。

(2) 膜面流速的影响

在温度 45℃、操作压力 0.15MPa 的条件下,考察膜面流速对膜通量的影响,结果见图 7 - 16。可以看出,在实验范围内,低流速下的膜通量高于高流速下的膜通量,这与有关的文献报道是不一样的[11]。一般情况下,高的剪切速度可以带走沉积于膜表面的颗粒、溶质等,减轻滤饼层和浓差极化的影响,因而可有效地提高膜通量。也有报道称存在一个较优的膜面流速[2]。膜面流速对膜通量的影响可能有两个对立的方面:一是膜面流速增大,对膜表面冲刷越厉害,减少颗粒向膜表面沉积的机会,使得膜面滤饼层变薄、过滤阻力减小、膜通量增加;二是流速增加,粒径较大的颗粒被优先冲走,滤饼层中细颗粒的比例增加,使得滤饼的空隙率变小、阻力变大、膜通量减小。在本实验条件下,膜面流速对滤饼结构的影响占主导地位,所以膜面流速越大,膜通量越小。

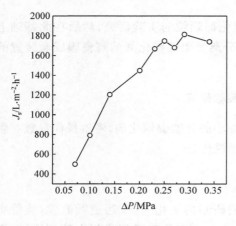

图 7 - 15　操作压力对膜通量的影响

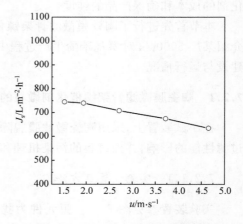

图 7 - 16　膜面流速对膜通量的影响

（3）料液温度的影响

一般情况下,温度升高将降低溶液黏度,提高传质速度,使膜通量增加。在操作压力 0.2MPa、膜面流速 4.6m·s^{-1} 的条件下,考察温度对膜通量的影响,结果见图 7-17。可以看出,在实验范围内,温度对膜通量的影响显著,通量与温度基本呈直线上升关系。

（4）料液浓度的影响

在操作压力 0.2MPa、温度 42℃、膜面流速 2.0m·s^{-1} 的条件下,考察料液浓度对膜通量的影响,结果见图 7-18。可以看出,料液浓度在 0～15g·L^{-1} 范围内,通量值基本无变化;浓度在 15～60g·L^{-1} 范围内,通量下降缓慢;当料液浓度大于 60g·L^{-1} 时,膜通量下降明显。这是因为当颗粒浓度比较小时,膜面滤饼的动态平衡在该浓度范围内变化不大,从而膜通量变化不明显;当颗粒浓度较高时,膜面滤饼层较厚且空隙率较低,使过滤阻力增大,膜通量减小。

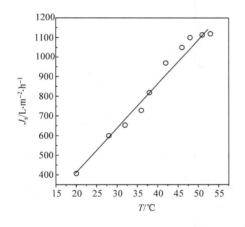

图 7-17　料液温度对膜通量的影响　　　　图 7-18　料液浓度对膜通量的影响

7.2.1.3　膜对骨架镍催化剂的截留性能考察

用原子吸收光谱仪分别对原料液中催化剂浓度为 10、20、30、50、60、72、81、93 和 100g·L^{-1} 时过滤得到的渗透液进行镍含量测定,结果在各渗透液中均没有检出镍元素。可以看出,用陶瓷微滤膜可以有效地滤除原料液中的细小骨架镍催化剂。

7.2.1.4　膜的污染与清洗

（1）膜污染的阻力分析

以阻力系列模型为基础,对陶瓷膜过滤骨架镍催化剂颗粒悬浮液过程的各部分阻力进行分析。定义过滤料液时的膜阻力为总阻力（R_t）,过滤后用纯水将膜过滤装置洗净,这时测定膜纯水通量得到的阻力为膜本身阻力和膜孔堵塞阻力之和($R_m + R_i$)。定义因颗粒堵塞膜孔只能用硝酸溶液洗去的阻力为膜孔堵塞阻力(R_i),用纯水能够洗去的膜阻力为滤饼层阻力(R_c)。在催化剂浓度 $6g \cdot L^{-1}$,温度20℃,膜面流速 $2m \cdot s^{-1}$ 的操作条件下,测定不同压力下的有关通量数据,通过式(7-1)~(7-3)计算各部分阻力及其所占总阻力比例,结果示于图 7-19、图 7-20。

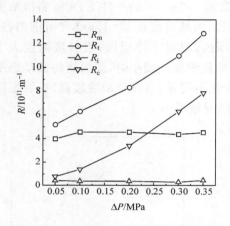 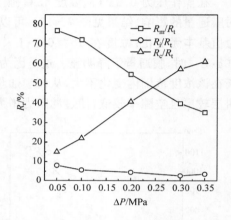

图 7-19　不同操作压力下的膜过滤阻力　　　图 7-20　不同操作压力下的过滤阻力百分数

$$R_t = \frac{\Delta P}{\mu_1 \cdot J_1} = R_m + R_i + R_c \qquad (7-1)$$

$$R_m = \frac{\Delta P}{\mu_0 J_0} \qquad (7-2)$$

$$R_i = \frac{\Delta P}{\mu_0 J_2} - \frac{\Delta P}{\mu_0 J_0} \qquad (7-3)$$

式中,J_0 为纯水通量,$m^3 \cdot m^{-2} \cdot s^{-1}$;$J_1$ 为过滤通量,$m^3 \cdot m^{-2} \cdot s^{-1}$;$J_2$ 为清洗后膜的纯水通量,$m^3 \cdot m^{-2} \cdot s^{-1}$;$\Delta P$ 为操作压力,Pa;μ_1 为原料液黏度,Pa·s;μ_0 为纯水黏度,Pa·s。

　　可以看出,随着操作压力的增加,滤饼层阻力逐渐增加,膜孔堵塞阻力基本没有变化,膜过滤总阻力也相应增加;膜孔堵塞阻力相对于总过滤阻力所占比例很小,滤饼层阻力远大于膜孔堵塞阻力,这说明膜污染主要是滤饼污染;在操作压力比较小时,滤饼层阻力小于膜本身阻力,即使当操作压力比较大时,相对于总过滤阻力,膜阻力仍占 30% 以上,这就解释了为什么本实验中用陶瓷膜过滤骨架镍催化剂悬浮液时可以保持较高的稳定渗透通量,这可能与催化剂浓度、催化剂粒径等因素有关。

（2）污染膜的清洗

根据膜污染阻力分析结果,确定污染膜清洗方法为:先在低压高膜面流速下用清水冲洗污染膜表面以消除膜表面的颗粒沉积层污染;然后用硝酸溶液进一步清洗膜以消除膜孔阻塞污染。在清洗过程中,为了增强清洗效果、更多地带走污染物,可反复地调节流速阀门,目的是增大或减小水的流量,使水流在管路中形成脉冲,从而有效地清洗膜面,带走沉积的骨架镍催化剂。清洗结果显示,采用上述的清洗方法可以很好地恢复膜通量,并且清洗重复性好,见图 7-21。

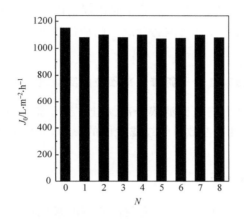

图 7-21　清洗重复性考察

7.2.2　膜过滤成套装置的建设与运行

针对该厂对氨基苯酚生产的特点(温度高、压力高、使用有机溶剂、产品对氨基苯酚容易结晶等)设计并建立了年产 5000t 的对氨基苯酚的陶瓷膜成套装置。该膜过滤装置每运行 150h 清洗一次,运行过程中,平均渗透通量达到 400 $L \cdot m^{-2} \cdot h^{-1}$;在全部过滤运行的渗透液中没有检出镍元素(原子吸收光谱仪测定),完全达到了生产上对对氨基苯酚产品质量(镍含量小于 5 $mg \cdot L^{-1}$)的要求,说明用无机陶瓷膜微滤对氨基苯酚料液具有很好的效果。

7.3　环己酮肟生产过程中钛硅分子筛催化剂的循环利用

己内酰胺是合成纤维和工程塑料的重要原料。环己酮肟是生产己内酰胺的中间体,90％的己内酰胺产品都由其重排而得。目前,工业上生产环己酮肟的工艺都存在着中间步骤多、工艺复杂、副产品多、三废多等缺点,改进现有工艺具有重要意义。其中由钛硅-1 分子筛(TS-1)催化环己酮氨肟化制环己酮肟的新工艺最引人关注[12,13]。该工艺具有反应条件温和、选择性高、副产物少、能耗低、污染小的特点,已进入工业化应用阶段。在以钛硅-1分子筛(TS-1)为催化剂生产环己酮肟的过程中,由于催化剂颗粒小,产品与催化剂无法分离,成为其工程化的关键问题之一。将陶瓷膜过滤过程与环己酮氨肟化反应过程耦合,通过陶瓷膜截留钛硅分子筛催化剂,组成新型的膜催化集成新工艺,不仅可以有效地解决催化剂的循环利用问题,还可以缩短工艺流程、提高过程的连续性。

本节在陶瓷膜分离钛硅-1分子筛催化剂颗粒的实验研究基础上,介绍7万t/a环己酮肟生产过程中分离钛硅-1分子筛催化剂的陶瓷膜成套装置的建设与运行情况,为陶瓷膜过滤技术在环己酮肟合成中的应用以及膜反应成套装备推广奠定基础。

7.3.1　陶瓷膜分离钛硅-1分子筛催化剂颗粒的实验研究

在小试装置上,采用陶瓷微滤膜分离钛硅-1分子筛催化剂,着重研究膜面流速、料液黏度、料液浓度等参数对膜过滤性能的影响,为膜分离过程与反应过程的匹配提供技术支持。

7.3.1.1　实验装置及方法

实验装置参见图 7-1。膜元件为我们研制的氧化锆 19 通道微滤膜,膜管有效长度为 1m,内径为 4mm,平均孔径为 $0.2\mu m$。激光粒度分析仪(Mastersizer 2000)的分析结果表明,钛硅-1分子筛催化剂的平均粒径为 $0.35\mu m$ 左右。将钛硅-1分子筛研磨后加反渗透水配置成一定浓度的溶液,加入原料罐,进行过滤实验。基本实验条件为:操作压力 0.2MPa、温度 80℃、反冲压力 0.5MPa、反冲时间 2s、反冲周期 5min。

7.3.1.2　操作参数对膜过滤性能的影响

(1)膜面流速的影响

对于本实验体系,膜面流速对膜通量的影响见图 7-22。可以看出,在膜面流速低于 $2.5m \cdot s^{-1}$ 时渗透通量随膜面流速的提高而大幅增加,超过 $2.5m \cdot s^{-1}$ 以后增幅明显放缓,故适宜的膜面流速为 $2.5m \cdot s^{-1}$ 左右。

(2)料液黏度的影响

物料的黏度大小直接影响膜表面浓差极化层的梯度,从而影响膜的渗透通量。在固含量(质量分数)2.26%、膜面流速 $2.4m \cdot s^{-1}$ 的条件下,通过温度的调整来改变料液黏度,测得渗透通量与黏度的关系,如图 7-23 所示。随着溶液黏度的降低,膜的渗透通量线性升高,其主要原因是黏度的降低强化了流体的湍流效果,促进了膜表面溶质向主体运动,减薄了浓差极化层,从而提高了过滤速度,增加了膜的渗透通量。

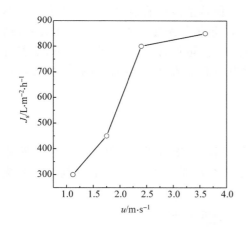

图 7-22　膜面流速对膜通量的影响

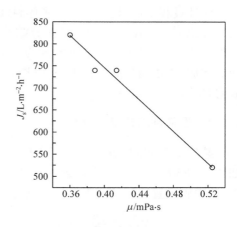

图 7-23　料液黏度对膜通量的影响

（3）料液浓度的影响

在膜面流速 $1.75 \mathrm{m \cdot s^{-1}}$ 的条件下对料液进行浓缩，考察不同固含量对于渗透通量的影响，结果见图 7-24。可见，浓缩过程中渗透通量随固含量的增加而降低，当催化剂含量（质量分数）由 2% 浓缩至 21% 时，渗透通量从 520 降至 150 $\mathrm{L \cdot m^{-2} \cdot h^{-1}}$ 左右。考虑到更高的分子筛浓度会造成物料黏度大幅升高，动力消耗增大，堵塞膜管等因素，建议在催化剂洗涤浓缩过程中，钛硅分子筛的浓度（质量分数）不宜超过 21%。

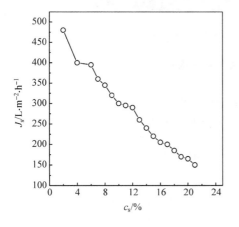

图 7-24　溶液固含量对膜通量的影响

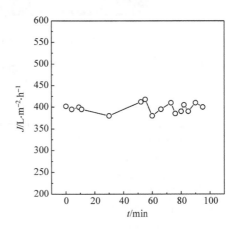

图 7-25　渗透通量随时间的变化

（4）循环过程中渗透通量的变化

循环过程中（渗透清液回到主体料液中，保持主体料液中的催化剂浓度基本不变），催化剂浓度保持在 5%（质量分数）左右，考察渗透通量随时间的变化关系，结果见图 7-25。实验所用膜面流速为 $2.1 \text{m} \cdot \text{s}^{-1}$。可见，恒定催化剂浓度下，随着时间的增加，渗透通量的变化很小，渗透通量基本稳定在 $400 \text{ L} \cdot \text{m}^{-2} \cdot \text{h}^{-1}$ 左右，初步表明膜的运转稳定性良好。

7.3.2 设备及工艺流程说明

某厂 7 万 t/a 的钛硅-1 分子筛催化环己酮氨肟化制环己酮肟的生产装置照片如图 7-26 所示。该生产装置主要包括反应系统、膜过滤系统和催化剂再生系统等，其中膜装置的设计如表 7-5 所示。

图 7-26　7 万 t/a 的环己酮肟生产装置照片

表 7-5　膜装置设计一览表

	方案
型号	19ϕ4 陶瓷膜（平均孔径：0.2μm；长度：1016mm）
设计通量/kg·m^{-2}·h^{-1}	440（膜面流速：>2 m·s^{-1}；操作压力：0.3~0.4MPa；温度：80℃）
处理量/ t·h^{-1}（按 8000h 运转）	43.04
采用组件	8.14m^2/个（装 37 根膜管）
组件外径/mm	400
所需组件数/套	12
设计膜管数/根	444
设计膜面积/m^2	97.68
反冲条件	压力：1.3~1.5MPa；反冲罐体积：3 m^3
装置占地（长×宽×高）/m	4×3×4

陶瓷膜应用于环己酮氨氧化生产环己酮肟是一种比较先进的工艺流程。叔丁醇、氨气、催化剂在反应釜内反应,催化剂浓度为 3.5%,反应后料液进陶瓷膜,陶瓷膜将催化剂分离后,由浓缩液进入反应釜继续参与反应,清液则进入产品罐,经过后续工艺得到最终产品环己酮肟。

下面分别对反应液膜过滤系统和催化剂再生系统进行介绍。

7.3.2.1　反应液膜过滤系统的说明

反应釜内反应液经泵从釜底抽出送入分配管后,从上端进入膜过滤器,经六组膜过滤器实现催化剂与反应产物的分离,反应产物以清液方式从膜管渗透侧渗出,进入产品后处理工序;含催化剂的浓液经换热器后返回反应釜。

采用 1 台泵提供膜面错流流速($> 2.2 \mathrm{m \cdot s^{-1}}$)和系统所需的操作压力(0.3MPa),以瞬间反向高压脉冲克服膜的污染。反冲过程实施流程为:保持反冲槽中的液体压力为 1.4MPa,以氮气保压,每隔 6min 对膜管进行瞬时脉冲(反冲时间为 2s),由于反冲压力(1.4MPa)高于主循环的压力(0.9MPa),反冲槽中的渗透液在反冲压力的推动下快速从渗透侧渗入循环侧,从而清除膜面的污染层。反冲槽中损失的液体由泵给予补充,并保持一定的液位,等待下一次的反冲。

本系统共采用六组膜过滤器,其排列方式采用并联;每组膜采用 2 根膜组件串联方式连接。每组膜过滤器均有故障处理系统,当一组膜出现故障时,迅速关闭渗透侧快开阀门,切断与产品液的连接,进入故障处理阶段(人工处理)。

7.3.2.2　催化剂再生系统的说明

本系统采用的是敞开式操作方式,设备操作手动进行,反冲系统自动实现,再生溶剂的加入自动进行。本系统包括两部分功能:一为催化剂再生洗涤;二可进行污染膜的化学清洗。

催化剂再生系统的操作方式为:需再生催化剂的反应釜降压至常压,温度降为50℃,含催化剂的反应液从釜底经泵抽入一组膜过滤器,经一组膜过滤器实现催化剂与溶剂的分离,反应产物以清液方式从膜管渗透侧渗出,进入后处理工序;含催化剂的浓液直接返回反应釜中。当反应釜中液位降为原液位的 1/3 时,由泵引入叔丁醇至原液位,继续浓缩至原液位的 1/3,反复 4 次后,由泵引进纯水再进行催化剂的洗涤,方法同叔丁醇再生一样,反复 3 次。再浓缩到催化剂浓度为 12% 时,停止过滤,取出催化剂。

7.3.3　运行结果

该 7 万 t/a 的环己酮肟生产装置一次性投产成功,反应的转化率和选择性均大于99.5%,且最终产品己内酰胺的质量达到优级品。图 7 - 27 显示了陶瓷膜处理的物料量随运行时间的关系,可以看出处理量稳定在 45t·h^{-1}左右,基本满足设计要求(43.04 t·h^{-1});另外渗透液中催化剂含量小于 1ppm,说明建成的用于环己酮肟生产的膜反应成套装置运行稳定。

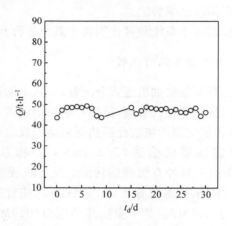

图 7‑27　处理量随运行时间的变化

7.4　陶瓷膜在制备超细粉体中的应用

　　液相化学反应制备超细粉体是目前广泛采用的技术。和气相法相比,液相法具有设备简单、产率高、化学组成控制准确等特点。高纯超细氧化物的制备大都采用湿化学法如化学沉淀法、溶胶-凝胶法、包裹-沉淀法、分步沉淀法等。超细粉体的制备和应用远比普通粉体复杂,要实现工业化生产需解决三个关键的问题:一是超细粒子的生成与形态的控制;二是粒子的超细化以后其表面积显著增加,因而具有巨大的表面能,粒子处于极不稳定状态,使得具有强烈的相互吸引达到稳定状态的趋势,从而形成团聚体。超细粉体的团聚严重地影响了其烧结性能和产品的应用性能,是当今超细粉体技术研究中的一个重要而亟待解决的问题;三是超细粒子从反应液中的分离与洗涤,超细粒子的固液分离与洗涤是制约着湿化学法超细粉体规模化生产的一个关键问题。

　　在化学沉淀法制备超细粉体的过程中,由于反应产生了大量的 Cl$^-$ 和 SO$_4^{2-}$ 等酸根离子,这些溶液中杂质离子的浓度对粉体颗粒的大小和性能有很大的影响,所以必须在沉淀分离过程中将体系中的杂质离子浓度降低到某一限定值;同时湿化学法制备超细粉体的过程中,为了避免杂质离子的带入,对水质的要求比较高,在制备过程中一般用去离子水,在洗涤过程中去离子水的用量比较大,去离子水的制备成本较高,为达到同样的洗涤效果而采取适当的操作方式降低洗涤水量有重要的实际应用价值。

超细粒子的固液分离,特别是固液非均相高效分离极为困难。由于微粒的布朗运动,传统的重力沉降几乎无法使用。而以滤布为过滤介质的各类过滤技术,一方面由于过滤介质的制约,对超细颗粒过滤的截留性能差,产品流失严重;另一方面它是靠滤饼层颗粒的架桥作用来实现颗粒的截留,颗粒越小,形成的滤饼层就越致密,随着滤饼层的不断增厚,过滤阻力大,过滤速度越来越小,滤饼的洗涤也十分困难。滤饼的洗涤根据滤饼形态分为三种:置换洗涤、制浆洗涤和逐级稀释洗涤,不论哪种洗涤方式,都会因为颗粒的超细化,滤饼的致密而使洗涤时间长,洗涤效果差,操作劳动强度大。离心分离,主要靠离心力的作用使颗粒沉降下来,其分离的效果受离心力的大小决定。受制备技术的制约,高速离心机难以实现大型化,一般的工业离心机只能分离粒径在微米级的颗粒,而且离心洗涤操作复杂,劳动强度大,效率低。水力旋流器也是依靠离心力的作用,使固体颗粒分离,但是主要用于液相湿法分级,而且其分离的临界粒径一般在 $10\mu m$ 以上。精密过滤管过滤技术,由于多孔管的过滤属深层过滤,采用终端过滤方式,颗粒是被截留于过滤介质的孔隙内,过滤介质易发生堵塞,而且只能处理固含量小于 1% 的料液,且刚性过滤介质上附着的滤饼在进行反吹卸滤饼时不易清除完全,使其清洗和再生困难。

近年来发展的无机膜在液体分离领域应用日益广泛,它独特的错流过滤方式,优异的物理、化学性能和机械强度,为超细粉体的生产提供了新型的分离与洗涤技术[14]。

本节首先简介膜法超细粉体生产这一全新的工艺,然后在此基础上介绍 500t/a 纳米二氧化钛生产成套膜技术装备的设计与运行。

7.4.1　膜法超细粉体生产新工艺

7.4.1.1　超细粉体生产工艺改进

传统的湿化学超细粉体制备工艺路线如图 7-28 所示。传统方法难以进行工业化大规模生产的一个主要瓶颈问题是溶液中杂质离子的去除以及固液分离问题。

将无机陶瓷滤膜错流过滤技术与湿化学法制备超细粉体结合起来,形成一种新型的工艺,其流程简图见图 7-29。与传统流程相比,新工艺将传统工艺的多步过程集成在同一装置中完成,变间歇过程为连续过程,使生产工艺大为简化,同时也可显著提高产品的收率。

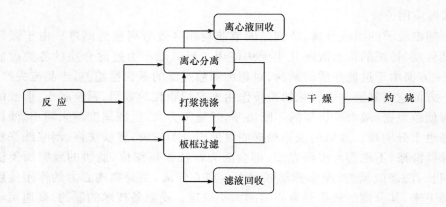

图 7-28　传统湿化学法制备超细粉体的工艺流程简图

图 7-29　无机陶瓷膜集成湿化学法超细粉体制备新工艺流程简图

7.4.1.2　粉体洗涤水用量的理论预测

（1）膜洗涤操作方式

根据陶瓷膜的特点,设计如图 7-30 的洗涤流程,浆料经泵输送到膜分离组件中,一部分含杂质离子的水渗透到膜的另一侧排出,浆料被浓缩,超细粉体随料液回到储槽中,循环至料液中的杂质离子小于规定值,此过程有两种洗涤形式。

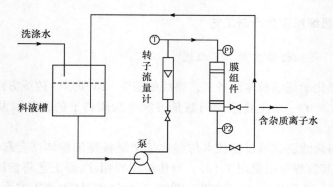

图 7-30　膜分离洗涤粉体工艺流程示意图

连续稀释流程：在某一特定的固含量下，保持料液的体积不变，在膜连续渗透的过程中，添加去离子水以补充渗透出的水，直至料液中杂质离子浓度小于规定值。

逐级稀释流程：每次将料液浓缩至一定浓度（以相应超细粉固含量计），然后再加水稀释至初始浓度，周而复始，直至料液中杂质浓度小于规定值。

（2）用水量的模拟计算公式

对溶液中杂质离子进行衡算，以此来计算所需的洗涤水用量。在此先假设：

- 固体颗粒的截留率为 100%；
- 膜对杂质离子没有选择性；
- 在某一时刻，料液中的杂质离子浓度均匀一致。

① 连续稀释洗涤流程

设生产单位质量的沉淀物，反应溶液中含有杂质的量为 $M(\mathrm{mol})$，料液储槽内杂质离子的初始浓度为 $c_0(\mathrm{mol \cdot L^{-1}})$，洗涤后杂质离子的浓度为 $c_e(\mathrm{mol \cdot L^{-1}})$，$V_0$ (L) 为储槽内料液的初始体积，$V(\mathrm{L})$ 为洗涤水的量，$c(\mathrm{mol \cdot L^{-1}})$ 为储槽内料液的杂质离子浓度，对离子进行物料衡算。

$$-\mathrm{d}c = \frac{\mathrm{d}V \cdot c}{V_0} \tag{7-4}$$

积分得

$$\ln \frac{c_0}{c_e} = \frac{V}{V_0} \tag{7-5}$$

$$V = V_0 \cdot \ln \frac{c_0}{c_e} \tag{7-6}$$

将 $M = V_0 \cdot c_0$ 代入(7-6)得

$$V = \frac{M}{c_0} \cdot \ln \frac{c_0}{c_e} \tag{7-7}$$

② 逐级稀释洗涤流程

设 $H(\mathrm{L})$ 为每次循环添加的水量，等于每次循环渗透出的水量，A 为循环的次数，其余同上，对杂质离子进行物料衡算。

初始离子浓度和体积为 c_0、V_0，第一次循环后溶液中离子的浓度为

$$c = \frac{c_0 \cdot (V_0 - H)}{V_0} = c_0 \cdot (1 - \frac{H}{V_0}) \tag{7-8}$$

第二次循环后溶液中离子的浓度为

$$c = c_0 \cdot \left[1 - \frac{H}{V_0} \right] \cdot \frac{V_0 - H}{V_0} = c_0 \cdot \left[1 - \frac{H}{V_0} \right]^2 \tag{7-9}$$

同理,第 A 次循环后离子的浓度为

$$c = c_o \cdot \left[1 - \frac{H}{V_o} \right]^A \tag{7-10}$$

设循环 A 次后,体系中的杂质离子浓度达到要求的 c_e,则

$$c_o \cdot \left[1 - \frac{H}{V_o} \right]^A = c_e \tag{7-11}$$

得到循环次数

$$A = \frac{\ln \dfrac{c_e}{c_o}}{\ln \left[1 - \dfrac{H}{V_o} \right]} \tag{7-12}$$

用水量为

$$V = H \cdot A = H \cdot \frac{\ln \dfrac{c_e}{c_o}}{\ln \left[1 - \dfrac{H}{V_o} \right]} \tag{7-13}$$

将 $M = V_o \cdot c_o$ 代入(7-13)得

$$V = H \cdot \frac{\ln \dfrac{c_e}{c_o}}{\ln \left[1 - \dfrac{H \cdot c_o}{M} \right]} \tag{7-14}$$

(3) 模拟计算结果

以草酸沉淀法制备超细氧化钇过程中草酸钇沉淀的洗涤为例来进行模拟计算粉体洗涤用水量。

草酸沉淀法制备超细氧化钇,其化学反应方程式为

$$2YCl_3 + 3H_2C_2O_4 \longrightarrow Y_2(C_2O_4)_3 \downarrow + 6HCl$$

每生成 1 mol 草酸钇,就产生 6molCl$^-$,以生产 1t 草酸钇为基准,产生的氯离子为 $6 \times (1\ 000\ 000/442)$mol,即 13 575mol。

反应完后,反应液中含有大量的氯离子,必须对其洗涤,使沉淀中的氯离子浓度降低到 50ppm(1.4×10^{-3} mol·L^{-1})。反应液中不同的草酸钇初始固含量,有一对应的初始氯离子浓度。对陶瓷分离膜来说,料液的固含量(质量分数)在 1‰~30‰为宜。测定草酸钇的密度为 2×10^3 kg·m^{-3},则氯离子的初始浓度与固含量的关系如表 7-6 所示。

表 7-6　料液中初始固含量（质量分数）与相应的初始氯离子浓度

固含量/%	1	2	3	4	5	6	7	8	9	10
氯离子浓度/mol·L^{-1}	0.136	0.274	0.413	0.554	0.696	0.839	0.984	1.131	1.279	1.429
固含量/%	11	12	13	14	15	16	17	18	19	20
氯离子浓度/mol·L^{-1}	1.580	1.732	1.887	2.043	2.201	2.361	2.522	2.685	2.850	3.017
固含量/%	21	22	23	24	25	26	27	28	29	30
氯离子浓度/mol·L^{-1}	3.185	3.356	3.528	3.702	3.878	4.057	4.237	4.420	4.604	4.791

　　图 7-31 为连续稀释流程洗涤水量随初始固含量的变化曲线，随着溶液初始固含量的增加（料液中氯离子的总量不变），洗涤水用量减少，初始固含量小于 10%时，洗涤水量减少幅度较大，当固含量超过 15%时，洗涤水量减少较缓慢。从式(7-7) 可知，用水量与稀释前氯离子的初始浓度（与相对应初始固含量）、氯离子的总量、最终的氯离子浓度有关。在氯离子的总量、氯离子的最终浓度不变的情况下，初始固含量越大，所需的洗涤水越少。初始固含量 1%时用水量 913t，30%时为 37t。

　　图 7-32 显示了不同初始固含量的料液先浓缩到某一固含量，然后进行连续洗涤(1%～x%表示初始固含量为 1%，先浓缩到固含量 x%，然后在固含量为 x%下进行连续洗涤)的用水量。初始固含量 1%，浓缩到 2%时，连续洗涤用水量为 454t，浓缩到 30%时，连续洗涤用水量为 26t；与连续稀释流程相比（初始固含量 1%时用水量 913t，初始固含量 30%时用水量 37t)用水量大大减少。

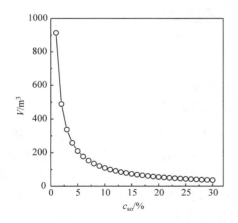

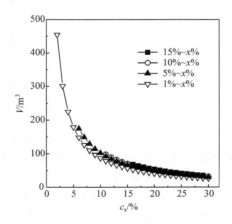

图 7-31　连续洗涤时初始固含量与　　　图 7-32　连续洗涤过程中不同的初始固
　　　洗涤水用量的关系曲线　　　　　　　含量及浓缩程度对洗涤水用量的影响

　　另外初始固含量不同,先浓缩然后连续洗涤用水量减少的幅度与初始固含量的浓度成反比。对于连续洗涤流程,如果在洗涤之前先浓缩,然后再进行连续洗涤,由于其初始的氯离子总量变少,洗涤用水量必然减少。

　　对于采用逐级稀释流程来说,由式(7-14)可知,洗涤水量不仅与初始氯离子的浓度有关,而且还与每次浓缩出的液体量有关。

　　图 7-33 为不同的初始固含量在逐级洗涤方式下不同的浓缩程度对洗涤水量的影响(1%～x%表示初始固含量 1%浓缩到 x%,然后稀释到 1%进行逐级稀释洗涤),可以看出,初始固含量越大,浓缩到相同浓度时洗涤水用量越少,初始固含量越大,用水量变化越小。当初始固含量为 1%时,每次浓缩到 2%洗涤水量为 658t,每次浓缩到 30%洗涤水量为 250t;初始固含量为 15%时,每次浓缩到 16%洗涤水量为 71t,每次浓缩 30%洗涤水量为 69t;初始固含量为 25%时,每次浓缩到 26%用水量为 61t,每次浓缩到 30%用水量为 51t;初始固含量为 29%时,每次浓缩到 30%用水量为 36t,与连续稀释初始固含量为 30%时的用水量基本相同。

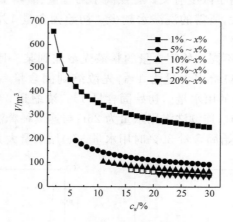

图 7-33　逐级洗涤过程中不同的初始固
含量及浓缩程度对洗涤水用量的影响

　　与连续洗涤一样,如果在洗涤之前先将其浓缩到某一固含量,然后在某一固含量下进行逐级洗涤操作,与直接在初始固含量或某一浓缩固含量下进行洗涤操作,其用水量是不一样的。对逐级稀释流程来说,不同的操作方式对洗涤水用量的影响不一样。图 7-34 为不同的逐级操作方式对用水量的影响,x 代表大于初始固含量的某一数值,1%～2%～x%表示从初始固含量先浓缩到 2%,然后在 2%开始逐级洗涤操作;1%～x%表示初始固含量 1%浓缩到 x%,然后稀释到 1%进行逐级稀释洗涤。可以看出,在氯离子总量不变的情况下,先浓缩然后逐级洗涤用水量比直接逐级洗涤的用水量要小。说明操作方式对洗涤用水量有很大的影响。

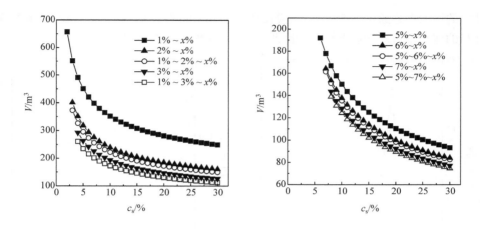

图 7 - 34　逐级洗涤过程中不同的操作方式对洗涤水用量的影响

7.4.1.3　二氧化钛粉体洗涤、浓缩过程

在纳米二氧化钛生产工艺过程中,首先要脱除原料液(含有偏钛酸颗粒的料液)中的硫酸根离子。现行工艺是用离心机进行洗涤,这是一个间断的操作过程,离心机每次出来的是含 40%～50% 的含固浆料,因为其中包裹有硫酸根离子,因此需要经过多次的打浆洗涤,操作劳动强度大,用意大利产的离心机能使离心洗液中的固含量小于 1%,但是每次离心的时间长,同时每次处理料液的量受到限制,采用国产的离心机处理能力大,但是处理的效果不好,洗涤液中固含量达到 4%～5%,这一部分颗粒的使用价值大,需要进行回收,整个过程是一比较复杂的工作,使生产的规模受到限制。

根据这一现状,采用无机陶瓷膜分离工艺进行偏钛酸粒子洗涤,除去其中的杂质硫酸根离子,并将粒子含量提高到 20% 以上,以便于后端喷雾干燥。要求用 $0.5mol \cdot L^{-1}$ 的 $BaCl_2$ 溶液检测洗涤液中的硫酸根离子,以不生成白色沉淀为合格,洗水用量尽可能小,粒子回收率大于 99%。

(1) 原料液分析

生产纳米粉体的一次粒径为 30～50nm(TEM),采用马尔文 2000 粒度分析仪测定结果为 $D_{50} = 213nm$(粒径分布如图 7 - 35 所示);硫酸根离子的浓度为 1.18%;料液中固含量为 10%。

(2) 膜孔径设计

采用第二章的方法对本体系进行预测,优化得到最优过滤膜孔径。结果如图 7 - 36 所示。优化设计条件为:操作压力 0.1MPa、膜面流速 3m·s^{-1}、温度 25℃。当膜孔径在 0.2μm 附近时,过滤渗透通量最大;当膜孔径高于 0.2μm 时,堵塞严重,随着膜孔径的增大渗透通量逐渐减小；当膜孔径小于 0.2μm 时，膜的阻力相对较大，随着膜孔径的减小渗透通量逐渐降低。因此，对于本体系，适宜的膜孔径为 0.2μm。

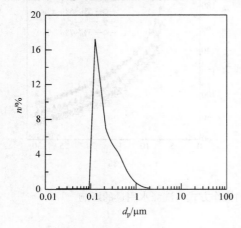

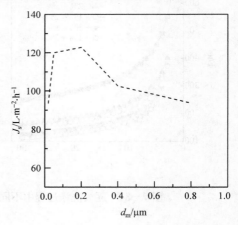

图 7-35　二氧化钛粒径分布　　　　图 7-36　模型计算的膜孔径
　　　　　　　　　　　　　　　　　　　　　　 与渗透通量的关系

（3）浓缩过程

采用平均孔径为 0.2μm 的陶瓷膜，将物料浓度由 1.48% 浓缩至 16%，在操作压力为 0.2MPa、温度为 25℃、错流速率为 $2m\cdot s^{-1}$、反冲压力为 0.4MPa 的操作条件下，比较了有无反冲时渗透通量随时间的变化关系，结果见图 7-37。无反冲作用，渗透通量基本稳定在 $150\ L\cdot m^{-2}\cdot h^{-1}$；有反冲作用，渗透通量基本可维持在 $250\ L\cdot m^{-2}\cdot h^{-1}$。图 7-38 给出的是该浓缩过程中浓度和渗透通量的关系，随着浓缩过程进行，渗透通量逐步降低。

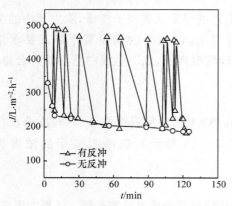

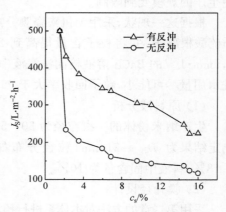

图 7-37　浓缩过程中渗透通量　　　　图 7-38　浓缩过程中固含量与
　　　　　 随时间的变化　　　　　　　　　　　　　　膜通量的关系

（4）洗涤过程

采用孔径为 $0.2\mu m$ 的陶瓷膜，考察了四种加水洗涤方式。实验条件均为：操作压力 0.2MPa，膜面流速 $2m\cdot s^{-1}$，温度 25℃，洗涤用水为去离子水。

第一种洗涤方式：将 20kg 固含量为 10% 的料液浓缩至 20% 的固含量，再加水稀释至 10% 的固含量，反复进行直至用 $0.5mol\cdot L^{-1}$ 的 $BaCl_2$ 检测到无白色沉淀为止，每次加水稀释时进行反冲。洗涤过程中的通量变化情况见图 7-39。可见，洗涤过程中渗透通量的恢复性良好，每个浓缩单元中渗透通量随浓度增大而减小。平均渗透通量基本保持稳定，大约为 $250\ L\cdot m^{-2}\cdot h^{-1}$。用水量为 50kg（粉体量：洗水＝1:25）。

第二种洗涤方式：将 20kg 的 10% 固含量的原料，先加水稀释至 5% 固含量，再进入陶瓷膜系统进行浓缩，浓缩至固含量 15%，再加水稀释至 5% 的固含量，以此反复直至满足杂质离子去除的要求，共加水量为 80kg 左右（粉体量：洗水＝1:40）。洗涤过程中的通量变化情况见图 7-40。

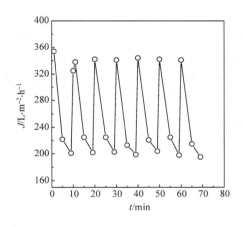

图 7-39　10%～20% 的洗涤浓缩过程

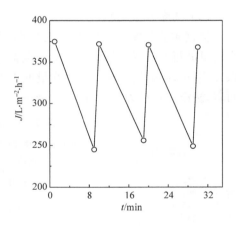

图 7-40　5%～15% 的洗涤浓缩过程

第三种洗涤方式：将 20kg 的 10% 固含量的原料，先浓缩至 20%，再加水稀释至 15% 固含量，浓缩至固含量 20%，以此反复直至满足杂质离子去除的要求，共加水量为 45kg 左右（粉体量：洗水＝1:22.5）。洗涤过程中的通量变化情况见图 7-41。

第四种洗涤方式：将 20kg 的 10% 固含量的原料，连续加水稀释，加水量与膜渗透出水量基本一致，直至满足杂质离子去除的要求，共加水量为 100kg 左右（粉体量：洗水＝1:50）。洗涤过程中的通量变化情况见图 7-42。

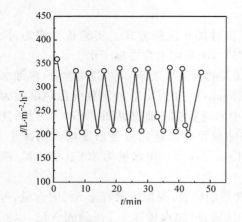

图 7‑41　先浓缩到 20％,再稀释到 15％,
再浓缩到 20％的洗涤浓缩过程

图 7‑42　10％连续洗涤过程

(5) 洗涤方法比较

　　根据实验和模型计算结果,对每小时洗涤 300kg 的固含量为 25％的 TiO$_2$ 粉体洗水用量进行对比,结果见表 7‑7,并与离心法洗涤和板框过滤法比较(由应用厂方提供)。可见,浓缩后逐级洗涤用水量低于连续洗涤用水量,对合适的陶瓷膜洗涤工艺而言,洗涤用水量为粉体量的 25 倍左右,低于工业用离心洗涤或板框洗涤。

表 7‑7　洗涤方法比较

洗涤方法		洗涤用水量/粉体量:水		洗涤时间	膜平均通量	投资	备注
		实际值	理论值	/h	/L·m^{-2}·h^{-1}	情况	
逐级加水	10％～20％循环操作	1:25	1:28	1.0	250	8m^{2}陶瓷膜	操作过程连续一体化,操作简单,劳动强度低,固体颗粒截留率达到100％,用水量少,处理能力大,投资少
	5％～15％循环操作	1:40	1:37	1.2	350		
	10％～20％～15％～20％循环操作	1:22.5	1:22	0.9	250		
连续加水	10％循环操作	1:50	1:40	1.6	300		
	10％～15％后循环操作	1:45	1:39	1.8	250		
现有工艺	板框过滤	1:300		12			操作时间长,间隙操作产品流失严重,用水量大
	离心机压滤,搅拌打浆,反复洗涤	1:75～115		6			间断操作,劳动强度大,用水量大,操作时间长

7.4.2　工业装置的工艺设计

在前面的研究基础上,对 500t/a 的纳米二氧化钛生产成套膜技术装备进行工艺设计。

7.4.2.1　设计要求

(1) 处理物料性质:原料固含量为 10%,pH＝2～3,温度为常温。
(2) 处理量:年生产 500t 纳米粉体,每批 15t 原料液,要求 12h 内处理结束。
(3) 滤出清液要求:清液澄清透明。
(4) 产品液:固含量大于 20%,$BaCl_2$ 法检测不出 SO_4^{2-},TiO_2 收率大于 99%。

7.4.2.2　工艺参数

(1) 陶瓷膜:有效长度 1000 mm、ϕ30 mm 外径、19-ϕ4mm 通道、孔径 200nm。
(2) 膜的操作参数:操作压差:0.20～0.25MPa;渗透侧压力:$P_p >$ 0.03MPa;膜面流速:$u >$ 3 m·s^{-1};操作温度:30℃。
(3) 膜渗透通量:250 L·m^{-2}·h^{-1}。
(4) 运行时间 10h,清洗膜时间 2h。
(5) 浓缩倍数:2 倍。

7.4.3　工业装置的工艺计算

7.4.3.1　罐体计算

(1) 原料罐体积
原料罐的体积为 20 m^3,由液位控制设定高低液位保护。
(2) 清洗罐体积
主设备和管路总容积在 0.5m^3 左右;软水罐体积为 2.5m^3。

7.4.3.2　膜面积计算

根据处理量和处理时间,10h 共处理物料 50t(含洗水用量),则需膜面积约为 20m^2。
陶瓷膜元件的有效长度为 1000 mm,19-ϕ4mm 通道,采用 19 芯的组件,单个组件的膜面积为 4m^2,则所需组件数为:20/4＝5 个。
考虑 20% 的设计余量,取 6 个组件,实际所用膜面积为 24m^2,确保系统运行。

7.4.3.3　泵的性能计算

(1) 循环泵

泵的作用主要是保证膜面流速,克服膜管内由于流动而产生的压力降,提供所需的操作压力。

膜面流速选 $3m \cdot s^{-1}$,通过一个组件的压降大约为 $0.07MPa$。

循环泵的流量:$Q_f = 3 \times 19 \times 19 \times (3.14/4) \times (0.004)^2 \times 3 \times 3600 = 146.9$ $m^3 \cdot h^{-1}$,圆整为 $150\ m^3 \cdot h^{-1}$。

循环泵的扬程:$H = 2 \times 0.7$(膜管内压降)$+2.5$(操作压力)$+0.3$(渗透侧压力)$+0.5$(管路损失)$= 4.7bar$,取 $H = 50\ m$。

(2) 排空泵

排空泵需将设备内的料液抽出,以达到迅速排空的目的,因此该泵应有较大的吸程,可采用自吸泵,流量 $20m^3 \cdot h^{-1}$,扬程 $H = 15m$。

7.4.3.4　管路计算

管路直径、管内流量和流体流速的相互关系为

$$\frac{\pi d^2}{4} = \frac{W}{3600\,v} \qquad (7-15)$$

式中,d 为管路直径,m;W 为管内流量,$m^3 \cdot h^{-1}$;v 为管内流速,$m \cdot s^{-1}$。

在此设定,所有输液管路内的流速为 $1 \sim 2m \cdot s^{-1}$,计算各管路直径为:

(1) 各罐的软水进水管线的通径为 DN40。

(2) 原料罐底部出液管通径为 DN125。

(3) 浓液回流管以及原料罐回液管通径为 DN125。

(4) 主设备顶部排空回流管通径为 DN50。

(5) 产品液汇总管均为 DN65。

(6) 产品罐顶部进液口为 DN80。

(7) 清洗罐底部出液管为 DN80。

(8) 清洗回流总管为 DN80。

(9) 排空泵进液总管为 DN65。

(10) 所有放空口均为 DN50。

7.4.4　工艺流程与设备

$500t/a$ 的纳米二氧化钛生产成套陶瓷膜装置照片如图 7-43 所示。本工艺设计的膜组件采用 2 串 3 并的组合方式,采用敞开式操作模式。

图 7-43 500t/a 的纳米二氧化钛生产成套陶瓷膜装置照片

7.4.4.1 主过滤回路

主过滤回路见图 7-44。本系统中,原料液中的固含量不断增大,当由 10％增大到 20％时,加入水至固含量为 15％,以此反复,直至杂质离子含量满足指标为止。

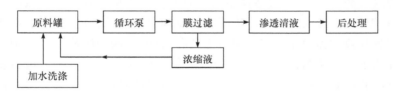

图 7-44 主过滤回路

7.4.4.2 清洗回路

清洗回路见图 7-45。在过滤操作结束后,必须无等待地立即进入纯水冲洗清洗过程。

图 7-45 清洗回路

7.4.4.3　排空系统

在过滤操作结束、清洗结束时均存在系统排空,配备抽空泵;过滤结束后将浓液抽至喷雾干燥系统。

7.4.5　运行结果

2002 年建成 500t/a 的纳米二氧化钛粉体的工业生产线,粉体的截留率大于99%,洗涤过程的渗透通量达到 300L•m^{-2}•h^{-1},浓缩过程的渗透通量达到 100 L•m^{-2}•h^{-1},料液中纳米粉体浓度从 10% 提高到 20% 以上,具有较好的经济效益和社会效益,为陶瓷膜在纳米粉体洗涤和浓缩过程中的推广应用奠定了技术基础。

7.5　小　　结

以膜技术应用比较成熟的悬浮液固液分离为背景,从钛白粉生产过程中粉体的回收、精细化工产品对氨基苯酚生产中骨架镍催化剂的分离回收、石油化工产品环己酮肟合成中钛硅分子筛催化剂的循环利用和陶瓷膜法超细粉体生产新工艺等四个方面探讨陶瓷膜技术在化工和石油化工领域中的应用。首先在小试装置上进行了陶瓷膜过滤实验,根据过滤体系的性质有所侧重地考察操作参数(操作压力、膜面流速、温度、料液浓度)、强化传质以及反冲对膜过滤性能的影响,在陶瓷膜微滤骨架镍悬浮液过程中还研究了膜的污染和清洗,在陶瓷膜法制备超细粉体过程中着重介绍了膜法超细粉体生产这一全新的工艺;然后在此基础上进行膜过程的工艺设计和膜成套装备的建设、运行。上述工作旨在推进陶瓷膜技术在化工与石油化工领域中的技术进步和装备水平的提高。

符 号 说 明

J_s——稳定渗透通量($L•m^{-2}•h^{-1}$)　　　　　P——操作压力(MPa)

T——悬浮液温度(℃)　　　　　　　　　u——膜面流速($m•s^{-1}$)

c_v——悬浮液的质量体积浓度($g•L^{-1}$)　　　t——过滤时间(min)

d_{sp}——沉积层内颗粒的粒径(μm)　　　　　q——沉积层内颗粒粒径累积分布

t_b——反冲周期(min)　　　　　　　　　P_b——反冲压力(MPa)

J_h——最高恢复通量($L•m^{-2}•h^{-1}$)　　　　N——污染膜清洗次数

R——过滤阻力(m^{-1})　　　　　　　　　R_r——过滤阻力百分数(%)

μ——流体黏度(Pa•s)　　　　　　　　　Q——物料处理量($t•h^{-1}$)

t_d——以天表示的过滤时间(d)　　　　　V——粉体洗涤水用量(m^3)

c_s——悬浮液的固含量(质量分数)(%)　　c_{so}——悬浮液的初始固含量(质量分数)(%)

d_p——颗粒粒径(μm)　　　　　　　　　　n——颗粒粒径个数百分比(%)

d_m——膜孔径(μm)　　　　　　　　　　　J——渗透通量($L\cdot m^{-2}\cdot h^{-1}$)

参 考 文 献

[1]　李红，钟璟，邢卫红等. 硫酸法钛白粉生产工艺中的偏钛酸回收新技术研究. 水处理技术，1995，21：325～329

[2]　赵宜江，钟璟，李红等. 陶瓷微滤膜处理钛白生产废水研究. 化学工程，1998，26：56～60

[3]　高洪，袁华，喻宗沅. 对氨基苯酚的合成及应用述评. 湖北化工，2000：1～2

[4]　董研. 对氨基苯酚的合成工艺述评. 贵州化工，1996：30～33

[5]　王晓艳. 对氨基苯酚的合成方法及其工业应用. 陕西化工，1995：21～24

[6]　Vaidya M J, Kulkarni S M, Chaudhari R V. Synthesis of p-aminophenol by catalytic hydrogenation of p-nitrophenol. Organic Process Research & Development,2003,7：202～208

[7]　Rode C V, Vaidya M J, Jaganathan R, et al. Hydrogenation of nitrobenzene to p-aminophenol in a four—phase reactor reaction kinetics and mass transfer effects. Chemical Engineering Science, 2001,561：299～1304

[8]　Rode C V, Vaidya M J, Chaudhari R V. Synthesis of p-Aminophenol by catalytic hydrogenation of nitrobenzene. Organic Process Research & Development, 1999,3：465～470

[9]　刘东志，肖义，张昱. 硝基苯催化加氢制备对氨基苯酚的研究(I). 染料工业，1998，35：14～16

[10]　张翼，王幸宜，沈永嘉. 硝基苯催化加氢制备对氨基苯酚. 染料工业，1999，36：23～26

[11]　Hwang S J, Chang D J, Chen C H. Steady state permeate flux for particle cross-flow filtration. The Chemical Engineering Journal, 1996,61：171～178

[12]　高焕新，舒祖斌，曹静等. 钛硅分子筛 TS-1 催化环己酮氨氧化制环己酮肟. 催化学报，1998，19：329～333

[13]　孙斌，朱丽. 钛硅-1分子筛催化环己酮肟化制环己酮工艺的研究. 石油炼制与化工，2001，32：22～24

[14]　向柠. 无机膜集成技术超细氧化钇制备工艺研究. [硕士论文]. 南京工业大学，2001

第8章　陶瓷膜在中药和生物医药行业中的应用

陶瓷膜具有耐高温、化学稳定性好、孔径分布窄、强度高、易于清洗等特点,在以天然植物为原料的各种食品添加剂、香料、保健品、中药行业,在以大豆、小麦和玉米为原料的农产品深加工行业,在生物医药行业中有着广泛的应用前景[1,2]。在相关行业的早期陶瓷膜应用从 20 世纪 80 年代初开始[3~5]。据 1989 年的统计,食品工业中应用的无机膜达到 12 000 m^2[6],其中约 80% 在乳制品业中应用,剩余 20% 主要用于饮料过滤(果汁、啤酒、葡萄酒等)、蛋白浓缩和发酵过滤。20 世纪 90 年代,陶瓷膜在食品行业中已经广泛涉及奶制业、酒类、果汁饮料的澄清、浓缩、除菌。例如邢卫红等[7]应用无机膜对甘蔗汁、草莓汁及南瓜汁的澄清过滤取得了较好的结果,为纯天然果汁饮料的澄清提供了一条经济切实可行的途径。陶瓷膜应用发展到今天,呈现出新的需求特点:在中药体系开始获得规模化应用,而在生物制药行业,从有机酸、氨基酸到抗生素,陶瓷膜系统普遍得到应用,成套装置的规模一般在 500 m^2 以上,在提高产品收率和质量、降低能耗和工业废水量等方面,取得了极好的技术经济效益。这些可喜的发展现状,与致力于陶瓷膜技术在相关领域应用技术开发的努力是不可分开的。本章着重针对陶瓷膜技术在中药和生物发酵体系的应用,介绍相关的研究与工程应用实例。

8.1　陶瓷膜在中药制备中的应用

中药是我国的传统医药,天然药材资源达 8000 种左右[8],中药制剂形式达数十种之多。在 20 世纪 90 年代初期,全国有中药工业企业约 900 家,总产值接近 150 亿元,出口创汇约 4 亿美元。由于提取工艺的相对落后,中药制剂的质量同国外(如日本)相比还有一定的差距,使得我国的同类产品在国际和国内竞争中处于不利地位。如何运用现代科学技术,研制、开发和生产现代中药,成为亟待解决的重大技术问题。

中药的化学成分复杂,常含有无机盐、生物碱、氨基酸、有机酸、酚类、酮类、皂苷、甾族和萜类化合物及蛋白质、多糖等,分子质量从几十到几百万[9]。中药的有效成分分子质量一般在 1000Da 以下,因此中药加工的中心任务是除去提取液中的大分子杂质和有效成分的浓缩。提取液中的大分子杂质如果胶分子质量为 150kDa～300kDa,多糖分子质量为 200kDa～500kDa,蛋白质分子质量为 5kDa～50kDa,可溶性淀粉分子质量为 50kDa,不溶性淀粉分子质量为 500kDa。传统的除去方法是醇沉工艺,通过加入乙醇而除去大分子杂质,这一过程存在乙醇的回收和损失问题,导致处理成本高,同时中药有效成分损失也比较大。根据膜分离过程的特点,这些大分子成分能够被超滤甚至微滤膜截留,这样就可避免采用成本高、流程复杂的醇沉工艺。采用膜分离技术进行中药提取液杂质的脱除成为中药加工现代化发展的一个热点研究问题。由于中药加工的提取液温度较高,采用有机膜带来工业生产的不便,同时这一过程膜的污染十分严重,工业化进程缓慢。陶瓷膜在中药分离领域中应用研究也已开展[10~16],并取得了显著的成效。一些陶瓷膜在处理非中药类植物提取液方面的应用研究[17],对于中药提纯工艺也有很大的借鉴意义。

8.1.1　陶瓷膜在中药复方"糖渴清"精制中的应用

"糖渴清"为一种中药复方制剂,由 11 味中药组成。根据工艺设计的要求分成A、B 两组,在一定的原料配比下,经水煮沸提取和纱布过滤,分别进行陶瓷膜澄清过滤后,将渗透液混和并浓缩得到浸膏制剂。在采用陶瓷膜分离方法精制"糖渴清"复方中药制剂的研究中,主要考察不同孔径膜的渗透通量和截留效果,并对膜的操作参数进行优化。

"糖渴清"的目标成分的收率通过黄芪甲苷、小檗碱、梓醇(A 组)和总黄酮(B组)的含量来定量检测,提纯后产品质量通过固含量的大小来表示。黄芪甲苷、小檗碱、梓醇和总黄酮采用高效液相色谱(HPLC)进行定量分析。固含量根据药典方法称量差重进行计算得到。

实验采用 0.5m 长的 19 通道陶瓷膜,三种膜孔径分别为 $0.8\mu m$、$0.2\mu m$ 和 $0.05\mu m$,有效膜面积 $0.1m^2$;中试采用 1m 长的 19 通道孔径为 $0.2\mu m$ 的陶瓷膜,有效膜面积 $3m^2$。

8.1.1.1　膜孔径对分离性能的影响

在 B 组药物煎煮液体系上进行了膜孔径对过滤性能影响的实验考察,采用 $0.8\mu m$、$0.2\mu m$ 和 $0.05\mu m$ 三种孔径的陶瓷膜,操作条件为温度 52℃,操作压差 0.17MPa,膜面流速 $3m\cdot s^{-1}$,结果如图 8-1 所示。

从图中可以看出对于 B 组煎煮液体系,孔径为 $0.2\mu m$ 的膜渗透通量最大为 $110L\cdot m^{-2}\cdot h^{-1}$,孔径为 $0.8\mu m$ 的膜污染最严重,渗透通量衰减最大,可能是发生了膜孔内堵塞,导致膜有效孔隙率的下降,孔径为 $0.2\mu m$ 和 $0.05\mu m$ 膜通量衰减较慢,但孔径为 $0.05\mu m$ 膜的渗透通量小于孔径为 $0.2\mu m$ 的膜,膜孔径选择为 $0.2\mu m$ 为宜。表 8-1 是膜孔径对总黄酮以及固含物截留性能的影响,从表中可以看出,三种孔径的陶瓷膜对总黄酮和总固含物的截留性能相差不大,而且 3 种膜的渗透液目标成分含量均较原液要低,对目标成分均有一定的截留。综合膜通量和组分分离效果两方面的性能,平均孔径为 $0.2\mu m$ 的陶瓷膜对"糖渴清"中药复方煎煮液具有较好的分离效果。

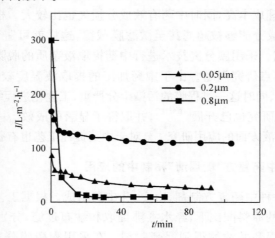

图 8-1　膜孔径对膜渗透通量的影响

表 8-1　膜孔径对渗透性能的影响

	膜孔径/μm		
	0.05	0.2	0.8
膜通量/L·m^{-2}·h^{-1}	30	113	10
总黄酮截留率/%	18.2	20.2	19.1
固含量截留率/%	35.0	34.1	33.6

8.1.1.2　操作条件的影响

操作条件主要考察操作压差、膜面流速和温度对渗透通量和截留性能的影响，实验采用孔径为 0.05μm 陶瓷膜在 A 组料液中进行。

（1）操作压差

图 8-2 是膜操作压差对渗透通量的影响，温度 45℃，膜面流速3m·s^{-1}，发现随着压差的增大，膜渗透通量先逐渐增大，当操作压差达到 0.15MPa 时，凝胶层已基本形成，渗透通量趋于稳定约为 50 L·m^{-2}·h^{-1}，当压差继续增大，膜通量反而有下降的趋势，可能是由于凝胶层被压实，导致凝胶层的比阻变大，渗透通量减小，从压力控制区进入传质控制区。

（2）膜面流速

如图 8-3 所示，在操作压差 0.08MPa 和温度 45℃下，随着膜面流速的增大，膜过滤稳定通量增幅很小。膜面错流速度对渗透通量的影响主要是膜面流速增大可能破坏已经形成的滤饼结构,从而降低膜过滤阻力。但是对于中药类体系中存在的大分子有机物等在膜面和膜孔中由于吸附污染形成的凝胶层,无法通过膜面流速的提高克服,膜面形成的凝胶层不易通过提高膜面流速而被除去,因此渗透通量随着膜面流速的增大变化较小。

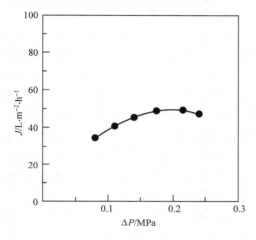

图 8-2　操作压差对膜通量的影响　　　　图 8-3　膜面流速对膜通量的影响

（3）操作温度

图 8-4 是压力 0.08MPa、膜面流速在 3m·s^{-1}时温度对渗透通量的影响,可以看出随着温度的升高,膜通量迅速增大,这是由于温度的升高引起药液黏度的减小。由 Darcy 定理可知,黏度与渗透通量成反比关系,而黏度与温度是密切相关的。煎煮液从煎煮釜里出来后大约 60℃左右,这个温度对过滤过程来讲是比较合适的,可以降低设备投资、缩短生产周期极为有利。

8.1.1.3　顶洗过程

为了尽可能提高目标成分的收率,将物料浓缩至一定程度后,加水顶洗,尽可能分离出目标成分。采用 0.2μm 的膜分别对 A 和 B 两组药液考察了洗水量对目标成分收率的影响。操作条件均为温度 52℃,膜面流速 3m·s^{-1},操作压差 0.17MPa。A 组和 B 组的洗水用量分别为 30.4％和 31.6％。

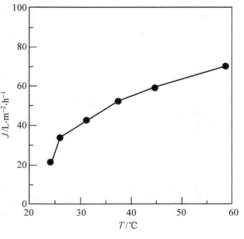

图 8-4　温度对膜通量的影响

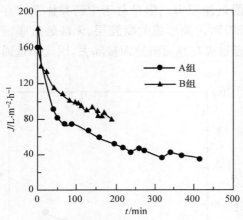

图 8-5　药液浓缩过程渗透通量
随时间的变化

图 8-5 为渗透通量随时间的变化，从通量值来看，A 组比 B 组渗透通量要小。这是由于 A 组药材主要为根茎类，营养成分（多糖等大分子）含量高，黏度较大；而 B 组主要是叶类药材，黏度相对较小，因此相同操作条件下，B 组药液膜过滤通量高于 A 组。A 组过滤过程中分别在 250min 和 330min 时两次加入 5kg 水，从图中也可以看出，这两个时间点处渗透通量有所升高，这是由于加入水后体系黏度降低而导致的。B 组加水时间为 102min 和 142min，由于 B 组药液黏度与水比较接近，因此加入水对渗透通量影响较小。A 料液渗透通量随时间变化较大，在 0～220min 内进行料液浓缩，随着渗透液不断排出，料液浓度提高，导致渗透通量持续下降，此后加水顶洗，渗透通量略有提高，但渗透通量较小，为 $40L \cdot m^{-2} \cdot h^{-1}$；对 B 料液而言，渗透通量衰减幅度不大，加水顶洗也未影响渗透通量，基本维持在 $80L \cdot m^{-2} \cdot h^{-1}$ 以上。

图 8-6 和图 8-7 为陶瓷膜处理 A 组药液渗透通量变化及目标成分的截留性能，由于加水进行顶洗，渗透液中的目标成分浓度降低，到一定的加水比例，可以近似认为目标成分的收率达到工艺的要求而停止过滤。图 8-8 和图 8-9 为 B 组药液中总黄酮和固含量随着水顶洗过程进行的变化情况。当洗水量达到原液量的 31.6% 时，渗透液中总黄酮含量从 $0.29g \cdot L^{-1}$ 下降到 $0.14g \cdot L^{-1}$，固含量从 $9.5g \cdot L^{-1}$ 下降到 $4.6g \cdot L^{-1}$，指标成分的收率基本达到工艺要求。

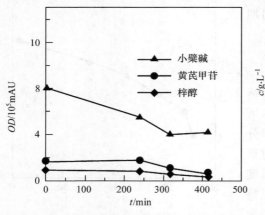

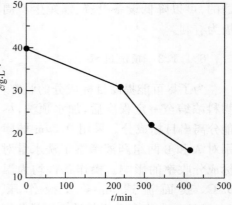

图 8-6　A 组药液浓缩渗透液中目标成分变化　　图 8-7　A 组渗透液固含量随时间的变化

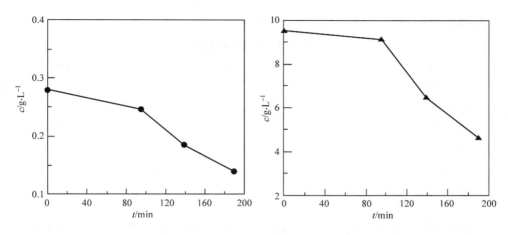

图 8‑8　B 组渗透液总黄酮含量随时间的变化　　图 8‑9　B 组渗透液固含量随时间的变化

8.1.1.4　离心预处理对微滤过程的影响

将 A 组物料经过 10 000r·min^{-1}离心 20min 后,再采用孔径为 0.2μm 陶瓷膜过滤,主要考察离心预处理对微滤过程的影响,结果如表 8‑2 所示。由于高速离心除去了原料药液中一些固体微粒,膜渗透通量比没有经过离心处理的要略为高;但同时可以发现由于离心的作用导致了各个有效成分(黄芪甲苷、小檗碱和梓醇)的含量都有所降低,尤其是黄芪甲苷含量损失最大。因此离心对提高渗透通量有利,但是不利于有效成分收率的提高。

表 8‑2　离心对微滤的影响

渗透液	HPLC 峰面积 / mAU			固含量/g·L^{-1}	渗透通量/L·m^{-2}·h^{-1}
	黄芪甲苷	小檗碱	梓醇		
未离心	156700	442000	75270	24.26	120.6
离心后	99610	432800	70300	25.71	137.4

8.1.1.5　中试实验

在以上实验的基础上,进行中试规模的"糖渴清"提纯工艺考察。中试装置采用 2 个组件串联操作,每个组件由 7 根 19 通道的孔径为 0.2μm 陶瓷膜组成,装置膜面积 3m^2。两组实验物料量见表 8‑3。由于装置循环量的限制,3m^2 的装置将 90kg 左右物料浓缩到 32kg 左右,用 0.1m^2 的实验装置进行过滤,最终体系中残存的液体为截留液。目标成分的收率以滤过液中总含量与煎煮液中总含量之比表示,发现 A 组有效成分黄芪甲苷、小檗碱和梓醇的收率均在 90% 以上,B 组有效成分总黄酮为 88.9%,基本达到工业提纯精制要求。

表 8 - 3　中试物料衡算

组别	煎煮液	截留液	滤过液	收率/%
A 组量/kg	88.7	8.6	90.1	—
黄芪甲苷/mAU	146 200	146 200	129 974	90.3
小檗碱/mAU	655 100	581 700	589 398	91.4
梓醇/mAU	112 900	41 840	107 152	96.4
B 组量/kg	103.9	8.1	105.8	—
总黄酮/$g \cdot L^{-1}$	0.3192	0.4527	0.2788	88.9

由陶瓷膜法新工艺制备的"糖渴清"中药新药已通过国家药品监督管理局审批,进入药物临床研究阶段。这是我国陶瓷膜法新工艺的首例中药新药,将对我国中成药加工工艺的变革产生重要影响。

8.1.2　陶瓷膜在中药口服液生产中的应用

中药口服液是中药制剂中品种广泛的一类。目前国内很多企业在口服液的生产工艺中,沿用一次或者二次醇沉(也有在一次醇沉后第二次采用水沉工艺)。由于复方中药口服液配方中药材品种多,药液黏度大,产品中容易产生沉淀。引起产品沉淀的一个主要原因是口服液中含有鞣质以及其他大分子杂质。鞣质是水溶性多酚化合物,能同生物碱、蛋白质及药物中的金属离子作用生成沉淀。例如,与蛋白质分子、生物碱和多糖形成分子间氢键,生成不溶于水的沉淀物;鞣质的酚羟基还会与大多数重金属离子发生络合反应,使高价金属离子还原成低价态,形成沉淀,使药液浑浊,因此必须将口服液中所含的鞣质去除。在某中药(A)制剂口服液生产新技术的改造中,作为第一个重要环节,应用陶瓷膜分离纯化技术,提高了药液澄清度、提高了生产工艺稳定性、降低了生产运行成本。

8.1.2.1　陶瓷膜澄清实验

A 口服液的原有醇沉工艺如图 8 - 10 所示。在两次醇沉中,一次和二次醇沉的乙醇用量分别占总用量的 65% 和 35%。采用陶瓷膜澄清工艺,首先要除去大量亚微粒、微粒及絮状沉淀,取代一次醇沉,减少乙醇使用量。厂方技术人员在现场采用小试和中试进行了实验。

(1) 陶瓷膜小试实验

A 药材水提液由厂方提供。采用膜孔径为 $0.1 \sim 0.2 \mu m$ 的陶瓷膜元件为过滤介质,在 $0.1 m^2$ 的陶瓷膜实验装置上澄清过滤,膜平均通量在 $120 L \cdot m^{-2} \cdot h^{-1}$。滤过液经过多效蒸发浓缩后,按照厂方原有二次醇沉的工艺脱除杂质。为考察采用

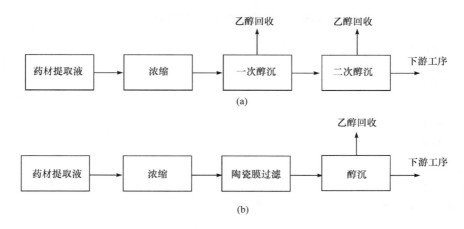

图 8-10　A 口服液新旧提取工艺示意图
(a)原工艺;(b)膜法新工艺

陶瓷膜澄清方法对二次醇沉的效果,选择了三种二次醇沉液,乙醇含量分别在
90%～96%、70%～90%、65%～75%。所得中间品按照厂方的工艺作进一步处理
后,得到 a、b、c 三一个批号的最终样品。

表 8-4　经过陶瓷膜过滤后的药液制得倍用液的质量指标*

批号	性状	密度/g·mL^{-1}	pH	成分含量/g·L^{-1}
a	符合规定	1.12	3.51	1.70
b	符合规定	1.12	3.53	1.70
c	符合规定	1.12	3.49	1.71

* 性状指标按照厂方技术标准评价。

　　对 a、b、c 三批样品的分析结果如表 8-4 所示。经过陶瓷膜过滤后,药液透光
系数明显提高,表明有些非药效的大分子、杂质已经在药液过滤时有效地去除。对
照厂方相关技术标准可知,含量与原工艺相比较并无明显的变化,陶瓷膜过滤工艺
基本未截留水提液中的相关有效成分,初步证明在提取工序中应用陶瓷膜分离技
术可以将药液中的杂质过滤掉,不会影响产品质量指标。

　　(2)陶瓷膜中试实验

　　参照小试试验的结果,选择了三种孔径(孔径分别为 r_1、r_2、r_3)的陶瓷膜元
件,分别对 6 批水提液在温度 20℃和 40℃进行过滤,进一步在生产条件下确定最
佳膜孔径和过滤温度等一些重要的参数值,以达到膜分离工艺与原有生产工艺结
合的合理性。滤液样品在室温观察,如表 8-5 所示。从表中可以看出,经过陶瓷
膜过滤后的药液在温度 20℃时过滤效果比较稳定,基本没有沉淀现象,无药液挂
壁现象。三种陶瓷膜元件中,孔径为 r_1 的膜元件,澄清效果最好。

表 8-5 陶瓷膜过滤药液的效果（沉淀和挂壁）对比表

样品标号	温度/℃	膜孔径		
		r_1	r_2	r_3
040 401		—	—	±
040 402	20	—	—	±
040 403		—	±	±
040 404		±	+	++
040 405	40	±	+	++
040 406		±	+	++

注：—、±、+、++表示沉淀和挂壁现象的多少与轻重，其中—＜±＜+＜++。

8.1.2.2 陶瓷膜处理中药口服液工艺

处理 A 中药口服液的成套陶瓷膜装置如图 8-11 所示。陶瓷膜过滤系统共包括 4 个单元，总陶瓷膜面积为 192m²。每个单元采用了 6 个陶瓷膜组件，以两串三并的方式组合，以内循环错流过滤方式实现水提液的澄清过滤。3 个单元系统的用料集中由一台变频供料泵提供。水提液经浓缩后残余少量的母液，加入少量的水，将残余母液中的药液成分进一步提取到过滤液中。滤液集中到下游工序处理。

图 8-11 中药口服液澄清陶瓷膜装置

陶瓷膜系统的控制参数包括压力、膜面流速、温度、母液浓度等。平均操作压力为 0.2MPa，过滤温度在 20～30℃，膜面流速 4m·s⁻¹。将新工艺生产所取样品与随机抽取的原工艺进行比较，结果如表 8-6 所示。采用陶瓷膜直接处理中药水提液，有效地去除药液中的大分子、鞣质及其他非药用等物质，提高了药液有效成分的含量,使得产品的收率和品质得到了显著的提高,生产周期由原来的 15d 缩短到 9d。

表 8-6　原工艺与新工艺的参数值对照表

方法	批号	85%乙醇 /t	95%乙醇 /t	乙醇消耗 /t	倍用液				生产周期 /d	蒸汽使用累计时间 /h
					性状	密度 /g·mL^{-1}	pH	成分含量 /g·L^{-1}		
乙醇沉淀法	040 505	10.2	5.4	5.1	合格	1.11	3.27	1.72	15	14
	040 506	10.1	5.2	5.0	合格	1.10	3.30	1.73	15	14
	040 507	9.9	5.5	5.0	合格	1.11	3.29	1.72	15	13.5
陶瓷膜分离法	040 616	8.0	—	2.8	合格				9	7.0
	040 617	8.2	—	2.9	合格				9	7.0
	040 618	7.9	—	2.8	合格				9	7.0

8.1.2.3　经济效益分析

每月平均生产 18 批 A 口服液制剂,每生产 1 批可节省 95%乙醇 2.2t,按 95%乙醇价格 3800 元/t 计,每年可节约乙醇消耗费用达 180 万元。

采用陶瓷膜对提取液进行有效过滤,使原工艺的两次醇沉减少为一次醇沉,提高了药液澄明度。简化醇沉工序后,基础设施、工艺装备以及操作工艺等安全等级要求都得到了较大降低,动力消耗和原材料消耗下降,缩短生产周期,提高了产品的市场竞争能力。

8.1.3　陶瓷膜污染分析和清洗方法

在陶瓷膜法澄清中药水提液的过程中,由于大分子如蛋白质、脂肪、纤维素、鞣质及其胶体物质的存在,膜易被污染,造成膜通量锐减。因此作为陶瓷膜工程应用的一项重要内容,中药水提液的膜污染状况的分析与膜污染的消除方法,对于各种组成的中药水提液的陶瓷膜应用工艺具有重要的借鉴意义。这里以生地黄水提液的膜过程为研究对象,展开膜污染和膜清洗考察。

8.1.3.1　阻力分解计算

以 Darcy 定律为基础得出下列过滤通量的表达式:

$$J = \frac{\Delta P}{\mu R_t} = \frac{\Delta P}{\mu(R_0 + R_f)} \tag{8-1}$$

式中,ΔP 为操作压差;R_t 为总阻力;μ 为物料黏度。总阻力包括陶瓷膜自身阻力 R_0 及膜污染后污染阻力 R_f。膜污染阻力可简化分解为两部分:一部分为滤饼阻力,包括膜表面的吸附及沉积等形成的阻力,采用水冲洗、毛刷刷洗等方法可将其除去，R_1 表示水冲洗可去除阻力，R_2 表示毛刷刷洗可去除阻力；另一部分为膜孔的堵塞阻力 R_3，这部分阻力采用前述物理方法不能除去，需要化学清洗。通过实验分别测出各部分的通量计算出各部分阻力及其所占比例[18]。与各阻力对应，J_0 表示新膜水通量，J_1 表示过滤料液的稳定通量，J_2 表示水冲洗后水通量，J_3 表示刷洗后水通量，J_4 表示化学清洗后水通量。在中药水提液的陶瓷膜过滤过程中，存在浓差极化现象，但由于发生浓差极化的组分在母液中浓度一般很低，组分的截留率也较小，因此此在阻力分布中忽略不计。

8.1.3.2　实验

采用 Al_2O_3 陶瓷膜元件，膜元件膜孔径为 $0.2\mu m$，长度为 $0.5m$，膜面积 $0.1m^2$。母液为按照浸提方法得到的生地黄水提液。

在一定操作条件下过滤生地黄水提液，滤液回流到母液储罐中。记录过滤过程中不同时间的渗透通量，待通量稳定后记录稳定通量 J_1。过滤结束后用水冲洗装置至母液成清水，记录清水通量 J_2。取下膜管用毛刷轻轻刷洗膜表面，回收污染物待检测用。将毛刷刷洗过的膜管重新装入实验装置，记录此时的清水通量 J_3。用化学清洗剂清洗整个装置和膜管，清洗结束后，用水冲洗至中性，再记录此时的纯水通量 J_4。

8.1.3.3　阻力分布

（1）操作压力对阻力的影响

在操作温度 $27℃$，膜面流速 $4m \cdot s^{-1}$ 下，表 8-7 给出了各种阻力随操作压力的变化情况。$R_1 + R_2$ 所占比例都在 70% 以上，随着操作压力增加其绝对值和占总阻力的比例略有增加。R_3 所占比例较小且随着操作压力升高从 13% 降到 8%，这种现象可能归因于不同操作压力下膜污染的形成方式不同。

表 8-7　不同操作压力下膜的过滤阻力及所占比例

操作压力 /MPa	R_t		R_1		R_2		$R_1 + R_2$		R_3	
	$/10^{12}m^{-1}$	/%	$/10^{12}m^{-1}$	/%	$/10^{12}m^{-1}$	/%	$/10^{12}m^{-1}$	/%	$/10^{12}m^{-1}$	/%
0.10	3.33	100	2.08	62.5	0.30	8.9	2.38	71.3	0.45	13.5
0.15	3.17	100	2.09	65.9	0.27	8.6	2.36	74.4	0.30	9.6
0.20	3.20	100	2.09	65.2	0.36	11.2	2.45	76.4	0.25	7.8

（2）膜面流速对阻力的影响

在温度 $29℃$、压力 $0.15MPa$ 下，过滤阻力随膜面流速的变化如表 8-8 所示。

可以看出,在不同膜面流速下,$R_1 + R_2$ 所占阻力在 50％以上,起主要的影响作用。膜面流速对总阻力的大小和组成影响较大,流速小时总阻力组成中的绝大部分是滤饼层和凝胶层阻力,达到 76％左右;流速变大时,总阻力和 $R_1 + R_2$ 都有明显的减小。尽管膜孔堵塞阻力 R_3 的数值变化不大,但受其他阻力的变化,导致膜孔堵塞阻力 R_3 在总阻力中所占比例随膜面流速的上升而有较明显的增加。

表 8-8　不同错流速度下膜的过滤阻力及所占比例

膜面流速 /m·s^{-1}	R_t		R_1		R_2		$R_1 + R_2$		R_3	
	/10^{12}m^{-1}	/％	/10^{12}m^{-1}	/％	/10^{12}m^{-1}	/％	/10^{12}m^{-1}	/％	/10^{12}m^{-1}	/％
2.94	4.00	100	2.28	56.9	0.77	19.2	3.05	76.2	0.44	11.0
4.06	2.72	100	1.07	39.5	0.70	25.8	1.77	65.3	0.43	15.9
5.53	1.84	100	0.56	30.4	0.35	18.9	0.91	49.3	0.42	22.9

（3）料液浓度对阻力的影响

在操作温度 27℃、膜面流速 4m·s^{-1}、操作压力 0.15MPa 下,将料液稀释至不同浓度（这里以料液浓度表示,即稀释后原料液质量占总质量的百分比）,不同料液浓度下的过滤阻力分布如表 8-9 所示。可以看出,母液稀释后阻力的分布有较大变化;$R_1 + R_2$ 随料液浓度减小而有较明显的下降,R_3 随浓度变小有较大增加。$R_1 + R_2$ 所占比例都在 50％以上。

表 8-9　不同料液浓度下膜的过滤阻力及所占比例

料液质量分数/％	R_t		R_1		R_2		$R_1 + R_2$		R_3	
	/10^{12}m^{-1}	/％	/10^{12}m^{-1}	/％	/10^{12}m^{-1}	/％	/10^{12}m^{-1}	/％	/10^{12}m^{-1}	/％
0.5	2.71	100	0.72	26.6	0.66	24.2	1.38	50.8	0.83	30.6
0.8	2.43	100	1.10	45.1	0.54	22.2	1.64	67.3	0.29	11.9
1.0	3.17	100	2.09	65.9	0.27	8.6	2.36	74.5	0.30	9.6

8.1.3.4　污染物分析

生地黄成分以环烯萜苷类为主,其次为酚类、糖类、氨基酸、5 种磷脂与维生素 A 样物质,人体必需的常量元素等[19]。其中糖的含量为 71.67％[20],是生地黄的主要组成部分,主要包括 4 种糖成分:水苏糖 29.46％,果糖 3.26％,半乳糖 11.32％,葡萄糖 4.15％[21]。用仪器分析的方法从几个角度分析污染物成分,从而对污染机理进行讨论。

（1）红外光谱仪检测

取污染膜用毛刷刷洗后的污染物做红外光谱（美国 Nicolet 170SX 型傅里叶变换红外光谱仪）分析，谱图如图 8‐12 所示。吸收峰和对应的化学基团分别是：3362.0cm^{-1}（—OH 伸缩振动）、2926.8 cm^{-1}（—C—H 伸缩）、1610.1cm^{-1}（酰胺羰基）、1407.2cm^{-1}（羧基的—C—O 振动）、1047.3cm^{-1}（C—O—H，C—O—C 振动）、825.13cm^{-1}（α‐糖苷键）、1025.75cm^{-1}（β‐糖苷键）。这是多糖的典型图谱，表明膜面污染层中含有多糖有机物。将污染膜用水冲洗至清水后，破坏膜管，刮取膜面剩余的污染物制样做红外分析，结果如谱图 8‐13 所示。多糖的特征峰面积显著减小，说明多糖是水溶性的，膜面的污染物基本被水冲掉。700～500cm^{-1}之间的吸收峰为所刮取的膜粉所致。

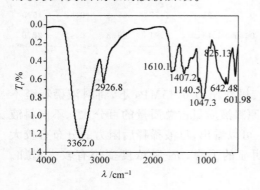

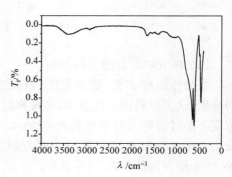

图 8‐12　膜上的污染物的红外光谱图　　图 8‐13　用水冲后膜上污染物的红外光谱图

（2）分光光度计检测

用蒽酮比色法[22,23]测定生地黄水提液和膜渗透液中的总糖含量，结果如表 8‐10所示。水提液中多糖浓度很高，以多糖含量占总固含量百分数计算为 70%。水提液中多糖浓度明显高于渗透液中的多糖浓度，膜对多糖物质的截留率超过 30%，这部分多糖加重了膜面污染，与上面红外光谱分析的结果相一致。

表 8‐10　多糖的检测结果

	透光度	吸光度	实际浓度/g·L^{-1}	截留率/%
水提液	0.8	0.0969	43.2	31.2
渗透液	0.75	0.125	29.7	

（3）扫描电镜与 EDX

采用扫描电镜（JSM-5900 型，日本）分析膜污染前后的面貌，断面电镜照片见

图 8-14 和图 8-15。从污染膜的断面图可以看出,膜面堆积着大量污染物。膜污染发生的主要原因是膜吸附截留污染物粒子在膜表面形成一层滤饼层、凝胶层造成的,并由这层凝胶层控制着膜的过滤性能和污染情况。膜表面形成凝胶层的同时污染物粒子也会进入膜孔,但膜孔中污染物量与凝胶层相比要小得多。这与前面阻力分析的结果也是一致的。

图 8-14　Al₂O₃ 新膜的断面图(2000 倍)　　图 8-15　Al₂O₃ 污染膜的断面图(2000 倍)

将污染膜和清洗膜分别制样,进行膜面的 EDX 能谱扫描,结果见图 8-16 和图 8-17,可以看出除了 O、Al 元素是膜本身的成分以外,污染膜上 C、O 元素的含量很高,表明有很多有机物存在膜上;到清洗膜上 C、O 的含量明显下降,表明有机物已去除。其他元素的能谱数据见表 8-11,其中各数据表示了待测样品的膜面上各元素的相对质量浓度(相对于 24 个氧原子),可见中药提取液中除含有已知的大量的多糖污染物外,尚存在其他包含无机元素的物质对膜的污染,但这些元素的含量非常低。通过污染膜和清洗膜表面数据作对比可以了解各元素的去除率。

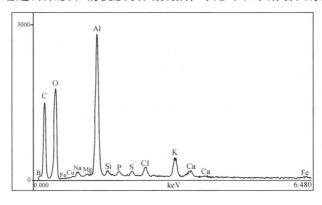

图 8-16　污染膜的膜面能谱图

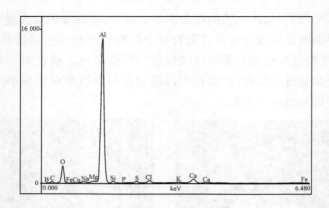

图 8-17　清洗膜的膜面能谱图

表 8-11　EDX 元素能谱分析结果

元素名称	污染膜/calc.	清洗膜/calc.	清洗去除率/%
Na	0.0131	0.0065	50.38
Si	0.0120	0.0088	26.67
S	0.0196	0.0132	32.65
Cl	0.0451	0.0214	52.55
Ca	0.0397	0.0383	3.53
Cu	0.0928	0.0288	68.97
P	0.0150	0.0019	87.33
Mg	0.0036	0.0034	5.55
K	0.1237	0.0074	94.02

（4）等离子发射光谱检测

采用 ICP 分析仪（PE Optima2000，USA）测定生地黄水提液和膜渗透液中 Al、P、Mg、Ca、Na、Si、K、Fe 元素的含量，结果见表 8-12，其中 K 的含量很高，P、Ca、Mg、Na 的含量较高。膜对 Ca、Mg、Na、Fe、Si、Al 的截留率较高，和 EDX 检测的结果相对照可以断定这部分元素被吸附截留在膜面上，但具体含这些元素的物质是什么还需要进一步分析。

表 8-12　ICP 元素分析结果

元素名称	水提液/mg·L^{-1}	渗透液/mg·L^{-1}	截留率/%
Al	4.19	2.05	51.0
P	79.36	70.58	11.1
Ca	19.18	16.03	16.4

续表

元素名称	水提液/mg·L^{-1}	渗透液/mg·L^{-1}	截留率/%
Mg	29.30	26.04	11.1
Na	34.38	30.80	10.4
Fe	5.46	1.94	64.4
Si	5.35	3.48	35.0
K	太大,过量程	太大,过量程	

　　综合以上几种仪器分析的结果,可以初步确定在用陶瓷膜澄清生地黄水提液过程中,污染物主要是在膜的表面有一层滤饼层或凝胶层,少量污染物进入膜孔道内,被膜吸附。污染物的成分大多数是多糖类有机物,同时还含有少量的无机元素。

8.1.3.5　陶瓷膜清洗方法

　　针对生地黄水提液对陶瓷膜的污染,可采用先水冲洗,再选用适当的清洗剂(1.5% NaOH 和 1% NaClO),在温度 60℃ 下去除膜表面污染物和膜孔道内的残留物。针对 12 种不同型号的陶瓷膜元件,进行了膜清洗实验考察,结果如图 8‑18 所示。从图中可以看出,除少数有待进一步查明原因的膜元件,绝大多数的膜元件膜通量恢复情况良好。

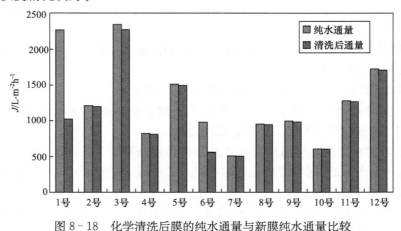

图 8‑18　化学清洗后膜的纯水通量与新膜纯水通量比较

8.2　陶瓷膜在生物发酵液除杂中的应用

8.2.1　概述

　　医药行业的一个巨大分支是生物制药,即依靠酶、整体细胞或多细胞生物体等生物催化剂或生物试剂的作用进行药物加工。在生物制药技术中,现代发酵技术处于中心地位,绝大多数生物制药的目标通过发酵工程来实现。陶瓷膜[24,25]对生物制药技术的贡献在于将发酵菌体或(和)菌体代谢产物提取出来,适用的工业体系如发酵法制备的有机溶剂、抗生素、有机酸、酶制剂、氨基酸、核苷酸、维生素、甾体激素、单细胞蛋白等,如表 8－13 所示。

表 8－13　适用膜技术分离的生物发酵产品

序号	发酵产物	举例
1	菌体及胞内产物	菌体细胞为发酵产品,如单细胞蛋白、面包酵母、饲料酵母等,或从菌体细胞中提取有用的发酵产物,如由酵母细胞提取辅酶 A、核糖核酸等产品
2	代谢产物	有机酸:乙酸、乳酸、柠檬酸、葡萄糖酸、衣康酸、延胡索酸等。 有机溶剂:酒精、丙酮、丁醇等。 氨基酸:甘氨酸、丙氨酸、丝氨酸、胱氨酸、半胱氨酸、缬氨酸、苯丙氨酸、酪氨酸、脯氨酸、色氨酸、天东氨酸、谷氨酸、精氨酸、赖氨酸、组氨酸等十多种氨基酸。 核苷酸:肌苷、肌苷酸、鸟苷酸等。 抗生素:青霉素、链霉素、四环素、土霉素、金霉素、庆大霉素、新霉素、红霉素、利福霉素、头孢菌素等。 多糖:右旋糖酐、多糖巴 1459 等。 维生素:核黄素、维生素 C、维生素 B12 等
3	酶制剂	包括胞外酶和胞内酶,如 α-淀粉酶、β-淀粉酶、异淀粉酶、葡萄糖异构酶、葡萄糖氧化酶、右旋糖酐酶、蛋白酶、纤维素酶、果胶酶、转化酶、蜜二糖酶、柚苷酶、花青素酶、脂肪酶、凝乳酶、氨基酰化酶、天冬氨酸酶、青霉素酰胺酶,磷酸二酯酶、天冬酰胺酶等

经过振动筛和管道过滤器等预处理后,发酵液的一般组成如表 8－14 所示。发酵液的一般特性可归纳为[26]:

(1) 发酵液大部分是水,含水量一般达 90% 以上。

(2) 发酵产物浓度较低。除柠檬酸等发酵产物浓度相对较高外,一般都在10% 以下,像抗生素之类的发酵产物浓度更低。

(3) 发酵液中的悬浮固形物主要是菌体和蛋白质的胶状物,不仅使发酵液黏度增加,不利于过滤,同时增加提取和精制后工序的操作困难。在浓缩过程中变得更黏稠,同时容易产生泡沫。

(4) 发酵液中还含有无机盐类、非蛋白质大分子杂质及其降解产物,对提取和精制均有一定影响。

(5) 发酵液中除了发酵产物外常有其他少量的代谢副产物,有的其结构特性与发酵产物极为近似,这就会给分离提纯操作带来困难。

(6) 发酵液中还含有色素、热原质、毒性物质等有机杂质。尽管它们的确切组成还不十分明确,但它们对提取影响相当大,为了保证发酵产品的质量和卫生标准,应通过预处理将其除去。

表 8‑14　一般发酵液的组分

组分	尺寸/nm	组分	尺寸/nm
最小可见粒子	>25 000	酶	2～5
酵母和霉菌	1000～10 000	普通抗菌素	0.3～1(300～1000Da)
细菌和细胞	>300	单糖和二糖	0.3～0.4(200～400Da)
胶体粒子	100～1000	有机酸	0.2～0.4(100～500Da)
乳化油滴	100～1000	无机离子	0.2～0.3(<100Da)
病毒	30～300	水	0.2
蛋白/多聚糖	2～10		

从发酵液出发的目标组分分离过程多数经过四个环节,如图 8‑19 所示。

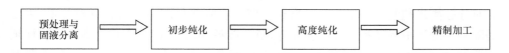

图 8‑19　发酵液分离四步骤

膜分离技术可根据发酵液性质的不同而在分离工艺的不同环节引入,并可根据具体技术特点而形成高效的集成膜工艺,适用的膜分离方法如表 8‑15 所示。值得指出的是,在发酵液的预处理与固液分离阶段是陶瓷膜技术引入的关键环节。传统工艺采用筛分过滤(如板框过滤、真空旋转过滤、管式过滤、蜂窝式过滤等)和离心过滤(如碟片式离心、管式离心、倾析式离心等),根据需要可综合采用凝聚或者絮凝等预处理措施。在有些发酵液中,目标产物还可能分布在胞内,还需进行细胞的破碎及碎片的分离。为了提高固液分离效率和目标产物收率,可采用错流膜分离技术,经过膜分离技术处理后,初步纯化过程(如大孔吸附等)可得到较大程度的简化,对各后续工艺有不同程度的改善作用。

表 8‑15　发酵液分离工艺适用的膜技术

序号	发酵产物	适用范围
1	微滤	菌体、悬浮颗粒等的截留
2	超滤	菌体、悬浮颗粒、大分子蛋白、胶体、多糖、色素等的截留
3	纳滤	代谢产物的浓缩与脱盐
4	反渗透	脱盐水的制备、物料的浓缩

8.2.2　肌苷

肌苷(inosine)是我国产量较大的核酸类产品,是一种重要的医药和合成其他药物的原料[27]。在医药工业中,肌苷可加工成注射液、口服液或片剂。肌苷生产工艺有合成和发酵两种方法,在我国主要采用后者工艺,生产菌株为枯草芽孢杆菌的突变株。原料在适宜条件发酵后,发酵液中主要含有肌苷、色素、无机盐、残糖、菌体和副产物蛋白、嘌呤碱、嘌呤核苷等,然后通过分离、提取和精制得到肌苷的精品[28]。近年来,肌苷发酵液产率不断提高,由过去的 $6 \sim 10g \cdot L^{-1}$ 提高到 $30 \sim 40g \cdot L^{-1}$,但对肌苷提取工艺的研究相对较少,使提取工艺落后于发酵工艺,出现了丰产不丰收的局面,因而有必要进一步提高提取工艺水平,缩短同国外的差距[29]。

发酵液组成较为复杂,相应的分离、提取方法也相对较多,主要的方法有结晶法[30,31]、萃取法[32]、电渗析-离子交换法[33]、膜分离法[34~36]、吸附分离法[37]等,在肌苷分离提纯的不同工艺阶段得到应用。在肌苷生产中使用膜分离技术,主要是除去发酵液中菌体和大分子胶体等,节约能耗,节省发酵液直接上离子交换柱须消耗的大量再生酸碱,提高产品收率,对提高产品质量和保护环境都有着重要意义。在工业生产中,一方面要求分离膜要有大的通量;另一方面,要有较高的收率,在过滤过程中尽量避免肌苷的降解。但这两方面往往相互制约,针对性地开展实验研究,成为优化膜过滤工艺的基础。本节着重介绍采用陶瓷膜过滤由某肌苷生产企业提供的肌苷发酵液的工艺过程中,各参数对过滤过程影响。

8.2.2.1　膜孔径对发酵液浓缩及蛋白截留的影响

当发酵液体系一定时,不同孔径的膜污染程度差异显著,膜通量及蛋白质的截留变化较大。选取适宜的膜孔径,将有益于工业生产。

(1)膜孔径对膜通量的影响

在温度70℃、膜面流速 $3.25m \cdot s^{-1}$、发酵液 pH 为 3.5、操作压力 0.2MPa(其中 M3 操作压力为 0.1MPa)等条件下,采用 M1、M2 和 M3 等不同孔径的陶瓷膜在一定浓缩因子(Cr 表示发酵液原液体积与浓缩后母液体积之比)分别为 1、3、6、8、10、12、14 下考察发酵液的瞬时通量变化情况,所得结果如图 8-20~图8-22所示。进一步分析不同浓缩因子下各种陶瓷膜的稳定通量和初始通量的变化,结果见图 8-23 和图 8-24 所示。

随着浓缩因子的增加,膜通量逐步下降。其中 M2 和 M3 膜的稳定通量和初始通量下降显著,而 M1 膜的这种通量变化并不明显。在低浓缩因子条件下,通量曲线变化明显,初始通量与稳定通量相差较大。随着浓缩因子的增大,通量曲线变化逐步趋于平坦,当 $Cr=14$ 时,通量曲线几乎为一直线。这可能是浓缩因子越大,发酵液中的湿固含量越大(当 $Cr=14$ 时,湿固含量为 87%)的结果。比较三种膜在不同浓缩因子条件下的膜通量变化可得,M3 膜的稳定通量和初始通量随浓缩因子的改变而变化显著,不同浓缩因子条件下通量差别大;而 M1 和 M2 膜的这种改变不大,尤其是 M1 膜,在考察的整个 Cr 范围内拟稳定通量的改变都不显著,相互之间差别不大。总的来说,在不同的浓缩因子条件下,M3 膜较其他两种膜拟稳定通量都要大,采用 M3 膜过滤发酵液较为有利。

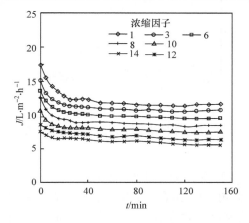

图 8 - 20　浓缩因子对 M1 膜通量的影响

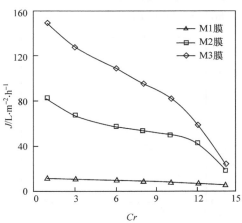

图 8 - 21　浓缩因子对 M2 膜通量的影响

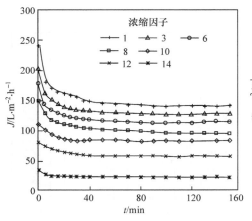

图 8 - 22　浓缩因子对 M3 膜通量的影响

图 8 - 23　浓缩因子对 M1、M2 和 M3
膜稳定通量的影响

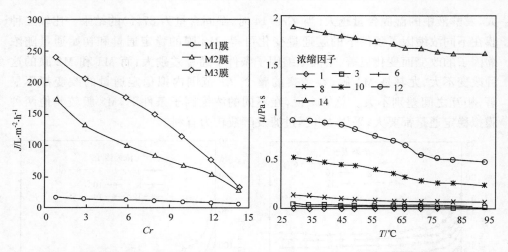

图 8-24　浓缩因子对 M1、M2 和 M3　　　图 8-25　不同浓缩因子下的黏度-温度关系
　　　膜初始通量的影响

（2）不同浓缩因子下的发酵液黏度与温度关系及湿固含量变化

发酵液的黏度及湿固含量变化,直接影响着膜通量的变化。在给定的浓缩因子及膜过滤操作条件下,一定的黏度及湿固含量对应着一定的稳定通量[38,39]范围。在浓缩因子分别为 1、3、6、8、10、12、14 和温度在 30～90℃ 范围内,测定发酵液的黏度随温度的变化关系,所得结果如图8-25所示,湿固含量随浓缩因子的变化如图 8-26 所示。

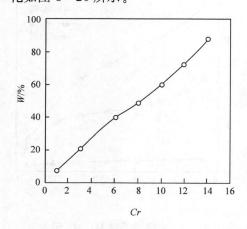

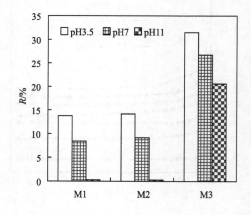

图 8-26　浓缩因子对湿固含量的影响　　　图 8-27　膜孔径对蛋白质截留率的影响

在不同的浓缩因子下,随温度的升高,发酵液的黏度下降,当温度超过 70℃ 后,黏度变化较小,趋于平缓。随着浓缩因子的增大,发酵液的黏度升高。当 $Cr >$

8 时,黏度明显增大;当 Cr 由 12 增加至 14 时,黏度迅速增加。这与在不同浓缩因子条件下的稳定膜通量下降趋势相一致。随浓缩因子的增大,湿固含量迅速上升,当 $Cr=14$ 时,湿固含量达到 87% 左右,此时黏度很大,膜过滤较为困难。

（3）膜孔径对发酵液蛋白截留率的影响

用 M1、M2 和 M3 陶瓷膜分别在酸性（pH＝3.5）、中性（pH＝7）和碱性（pH＝11）条件[40]下过滤肌苷发酵液,考察不同膜对蛋白的截留情况。当膜通量稳定时,在膜渗透侧和料液侧同时取样,用 UV-754 紫外分光光度计在 280nm 处测定吸光度值,由两者的比值来计算蛋白质的截留率[41]。在吸光度值的测定过程中,以纯的肌苷溶液为空白,以去掉滤液及发酵液中的肌苷对测定可能造成的影响。截留率与膜孔径关系如图 8-27 所示。在不同 pH 条件下,膜孔径增大,截留率下降。M3 膜在酸性和中性条件下,对发酵液中的蛋白几乎没有截留;当 pH＝11 时,达到发酵液中大部分蛋白的等电点,使蛋白析出,膜对蛋白的截留率达 20% 左右,实际上截留的是蛋白质的团聚体。M1、M2 膜在酸性和中性条件下的蛋白截留率几乎不变,分别在 14% 和 9% 左右;当 pH＝11 时,两膜的截留率都较大幅度地升高,分别达到 31.5% 和 26.8%。在考察的孔径范围内,膜对蛋白的截留都很低,说明发酵液中含有较多小分子蛋白而较少大分子蛋白。

8.2.2.2　操作参数对膜通量的影响

相同的膜装置在优化的操作参数下工作,能提高膜通量,减少膜面积,降低能耗,节约工业生产成本,因此确定一套合适的操作参数是决定膜过滤过程的一个主要方面[26,34]。试验采用 M3 陶瓷膜对过滤过程中 pH 值、温度、压差及膜面流速进行优化。在没作说明时,发酵液未作任何预处理,恒浓度操作,pH 为 3.5,温度为 70℃,压差为 0.1MPa,膜面流速为 $3.25 \text{m} \cdot \text{s}^{-1}$。

（1）料液 pH 对膜通量的影响

在 pH 分别为 3.5、5.5、7、8、10、11 下测定膜通量的变化曲线,所得结果如图 8-28所示;稳定通量随 pH 的变化见图 8-29。随着 pH 增大,稳定通量逐步下

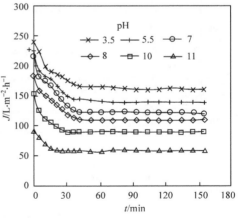

图 8-28　pH 对膜通量的影响

降,当 pH＝11 时,稳定通量的下降较为显著。这可能是随 pH 的增加,膜的 Zeta 电位逐步改变,使得发酵液中与膜电性相反的组分吸附在膜表面及膜孔内,引起膜污染的加剧;另一方面,pH 的增大,逐步靠近溶液中大部分蛋白的等电点,使得一

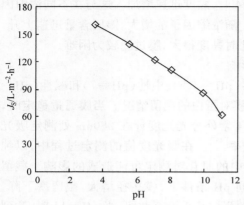

图 8-29　pH 对膜拟稳定通量的影响

部分蛋白逐步析出,当 pH 达 11 时,溶液中的蛋白大量析出,团聚体尺寸可能与膜孔径尺寸大小相当,加剧膜的污染。从提高膜通量角度出发,发酵液 pH 为 3.5 时的通量为最大。

（2）温度对膜通量的影响

温度对膜通量及肌苷降解都有较大影响,温度的优化既要能较大地提高膜通量,又要尽量避免肌苷降解。分别在温度 40~90℃下,考察温度对膜通量的影响,所得结果如图 8-30 所示;稳定通量随温度的变化如图 8-31 所示（温度对肌苷的降解将在降解试验中讨论）。膜的拟稳定通量随着温度的升高而逐步上升,这与发酵液黏度随温度的升高而逐步降低相一致。单纯从提高发酵液通量来讲,温度高一点较好,但对工业生产而言,过高的温度引起能耗的增大,发酵液中水分大量蒸发,使离心泵工作不稳定,噪声大,易于损坏,维修费用高;另外,过高的温度使肌苷的分解加快。因此温度的选取需综合考虑运行成本及肌苷的收率等因素。

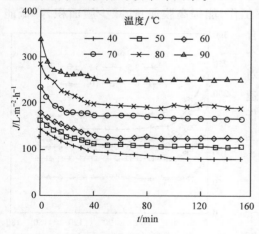

图 8-30　温度对膜通量的影响

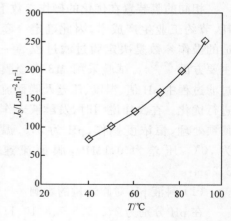

图 8-31　温度对膜拟稳定通量的影响

（3）操作压差对膜通量的影响

考察了平均操作压差分别为 0.05、0.08、0.1、0.15、0.2、0.25MPa 下膜通量的变化,所得结果如图 8-32 所示,压差对稳定通量的影响如图 8-33 所示。

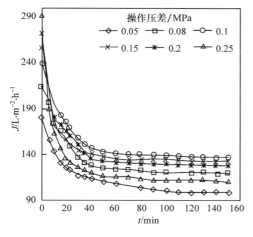

图 8 - 32　操作压差对膜通量的影响

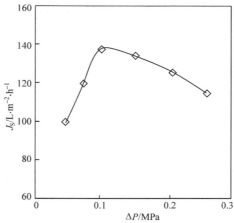

图 8 - 33　操作压差对稳定通量的影响

随着压差的增大,稳定通量存在着极大值。当压差低于 0.1MPa 时,膜的拟稳定通量随压差的增大而增大,并达到极大值。压差超过 0.1MPa 后,稳定通量随压差增大而逐步下降。这可能是双重因素作用的结果。压差升高,一方面使渗透液透过速度加快,通量增加;另一方面,引起凝胶层的压实,使过滤阻力增大,滤速下降。在低压部分时,前一因素起主要作用,压差升高则稳定通量增大;在高压部分时,后一因素逐渐起主要作用,压差升高则拟稳定通量下降。

（4）膜面流速对膜通量的影响

适宜的错流速度对降低膜面边界层厚度,减轻浓差极化,缓解膜污染,提高膜通量有着重要的作用。本实验考察了膜面错流速度分别为 $1.25 \sim 4 m \cdot s^{-1}$ 时,膜通量的衰减情况,所得结果如图 8 - 34 所示;错流速度对拟稳定通量的影响如图 8 - 35 所示。随膜面流速的增加,膜的稳定通量逐渐增加,当流速增大到一定程度后,膜的稳定通量基本保持不变。由图可得,当膜面流速达到 $3.25 m \cdot s^{-1}$ 时,膜的稳定通量已达到最大值,超过该流速,膜通量保持不变。在肌苷工业生产中,过大的错流速度只是增大能耗,对膜通量的提高基本没有帮助。

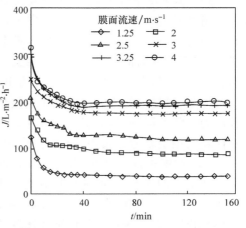

图 8 - 34　膜面流速对膜通量的影响

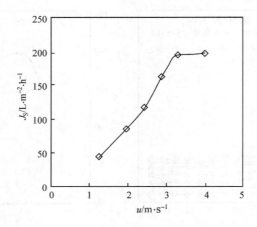

图 8‐35　膜面流速对稳定通量的影响

8.2.2.3　操作方式对膜通量的影响

在工业化生产中,即使在优化的 pH、温度、操作压力和膜面流速下操作,膜污染总是难以避免的,随着发酵液的不断浓缩,料液的黏度逐渐增加,引起膜通量的逐渐下降,使膜过滤时间延长。较长的过滤时间,一方面增大了能耗;另一方面,使肌苷降解加重。定时地改变发酵液在膜管内的流动方向,使之处于水力学不稳定状态,可以延缓浓差极化层和滤饼层的形成,减轻膜污染[42]。这里从改变发酵液的膜进、出口来探讨膜通量的变化。

（1）恒浓度条件下膜进、出口互换对膜通量的影响

将滤液返回储罐中,以维持发酵液中的组分浓度不变,在运行至 120min、210min 和 300min 时,将发酵液进入膜组件的进、出口调换,测定其通量变化,并与进、出口不调换的情况作比较,所得结果如图 8‐36 所示。进、出口互换后膜通量有较大的提高,在每一次互换后,通量迅速升高,然后再缓慢回到互换前的通量。这可能是,膜进口位置的污染层压实较严重,当发酵液反向流动时,受该位置上操作压力下降的影响,污染层有所减薄。据此可以推断,定期改变循环液流动方向,对防止污染层阻力的累积是有促进作用的。

（2）浓缩过程中膜进、出口互换对通量的影响

在实际的生产中,滤液总是被不断抽走,发酵液被不断浓缩。本试验模拟生产体系,不断移走滤液,当膜通量急剧下降时,将膜进、出口互换,以膜通量对滤液累计体积作图,并与未互换的情况作比较,所得结果如图 8‐37 所示。在刚开始过滤时,膜通量下降较快,然后经过一个平台,再急剧下降,这与文献报道的现象是一致的[43]。在膜通量急剧下降时调换发酵液循环流动方向,通量上升较为显著。在多

次调换方向的过程中,每次调换的效果比前一次略低,这可能是发酵液不断被浓缩的结果。

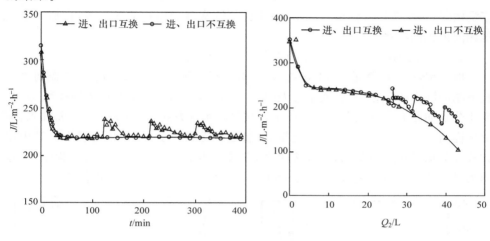

图 8-36 恒浓度过程中膜进、出口互换
　　　　对通量的影响

图 8-37 浓缩过程中膜进、出口互换
　　　　对通量的影响

8.2.2.4 菌体水洗方式的选取

当发酵液浓缩到一定程度后,发酵液中还含有较高浓度的肌苷,如果直接将菌体排走,将引起肌苷的流失,收率下降。因此必须进行水洗,即向浓缩发酵液中添加水,使残余肌苷成分跟随过滤液带出。水洗过程一方面要使洗水用量少,以减少后续浓缩过程的能耗;另一方面要使肌苷洗脱效果好。所用的水洗流程图如图 8-38 所示。

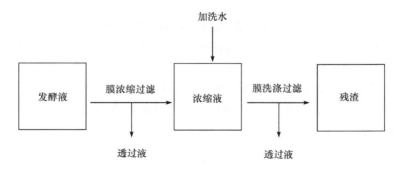

图 8-38 洗水流程图

这里考虑以下三种水洗方式:

方式 1：连续流加。控制加水速率与膜过滤速率相等，保持浓缩液体积不变。

方式 2：流加率为 4%。流加率定义为：洗水体积/发酵液初始体积×100%。在洗菌时，每次按该比例加入洗水，当获得与洗水等量体积的滤液时，再加入下一批相同体积的洗水。

方式 3：流加率为 8%。其余方法与方式 2 相同。

取发酵液 50L，微滤至 7L 浓缩液，考察上述三种水洗方式的效果，控制每种方式下总的洗水体积相等，膜通量 J 及母液中的肌苷含量 W_s 随滤液累积体积 Q_s 的变化分别如图 8－39 及图 8－40 所示。在每种水洗方式下，随洗水的不断加入，膜通量逐渐升高，当洗水加入到一定量后，膜通量保持不变，达到稳定状态。其中以方式 3 的拟稳定通量最高，方式 2 次之，方式 1 为最低。在菌体洗水过程中，通量越大对工业生产越有利，但还得结合肌苷的洗涤效果来确定最佳洗水方式。

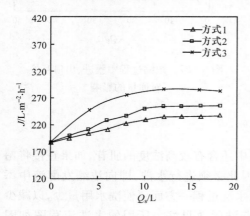

图 8－39　洗水方式对膜通量的影响

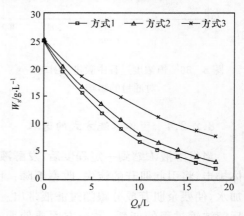

图 8－40　洗水方式对母液中肌苷含量的影响

由图 8－40 可知，随洗水加入量的增加，母液中的肌苷含量逐渐下降，其中方式 3 水洗结束时，母液中的肌苷含量在 $8 \cdot L^{-1}$ 左右，大于工业生产所规定的标准（洗菌结束时母液中的肌苷含量 $\leqslant 2g \cdot L^{-1}$）。方式 1 和方式 2 的洗涤效果相差不大，在洗涤终了时母液中的肌苷含量都在 $2 g \cdot L^{-1}$ 左右，但方式 2 的膜通量要大，过滤时间短，也便于操作，有利于工业生产。当然加水洗涤过程与储罐中的混合效果也有较大的关系。

8.2.2.5　膜过滤过程中的肌苷降解

在工业化生产过程中，选择一套适宜的操作参数（pH、温度、压差、膜面流速）和与体系匹配的膜孔径，以尽可能提高膜通量，缩短生产周期，提高生产效率。同时还要关注整个过程的收率，而肌苷的收率还受肌苷降解状况的影响。发酵液中的肌苷稳定与否主要受溶液体系的温度和 pH 控制。

　　(1) 膜过滤时发酵液中的肌苷降解

　　为模拟实际工业生产情况,肌苷的降解试验在膜装置中不断循环进行,考察时间为 12h(与工业生产时间一致),在最初 2h 内:前 1h 每隔半小时取样分析,后 1h 每隔 1h 取样分析;在后 10h 中,每隔 2h 测定发酵液中的肌苷含量。研究在不同 pH 范围(强酸性、弱酸性、弱碱性、强碱性环境)、不同温度下的肌苷降解情况。

　　强酸性(pH=3.5)环境中的肌苷降解:用硫酸将发酵液的 pH 调为 3.5,在膜装置内考察温度分别为 30℃、50℃、70℃、90℃下肌苷的降解情况,所得结果如图 8-41 所示。30℃和 50℃时,在考察的时间范围内,肌苷几乎不降解。当温度升高到 70℃时,在最初的 1h 内,肌苷浓度下降,下降了 4g·L^{-1};在后续的 11h 内,肌苷不断降解,只是较为平缓。当温度升到 90℃时,前 2h 内,肌苷降解迅速,达 10g·L^{-1}左右;在后 8h 中,肌苷降解仍然较快。由此可以推断,在强酸性环境中,当温度达到 70℃时,肌苷降解明显;控制温度在 50℃左右,在获得较高通量的同时可以克服肌苷的降解,有利于工业生产的进行。

　　弱酸性(pH=6)环境中的肌苷降解:发酵液放罐后,料液的 pH 在 6 左右。本试验直接采用放罐后的新鲜发酵液,在膜装置内循环测肌苷含量,温度分别为 30℃、50℃、70℃、90℃,所得结果如图 8-42 所示。该弱酸性条件下,8h 以内,在考察的所有温度范围内,肌苷几乎不降解,超过 8h 以后,肌苷迅速降解。从该图可知,弱酸性(pH=6)环境中,在考察的温度范围内,肌苷的降解基本与温度无关,只与放置时间有关。所以发酵液放罐后,要尽可能快地酸化或碱化后进行膜过滤。

　　弱碱性、强碱性环境中的肌苷降解:取新鲜发酵液,以氢氧化钠将pH分别调

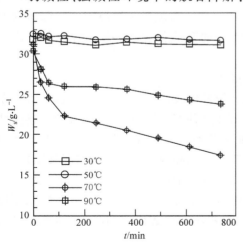

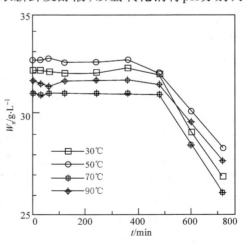

图 8-41　强酸性环境中的肌苷降解　　　　　图 8-42　弱酸性环境中的肌苷降解

为 8 及 11,在温度为 30℃、50℃、70℃、90℃范围内测定肌苷的降解情况,所得结果见图 8-43 及图 8-44。由两图可得,无论是在弱碱性(pH=8)环境,还是强碱性(pH=11)环境中,在所考察的温度范围内,发酵液中的肌苷均基本不降解。即在碱性环境中,肌苷稳定。

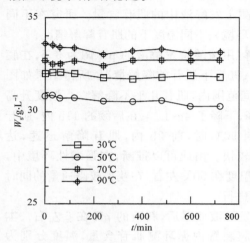 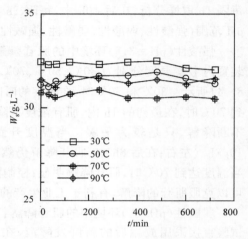

图 8-43　弱碱性环境中的肌苷降解　　　图 8-44　强碱性环境中的肌苷降解

（2）滤液中的肌苷降解

取膜过滤滤液,在常温下放置 28h,每隔 4h 取样分析含量,以考察滤液中的肌苷降解情况。滤液的 pH 分别为 3.5、6、8、11,所得结果如图 8-45 所示。由该图得,在不同的 pH 范围内,滤液中的肌苷均不降解。可能是膜过滤除去了菌体和大分子胶体,而这些物质中含有促使肌苷降解的酶或催化剂,这特别适合工业化生产。

（3）动态和静态环境下对肌苷降解的影响

在生产过程中,由于离心泵的高速旋转及发酵液在膜管内的高速流动,肌苷在叶轮表面及膜表面受到较大的剪切力作用,在这种剪切作用下,肌苷分子内连接嘌呤基团和核糖基团的化学键是否会断裂或错位而引起肌苷的降解,是否由于其他未知的因素导致肌苷降解,可通过考察肌苷在动态和静态下的降解情况加以判别。动态试验在膜装置内循环进行,静态试验则在烧杯中进行,发酵液 pH 分别为 3.5、6、8、11,温度为 70℃,所得结果如图8-46所示。在不同 pH 下,两种方式的肌苷降解几乎没什么区别,这表明,由于剪切力的作用不会引起肌苷的降解,即膜装置的引入不会造成肌苷的降解。

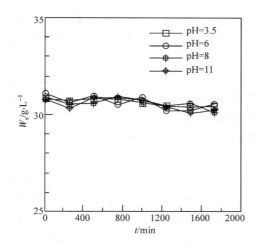

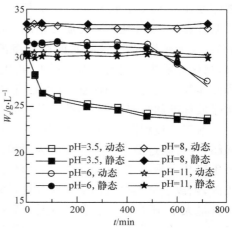

图 8‐45　常温下滤液中的肌苷降解　　　图 8‐46　动态和静态环境中的肌苷降解

8.2.2.6　陶瓷膜过滤肌苷发酵液的技术经济比较

在肌苷的传统提取工艺中,主要有离子交换、活性炭吸附、过滤、浓缩和结晶等步骤,其工艺流程图如图 8‐47 所示。

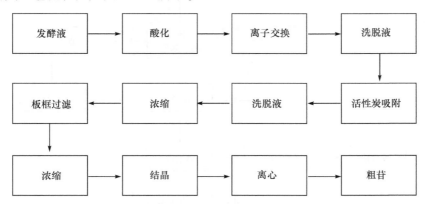

图 8‐47　肌苷传统工艺流程图

发酵液放罐后,用硫酸或盐酸将 pH 调为 2.5,未分离除去菌体而直接将发酵液上 732# 阳离子交换树脂,肌苷被吸附,然后用去离子水洗脱,含肌苷的洗脱液直接串入 769# 活性炭进行吸附,活性炭处理完后,pH 要保持在 3 左右,炭柱饱和后,先用乙醇和氢氧化钠溶液浸泡炭柱,再用 80～90℃氢氧化钠溶液作洗脱剂,当洗脱至肌苷含量小于 0.2％时,洗脱结束。洗脱液用酸调 pH 至 10～11 之间,减压浓缩到 5～6 波美度。然后用板框压滤除去沉淀物,继续浓缩至 18～20 波美度,将此浓缩液在 0～5℃下放置 36～48h,肌苷结晶析出。再用 0～3℃蒸馏水洗涤,得粗品肌苷,进一步纯化即可得肌苷精品。该工艺的主要缺点是:肌苷只有被吸附并洗脱后,才能被提取,未被吸附的肌苷将流失,所以离子交换柱和炭柱用量大,成本高,再生过程中所用的酸碱用量大,再生后的废酸、废碱和离交换柱、炭柱中的菌体和胶体等杂质得不到有效的处理而直接排放,将引起环境严重污染。随着工业污水排放标准的日趋严格,传统工艺将面临革新的问题。

新工艺流程图如图 8-48 所示。肌苷发酵液酸化至 pH 为 3.5,加热后抽入储液罐,进行膜过滤。当料液浓缩为原始体积的 15%～20%时,连续流加洗水,至滤液中肌苷含量小于 2g·L^{-1}时,膜过滤结束。将滤液泵入离子交换柱中,进行交换吸附,当离子交换柱流出液中肌苷含量大于 2g·L^{-1}时,串入炭柱;当离交流出液肌苷含量大于 15g·L^{-1}时,停串炭柱,收集高流液至全部滤液上完后,离子交换柱用 pH=3.0、温度为 28～30℃的循环水洗脱。当炭柱吸附饱和后,用碱液洗脱。将离交高流液和炭柱洗脱液以 1:1 的比例泵入三效储罐中,从三效浓缩炉中流出的料液抽入单效浓缩炉中继续浓缩至 20～25 波美度时,放炉入结晶罐中,冷却结晶。将结晶液离心分离,即可得粗苷,粗苷的进一步精制与传统工艺相同。

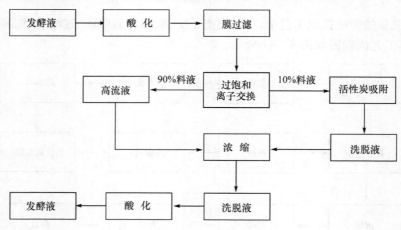

图 8-48　肌苷生产新工艺流程

将传统工艺、新工艺就离子交换和活性炭吸附这一工序作比较,其结果如表 8-16(按处理 100m^3 发酵液,肌苷含量为 30g·L^{-1}计算)。由此可得,新工艺与传统工艺相比,无论吸附剂用量,还是再生或洗脱过程中的酸碱用量,都大幅度下降。工业装置如图 8-49 所示。采用该装置后,肌苷收率从 85%提高到 90%以上;减少再生液、洗脱液用量,废水排放减少 2/3,回收了菌体蛋白,废水 COD 降低 60%。因此,取得了显著的经济和社会效益。

表 8-16 肌苷生产新旧工艺消耗比较

		传统工艺	新工艺
732#树脂	用量/t	20～30	5～10
	酸液洗脱剂/m³	20～30	5.5～10
	酸液再生剂/m³	25～35	7.5～10
	碱液再生剂/m³	35～45	10.5～12
769#活性炭	用量/t	20～25	5～8
	0.5N 碱液洗脱剂/m³	10～20	4～6
	0.1N 碱液洗脱剂/m³	20～25	5.5～8
	酸液再生剂/m³	10～15	2.4～3

图 8-49 肌苷发酵液陶瓷膜过滤装置

8.2.3 谷氨酸

8.2.3.1 谷氨酸提取工艺简介

工业淀粉糖化发酵后,所得谷氨酸发酵液中组分复杂,除谷氨酸外还存在菌体、残糖、色素、胶体物质以及其他发酵副产物,其中菌体直径大于 $0.7\mu m$。谷氨酸的提取工艺(如图 8-50 所示)流程长,环节多,直接影响了生产成本和产品质量。

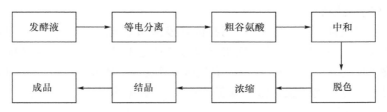

图 8-50 传统谷氨酸生产工艺流程示意图

工业生产中从发酵液提取谷氨酸的方法主要有以下几种：

(1) 等电点法

将发酵液盐酸调 pH 至谷氨酸的等电点,使谷氨酸沉淀析出,收率可达 80% 以上。如图 8-51 和图 8-52 所示。这些工艺中,都包括了将菌体与料液分离,生产高附加值的菌体蛋白的步骤。

图 8-51　谷氨酸等电分离流程简图

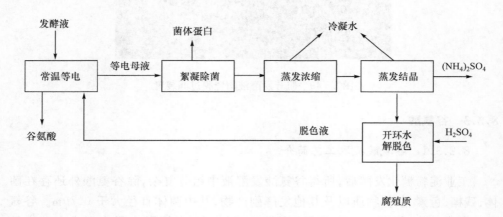

图 8-52　等电闭路循环流程示意图

(2) 离子交换法

先将发酵液稀释至一定浓度,用盐酸将发酵液调至一定的 pH,采用阳离子交换树脂吸附谷氨酸,然后用洗脱剂将谷氨酸从树脂上洗脱下来,达到浓缩和提纯的目的。收率可达 85%～90% 左右。但是酸碱用量大,废水排放量大。国内有些味精厂采用等电点—离子交换法提取工艺路线,总收率可达 90% 左右。

(3) 金属盐法

即利用谷氨酸与锌钙等金属离子作用,生成难溶于水的谷氨酸金属盐,沉淀析出,在酸性环境中谷氨酸金属盐被分解,在 pH 为 2.4 时,谷氨酸溶解度最小,重新以谷氨酸形式结晶析出。一般锌盐法提取收率在 85% 左右,有的厂采用等电点-锌盐法提取谷氨酸收率较稳定。

（4）盐酸水解-等电点法

发酵液中除含有谷氨酸外,尚含有一定量的谷氨酰胺,焦谷氨酸和菌体蛋白,这些物质用等电点、离子交换、锌盐法提取是无法回收的。发酵液经浓缩后加盐酸水解,可回收部分谷氨酸,从而使谷氨酸的提取收率和谷氨酸质量得到提高。

（5）离子交换膜电渗析法

根据渗透膜对各种离子物质的选择透性不同而将谷氨酸分离,如电渗析和反渗透法。

（6）浓缩等电离心法

采用碟片分离机将菌体分离,减压浓缩除菌清夜,等电冷却结晶。

（7）离心-真空转鼓过滤法

发酵液经高速离心分离,清液高温变性后通过真空转鼓过滤机,然后减压浓缩,酸化结晶。

目前我国多数谷氨酸生产厂采用等电点法提取工艺。传统的味精提取工艺中,由于采用带菌等点离交分离法,存在着谷氨酸收率低,易形成 β 型谷氨酸,离交废水量大等缺点[44]。为了避免菌体存在而导致谷氨酸晶体差和收率低,多数工艺结合了板框过滤工艺,初步将菌体杂质从发酵液中脱除。与直接等电提取方法相比,板框过滤后谷氨酸的收率有所提高,离子交换过程洗水用量也有所减少。尽管如此,我国谷氨酸生产行业每年仍然产生高浓有机废水达千万吨,废水 COD 值约 50 000mg•L^{-1}。从提取工艺的改进着手,进一步提高谷氨酸收率,减少排放水中的有机物含量,是重要的技术开发内容之一[45]。

国内外许多学者也进行了先除菌后等电离交或将除菌的发酵液浓缩等电的研究[46],浓缩一次等电收率可提高 4%～6%,谷氨酸纯度可提高 1%[47],浓缩后的菌体可制成饲料[48]或有机复合肥回收利用。为提高谷氨酸收率,许赵晖等[49]针对膜法提取技术进行了实验考察。采用超滤膜将菌体去除后,再经等电分离,谷氨酸的收率大于 88%。但所采用超滤膜的通量较低,且有机膜不允许高浓度、高黏度的固体物质进入系统,使菌体的浓缩倍数限制在 10～11 倍之间,洗水用量大,浓缩成本高。

为此采用无机陶瓷膜,以错流方式脱除发酵液菌体,将透过液中谷氨酸组分等电分离[50,51]。采用陶瓷膜分离系统后的谷氨酸提取工艺如图 8-53 所示。实现除菌、洗菌、浓缩过程连续化操作。

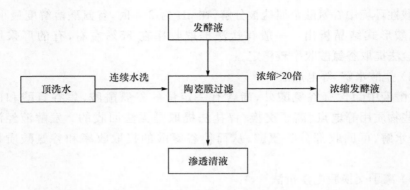

图 8-53　陶瓷膜方法提取谷氨酸流程示意图

8.2.3.2　陶瓷膜处理谷氨酸发酵液

谷氨酸发酵液由广东肇庆星湖集团股份有限公司味精厂提供。产品主要指标,如表 8-17 所示。

表 8-17　发酵液主要指标

pH	谷氨酸含量/%	OD	RG/%	菌体尺寸/μm	菌含量/%
6.7	10.2	1.2	0.45	>0.7	3～5

（1）膜孔径的选择

采用有效长度为 0.2m 的陶瓷膜元件,按照如表 8-18 所示的操作条件进行了前期实验,以选择合适的陶瓷膜元件。由表中可以看出,3# 膜元件由于膜孔径较大,对菌体的截留效果差。2# 膜元件无论在菌体截留效果还是过滤通量均能够满足工艺要求,可选作进一步实验考察。

表 8-18　膜孔径与通量的关系

序号	陶瓷膜孔径/μm	操作压力/MPa	表面流速/m·s^{-1}	温度/℃	拟稳定通量/L·m^{-2}·h^{-1}	清液含菌量/%
1	0.05	0.32	2	50	55	0
2	0.2	0.10	2	50	105	0
3	0.8	0.05	2	59	72	<0.2

注:实验中渗透液全回流到母液,拟稳定通量在 2h 后读取。

（2）操作条件对通量的影响

压力对通量的影响:图 8-54 给出了一定温度和较低的膜表面流速下,操作压力对稳定膜通量的影响。从图中可以看出,在 0.1MPa～0.2MPa 范围内,增加操作压力对膜通量的影响不大,而且当表面流速较小时,提高操作压力甚至使膜通量变小。这主要是因为发酵液中的菌体和多肽等物质在膜表面形成的凝胶层具有可压缩性,在低压时形成的凝胶层较厚,凝胶层的致密性对通量的影响大于增加压力使推动力增大对通量的影响。

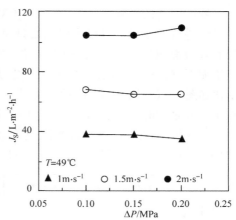

图 8 - 54　操作压差对膜通量的影响

　　膜面流速的影响:图 8 - 55 给出了膜面流速对膜通量的影响。可以看出,从 0.5m·s^{-1} 到 2m·s^{-1} 的膜面流速范围内,通量随膜面流速基本呈线性增加。这主要是因为膜面流速直接影响凝胶污染层的厚度。从图 8 - 54 和图 8 - 55 可看出,谷氨酸发酵液的陶瓷膜过滤过程属典型的凝胶污染层控制过程,膜面流速是决定膜通量大小的关键,因此应当尽可能选择更高的膜面流速。

　　温度的影响:料液温度的上升导致料液黏度下降和溶质扩散系数增大,因此一般物料温度上升导致膜通量提高。在不同的谷氨酸发酵液浓缩因子下,黏度随温度的变化情况如图 8 - 56 所示。在浓缩因子(Cr)较低(如 $Cr=1$)时,温度对黏度的影响不大,且升高温度从总体上来看可使黏度下降。但当浓缩因子较高(如 $Cr=10$)时,黏度先随温度的升高而升高,并出现极值点,随后又随温度的升高而降低。可见生物发酵体系的黏度随温度的变化具有非线性,在确定陶瓷膜过滤工艺时,对温度参数的选择可能要考虑多方面的因素。当然首先要考虑有效组分稳定性受温度的影响,然后就要考虑温度对物料黏度以及其他物性的综合影响效果。

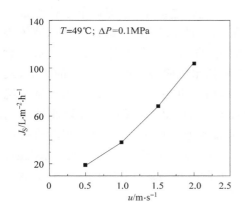

图 8 - 55　膜表面流速对通量的影响

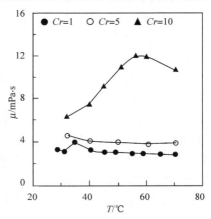

图 8 - 56　料液黏度随温度的变化关系

　　浓缩因子的影响：在考察浓缩因子对陶瓷膜过滤过程的影响时，实验采用一级两段法进行。在第一阶段采用有效膜面积为 $0.238m^2$ 的陶瓷膜组件，第二阶段采用有效膜面积为 $0.0477m^2$ 的膜组件。发酵液进入第一段膜组件过滤，清液流出，当浓缩至 $Cr=10$ 时，浓液进入第二段，并继续浓缩至 25 倍。膜通量随浓缩因子的变化如图 8-57、图 8-58 所示。由图 8-57 可见，在 $4m \cdot s^{-1}$ 膜面流速下，浓缩因子在 $1 \sim 10$ 之间时，膜通量均大于 $95L \cdot m^{-2} \cdot h^{-1}$，平均膜通量达 $120L \cdot m^{-2} \cdot h^{-1}$。由图 8-58 可见，在 $2m \cdot s^{-1}$ 膜面流速下，浓缩因子在 $10 \sim 25$ 之间时，通量均大于 $30L \cdot m^{-2} \cdot h^{-1}$，平均通量达 $55L \cdot m^{-2} \cdot h^{-1}$。

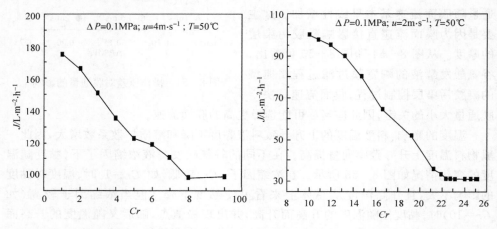

图 8-57　膜通量随浓缩因子的变化曲线(一)　　图 8-58　通量随浓缩因子的变化曲线(二)

　　洗菌方法：为保证较高的谷氨酸收率，同时尽量减少洗水时间，先将谷氨酸发酵液浓缩至 $Cr=20$，然后加水稀释至 $Cr=16$，进行连续水洗（即调节至补水量=膜通量）。当加水体积（V_D）达到浓缩液体积（V_0）的 2.5 倍（也即发酵液原液体积的 12.5%）时，停止加水。实验采用冷水加入，自由升温的操作方式。洗水倍数（V_D/V_0）和通量变化如图 8-59 所示。在开始水洗阶段，受加入水量的影响，发酵液母液温度有较为明显的下降，导致过滤膜通量也略有下降。在后续连续水洗过程中，系统温度逐渐上升，过滤温度也逐渐增加，至水洗结束时，膜通量达到 $110L \cdot m^{-2} \cdot h^{-1}$，表明陶瓷膜过滤过程中如果需要进一步减少洗水量，仍然有提高浓缩倍数的空间，这需要进一步的过程优化。例如在工业生产上可采取温水洗菌。将洗菌后的发酵液浓缩至浓缩因子 $Cr>20$（此阶段膜通量变化如图 8-60 所示），可保证陶瓷膜过滤过程的谷氨酸收率大于 99%。

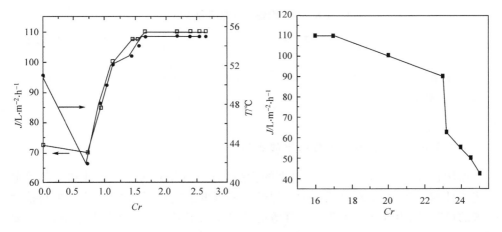

　　图 8 - 59　洗水倍数与通量的关系　　　　图 8 - 60　膜通量与浓缩比的关系

　　膜污染与对策:研究了陶瓷膜过滤谷氨酸发酵液过程中的膜污染与对策[52]。在中试实验的基础上,认为膜污染与发酵液的性质有很大关系,也与过滤过程的操作和膜清洗紧密相关。

　　采用同一根膜管,在相同条件下过滤污染后,不同清洗操作方式下膜通量恢复情况如表 8 - 19 所示。可以看出,三种操作方式下的通量恢复率差别很小。可以认为,过滤发酵液时,膜污染的主要部位在膜面,进入膜内的污染物很少。基于这一结论,清洗时可关闭透过液出口,这样不但可以省掉透过液的回流操作,而且可以防止清洗时其他的污染物进入膜孔内形成二次污染。

表 8 - 19　不同清洗操作方式下的通量恢复情况

膜清洗操作方式	新膜水通量 /L·m^{-2}·h^{-1}	洗后水通量 /L·m^{-2}·h^{-1}	通量恢复率 /%
全过程关闭透过液	860	672	78
后半过程开放透过液	860	680	79
全过程开放透过液	860	656	76

　　在膜污染控制中,应注意以下几个问题:适当控温,减小黏度的影响,维持适度的扩散效应;添加助滤剂,破坏凝胶层并增加滤饼层孔隙率,减轻滤饼的压实作用;优化操作条件,提高膜面流速,降低压差。这样可以有效地解决膜污染问题,使陶瓷膜过滤谷氨酸发酵液的操作可以满足工业应用的要求。

　　除菌后的发酵液性质指标:采用陶瓷膜脱除谷氨酸发酵液菌体后,清液的性质如表 8 - 20 所示,可见截留率大于 99.8%。

表 8-20　陶瓷膜过滤清液性质

	pH	谷氨酸含量 /%	黏度 /mPa·s	OD	R_c /%	湿菌含量 /%
发酵液	6.7	10.2	3.2	1.2	0.35	4.13
除菌后发酵液	6.7	10.3	3.0	0.035	0.30	0～0.02

8.2.3.3　在谷氨酸等电母液中的应用

虽然在等电工艺前除菌具有诸多的优势，但无菌等电的工艺条件和带菌等电工艺条件相差较大，特别是我国的谷氨酸浓缩等电工艺尚不算成熟，为减少新技术带来的风险，国内许多厂家宁愿选择等电后除菌的工艺路线。在此背景下，有必要开展无机陶瓷膜应用于谷氨酸等电母液除菌过程的研究，进行工艺条件的优化[53]。

pH 的影响：溶液 pH 对膜通量的影响通常是从对蛋白质溶解度和对菌体表面电荷的影响两方面考虑的。在生物发酵过程中，会产生不同的蛋白质，蛋白质在等电点时溶解度最小，并更容易在膜表面沉积，使膜污染加重，导致通量迅速下降。而且溶液 pH 的改变会影响菌体的带电情况，使菌体与膜表面的作用力发生改变，从而改变膜表面的滤饼或凝胶层的构成情况。由于发酵液成分的复杂性，并没有适合所有发酵液的规律来预测 pH 对膜通量的影响，为此通过实验进行考察是十分必要的。为提高谷氨酸收率，除菌后的等电母液通常将 pH 从 3 调到 1.5 后进离子交换工段。图 8-61 是 pH 对膜通量的影响。在恒定发酵液浓度、操作压力 0.2MPa，膜面流速 4.2m·s^{-1}，料液温度

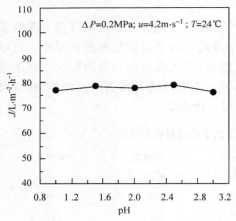

图 8-61　pH 对膜通量的影响

24℃的条件下，陶瓷膜分离系统循环运行 3h 后得到拟稳定通量，供作比较。由图可见，pH 在 1～3 的范围内对膜通量影响不大。为减少对后段工艺的影响，在 pH＝3 的条件下进行过滤。

压力的影响：一般来说，操作压力的升高会有效地提高膜通量。但当出现凝胶极化现象时，操作压力对膜通量的影响会变得不太明显，这与前面介绍陶瓷膜直接过滤谷氨酸发酵液时的情况一样。在膜面流速 4.2m·s^{-1}，料液温度 24℃下比较了压力对通量衰减的影响。由图 8-62 可知，稳定通量随操作压力的增加而有

提升。当压力大于 0.2MPa 时,通量随压力上升的幅度略有下降,表明凝胶污染层的作用开始表现出来了。对该过程而言,操作压差为 0.2MPa～0.3MPa 较为合适。

　　膜面流速的影响:在平均压力 0.2MPa 和温度 24℃下,取多批谷氨酸发酵液,测定膜面流速对膜通量的影响,得到膜通量的衰减情况如图 8－63 所示。流速增大,则膜通量增加。不同膜面流速下要维持相同的平均跨膜压差,实际上膜通道的进出口压力值有很大的变化,如表 8－21 所示。当膜面流速大于 5m•s^{-1} 时,膜通量基本不增加了,事实上在很多情况下出现膜面流速反而下降的现象。这种现象归因于多个效应,例如膜面流速的改变,实际上导致了沿程跨膜压差、膜面污染物构成的变化。这些效应相互联系与影响,总体上可能促进膜通量增加,也可能使之降低。就膜面流速而言,膜面流速增加,则污染物受流体动力的影响,不容易在膜面沉降和附着,使得污染层的厚度降低,阻力减小,净推动力增加,膜通量提高。就沿程跨膜压差而言,膜面流速增加的同时,膜面的沿程压降增大。从表 8－21 可见,膜面流速 5m•s^{-1} 时,膜元件内母液的进出口处压力差达到 0.18MPa,这将导致在进出口位置的膜面污染程度有很大差距。当维持过高的膜面流速时,进口位置附近的膜面污染严重,跨膜压差虽然大,但是污染层阻力也很大,膜孔堵塞现象也严重,结果膜通量并不高。在出口位置,跨膜压差小,因此膜通量也小。另一方面,过高的膜面流速也使得能耗增大。阻力与推动力的这种相互依存的规律,使得寻找合适的操作条件变得十分重要。在工程设计中,由于还要考虑到发酵液状况在很大程度上受到发酵工艺控制的影响,膜面流速的选择一般在 4～5m•s^{-1}。

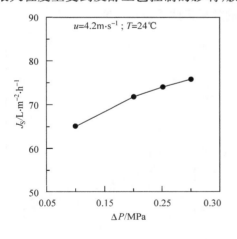

图 8－62　压力对膜通量的影响

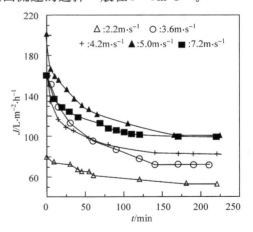

图 8－63　膜面流速对膜通量的影响

表 8-21　膜面流速对膜轴向操作压差的影响

膜表面流速 /m·s⁻¹	膜入口压力 /MPa	膜出口压力 /MPa	操作压差 /MPa	膜通量 /L·m⁻²·h⁻¹
2.2	0.22	0.18	0.20	52
3.6	0.24	0.16	0.20	72
4.2	0.25	0.15	0.20	82
5.0	0.29	0.11	0.20	100
7.2	0.35	0.05	0.20	100

温度的影响:通常提高温度有利于膜通量的提高,但由于过高的温度会使菌体絮凝,特别是当菌体浓度过高时,容易导致菌团阻塞流道。在平均压力 0.2MPa、膜面流速5m·s⁻¹条件下,温度与通量的关系如图8-64所示,可见通量随温度升高基本呈线性增加,这与发酵液除菌过程有所不同。

反冲的影响:在陶瓷膜过滤系统运行过程中,定期将渗透液以脉冲方式从渗透侧反向流动,以期将膜表面的污染成分冲回高速流动的母液中,减小污染层阻力,提高膜过滤通量,这就是反冲技术。针对谷氨酸发酵液体系,在操作压差0.2MPa、膜面流速5m·s⁻¹、操作温度 24℃和恒定母液组成的条件下,以 10min 时间为过滤周期,反冲时间为 10s,所得结果与未采用反冲方法的情况作了比较,如图 8-65 所示。由图中可以看出,在操作时间 120min 之前,使用反冲的膜通量比未使用反冲时的通量低,表明反冲反而加快膜污染;在 120min 后,反冲后平均膜通量略高于无反冲时的膜通量。鉴于实际工业连续运行周期长,稳定通量的高低对于平均膜通量的影响较大,因此关于反冲的效果仍然是值得深究的因素。

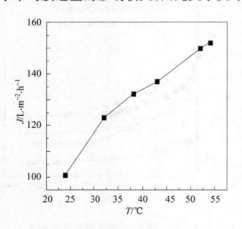

图 8-64　温度对膜通量的影响

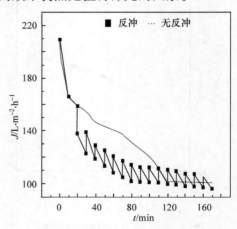

图 8-65　反冲对通量的影响

　　母液浓度的影响：在操作压差 0.2MPa、膜面流速 5m·s^{-1}、温度 54℃ 和母液 pH＝3 的条件下，等电母液中菌体浓缩因子和膜通量的关系如图 8－66 所示。图 8－67 为在上述条件下膜通量随时间的衰减曲线。当浓缩过程进行 4h 时，浓缩因子达到 4；从开始时起，膜通量一直有明显衰减，至此后逐渐平坦，通量稳定在 90L·m^{-2}·h^{-1} 以上。当浓缩因子大于 17 时通量明显衰减。通量的第一次衰减主要是膜污染使阻力迅速增加所至，第二次衰减则是因为母液浓度过高，表现出明显的非牛顿性流体特性。同时可以看到在浓缩因子小于 20 时，膜通量始终大于 70L·m^{-2}·h^{-1}。在高浓缩因子条件下，等电母液的膜过滤通量比前面介绍的发酵液的过滤通量要高。虽然操作条件有差异，但是经过等电后谷氨酸成分等得到提取，对于后继的膜过滤过程通量的提高是有帮助的，表明这种工艺方案也有可取之处。

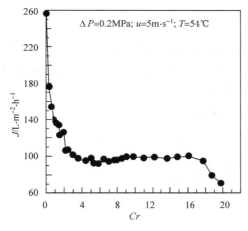 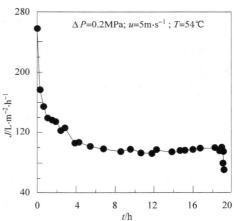

图 8－66　浓缩因子对通量的影响　　　　图 8－67　主体浓度和时间对通量的影响

　　膜清洗效果：在采用陶瓷膜处理发酵体系时，由于体系中存在大量的蛋白质和无机盐等污染物，通常采用 2％ 的碱和 2％ 的硝酸清洗。为减少酸碱的使用量，采用了反冲与化学清洗相结合的清洗方法。具体步骤如下：先将装置用清水漂洗干净，后反冲 5min；再加入 0.5％ 的 NaOH 溶液在 50℃ 下清洗 20min；然后加入 0.4％ 的 NaClO 溶液漂洗 30min；最后采用 pH 为 1 的硫酸或硝酸溶液清洗 10min，以上清洗均在低进口压力和膜面流速 4 m·s^{-1} 下完成。

　　膜通量效果和运行稳定性如图 8－68 所示。采用该方法，与首次使用并清洗后清水的膜通量相比，膜通量恢复率始终在 96％ 以上。该方法能较少酸碱用量，适合于生产需要。

　　膜处理效果：从表 8－22 中可以看出，陶瓷膜对菌体的截留率大于 99％，同时对谷氨酸和残糖（RG）无截留效果，总去除率为 29.7％，谷氨酸损失小于 0.01％，

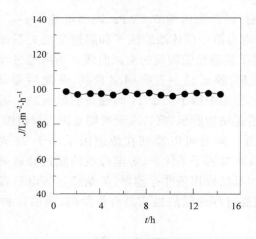

图 8-68　膜清洗效果稳定性考察

可有效地减轻后续工艺的处理负荷,同时由于固液分离比较彻底,也降低了其他工段的处理难度。在操作压差 0.2MPa、膜面流速 5m·s^{-1}、温度 54℃条件下,浓缩因子可达到 20,通量可维持在 70 L·m^{-2}·h^{-1} 以上。

表 8-22　性质指标

	pH	谷氨酸含量/%	COD/mg·L^{-1}	RG/%	菌含量/%
等电母液	3.0	2.52	63093	0.60	1.2
透过清液	3.0	2.51	44352	0.60	0.01

8.2.4　头孢菌素 C

头孢菌素是继青霉素后在自然界发现的第二类 β-内酰胺抗生素,具有高效、广谱、低毒和耐酶等优点,已经先后开发出四代系列数十个品种。头孢菌素类抗生素在我国属高档抗生素,其使用日益普及,在国际和国内市场需求旺盛,因而其生产工艺的进步显得非常重要。

头孢菌素 C($C_{16}H_{21}N_3O_8S$,简称 CPC 或头 C)是合成各种头孢菌素类抗生素的母核(7-氨基头孢烷酸,7-ACA)的起始原料。

8.2.4.1　CPC 盐生产工艺简述

来自发酵工序的 CPC 发酵液降温至 10℃以下并经硫酸酸化至 pH2.5～3 后,通过过滤工序除去发酵液中的菌丝、悬浮物和大分子蛋白等杂质,得到 CPC 澄清液。澄清液在提炼工序经大孔树脂吸附和离子交换，再经过纳滤/反渗透，得到浓缩CPC溶液。在结晶工序经过精制（结晶、过滤、洗涤和干燥），得到头CPC盐干粉。采用陶瓷膜过滤发酵液工艺后的CPC盐工艺如图8-69所示。

　　在CPC盐生产中，CPC发酵液可采用膜滤设备过滤澄清，考虑到产品质量与生产的综合成本，这里推荐采用陶瓷膜过滤系统。如果采用CPC钠/钾盐工艺，考虑到浓缩倍数、收率和综合成本，这里推荐采用纳滤系统对解析液进行浓缩。

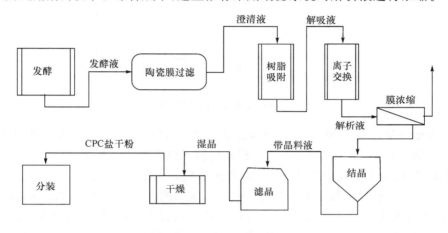

图8-69　CPC生产工艺示意图

8.2.4.2　CPC发酵液的陶瓷膜过滤过程研究

　　有多种原因使得CPC发酵液的过滤澄清工艺成为影响CPC收率的主要因素之一。第一，在CPC发酵过程的后期，菌丝老化断裂，形成单细胞节孢子，致使料液黏稠。第二，随着新型菌种的研制成功，在不断提高发酵液中CPC效价的同时，菌丝含量也在不断上升。现在一般湿菌含量达到50%左右，随着发酵技术的进步，湿菌含量在增加。第三，CPC属于不稳定中间体，随着时间的延长而发生降解，要求处理时间尽可能短。第四，温度增加会促进CPC的降解，为此一般将体系温度控制在15℃以下，最好低于10℃。由于上述多种原因，CPC发酵液的陶瓷膜法分离和纯化工艺具有非常重要的意义。

　　（1）实验方法

　　陶瓷膜元件为标准长度（1016mm），19通道，每个通道直径为4mm。陶瓷膜的活性层材质为氧化锆，在25℃下的纯水通量大于10 000$L \cdot m^{-2} \cdot h^{-1} \cdot MPa^{-1}$。在温度25℃，牛血清蛋白（BSA，67 000Da）本体溶液浓度0.2$g \cdot L^{-1}$，操作压差0.1MPa，膜面流速3$m \cdot s^{-1}$下。对BSA的截留率如图8-70所示。

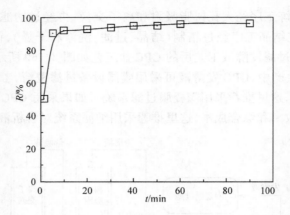

图 8-70　陶瓷膜对 BSA 的截留率随时间的变化

　　为充分考虑陶瓷膜过滤过程与工业运行条件的可比性,实验在膜面积为 $2.8m^2$ 的陶瓷膜中试装置上进行。7 根陶瓷膜元件填装在一个组件内。两个膜组件串联,以模拟工业规模条件下的膜组件连接模式。在串联膜组件的进口、中间以及出口位置通过仪表测定压力变化。中试装置如图 8-71 所示,其储罐的容积为 300L,设有夹套冷却,同时在储罐内设有不锈钢盘管冷却,以保证物料温度能得到有效控制。中试装置直接置于 CPC 发酵液生产线旁路上,以直接取得来自生产线的 CPC 发酵酸化液和利用冷却条件。

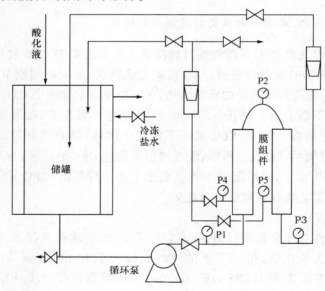

图 8-71　CPC 酸化液陶瓷膜过滤装置示意图

实验分四个连续的阶段,即循环、浓缩、透析、再浓缩。在循环阶段,主要考察物料固含量不变(透过液返回到储罐中)的条件下过滤通量的衰减情况。在浓缩阶段,原料液进行过滤浓缩,收集滤液,并适时向储罐添加 CPC 酸化原液,保持液面处于较高的位置,使得盘管冷却效果得到利用。达到一定体积浓缩倍数后,进入透析阶段,向储罐加入适量的温度为 10℃ 的酸化水,保持储罐内的搅拌状态。当浓缩液和透过液中的 CPC 效价较低,对于工业运行没有参考价值后,继续浓缩,以考察浓缩倍数进一步提高时通量的变化情况,为优化运行工艺提供某种程度的参考。在运行过程中测定膜渗透通量并适当取样分析 CPC 的效价及其他相关指标。过滤完成后,清洗膜系统并测试陶瓷膜的水通量恢复效果。

(2) 渗透通量

对 CPC 酸化液取样,采用乌氏黏度计和锥板式黏度计检测物料黏度,表明黏度数值大于 70mPa·s,并且受发酵过程的影响而有较大的波动,经过陶瓷膜浓缩过滤后的酸化液黏度增加快,流动性极差,实际上采用乌氏黏度计检测的数据有相当大的误差。注意到物料的这些流动特性,在过滤过程中首先要保证一定的膜面流速,使得膜污染减缓。操作中控制温度在 $8\sim10℃$,维持膜面流速 $5\sim6\text{m·s}^{-1}$,调节操作压差(进口压力 $P_1=0.36\sim0.4\text{MPa}$,中间压力 $P_2=0.16\sim0.23\text{MPa}$,出口压力 $P_3=0.03\sim0.12\text{MPa}$)。浓缩过程中物料黏度的大幅增加导致压力的波动。对于 CPC 发酵液这样的黏稠体系,装置中配置的动力泵扬程仍然偏小,使得膜组件的出口压力在极黏稠条件下甚至下降到 0.03MPa。

对于 CPC 发酵液体系,膜过滤系统的关键指标是渗透通量。受到物料温度、湿菌含量等因素的影响,一般膜过滤通量均不是很高。文献[54]报道了在温度17~20℃、进口压力 0.6MPa(出口 0.3MPa)条件下对某 CPC 发酵液的过滤通量变化情况,表明过滤通量在由初始的 $45\text{L·m}^{-2}\text{·h}^{-1}$ 逐渐下降到 $37\text{L·m}^{-2}\text{·h}^{-1}$,他们对另一种 CPC 发酵液的过滤实验结果表明,渗透通量大于 $55\text{L·m}^{-2}\text{·h}^{-1}$,并且逐步上升,但是作者没有对浓缩倍数和操作条件作出更加详细的说明。

陶瓷膜对 CPC 酸化液的过滤通量变化趋势如图 8-72 所示。总共加入 CPC 酸化液 350L,其中有一部分酸化液在初步浓缩后补加到储罐中,以维持较高的液位。从图中可以看出,CPC 酸化液的起始过滤通量较高,但很快下降。在经过约 60min 后,通量降落到 $80\text{L·m}^{-2}\text{·h}^{-1}$ 左右,经过超过 120min 的循环,渡过通量下降的拐点,通量下降到 $70\text{L·m}^{-2}\text{·h}^{-1}$。这时过滤阻力基本形成,进入到一个平缓的阶段。在浓缩过程中,过滤通量下降幅度较大,中间可能由于向储罐补充了少量的 CPC 酸化液原液而影响了通量的变化。浓缩过程进行了约 60min,酸化液浓缩了约 1.8 倍,过滤通量下降到 $50\text{L·m}^{-2}\text{·h}^{-1}$。这种通量下降现象固然与物料湿菌含量高有很大的关系,可能与物料混合不够完全也有关系。浓缩后物料黏度大幅上升,以至于采用乌氏黏度计已经不能完成测试程序。在储罐中的物料因此混合严重不均,必须专门对储罐物料加以搅拌。在透析阶段,向储罐加入一定体积酸化水后充分混合,收集等量体积的陶瓷膜透过液后再重复补充透析水。可以看出膜通量稳定在 $60L \cdot m^{-2} \cdot h^{-1}$ 左右,透析后期膜通量甚至略有上升,表明在膜表面形成了阻力相对稳定的污染层。在最后的浓缩阶段,过滤通量下降非常明显。导致这种现象有多方面的原因,但主要是由于物料经过较长时间的加压和释压循环后,菌体的破裂非常严重,物料进一步增稠,浓缩过程中膜污染继续累积。

在透析阶段分别检测了两个膜组件(前后组件分别标记为 a、b 组件)各自的通量,结果如图 8-73 所示。虽然膜元件的性能不可避免地在一个范围之内有所波动,但随机选择组装成这两个膜组件后,其总体性能是相近的,而物料条件对于这两个膜组件来说是几乎一样的,因此通量的这种差异主要由操作压力引起。a 组件在较高的操作压力下,通量仍然存在较大的波动,说明膜面的凝胶污染层还没有累积到那种极其严重的,压力波动已经对通量没有影响的程度。由此可以认为,在工业运行过程中,有可能采用变压操作更为适宜。可以采用这样一种模式来优化工业运行:将浓缩与透析过程相结合,在适宜的操作压力下浓缩 CPC 酸化液,当通量降低到某种程度或者操作压力(例如 P_1)上升到一定程度后,自动补充酸化水,以达到提高浓缩倍数、减少补水量、提高过滤通量的目的。

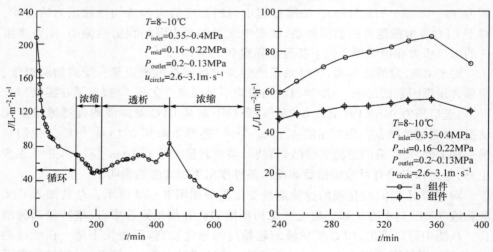

图 8-72　陶瓷膜对 CPC 酸化液的
过滤通量

图 8-73　单个膜组件的 CPC 酸化液
过滤通量

（3）CPC 收率

过滤过程的另一个重要指标是 CPC 的收率。在陶瓷膜浓缩过滤初期和结束时,同时取样分析了酸化液和过滤液中 CPC 的含量,发现在开始阶段和结束阶段 CPC 的透过率(定义为渗透液和相应酸化液母液中 CPC 浓度的比值)分别大于

96％和92％。由于CPC受到包裹作用,透过液和酸化液母液中CPC含量有一些差别。这种包裹作用可能存在于酸化液复杂的体系中,也可能归因于膜面污染层所起的二次膜层效应。图8-74给出了过滤过程中CPC收率随透过液体积的上升情况。其中CPC总效价计算为酸化液原液的总效价,透过液的CPC效价为所收集各批透过液效价的总和。可以看出,当透过液体积达到600L时CPC收率达到90％,这时加入酸化水约440L,相当于酸化液原液的1.26倍。

文献[55]报道了硅藻土过滤CPC发酵液的收率以及顶洗水量,其中顶洗水量大约为发酵液量的20％,而收率也可达到90％,透过液透光率可达95％,过滤通量也接近50L·m^{-2}·h^{-1}。从这三项指标来看,除了透光率较明显地小于陶瓷膜透过液的透过率(97％)外,过滤通量也略低,但是顶洗水的消耗量明显的小。这仅是初步的比较,因为硅藻土过滤的时间大约在2h,尚没有运行更长的时间,以模拟工业运行条件。

目前,板框过滤仅在极少数的CPC生产中使用,绝大多数已经改为采用膜分离方法。通过上述比较,可以看出陶瓷膜的优势在于透过液具有更高的澄清度,实际上对蛋白等具有更好的截留效果,使得后续工艺中的大孔吸附树脂使用效率得到提升,使用寿命得到延长。

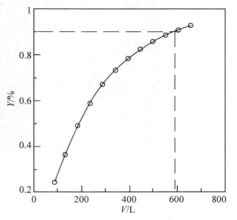

图 8-74　CPC 的收率与透过液
体积的关系

8.2.4.3　工业装置

工业生产中产生CPC酸化液100m^3,在10h内处理完毕。陶瓷膜装置设计膜面积422m^2,如图8-75所示。根据CPC发酵液的构成特点和过滤特殊条件,在陶瓷膜装置设计方面给予了特别的考虑。

(1) 使用条件

温度:根据CPC易于降解的特性,对陶瓷膜的密封材料作了专门的设计,使得可以在较低的温度下使用。在陶瓷膜装置上可设置4～80℃的安全使用范围。在该使用范围内,另行根据操作工艺进行温度参数的检测和报警,运行温度超过设置范围时,陶瓷膜系统将给出相应的报警和反馈调节。

在陶瓷膜系统的清洗过程中,清洗液的温度可达到40～60℃,这样清洗时间可控制在2h以内。基本不需要通过较长时间的浸泡和复杂的清洗药剂来再生膜系统。在该使用温度范围和相应的廉价药剂作用下,陶瓷膜通量的衰减可控制在

＜7％/年以内。

图 8-75　422m² CPC 发酵液过滤装置(局部)

压力:陶瓷膜系统的进膜压力可在 0.3～0.6MPa 范围内根据流量变化而调节。CPC 发酵液的膜过滤过程的运行条件在很大程度上受到发酵效果波动的影响,各项操作参数需要有较大的弹性,保证在具体的运行中获得最优的效果。

pH:陶瓷膜系统可在强酸和强碱条件下使用。对于陶瓷膜系统而言,CPC 酸化液的中强酸环境条件处于非常温和的范围。清洗工艺则利用了陶瓷膜系统耐强酸和强碱的特长,使得再生过程周期短、费用低、效率高。

固含量:陶瓷膜具有宽的流道,适合于高固含量和高黏度 CPC 发酵液的固液分离。设计陶瓷膜系统可将湿菌含量达 45％的 CPC 酸化液浓缩 2 倍以上,对大分子蛋白等杂质成分也具有较好的脱除效果。

运行周期:陶瓷膜系统过滤 CPC 发酵液的运行周期受到发酵罐大小的限制和 CPC 随时间降解特性的限制。设计连续运行周期 10h,为了缩短生产周期,降低 CPC 的降解,有必要进一步降低 CPC 发酵液的过滤时间。

(2) 运行费用

陶瓷膜装置用于 100m³/批 CPC 发酵液处理的运行费用主要包括所消耗的公用工程以及药剂,如表 8-23 所示。

表 8 - 23　100m³ CPC 发酵液过滤装置(422m²)运行费用一览表

序号	项目	费用/元·吨发酵液$^{-1}$	备注
1	用电	11.7	包括清洗过程和仪表用电
2	自来水	0.5	用于膜系统清洗
3	蒸汽	0.2	清洗液加热
4	冷量	2.0	CPC 发酵液保温
5	清洗剂	2.0	
	总计	15.4	

8.3　小　　结

　　本章介绍了陶瓷膜分离技术在中药体系和生物发酵体系的工艺开发和工程应用的一部分工作。限于篇幅,没有涉及陶瓷膜在果汁饮料以及色素、果胶、低聚糖等食品添加剂方面的应用。在已进行的工作中,还深入考察了双黄连、陈皮以及其他制剂的陶瓷膜澄清工艺,在赖氨酸和植酸酶等发酵液体系中,陶瓷膜均得到规模化应用,其中赖氨酸发酵液陶瓷膜过滤成套装置的面积超过 500m²。这些工作在今后将陆续介绍给读者。

　　陶瓷膜在中药体系,最主要的贡献在于替代醇沉工艺,在生物发酵体系,主要替代板框过滤工艺。对陶瓷膜过滤系统而言,分离膜的选择、工艺条件的确定、工程设计等均是充分发挥膜过滤效果的重要前提。通过工程应用,已在全国建立了数十套陶瓷膜工程装置,取得了显著的技术经济效益。目前陶瓷膜技术在中药和生物医药行业的需求方兴未艾,陶瓷膜产业的发展将面临更大的机遇。

参 考 文 献

[1] Zanetti R C. Ceramic makes strong bid for tough membrane uses. Chem. Eng., 1986, 9:19~24

[2] 邢卫红,徐南平,时钧. 无机膜分离技术在食品、发酵行业中的应用. 膜科学与技术,1997, 6:1~9

[3] Government Report, DE88010441

[4] Government Report, DE89013010

[5] Michaels S L. Crossflow microfilters the ins and outs. Chem. Eng., 1989,84~89

[6] Merin U, Daufin G. Separation processes suing inorganic membranes in the food industry Proc. 1stIntl. Conf. Inorganic Membranes, Montpellier,1990, 271~281

[7] 邢卫红,余靖,徐南平等. 陶瓷微滤膜在果汁过滤中的应用. 第二届全国膜和膜过程学术报告会论文集, 大连, 1996:334

[8] 王茂盛. 中药学. 北京:科学出版社,2001

[9] 孙文基. 天然药物成分提取分离和制备. 北京:中国医药科技出版社, 1999

[10] 郭立玮,彭国平,王天山等. 大孔树脂吸附与超滤联用对六味地黄丸中丹皮酚和马钱素含量的影响. 南京中医药大学学报, 1999, 15(2): 86～88

[11] 赵宜江,嵇鸣,张艳. 陶瓷微滤膜澄清中药提取液的研究. 水处理技术, 1999, 25(4): 199～203

[12] 赵宜江,张艳,邢卫红等. 中药提取液的膜分离工艺. 中国医药工业杂志, 2000, 31(3): 98～101

[13] 陈丹丹,郭立玮,刘爱国等. 0.2μm 无机陶瓷膜微滤对生地黄、黄芪水提液物理化学参数影响的初步研究. 南京中医药大学学报, 2003, 18(3): 153～155

[14] 董洁,郭立玮,陈丹丹等. 0.2μm 无机陶瓷膜微滤对黄芩等 7 种中药主要指标性成分转移率的影响. 南京中医药大学学报, 2003, 19(3): 148～150

[15] 陈丹丹,郭立玮,刘爱国等. 0.2μm 无机陶瓷膜微滤枳实、陈皮水提液理化参数与通量变化关系的研究. 南京中医药大学学报, 2003, 19(3): 151～153

[16] 李卫星,刘爱国,邢卫红等. 陶瓷膜在中药复方糖浆澄清精制中的应用. 中国医药工业杂志,2005, 36(1):43～45

[17] 赵宜江,姚建民,徐南平等. 无机膜提取栀子黄色素的工艺研究. 南京化工大学学报, 1997,19(1): 77～81

[18] 钟璟,赵宜江,李红等. 陶瓷微滤膜回收偏钛酸过程中的膜污染机理. 高校化学工程学报, 1998, 12(2): 136～140

[19] 倪慕云,边宝林. 地黄化学成分的研究概况. 中国中药杂志, 1989, 14(7): 41～43

[20] 边宝林,王宏洁,倪慕云. 地黄及其炮制品中几种主要糖的含量测定. 中国中药杂志, 1992, 20(8): 469～471

[21] 边宝林,王宏洁,倪慕云. 地黄及其炮制品中总糖及几种主要糖的含量测定. 中国中药杂志, 1995, 20(8): 469～512

[22] 杨桂法,王玉枝,杨霞. 有机化学分析. 长沙:湖南大学出版社, 1996

[23] 宁正祥. 食品成分分析手册. 北京:中国轻工业出版社, 1997

[24] 曾坚贤,邢卫红,徐南平. 膜分离技术在发酵领域中的应用. 水处理技术, 2003, 29(6): 311～314

[25] 刘飞,高斌,邢卫红等. 陶瓷膜在甘氨酸精制中的应用研究. 化工装备技术, 2003, 24(1): 14～17

[26] 李艳. 发酵工业概论. 北京:中国轻工业出版社,1999

[27] 郑领英,姚恕. 肌苷发酵液净化技术的研究. 发酵科技通讯, 1993, 22(2): 5～10

[28] 董明,邵琼芳. 肌苷分离技术进展. 江西师范大学学报, 1997, 21(1): 75～80

[29] 钱铭镛. 提高肌苷产率的发酵条件研究. 医药工业, 1987, 18(1): 24～26

[30] Kusumoto I, Suzuki Y. Crystal separation from fermentation solutions. inosine separation. 1983, US Patent37059

[31] Mikstais U, Shternberg I Y. Separation of a mixture of inosine and adenosine. 1980, US Patent 147154

[32] Toi K, Takahashi T. Separation of nucleic acid-related substance and vitamins. 1979, JP Patent53135

[33] XING Qihong. Separation of inosine from microorganism fermentation liquor. 1993, CN Patent 102400

[34] Tsuda M. Separating inosine and/or guanosine from a fermentation broth by ultrafiltration. 1982, JP Patent 125718

[35] 曾坚贤,邢卫红,徐南平. 膜过滤过程中的肌苷降解研究. 湘潭矿业学院学报, 2003, 18(1): 91～94

[36] 曾坚贤,邢卫红,徐南平. 被肌苷发酵液污染后的陶瓷膜再生方法研究. 水处理技术, 2003, 30(1): 15～18

[37] Tsujita H. Selective crystallization of guanosine monosodium salt dihydrate and 2,5-hydrate. 1995 US Patent 133697

［38］Gillot J, Soria R, Fell C J. Recent developments in the Membralox ceramic membrane. Proc.1ˢᵗintl. conf. inorganic membranes, Montpellier,1990, 379～381

［39］Matsumoto K, Kawahara M. Crossflow filtration of yeast by microporous ceramic membrane with back-fwashing. J. Ferment. Technol, 1988, 66(1～2)：199～205

［40］Capannelli G, Vigo F, Munari S. Ultrafiltration membranes—characterization methods. J. Membr. Sci., 1983, 15(3)：289～313

［41］祝振鑫, 吴立明, 胡晓珺. 用鸡蛋清中的卵清蛋白测定常用超滤膜的切割分子量. 膜科学与技术, 1999, 19(5)：44～50

［42］Kroner K H, Schutte H, Hooper L A, et al. Cross-flow filtration in the downstream processing of enzymes. Process Biochem., 1984, 42(2)：67～74

［43］Nagata N, Herouvis K J. Cross-flow membrane microfiltration of a bacterial fermentation broth. Biotechnol. Bioeng., 1989, 34(4)：447～466

［44］Shaoxun Huang, Xingyan Wu. Application of membrane filtration to glutamic acid recovery. J. Chem. Technol. Biotechnol., 1995, 64 (2), 109～14

［45］刘学铭, 余若黔, 梁世中. 味精废水处理技术进展. 工业水处理, 1998, (6)：1～3

［46］占宇. 氨基酸组成和调酸速率对谷氨酸结晶的影响. 食品与发酵工业, 2000, 26 (2)：46～49

［47］于信令. 味精工业手册. 北京：中国轻工业出版社,1995

［48］李红光. 味精母液浓缩处理及浓缩液固体发酵生产活性蛋白饲料. 环境保护, 1998, 11：27～34

［49］许赵辉, 王焕章, 赵亮等. 超滤膜除谷氨酸发酵液中菌体对等电提取收率的影响. 膜科学与技术, 2000, (3)：62～64

［50］景文珩, 孙有勋, 邢卫红等. 陶瓷膜在谷氨酸等电母液除菌过程中的应用. 化工装备技术, 2002, 23 (6)：10～14

［51］王焕章, 许赵辉, 邢卫红等. 陶瓷膜在谷氨酸发酵液除菌过程中的应用. 食品与发酵工业, 2001, 27 (5)：42～46

［52］许赵辉, 王焕章, 李必文等. 陶瓷膜过滤谷氨酸发酵液过程中的膜污染与对策. 食品工业科技, 2002, 23(2)：32～34

［53］景文珩, 孙友勋, 邢卫红等. 陶瓷膜在谷氨酸等电母液除菌过程中的应用. 第七届全国非均相分离会议论文集. 南京, 2002, 188

［54］李春艳, 方富林, 何旭敏等. 超滤膜分离技术在头孢菌素 C 提纯中的应用. 中国医药工业杂志, 200132(11)：497～499

［55］陈尧, 孙国志, 杨小荣等. 硅藻土助滤剂在头孢菌素 C 发酵液过滤中的应用研究. 河北科技大学学报, 2002, 23(4)：28～31

第9章 陶瓷膜在含油废水处理过程中的应用

含油和脱脂废水的来源极为广泛,如石油工业的采油、炼油、贮油运输及石油化工与化学工业的生产加工过程等,都不同程度地产生大量的含油废水,钢铁工业的压延、金属切削、研磨所用的冷却润滑剂废水,机械工业金属表面处理中产生的含油废水,海洋船舶中的含油废水,船底油槽泄漏的含油废水,食品工业产生的含油废水等。这些废水如直接排放将导致水体的严重污染,同时也是对宝贵的水资源的巨大浪费[1]。

废水中的油常以游离油、乳化油和溶解油的形式存在。游离油因粒径较大通常以浮油方式存在于水中,因此处理方法较为简单,一般只需采用自然浮上法、吸附法、旋流分离等物理方法即可。乳状油一般含有表面活性剂,在动力学上具有一定稳定性,因而较难处理,该类废水大量产生于钢铁工业、印染工业和食品工业。对溶解油而言,由于油类在水中的溶解度较小故含量较低[2]。因此,含油废水处理的难点和关键是含乳化油体系的废水处理。围绕该类废水,国内外的研究机构和企业做了大量研究,主要包括物理处理法、化学处理法、生化处理法三类[3],见表9-1。其中物理处理过程因为无须投加化学药剂、工艺简单等特点被大量应用于工业水处理中,但经浮选、过滤等机械方法处理后其油含量往往超过国家排放标准[4]。

表 9-1 含油废水处理方法

物理处理法	混凝沉降、气浮、吸附及粗粒化法、旋流分离法、过滤法及膜分离法
化学处理法	湿式氧化、化学氧化剂氧化法、电解絮凝及电解浮上法
生化处理法	活性污泥法、生物膜法及氧化塘法

膜法处理含油废水的基本原理是利用膜本身的微孔对油滴的截留效应实现油水分离,属物理处理过程。随着环境保护重要性的提高和工业废水排放标准的严格化,膜分离作为污水深度处理技术已越来越受到环境科学工作者的重视。陶瓷膜以其优异的机械、化学稳定性在该领域已显示出极强的竞争力,但与有机膜相比,单位面积的陶瓷膜所需费用仍较高。因而,通过对陶瓷膜结构、性能和过程的优化以使其达到经济上的合理性是陶瓷膜技术在含油废水规模化应用中的关键。

9.1 陶瓷膜在轧钢乳化液中的应用

钢铁、机械等行业生产中产生大量的含油乳化液废水,主要为油脂、表面活性剂、悬浮杂质和水,其中最难处理的是冷轧乳化液废水。据钢铁行业统计,国内近 20 个企业拥有总生产能力为 1200 多万吨的钢铁冷轧机组,含油乳化废水的排放量超过 2000 万 t/a。该类废水的典型特点是:油处于乳化状态,油滴直径在 1μm 以下;常规的处理方法(图 9-1 所示)难以得到理想的处理效果,在实际应用中存在一定的问题,处理后水层的油含量仍较高,超过 1000mg•L^{-1},这种废水直接进入工厂的废水系统会导致负荷加大,废水处理成本升高。同时,传统的破乳、曝气处理工艺也存在破乳剂用量过高、破乳效率较差等问题,处理过程中产生大量的油渣浮于水面,在槽底则产生污泥,现场操作环境恶劣,污染严重。

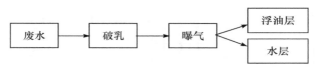

图 9-1　传统的轧钢乳化液废水处理方法

　　为解决日益严重的水污染问题,近年来国内也有一些企业引进膜装置进行含油废水处理。如 1988 年,宝钢 2030 冷轧厂从美国 KOCH 公司引进了大型的超滤膜装置,用以处理冷轧乳化含油废水[5,6]。整个装置分为两级,第一级有 8 套,第二级有 4 套,每套有 20 组超滤管组件,每个组件由 7 根超滤管串联构成,膜管内径 25mm,管长 3m。膜管材料为平均孔径 0.01μm 的改性偏氟乙烯膜,设计通量为 80L•m^{-2}•h^{-1},透过液油含量小于 10mg•L^{-1},使用寿命为 2～3 年。工艺流程如图 9-2 所示。各机组排出的含油废水首先进入调节槽进行预处理。在槽内用蒸汽加热至 45℃,以降低含油废水的黏度,便于油水分离,同时加速氧化铁皮等杂质沉淀,废液在槽内有一天以上的静置分离时间。沉淀物从调节槽底部用刮泥机排出,上部的浮油经带式撇油机刮送至废油回收槽,从中部抽出浓度为 1‰含油废液,用送料泵送至纸带过滤机滤去粗颗粒悬浮物,进入一级超滤循环槽。在槽内将废水加热至 50℃后,由供料泵和循环泵送入第一级超滤膜组件,经 1h 的循环浓缩分离,乳化废水浓度提高至 20%,然后用供料泵送到第二级超滤循环槽,经第二级循环超滤处理的油浓度可达 50%,最后经离心分离进一步浓缩。膜面速度控制在 1.5m•s^{-1},进口压力为 0.45MPa,出口压力为 0.17MPa,操作温度在 45～50℃之间。当膜过滤通量下降到 35 L•m^{-2}•h^{-1} 以下时,对膜进行化学清洗,采用的清洗剂有柠檬酸以及 Parkle 酸等,清洗后通量可恢复至 70L•m^{-2}•h^{-1} 左右。这套装置处理乳化油废水效率较高,能满足处理要求,且由于该过程属于物理过程,因而无需破乳剂和其他化学添加剂,是国内比较先进的含油乳化液处理技术。但该技术在实际应用过程中存在的主要问题是[5]:设备占地面积较大,有机膜元件对 pH 的适应范围窄,需对上游的冷轧工艺进行限制,清洗液的选择较苛刻,投资费用和运行费用均较大。

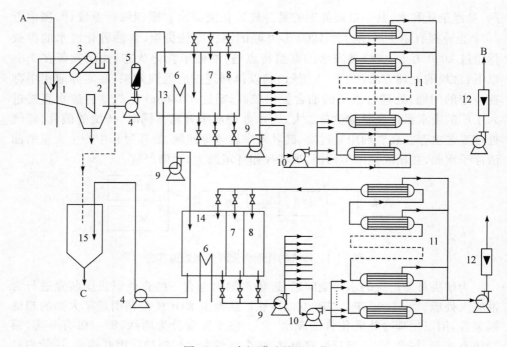

图 9-2 有机膜法处理工艺

A—废水进口；B—渗透液排出口；C—浓缩液出口；1—原水池；2—刮泥机；3—刮油机；4—离心泵；
5—纸带过滤机；6—加热器；7—酸洗池；8—水洗池；9—供料泵；10—循环泵；11—膜组件；
12—循环槽；13——级循环槽；14—二级循环槽；15—废油回收罐

　　与有机膜相比，陶瓷膜具有良好的化学和机械稳定性，非常适合用于使用或清洗条件苛刻的环境。宋航等[7]采用英国 LSL 公司和 Ceramesh 公司生产的孔径为 0.2μm 的片式 PVDF 膜和片式复合陶瓷膜，考察了两种膜的水通量、油截留率以及膜堵塞等。研究结果表明：微滤的水通量和油截留率均很高，透过液中油含量 $<40\sim20\text{mg}\cdot\text{L}^{-1}$，接近超滤膜；与 PVDF 膜相比，尽管陶瓷膜的通量较低，但陶瓷膜因其强亲水性，堵塞程度低，且有较高的截留率。樊栓狮和王金渠[4]采用自制膜分离器研究了自制陶瓷膜的乳化油分离特性，考察了膜内外压差、料液流速和料液浓度等因素对乳化油渗透通量和膜截留率的影响规律，油的截留率达 95% 以上，且无机超滤膜的可清洗性能优于有机超滤膜。Villarroel 等[8]用 Carbosep® 膜对含油乳化液进行了试验。其 M9 膜是在碳支撑体上涂一层氧化锆活性层，截留分子质量为 300 000Da，过滤效果达到欧洲标准（含总有机碳小于 $5\text{mg}\cdot\text{L}^{-1}$，悬浮固体含量小于 $10\text{mg}\cdot\text{L}^{-1}$），乳化液由伊朗原油溶于自来水而成不稳定乳化液，实验结果表明在 25℃时膜过滤通量最优，达到 $100\text{L}\cdot\text{m}^{-2}\cdot\text{h}^{-1}$ 以上（膜面速度 1.2m·s^{-1}，过滤压差 0.1MPa）。日本专利报道了水溶性切削油的陶瓷膜处理法[9, 10]，对于含油 $5896\text{mg}\cdot\text{L}^{-1}$，COD 为 $4102\text{mg}\cdot\text{L}^{-1}$ 的废水，用离心-生物降解-陶瓷膜过滤

处理,pH 调节至 6.8,进入离心装置,再经生物降解后废水中含油 130mg·L^{-1},COD 为 650mg·L^{-1},在膜面速度为 1.0m·s^{-1},过滤压差为 0.1MPa 的条件,过滤液中含油 22mg·L^{-1},COD400mg·L^{-1}。对于含油 3200mg·L^{-1},COD2010mg·L^{-1}的废水用截留分子质量 20 000Da 的陶瓷膜处理,pH 调至 6.8,膜面速度 1.0m·s^{-1},压差 0.1MPa,废水浓缩 10 倍,膜通量为 50L·m^{-2}·h^{-1},渗透液中含油 20mg·L^{-1},COD 为 410mg·L^{-1}。Hyun 和 Kim[11] 制备了孔径分别为 0.16μm 和 0.07μm 的 Al$_2$O$_3$ 和 ZrO$_2$ 膜,其通量分别为 50L·m^{-2}·h^{-1}、20L·m^{-2}·h^{-1},截留率均为 98%。Chen 等[12] 比较了孔径为 50nm 的 ZrO$_2$ 陶瓷膜和孔径为 0.2μm、0.8μm 的 α-Al$_2$O$_3$ 陶瓷膜的过滤性能,认为采用孔径为 ZrO$_2$ 陶瓷膜的通量相对较小,但受油和脂的污染也较小。而孔径为 0.2μm 膜在处理乳化油废水时通量下降不大,但在处理脂类废水时膜通量则降为初始通量的 60%;孔径为 0.8μm 膜处理含乳化油废水时通量可降至初始通量的 30%,处理脂类废水时则降至初始通量的 40%。同时,除孔径为 0.05μm 氧化锆膜外,较大孔径的膜在长期运行时通量仍有进一步降低的趋势,而随后的清洗恢复效果也不明显。Wang 等[13] 和 Ferguson 等[14] 分别采用孔径为 0.2μm、50nm 的 ZrO$_2$ 陶瓷膜进行了油水体系的中试研究,均取得理想的结果,但涉及陶瓷膜处理乳化轧钢乳化液的工业应用鲜有报道。

　　针对钢铁工业冷轧乳化液废水,从膜的微结构和性能出发,我们系统地开展了陶瓷膜处理钢铁工业冷轧乳化液废水的研究工作[15~18],并通过成套化装置的推广,将该技术成功地应用于多家的钢铁生产厂家,下面主要从体系性质研究、膜结构、膜性能的影响、经济评价和工程推广等几个方面进行介绍。

9.1.1　料液性质

　　在膜分离过程中,料液的性质直接影响膜的选择和使用。冶金企业在轧钢过程产生大量的含油废水是由矿物油、乳化剂和水构成的油水乳化液。由于废液中含有大量的不饱和油脂、皂类、乳化剂和添加剂等有机物,在长期使用中被大气中的氧氧化,另外在金属切削过程中产生高温和金属的催化作用,使乳化液中的油脂发生氧化,但更主要的原因是由于缺少光照,在 25~40℃温度下,细菌大量繁殖形成缺氧环境,致使乳化液腐败变质,往往会产生难闻的臭味。由于废液中的油滴在乳化剂的作用下高度分散在水中,油滴粒径在 1μm 以下,处于乳化状态,所以比分散的油污更难清除。同时,复杂的料液组成要求对其主要目标成分建立有效的分析方法,特别是与膜过滤性能密切相关的料液黏度、乳液的粒径分布、油和表面活性剂的浓度。

9.1.1.1　料液的黏度

　　根据 Darcy 定律,膜通量和黏度成反比,因此,料液黏度的测量是十分必要的。

实验中采用乌氏黏度计测定料液黏度,考察了料液黏度随温度和浓度的变化情况,见图 9-3。

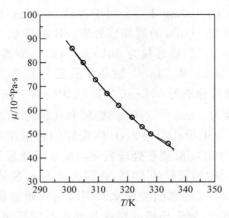

图 9-3　温度和黏度的关系图

9.1.1.2　料液的粒径分布

显微镜下观察到的不同油含量的冷轧乳化废水显微照片如图 9-4 所示。从图 9-4 可看出乳化液中的油滴粒径大小不一,油滴粒径采用 Malvern-MS2000 粒径分析仪进行测试,测试所得的粒径分布函数示于图 9-5,图中横坐标 d_p 为油滴粒径,纵坐标 n 为对应某一粒径的油滴数量占总数量的分率。由图可见粒径的分布的范围较广,总体呈现出正态分布,油滴粒径比较集中在 $0.3 \sim 1.1 \mu m$ 之间。通过计算得到油滴的数均粒径为 $0.35 \mu m$。

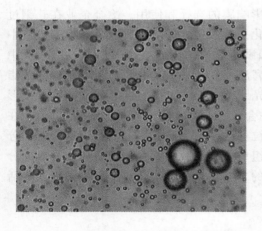

图 9-4　轧钢乳化液的光学显微镜照片

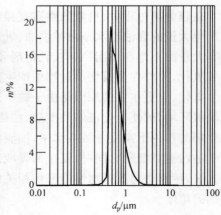

图 9-5　轧钢乳化液的粒径分布图

9.1.1.3　CPA-紫外分光光度法测定油含量[19]

在陶瓷膜处理冷轧乳化液废水的过程中,首先需要解决油含量的检测问题,以便考察膜对油的截留效果,同时也能评价废水是否达到排放标准。

如采用紫外分光光度法直接测定油含量(见图9-6),油的两个特征吸收峰分别位于225nm(共轭双键化合物)和265nm(苯环芳香族化合物)附近,而乳化剂在上述两个波长附近也有明显的吸收。图9-7为含油乳化液吸收光谱图,峰高明显改变,若直接根据扫描所得的吸光度对油含量进行查取将带来偏差。为了消除乳化剂的干扰影响,建立了CPA-紫外分光光度法(C为浓度矩阵;P为吸光系数灵敏度矩阵的组合函数;A为吸光系数矩阵,简称CPA法)测定油含量,以修正紫外分光光度法对本体系油含量测定的误差。该方法原理是在 p 个波长处测量 n 个分别含有 m 种组分的混合试样的吸光度,得吸光度矩阵 $A_{p,n}$,$K_{p,m}$组分在各波长处的吸光系数矩阵,由各混合试样中各组分的浓度组成浓度矩阵 $c_{m,n}$,根据朗伯-比尔定律

$$A_{p,n} = K_{p,m}c_{m,n} \tag{9-1}$$

为得到浓度矩阵 $c_{m,n}$ 的表达式,将式(9-1)作如下处理:

$$K_{p,m}^{T}A_{p,m} = K_{p,m}^{T}K_{p,m}c_{m,n} \tag{9-2}$$

$$\left(K_{p,m}^{T}K_{p,m}\right)^{-1}K_{p,m}^{T}A_{p,n} = c_{m,n} \tag{9-3}$$

令

$$\left(K_{p,m}^{T}K_{p,m}\right)^{-1}K_{p,m}^{T} = P_{m,p} \tag{9-4}$$

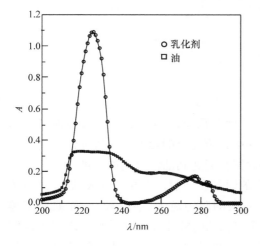

图9-6　油和乳化剂吸收光谱对比

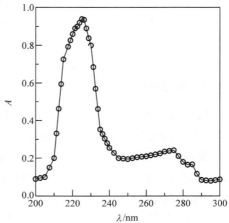

图9-7　含油乳化液吸收光谱

则得到被测浓度矩阵表达式

$$c_{m,n} = P_{m,p}A_{p,n} \tag{9-5}$$

从式(9-5)可见,浓度矩阵 $c_{m,n}$ 等于矩阵 $P_{m,p}$ 与吸光度矩阵 $A_{p,n}$ 之积。矩阵 $P_{m,p}$ 是一定波长下一定组分的吸光系数的函数式(9-4),其值不随组分的浓度而改变,而只与组分有关。对某一分析体系,只要确定了 P 矩阵,则对未知样,只要测得其在一定波长下的吸光度,就可由式(9-5)求得其中各组分的浓度。式(9-5)中 P 矩阵的确定方法如下。

　　用标准溶液配制 n 个由 m 种组分构成的混合溶液,其浓度矩阵为 $c_{m,n}$,在 p 个波长点处测得吸光度矩阵为 $A_{p,n}$,则

$$P_{m,p}A_{p,n} = c_{m,n} \tag{9-6}$$

$$P_{m,p}A_{p,n}A_{p,n}^T = c_{m,n}A_{p,n}^T \tag{9-7}$$

$$P_{m,p} = c_{m,n}A_{p,n}^T(A_{p,n}A_{p,n}^T)^{-1} \tag{9-8}$$

　　测定的结果如表9-2所示。分析表9-2的测试结果可看出,由于排除了乳化剂的影响,微量油含量测定的准确度大为提高,相对偏差小于6%,与此同时,乳化剂的含量也能同时测得。

表9-2　CPA 法同时测定油和乳化剂含量的结果

样号	含量/mg·$(50\text{mL})^{-1}$		测出值/mg·$(50\text{mL})^{-1}$		相对偏差/%	
	标准油	乳化剂	标准油	乳化剂	标准油	乳化剂
1	0.50	0.72	0.53	0.68	6.0	−5.6
2	1.50	0.72	1.44	0.68	−4.0	−5.6
3	0.50	1.44	0.44	1.52	−12	5.6
4	1.00	1.44	1.04	1.47	4.0	2.1
5	1.50	1.44	1.45	1.46	3.3	1.4

9.1.2　膜微结构

　　通常对膜微结构的研究包括孔隙率、厚度和孔径,但由于现有陶瓷膜制备技术限制,在对油水分离过程的研究中,主要集中在膜孔径的影响。膜过滤的分离机理主要是通过膜对油滴及悬浮粒子有效的截留从而达到油水分离的目的。一方面要保证一定的截留率,另一方面需得到较高的通量。一般认为孔径越大,膜的阻力越小,通量越高,而截留率则越小;孔径越小,膜的阻力越大,通量较低,而截留率越高[20]。但许多研究者在研究中发现,料液中颗粒的粒径分布与膜孔径之间的匹配关系非常复杂,对于一定的粒径存在一个较优的膜孔径,因此,孔径的选择则显得尤为重要。

　　不同孔径氧化铝膜的截留效果如表9-3所示[18],从表中可以看出孔径为

$0.2\mu m$ 和 $0.01\mu m$ 的膜对油的截留可达到 99% 以上,而对于孔径为 $1.0\mu m$ 的氧化铝膜由于孔径较大,小粒径的油滴可以相对容易穿过膜孔而进入渗透侧。图 9‐8 是膜面流速为 $7\ m\cdot s^{-1}$、操作压差 0.1MPa、温度 12℃ 条件下,不同孔径氧化铝膜处理乳化液的通量变化情况。其中,孔径为 $1.0\mu m$ 的膜通量下降较快,这是由于孔径较大,膜孔的堵塞比较显著;孔径为 $0.2\mu m$ 的膜次之;孔径为 $0.01\mu m$ 的膜通量一直较为稳定,因为孔径较小,膜不易堵塞所致。从图中可以看到三种陶瓷膜的渗透通量最后基本都稳定在 $25L\cdot m^{-2}\cdot h^{-1}$ 左右。Mueller[21] 通过研究发现在过滤过程中,膜表面会形成厚度为几十微米的油层,该层阻力使不同孔径膜过滤时的总体阻力接近,因而有相近的稳定通量,同时油层的厚度由膜材料的性质决定。因此,在面向轧钢乳化液的陶瓷膜的开发和设计过程中,膜材料性能的研究至关重要。

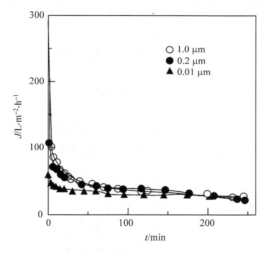

图 9‐8　膜孔径对通量的影响

表 9‐3　不同膜过滤渗透液的油含量及截留率

膜材质	膜孔径/μm	透过液油含量/ppm	截留率/%
α-氧化铝	0.2	<10	99.9
γ-氧化铝	0.01	<10	99.8
α-氧化铝	1.0	313	94.3

9.1.3　膜材料性质

膜材质不同,膜表面性质也不同,与料液中油滴的作用力不同,从而对过滤的过程将有较大的影响[15]。目前,市售的商品化陶瓷膜的品种主要有 Al_2O_3、TiO_2 和 ZrO_2 陶瓷膜,而对膜表面性质的研究主要集中在材料的润湿性和膜表面电性两方面[22,23]。

9.1.3.1　材料润湿性

　　材料润湿性的研究是通过接触角的测量完成的(图 9-9)。固-液接触角越大,则液体对固体的润湿性越弱,也就是越不易在固体表面铺展[24]。接触角大于90°的情况,被认为是不润湿,可采用 Whihelmy 板法或角度测量法;对接触角小于90°的情况,如果可制得光滑平面则可采用角度测量法,而对多孔固体和粉末材料,通常是采用 Washburn 法测得。Washburn 法主要机理是将多孔阻塞视作一束平均半径为 r 的毛细管,将液体在孔内渗透高度 h 的平方和时间 t 作图可得直线关系[25]。Grundke 等推导出以质量替代高度的修正 Washburn 方程[26],如公式(9-9)所示,该方法较透过高度法更为精确和方便,因此许多商品化的仪器采用该原理测定,如 Kruss K100 和 KSV Sigma70 等。Troger 等[27]采用修正 Washburn法研究了多孔有机膜的润湿性,并通过测量多种液体的润湿速率计算出非极性有机膜的表面张力。

$$M^2 = \frac{C\,\gamma\,\rho^2\cos\theta}{\eta} \times t \qquad\qquad (9-9)$$

式中,M 为吸收在固体中的液体的质量;C 为固体样品的材料常数;η 为液体的黏度;t 为接触时间;ρ 为液体的密度;γ 为液体的表面张力;θ 为接触角。

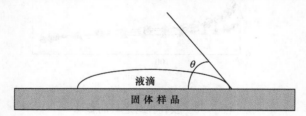

图 9-9　固液接触角示意图

　　陶瓷膜材料属高能极性多孔表面,其与液体的作用机理更为复杂,接触角的测量往往只有相对意义。景文珩等[28]通过对片状陶瓷微滤膜润湿动力学的测试和相对润湿接触角的比较,研究了常用的几种陶瓷膜的相对润湿性。图 9-10 和图 9-11 分别为水和异丁醇对陶瓷膜的润湿动力学曲线,将水作为参比溶液,根据方程式(9-9),可计算得出异丁醇对于 Al_2O_3、ZrO_2 和 TiO_2 膜和复合陶瓷膜的相对接触角,见表 9-4。从表中可知几种膜材料都是亲水性膜,且相对亲疏水性接近。

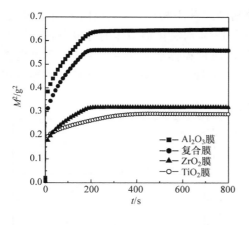

图 9-10 水和陶瓷膜的润湿动力学曲线(17.3℃)

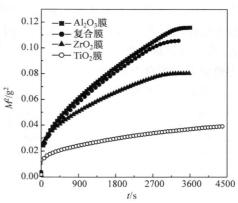

图 9-11 异丁醇和陶瓷膜的润湿动力学曲线

表 9-4 异丁醇和不同陶瓷膜的相对接触角

	TiO$_2$	Al$_2$O$_3$	ZrO$_2$	复合膜
相对接触角/(°)	63.0	65.9	63.5	63.5

9.1.3.2 材料电性质

当金属氧化物接触水溶液介质,表面组分将产生部分重新排列,这种排列使其表面带电荷。固体的电荷主要集中分布在表面,而液体中的反号离子由于同时受静电作用与分子热运动的影响,从固体表面开始在液相中扩散分布,并延伸一定距离到电中性的溶液本体,这样形成了由紧密层和扩散层构成的双电层[29]。不同材料具有不同的表面电性质。一般说来,膜表面的 Zeta 电位和等电点 IEP(isoelectric point)可以表征出膜表面荷电性质。

表 9-5 不同文献报道纯物质的标准等电点[30]

氧化物	标准等电点 pH(IEP)	氧化物	标准等电点 pH(IEP)
Al$_2$O$_3$	9.1	TiO$_2$	6.2
Al$_2$O$_3$	9	TiO$_2$	6
Al$_2$O$_3$	9.4	SiO$_2$	3
TiO$_2$	5.8	SiO$_2$	2~4

表 9-5 为不同文献报道的三种纯物质的标准等电点[30]。由于制膜所采用粉

体的不同和膜制备工艺的不一致,这些数据结果并不相同,因此我们采用电泳法、电渗法比较了两种陶瓷膜的等电点。图 9-12 显示氧化铝粉体的等电点在 8.6 左右,而氧化锆粉体的等电点大约在 7.2,将这两种粉体制备成片式膜后,通过电渗法测量膜的等电点,如图 9-13 所示,从图中可知 Al_2O_3 和 ZrO_2 陶瓷膜的等电点分别为 6.6 和 5.8[31]。

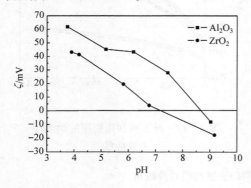

图 9-12　Al_2O_3 和 ZrO_2 粉体的等电点

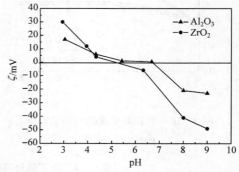

图 9-13　片式 Al_2O_3 和 ZrO_2 陶瓷膜的
等电点

采用孔径为 $0.2\mu m$ 的氧化铝和 $0.2\mu m$ 氧化锆膜进行对比实验,操作条件:温度为 $12℃$,过滤压差 $0.1MPa$,膜面速度 $7m·s^{-1}$,通量变化如图 9-14 所示,氧化锆膜能够维持较高的渗透通量,这主要是因为水包油型的乳液液滴表面通常带负电荷,采用等电点较低的膜有利于减少油对膜表面的污染,维持较高的膜通量。

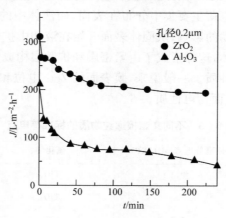

图 9-14　膜材质与过滤通量的关系

9.1.4　工艺过程

原料液的预处理对乳化液的微滤过程有显著影响,图 9‑15 给出了加入 NaOH 进行预处理对膜通量和截留效果的影响。显然,在预处理药剂加入浓度为 300ppm 以下,随加入量的增加,膜通量升高且截留效果得到改善。分析表明,乳化液中油滴尺寸在预处理后由 1μm 变大至 10～20μm 左右,这对提高通量、改善截留效果是有利的,另外对膜表面性质也有影响。

不同流速下过滤压差对膜通量的影响如图 9‑16。可见对于含油废水过滤,存在一个临界压力,在临界压力范围以内,通量随压降增大而增大,但超过临界压降后,压降增大,通量无显著提高,因为若压降不高,过滤属压力控制,而超过临界压力后,传质阻力增大,压降对通量的影响则不明显,若压降过高,容易把油滴挤入膜孔内,从而引起堵塞,甚至可能使通量降低。

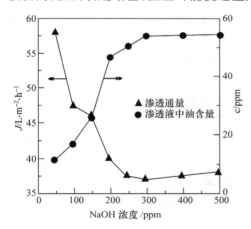

图 9‑15　预处理对膜通量和截留
效果的影响

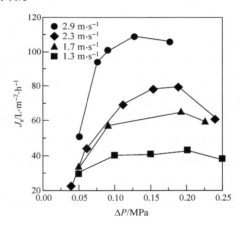

图 9‑16　不同膜面流速下操作压差
对膜通量的影响

由于油滴的可压缩性,对于一定粒径的油滴,压力增加到一定程度时有可能将油滴压入膜孔从而穿过膜孔进入渗透侧,而引起截留率的降低;另一方面,又因为压力增大可以减小过滤层的孔径,在一定程度上又提高了膜的截留效果。因此必须考察在不同操作压差下的截留率。表 9‑6 为操作压差与过滤 2h 以后截留率的关系。

根据实验结果,从通量和截留率综合考虑,对于此类体系,操作压差可在 0.15MPa 左右为宜,在工业应用中建议采用压差逐渐增大的操作方式。

表 9‑6　操作压差与截留率的关系

操作压差/MPa	透过液油含量/ppm	截留率/%
0.07	4.0	99.9
0.10	4.7	99.9
0.15	6.7	99.9
0.20	7.4	99.8

对于错流过滤操作方式,由于流体剪切力的作用,可以减少膜表面的沉积和浓差极化的影响,一般认为膜面速度增大,膜通量提高,但是错流速度的增大意味着能耗的增加,因此膜面速度对过滤性能的影响趋势必须关注。对乳化液体系,膜面流速对膜通量影响如图 9‑17,由图中可知膜面流速与通量的关系存在最大值,从低速到约 $5m \cdot s^{-1}$ 时,通量的增加几乎与速度成正比,以后通量增加逐渐变缓,当流速大约超过 $6m \cdot s^{-1}$ 后,通量不升反降。

温度对过滤过程的影响比较复杂。温度上升,料液的黏度下降,扩散系数增加,减少了浓差极化的影响;但温度上升会使料液的某些性质改变,如会使料液中某些组分的溶解度下降,使吸附污染增加;温度的改变也会影响膜面及膜孔与料液中可引起污染的成分的作用力,这些都会影响膜过滤的过程。温度升高,可以减小料液的黏度,从而可以提高通量,但温度对油滴的粒径分布亦有影响,可以使油滴的粒径减小,而使通量降低,存在一个最佳的操作温度。对于含油乳化液的处理,温度对过滤通量的影响主要是温度对液体黏度的影响、温度对料液中油滴粒径分布及油滴与膜表面作用力的影响。图 9‑18 为温度对膜通量的影响,可以看出温度与通量基本成正比关系。温度的变化对于过滤截留率的影响结果如表 9‑7 所示,可以看出温度对截留率的影响较小,随着温度的增加,截留率略有降低。

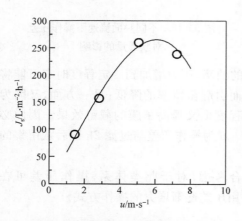

图 9‑17　膜面流速对膜通量的影响

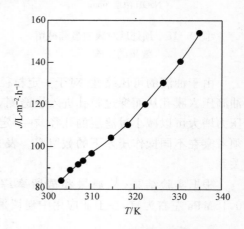

图 9‑18　温度对膜通量的影响

表 9-7　温度对截留率影响

温度/℃	透过液油含量/ppm	截留率/%
16.5	6.7	99.9
25	8.8	99.8
35	7.8	99.8
45	9.2	99.8

在实际的工业应用中,料液的过滤过程往往是一个浓缩的过程,因此有必要考虑不同浓缩比对过滤过程的影响。浓度的提高并不是油滴的简单的叠加,对于油滴的粒径分布亦有一定的影响。图 9-19 为各浓度下,过滤 150min 后的膜通量与浓度的关系。可以看出浓度对通量的影响不大,因为浓缩后料液中油滴相互碰撞的机会增加,其平均粒径与浓缩前相比应有所增加,对过滤过程的影响较小。各浓缩比时的截留率数据如表 9-8 所示,可以看出,随浓缩比的增大,截留率变化不大,对于废水处理过程比较有利。

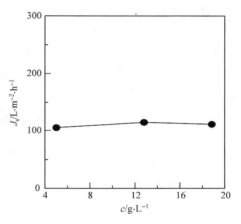

图 9-19　浓度对膜通量的影响

表 9-8　不同浓缩比下的截留率

浓缩比	透过液油含量/ppm	截留率/%
1	6.7	99.9
2.8	7.4	99.9
3.8	7.8	99.8

9.1.5　膜污染和清洗

用 EDS 对污染后的膜表面进行能谱分析,结果见表 9-9,可以看出,污染层的主要成分为 C 形成的污染,即一些油类物质,有效的办法为表面活性剂的清洗,而一些无机离子的沉积以强酸清洗即可以恢复膜的性能。

表 9-9　污染后膜表面的元素成分分析结果

元素成分	C	O	S	Cl	Ca	Fe	Zr
质量分数/%	54.78	3.45	0.41	0.11	0.08	0.27	40.91

对膜污染程度用水通量的衰减系数 m 表示：

$$m = \left[J_0 - J_1 \right] / J_0 \qquad\qquad (9-10)$$

对清洗效果用膜水通量的恢复倍数 r 来表征：

$$r = J_2 / J_1 \qquad\qquad (9-11)$$

其中，J_0 为污染前膜的水通量；J_1 为污染后膜的水通量；J_2 为清洗后膜的水通量。

一般认为，m 值大表示污染较严重，r 值大表示膜易清洗或清洗效果较好。由于乳化液体系的主要污染物是油污，清洗的关键问题是如何将油污去除。

不同清洗剂的清洗结果见表 9-10。由表中可以看出，表面活性剂对膜通量的恢复有极其明显的作用，因为膜被污染后，在膜的表面，有一层凝胶层，主要成分是油，而酸、碱及次氯酸钠对此都没有很好的去除能力，一些阴离子型的表面活性剂对于油污有很好的清洗效果。

表 9-10　各种清洗剂的清洗效果

清洗剂种类	m	r
$0.3 \text{mol} \cdot \text{L}^{-1}$氢氧化钠	0.78	0.41
$4 \text{g} \cdot \text{L}^{-1}$表面活性剂	0.86	0.67
$0.3 \text{mol} \cdot \text{L}^{-1}$次氯酸钠	0.89	0.25
$0.15 \text{mol} \cdot \text{L}^{-1}$草酸	0.70	0.35
$0.25 \text{mol} \cdot \text{L}^{-1}$硝酸	0.89	0.14

膜面及膜孔内的油污被清洗干净，膜通量并未完全恢复，因为料液中含有一些无机离子在过滤的过程中沉积在膜孔内及膜表面，因此继续用盐酸、硝酸及氢氧化钠分别对膜进行清洗以除去其他污染物，清洗结果如表 9-11 所示。

表 9-11　第二步清洗剂的清洗效果

清洗剂种类	m	r
$0.25 \text{ mol} \cdot \text{L}^{-1}$盐酸	0.36	0.90
$0.25 \text{ mol} \cdot \text{L}^{-1}$硝酸	0.34	0.97
$0.3 \text{ mol} \cdot \text{L}^{-1}$氢氧化钠	0.30	0.49

由表中可以看出，酸洗对膜通量的恢复有较好的效果，碱洗效果不明显，由于一些无机离子如 Fe 离子的沉积而引起的污染，硝酸对此有很好的去除能力，因此，采用硝酸作为第二步清洗剂。

膜的再生还需要选择合适的清洗条件和操作方式。同一种清洗剂，在不同的操作条件和操作方式下，清洗效果差别很大。研究表明，对于处理乳化液废水的陶瓷膜，清洗剂浓度在 $4 \text{g} \cdot \text{L}^{-1}$，清洗时间在 20min 以上，有较好的清洗效果。对于表面活性剂对油污的清洗,主要的清洗机理是通过"卷缩"机理而实现的,清洗时,表面活性剂润湿膜表面,油污起始是黏附、沉积于膜表面及膜孔内,由于洗涤液优先润湿膜表面,油污逐渐卷缩成油珠,在机械力的作用下可以被冲走,以至离开表面,膜表面的油污可以被错流所产生的剪切力冲走,而黏附于膜孔内的油,则需用反冲方能去除。因此,采用反向脉冲的方式可以提高清洗效果(见表 9 - 12)。

表 9 - 12　清洗方式对清洗效果的影响

清洗方式	m	r
无脉冲	0.76	0.68
反向脉冲	0.80	0.83

图 9 - 20 为多次清洗膜水通量的恢复情况,效果稳定,重复性好。

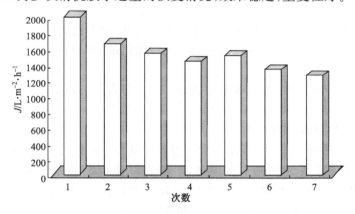

图 9 - 20　多次清洗水通量的恢复

9.1.6　操作条件优化与经济分析

在上述研究的基础上,我们与国内某钢铁公司合作,对冷轧乳化液废水的处理进行了中试研究,取得了良好的效果,平均膜通量可长期稳定在 $80 \mathrm{L} \cdot \mathrm{m}^{-2} \cdot \mathrm{h}^{-1}$ 左右,出水油含量小于 10ppm。

下面将阐述在现场中试研究成果的基础上,通过对操作工艺条件进行优化,进一步降低处理成本,并与国内同类进口设备进行技术经济比较,从而对陶瓷膜处理冷轧乳化液废水技术的技术经济性能作出评价。

9.1.6.1　成本构成及计算依据

构成处理成本的因素主要包括设备成本、能耗成本、人工成本和设备维修及药剂成本等几个方面:

(1) 设备成本

设备折旧期限为 10 年,根据经验,设备造价与膜面积和串联级数有关,采用的组件为每个组件内装填 19 根面积为 $0.22m^2$ 的多通道膜管,如果设备设计采用的并联组件数为 m,串联数为 n,则设备总面积 $A(m^2)$ 为

$$A = 4.18 \times m \times n$$

设备造价(单位:万元人民币)SE 计算方法为

$$SE = 4.18 \times m \times n \times 2 \qquad\qquad n < 4$$
$$SE = 4.18 \times m \times 3 \times 2 + 4.18 \times m \times (n-3) \times 1.5 \quad n \geqslant 4$$

(2) 能耗成本

能耗计算方法是根据选定的流量和压降计算理论能耗,考虑泵效率为 50%,得到处理每吨冷轧乳化液废水的能耗,乘电费后得到能耗成本 NE,电费取为 0.4 元/度。

能耗由两部分构成,即供液泵和循环泵的能耗,由于选定设计回流量等于供液量,则供液泵的流量为 $20m^3 \cdot h^{-1}$,其余参数在优化过程中确定。

(3) 人工成本

每班定员为 0.7 人,每天 3 班 4 倒,共 3 人,每人年工资 2 万元。(人员尚兼其他岗位工作。)

(4) 设备维修及药剂成本

陶瓷膜处理冷轧乳化液废水在运行过程中基本不消耗药剂,清洗药剂浓度低,清洗周期较长,每 3 天清洗 1 次设备,平均每月消耗工业硝酸和氢氧化钠各约 30~50kg,因此药剂成本很低。由于设备为不锈钢材料制造,考虑到膜的使用寿命,取每年维修及药剂成本为设备造价的 5%。

将以上四部分相加即得到处理每吨冷轧乳化液废水的总成本 TE。

9.1.6.2　操作条件优化计算方法及结果

根据实验结果,需要优化的操作条件包括:操作温度,膜面流速和串联级数。

图 9-21 是不同操作温度下处理每吨冷轧乳化液废水的设备成本、能耗成本和总成本与膜面流速的关系,从中可以看出,随着操作温度的升高,处理成本迅速降低,加热的废蒸汽成本很低,因此,操作温度应选为 50~60℃,在此温度下,可以选用 $1.5m \cdot s^{-1}$ 左右的膜面流速,但考虑到膜污染和清洗周期,可以适当采用较高的膜面流速。

优化后采用的处理条件为膜面流速 $2m \cdot s^{-1}$ 左右,操作温度 50~60℃,串联级数为 5 级,并联数为 5 组,膜面积为 $105m^2$,设备投资为 250~300 万元,处理每吨冷轧乳化液废水的设备成本约为 2.4~2.8 元,能耗成本约为 0.8 元,其他成本约为 1 元,总成本约 4.2~4.6 元。(本计算不含回收油、节约水的费用。)

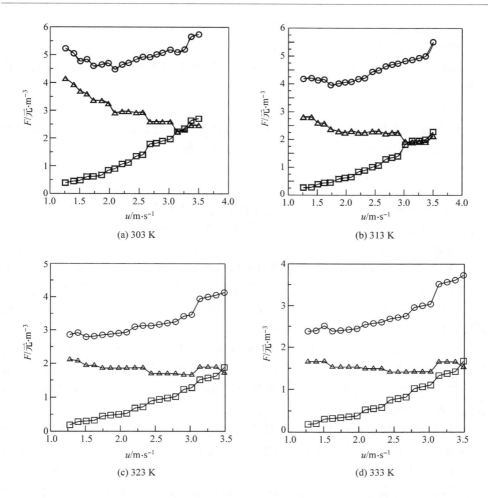

图 9-21　处理每吨冷轧乳化液废水的设备成本、能耗成本和总成本与膜面流速的关系
（○ TE；□ SE；△ NE）

9.1.6.3　实际运行成本分析

折旧费：采用 10 并 3 串的操作方式，每小时处理 $12.5m^3 \cdot h^{-1}$，设备投资费为 300 万元，按不锈钢设备 12 年折旧，膜管 5 年折旧，则：$1.54+1.85=3.39$ 元 $\cdot t^{-1}$。

动力消耗费：泵的额定功率为 $10 \times 9.7 kWh = 97 kW \cdot h$，效率 50%，电费 0.4 元，计 1.55 元 $\cdot t^{-1}$。

清洗费用：72h 清洗 1 次，每次需专用碱基清洗剂 10kg（15 元 $\cdot kg^{-1}$），硝酸 10kg（4.515 元 $\cdot kg^{-1}$），平均每小时清洗费用 $(10 \times 15 + 10 \times 4.5)/72 = 2.7$ 元，则每小时处理 $1m^3$ 乳化液废水清洗费用 $2.7/12.5 = 0.22$ 元。

人工费用:人均 2.5 万元,每班 1 人,每天 3 班,0.69 万元。

维护费:设备费的 1%,0.27 万元。

油回收费:废水中平均含油 $2.25g \cdot L^{-1}$,每吨废水可回收 2.25kg 废油,售价 1.015 元 $\cdot kg^{-1}$,计 2.25 元。

水回收费用:0.9 元。

设备运行费为:3.39(折旧费)+1.55(电耗)+0.22(清洗费)+0.69(人工费) +0.27(维护费)-2.25(油回收费)-0.9(水回收费)=2.97 元<4 元。

9.1.6.4 技术经济比较

目前国内采用的化学破乳法每吨冷轧乳化液废水的处理成本约为 2 元左右,但由于该方法处理效果差,与膜技术没有可比性。国内某大型钢铁公司引进的有机膜处理设备总投资为 173 万美元,折合人民币 1435 万元,处理能力为 $12m^3 \cdot h^{-1}$,如折旧期为 10 年,则处理每吨冷轧乳化液废水的设备成本为 13.66 元人民币。另一钢铁公司的有机膜过滤设备为 1988 年投产,其处理能力为每小时 $12\sim15m^3$,由于当时是整套引进设备,没有准确的单项设备价格,估算其中的有机膜处理冷轧乳化液废水设备为 200 万美元左右。

这两个钢铁公司所采用的有机膜价格均为每根 300 美元,折合每平方米为 11 318 元人民币,一般每 $2\sim3$ 年应更换一次。而国产陶瓷膜的价格一般为每平方米 5000 元人民币,由于材料本身的特点,其寿命高于有机膜。因此,陶瓷膜的成本也低于进口有机膜。

进口的有机膜设备分为 12 组,目前正常处理时一般运行 10 组,每组有一台 30kW 的循环泵和一台 15kW 的供液泵,膜面流速 $5\sim7m \cdot s^{-1}$,进口压力 0.45MPa,出口压力 0.17MPa,加上其他输送设备,运行能耗约为 $500kW \cdot h^{-1}$,折合处理每吨冷轧乳化液废水的能耗成本为 13.3 元人民币,其能耗成本大大高于陶瓷膜。

有机膜设备目前正常的清洗周期为 $2\sim3d$,清洗药剂为柠檬酸和进口洗涤药剂,平均每月消耗柠檬酸 $1\sim2t$,每吨价格约为 1.2 万元,每月消耗 Parkel 338 约 6 桶,共 1.2t,每吨价格约 2.5 万元,因此每吨冷轧乳化液废水清洗成本为 4 元,明显高于陶瓷膜,其管线主要采用工程塑料,其设备维护成本大于采用不锈钢材料的陶瓷膜设备。

综合人工成本和药剂及维修费用,进口有机膜设备处理每吨冷轧乳化液废水的总成本约为 $30\sim33$ 元。而采用国产陶瓷膜设备处理,处理每吨冷轧乳化液废水的总成本约为 2.97 元,约为进口有机膜设备处理成本的十分之一。两种技术处理每吨冷轧乳化液废水的各项成本见表 9 - 13。

表9-13 国产陶瓷膜与进口有机膜处理每立方米冷轧乳化液废水的费用比较表

项目	国产陶瓷膜	进口有机膜
设备折旧费用/元	3.39	18
能耗费用/元	1.55	9
人工费用/元	0.69	1.4
维修/元	0.27	1.0
清洗剂费用/元	0.22	4.0
油回收费/元	2.25	2.25
水回收费/元	0.9	0.9
总费用/元	2.97	30.25

总之,陶瓷膜处理冷轧乳化液废水设备与国内进口的有机膜处理设备比较,二者处理效果基本相当,而进口有机膜设备价格约为国产陶瓷膜设备的4倍,进口有机膜处理设备的运行能耗约为陶瓷膜的6倍,正常的设备维修和药剂费用也高于国产陶瓷膜设备,加之考虑设备使用寿命,处理每吨冷轧乳化液废水的综合成本是国产陶瓷膜的10倍左右。

9.1.7 项目推广

在上述工作基础上,建立了多套陶瓷膜处理冷轧乳化液废水工业装置,如表9-14所示。图9-22是冷轧乳化液废水处理的成套装置。

通过这些工业应用装置的建设,实现了每年百万吨的净化水的降级回用,同时,每年回收2000多吨废油不但有效地解决了冶金行业环境污染问题,而且取得了良好的经济效益。可以预计,通过该项目的进一步推广,可有效地缓解我国日益严峻的水资源和环境污染问题,促进我国钢铁行业沿着和谐、稳定的方向发展。

表9-14 本项目推广应用情况

企业名称	使用陶瓷膜规模/万 t·a^{-1}	运转时间/a
攀枝花钢铁公司	2.16	5
上海宝山钢铁公司	11.52	4
	14.4	2
武汉钢铁公司	8.64	4
昆明钢铁公司	11.52	4
鞍山钢铁公司	11.52	1
安徽马钢公司	14.4	2
邯郸钢铁公司	14.4	1
本溪钢铁公司	11.52	1
包头钢铁公司	11.52	1
常州江南冷轧	5.76	1
合 计	117.36 万 t	

图 9-22　冷轧乳化液废水处理装置

9.2　陶瓷膜在印钞废水处理中的应用

　　印钞工业是国家不可缺少的行业,然而印钞厂在生产过程中产生大量废水,凹印机擦版废液是印钞厂的主要废水之一,据估计我国每年排放的擦版废液已达到16 万 t。国内印钞业的擦版废液多为一次性使用,而且使用后的擦版废液中含有大量的碱、油墨、表面活性剂。印钞废水成分复杂,含有大量的油类,有黏性,色度高,同时废水的碱性大,化学耗氧量高,颜色很深,直接排放会严重污染环境。从资源循环利用的角度看,废水中含有大量的有用成分,如表面活性剂(太古油)、NaOH 等(见表 9-15),若加以回收再利用,将产生较好的经济效益。

表 9-15　印钞废水主要成分

主要成分	含量/%
颜料、填充料	1.0
连接料、树脂油类	1.0
蜡	0.2
有机溶剂	0.2
重金属	0.03
表面活性剂(太古油)	0.5
机油(印刷机润滑油)	少许
NaOH	1.0
纯水	＞90

　　传统处理印钞废水的方法是化学絮凝,生物处理或它们的组合,如图 9-23 所示。由于印钞废水含碱量和油墨含量较高,处理时不仅要消耗大量的酸,而且步骤繁琐,占地面积大,处理效果差。中国科学院生态研究中心[32]采用截留分子质量为 30 000Da 的中空纤维超滤膜处理印钞废水,并研究了处理过程中的污染机理和清洗方法。无机陶瓷膜具有耐酸碱、有机溶剂的腐蚀,耐高温,运行寿命长及易再生等优点,尤其是废水可不需预沉降而直接进膜,浓缩倍数高,有效成分的回用率高,故在印钞废水处理中将有较好的应用前景,我们与国内某企业合作,以陶瓷膜超滤分离技术为核心结合喷雾干燥技术,提出了如图 9-24 所示的印钞废水处理新工艺。陶瓷膜分离后的渗透液经调整后直接送至印刷车间回用,浓缩液经过喷雾干燥变为粉末,基本实现零排放。此工艺的优点是能耗少,操作简单,占地少,可回收有用物质。

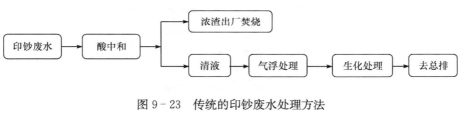

图 9-23　传统的印钞废水处理方法

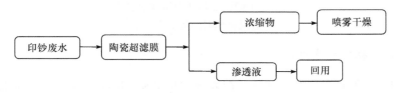

图 9-24　印钞废水的陶瓷膜处理方法

9.2.1　有关参数的影响[33]

9.2.1.1　膜孔径的影响

　　采用陶瓷膜处理印钞废水,膜孔径对渗透通量和截留效果影响关系十分重要,不仅要求有较高的渗透通量,同时必须具有较高的截留率。不同孔径膜的截留效果见表 9-16。孔径对膜渗透通量的影响见图 9-25。由图可见渗透通量的变化关系为: $J_{50nm} > J_{200nm} > J_{800nm} > J_{4nm}$。由表 9-16 渗透液的 COD_{Cr} 和固含量可知,孔径为 50nm 的陶瓷膜截留效果较好,且得到的渗透液澄清透明。因此,孔径为 50nm 的氧化锆超滤膜适合印钞废水的处理。

表 9 - 16　不同孔径膜的截留效果

	4nm	50nm	200nm	800nm
渗透通量/$L \cdot m^{-2} \cdot h^{-1}$	1.27	205	180	30
对 COD_{cr} 的截留率/%	87.4	86.6	85.7	75.3
对固含量的去除率/%	55.6	43.9	40.5	35.4
固含量(质量分数)/%	1.00	1.26	1.34	1.45

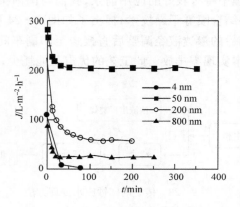

图 9 - 25　不同孔径膜处理印钞废水的
渗透通量随时间的关系

9.2.1.2　操作条件的影响

较高的膜面流速可以有效地减轻浓差极化的影响,并且可以对膜表面进行冲刷,使膜表面附着层减薄,从而减轻膜污染,增大渗透通量;但过高的膜面流速则直接引起回流比的增大,必然导致能耗增加。由图 9 - 26 可见对已是湍流状态下的过滤,再提高流速对渗透通量无利,反而使通量降低,这是因为流速进一步提高使得沉积在膜面的污染物的粒径变小,尽管污染层变薄,但变致密,使渗透阻力增大,通量降低,可以认为 $4 m \cdot s^{-1}$ 的膜面流速较为合适。

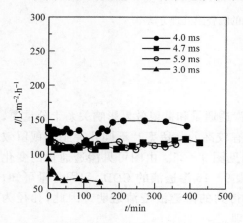

图 9 - 26　膜面流速对渗透通量的影响
($\Delta P = 0.2 MPa$)

操作压差对渗透通量的影响如图 9 - 27所示。由图可见随着操作压差的增大渗透通量也增大,但操作压差越大,膜污染越重,膜的清洗再生越难,结合渗透通量与清洗过程,可以认为操作压差为0.3MPa较为适宜。

操作温度与渗透通量关系见图9-28。一般而言,以浓差极化为主的膜过滤过程中,渗透通量随操作温度的升高而增大。由图可见,随着温度升高,渗透通量基本呈线性增大。图中两条线是两次实验的重复结果,由此认为该体系中浓差极化污染占主导地位,因浓差极化是可逆的污染过程,在操作中可以通过提高流速等改变流体在膜通道中的流动方式以减缓膜通量的降低。印钞废水的温度为40~58℃之间,考虑到升高温度需要增大能耗,一般就根据废水的温度来进行设计。

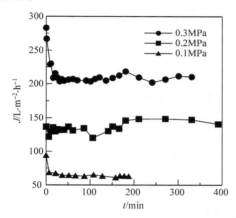

图9-27　操作压差对渗透通量的影响
（ $u=4\mathrm{m \cdot s}^{-1}$ ）

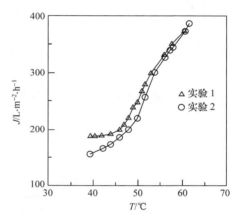

图9-28　操作温度对渗透通量的影响

9.2.1.3　浓缩过程

因工厂实际操作过程为浓缩过程,因此必须考察进料液浓度对渗透通量的影响,结果见图9-29。由图可见,随料液浓度的增加,渗透通量有所降低。当料液浓度由2.7%增大到15.6%,渗透通量下降了40%,但随着浓度的增大,通量下降趋势变缓,这说明在实际操作中仍可进一步浓缩原料。图9-30为在浓缩过程中通量和时间的关系曲线。

恒浓度下过滤通量随时间的变化关系如图9-31所示。温度约51.7℃,由图可见即使浓度浓缩到18%以上,渗透通量仍可维持在120L·m^{-2}·h^{-1}。同时实验过程中也发现,随着料液浓度的升高,尤其在较高温度下的渗透液是澄清透明的,但当渗透液冷却至常温下有混浊出现。分析原因,可能是浓度过高后导致物系平衡破坏,冷却下来溶解度变小,析出悬浮物,如果温度再升高,这部分析出物又溶解了,这对清液回用影响不大。但由于这种现象的出现,浓缩比一般也不宜太高,通常浓缩至料液浓度为 15% 为宜。

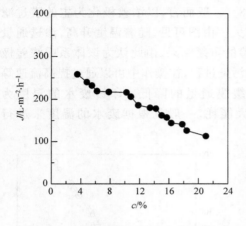

图 9-29　料液浓度对渗透通量的影响　　　图 9-30　浓缩过程中通量的变化关系

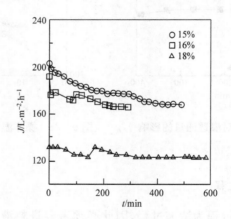

图 9-31　渗透通量随时间的变化

通过以上参数影响的考察,可以认为,孔径为 50nm 无机陶瓷膜适用于印钞废水处理,在 45℃时,合适的操作条件为操作压力 0.3MPa、膜面流速 $4m \cdot s^{-1}$,渗透通量为 205 $L \cdot m^{-2} \cdot h^{-1}$。

9.2.2　陶瓷膜处理印钞废水工艺

根据上述陶瓷膜分离的实验结果,以陶瓷膜分离技术为核心,结合喷雾干燥技术,建立了新型的陶瓷膜处理印钞废水的集成流程,如图 9-32 所示。

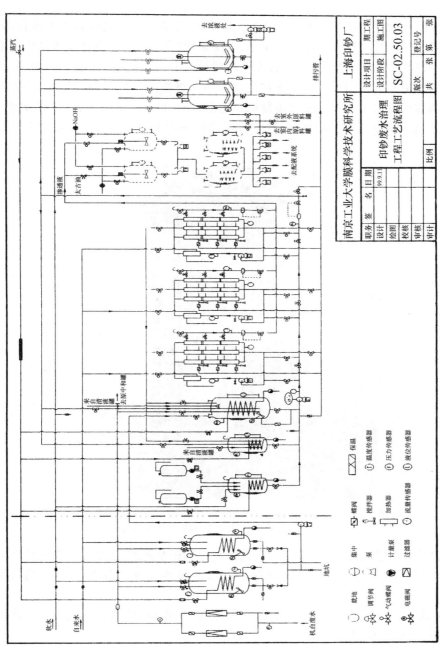

图 9 - 32　陶瓷超滤膜处理印钞废水工艺流程图

9.2.2.1　超滤设备运行工艺

超滤部分的主体设备如图 9-33 所示。超滤系统采用三级连续浓缩流程;每级均采用三串三并共 9 个组件的连接方式;每级均为内循环,由循环泵提供膜面流速及流动过程中的压力损失;由一台变频供料泵提供系统所需的料液及压力;三级渗透侧采用恒流量控制。印钞废水首先进入第一级超滤器进行循环超滤,经过浓缩处理的浓液进入第二级超滤器进行循环超滤,经过进一步地浓缩后,浓缩液再进入第三级超滤器进行循环超滤,最后排出的浓液浓度在 15% 左右,直接进入后处理工段。

图 9-33　陶瓷超滤膜处理印钞废水主体装置

根据操作工艺要求,系统的操作工艺流程包括正常超滤、正常清洗和化学清洗三个操作过程。不同过程的操作和转换可以通过控制系统切换不同的阀门来实现。

超滤是一项复杂的系统工程,其中包括了压力、温度、浓度、设备、油墨等诸因素的影响,主要的控制参数如下。

(1) 超滤运行压力:进口 0.44MPa,出口 0.22MPa,渗透侧 0.15 MPa。

操作压力过高或过低对膜的长期运行无好处。高压或低压均会使膜污染加重。

（2）超滤运行温度：$40 \sim 58℃$，运行温度过高，能耗增加；运行温度过低，渗透通量降低。

（3）膜面流速：$4m \cdot s^{-1}$。

9.2.2.2　超滤设备运行情况

（1）运行时间：3 年。

（2）处理废液能力：$12m^3 \cdot h^{-1}$。

（3）浓缩液浓度：15%。

（4）超滤清液物化指标：超滤清液外观浅黄、透明、无悬浮物，碱含量1.0%，表面活性剂含量0.5%。

（5）清洗周期：>1 周。

（6）超滤效果：超滤清液被送往配液罐，调配浓度后去印刷车间供印刷机台使用，其清洗效果等同于新配擦版液的清洗效果，印刷产量与正常产量相同，擦版辊表面光滑。

9.2.3　陶瓷膜处理印钞废水经济效益估算

印钞废水渗透液可回收利用的主要成分是 NaOH、表面活性剂（太固油）和软化水。某厂日处理量为180t，若一年按300运作日计，回收率按80%计，具体各项数据如表9-17所示。由表中可见，该厂引进超滤设备处理印钞废水具有较高的经济效益。

表 9-17　年回收资金预算表

回收成分	含量/%	回收量/t	单价/万元·吨$^{-1}$	回收资金/万元·年$^{-1}$
NaOH	1.0	540	0.10	54
太固油	0.5	270	0.6	162
软化水	98.5	53190	0.001	53.19
	合计（回收率按80%计）			215.35

9.3　小　　结

20世纪60年代以来，膜分离技术的研究与开发一直受到各国政府和工业、科技界的高度重视。特别是在水资源综合利用和水的再生领域，膜分离技术的使用正逐渐成为一种发展趋势。

针对含油废水体系中水量大、分布广的轧钢乳化液废水和难处理但本身蕴含较大经济价值的印钞废水,本章给出了一种采用陶瓷膜技术治理的解决途径,并从技术和经济的角度进行了论述。介绍了含油废水的分析方法,通过 CPA-紫外分光光度法可方便、准确的测定油和表面活性剂含量。对轧钢乳化液和印钞废水而言,由于体系性质不同和处理目标不同,因而对膜结构和性能的要求也不同。孔径为 $0.2\mu m$ 的陶瓷氧化锆膜较适合用于轧钢乳化液的处理,而对印钞废水而言则需使用孔径为 50nm 的陶瓷膜进行处理。通过小试和中试研究,研究了含油废水体系的膜清洗方法,优化了操作条件。在实际的工业应用中,采用国产陶瓷膜设备处理每吨冷轧乳化液废水的总成本约为 2.97 元人民币,约为进口有机膜设备处理成本的十分之一。对日处理量为 180t 的印钞废水厂而言,通过对 NaOH、表面活性剂(太固油)和软化水的回用,每年可回收资金 200 多万元,具有可观的经济效益。

通过工程应用的推广,已在全国建立了年处理含油废水百万吨的陶瓷膜处理装置,部分缓解了我国水资源短缺、环境污染严重的问题,但是应该指出相对于含油废水每年 2000 万 t 的总量而言,陶瓷膜处理含油废水技术的研究和推广工作仍面临巨大的挑战。

参 考 文 献

[1] 徐南平,邢卫红,王沛. 无机膜在工业废水处理中的应用与展望. 膜科学与技术,2000,20(3):23~27

[2] 张相如,庄源益,王旭等. 膜法处理含油废水研究进展. 城市环境与城市生态,1997,10(1):59~61

[3] 徐根良,曾静,翁建庆. 含油废水处理技术综述. 水处理技术,1991,17(1):1~12

[4] 樊栓狮,王金渠. 无机膜处理含油废水. 大连理工大学学报,2000,40(1):61~63

[5] 沈晓林,扬晶. 超滤技术处理轧钢含油废水. 冶金环境保护,2002,2:29~31

[6] 谷和平. 陶瓷膜处理含油乳化废水的技术开发及传递模型.[博士学位论文]. 南京:南京工业大学,2003

[7] 宋航,Field R,Arnot T. 用微滤处理乳化含油废水,水处理技术,1994,20(2):95~98

[8] Villarroel L R,Elmaleh S,Ghaffor N. Cross-flow ultra-filtration of hydrocarbon emulsion. J. Membr. Sci.,1995,102:55~64

[9] Shimizu Y,Shamyn T. Jpn. Kokyo. Koho,JP.05245472,1992

[10] Yamamoto Y,Yokoyaroa Y,Mutsushiro M. Jpn. Kokai Yokkyo Koho,JP 05245489,1993

[11] Hyun S H,Kim G T. Synthesis of ceramic microfiltration membranes for oil/water separation. Sep. Sci. Technol.,1997,32(18):2927~2943

[12] Chen A S C,Stencel N,Ferguson D. Using ceramic membranes to recycle two nonionic alkaline metal-cleaning solutions.J. Membr. Sci.,1999,162:219~234

[13] Wang P,Xu N P,Shi J. A pilot study of the treatment of waste rolling emulsion using zirconia microfiltration membranes. J. Membr. Sci.,2000,173:159~166

[14] David F,Abraham S C,Chen N S. Recycling a nonionic aqueous-based metal-cleaning solution with a ceramic membrane. Pilot-scale evaluation. Environmental Progress,2001,20(2):123~132

[15] 张国胜,谷和平,邢卫红等. 无机陶瓷膜处理冷轧乳化液废水工艺研究.高校化学工程学报,1998,12

(3):287~291

[16] 张国胜, 谷和平, 邢卫红等. 氧化锆微滤膜处理冷轧乳化液废水的研究. 水处理技术, 2000, 26(2): 71~75

[17] 王沛, 刘义恩, 徐南平. 陶瓷膜处理轧钢乳化液废水操作条件优化及技术经济比较. 工业水处理, 1999, 19(2): 14~15

[18] Yang C, Zhang G, Xu N, et al. Preparation and application in oil-water separation of ZrO_2/Al_2O_3 MF membrane, J. Membr. Sci., 1998, 142: 235~243

[19] 谷和平, 陈国松, 徐南平, 戚文炜. CPA-紫外分光光度法测定轧钢废水中的微量油含量. 石油化工, 1998, 27: 356~371

[20] Bhave R R, Fleming H L. Removal of oily contaminants in wastewater with microporous alumina membrane. AIChE. Symp. Ser., 1988, 84 (261): 19~27

[21] Mueller J, Cen Y, Davis R H. Crossflow Microfiltration of oily water. J. Membr. Sci., 1997, 129: 221~235

[22] Kawakatsu T, Tragardh G, Tragardh Ch, et al. The effect of the hydrophobicity of microchannels and components in water and oil phases on droplet formation in microchannel water-in-oil emulsification. Colloids and Surfaces A: Physicochem. Eng. Aspects, 2001, 179: 29~37

[23] Huisman I, Trägårdh G, Trägårdh C, et al. Determining the zeta potential of microfiltration membranes using the electroviscous effect. J. Membr. Sci., 1999, 156:153~158

[24] 段世铎, 谭逸玲. 界面化学, 北京: 高等教育出版社, 1990

[25] 吴树森, 章燕豪. 界面化学. 上海: 华东化工学院出版社, 1989

[26] Grundke K, Borner M, Jacobasch H J. Characterisation of filters and fibers by wetting and electrokinetic measurements. Colloids Surfaces. 1991, 58: 47~59

[27] Troger J., Lunkwitz K., Burger W., et al. Determination of the surface tension of microporous membranes using wetting kinetics measurements. Colloids and Surfaces. 1998, 134: 299~304

[28] 景文珩, 吴俊, 邢卫红等. 片状陶瓷膜润湿性研究. 高校化学工程学报, 2004, 18(2):141~145

[29] 胡纪华, 杨兆禧, 郑忠. 胶体与界面化学. 广州: 华南理工大学出版社, 1999

[30] Mullet M, Fievet P, Reggiant J C, et al, Surface electrochemical properties of mixed oxide ceramic membranes: Zeta-potential and surface charge density. J. Membr. Sci., 1997, 123:255~265

[31] 高斌. 用于冷轧乳化液废水处理的陶瓷膜材料设计与表征. [硕士论文]. 南京: 南京工业大学, 2003

[32] Zhang G J, Liu Z Z. Membrane fouling and cleaning in ultrafiltration of wastewater from banknote printing works. J. Membr. Sci., 2003, 211: 235~249

[33] 吴俊. 印钞废水处理方法的实验研究. [硕士论文]. 南京: 南京工业大学, 2001